개정5판

초음파 비파괴검사 실기

NDT 시험연구회

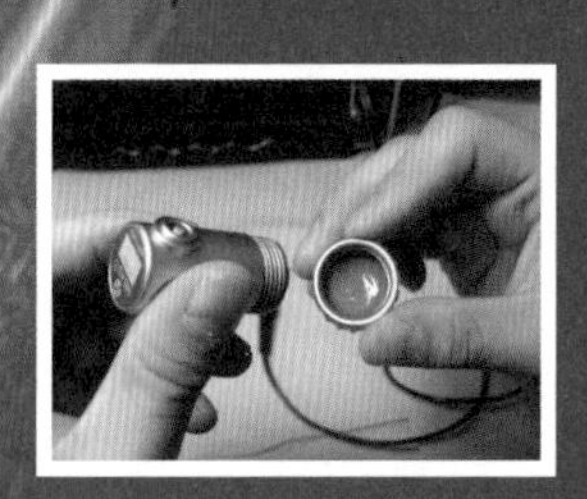
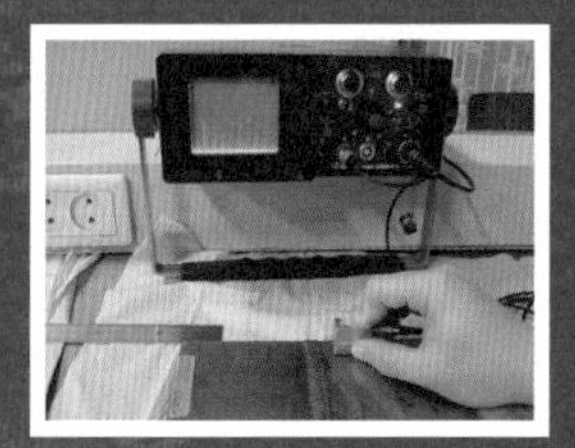

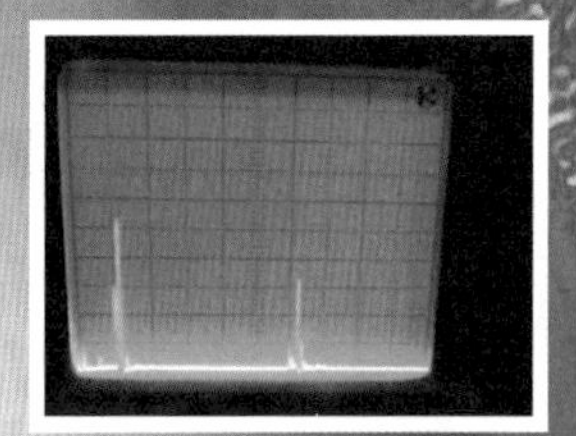
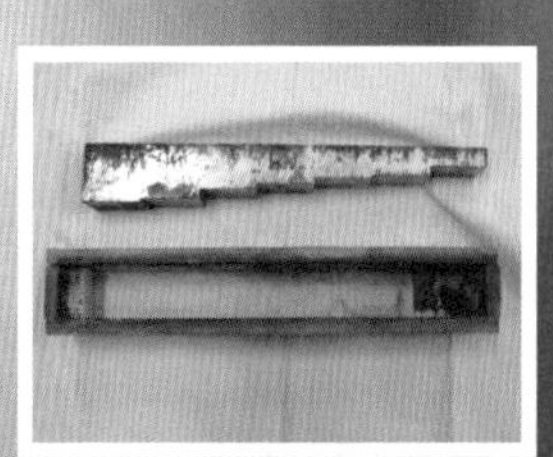

세진사

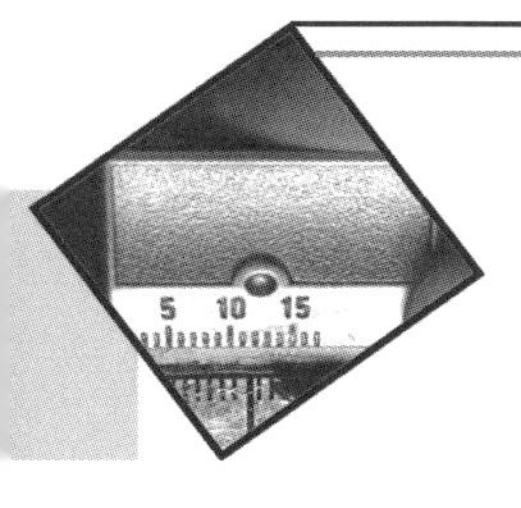

Foreword

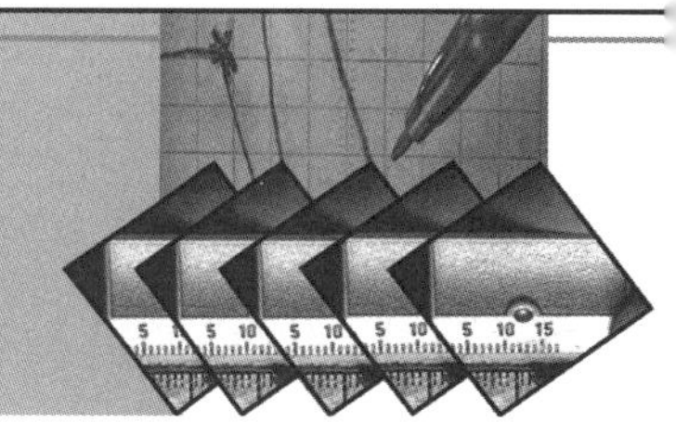

최근 산업의 발전 동향에서 비파괴 분야는 신뢰성과 품질향상, 그리고 제조원가의 절감 등 여러 측면에서 비약적인 발전을 이루었다. 특히 미국·일본 등을 비롯한 여러 선진국에서는 최고의 기술로 인정받고 있는 분야이지만 국내에서는 아직도 그 중요성을 제대로 평가받지 못하는 것 같다. 이제 우리나라는 더 이상 지진에 안전한 국가가 아니고, 성수대교와 삼풍백화점 붕괴사고와 같은 안전불감증에 의한 크나큰 사고를 경험했음에도 경제적·사회적 논리에 의해 여전히 “안전”이 뒷전으로 밀리고 있는 실정이다. 하지만 지난 2005년 3월 2일, 비파괴검사기술의 진흥 및 관리에 관한 법률안이 통과됨으로써 국내의 비파괴 분야를 활성화시키고 발전시키는 데 박차를 가할 수 있게 되었다.

비파괴 분야에 종사하고 앞으로의 발전을 위해서는 자격증이 필수 조건이다. 다른 직종처럼 무자격자가 할 수 있는 일이 아니라 소형제품부터 설비, 구조물에 이르기까지 거의 모든 제품의 안전과 신뢰성을 책임져야 하는 업무이기 때문에 더욱 그러하다. 대신 비파괴 분야의 한 가지 자격증을 취득하면 필기의 경우 산업기사 1과목, 기사 2과목을 면제받을 수 있기 때문에 관련 자격증을 늘려가는 것도 다른 종목에 비하여 수월한 장점이 있다. 다만, 비파괴 분야는 시설투자비용이 매우 높은 종목이라 공부를 하려 해도 공공교육기관(http://www.sangyevs.or.kr, http://vt-soonchun.hrdkorea.or.kr) 외에는 비파괴시설을 완벽히 갖춰진 곳을 찾기가 매우 힘들다.

본 책은 비파괴 실기를 준비하는 학습자, 1차 필기를 합격하고도 2차 실기 자료를 구하지 못했거나 배울 곳이 마땅치 않은 수험자를 위하여 제작되었으며, 가능한 한 많은 사진을 통하여 혼자서 연습할 때도 어렵지 않도록 자세히 설명하려 노력하였으며, 피크 모양과 약품색 등의 특수성을 고려하여 효율적으로 내용을 전달할 수 있도록 도서출판 세진사의 도움을 받아 컬러판으로 제작하였다.

무엇보다, 다년간 누적된 저자만의 실기시험 노하우는 수험생들에게 든든한 합격의 길잡이가 되어 줄 것이다.

- 필답 기출문제 등을 수록하여 내용을 보다 쉽게 배울 수 있도록 구성하였다.
- 비파괴 실기책 시리즈는 방사선, 초음파, 자기, 침투로 구성되어 있으며, 유관검사부터 음향방출검사까지 총 8가지 시험방법만으로 구성된 비파괴시험 실기실습도 마련되어 있다.

이 책을 통해 수험자들이 비파괴의 기본을 익히고 숙달함으로써 자격을 취득하여 산업현장에 도움이 되길 기원하며, 나아가 더욱 향상된 기술을 습득할 수 있는 밑거름으로 국내 제품의 안전과 신뢰성 향상, 제조원가 절감에 의한 국가 기술력 향상에 기여하길 바란다.

끝으로 책의 출판을 위해 도움을 주신 오옥이님과 도서출판 세진사 문형진 대표님께 진심으로 감사드린다.

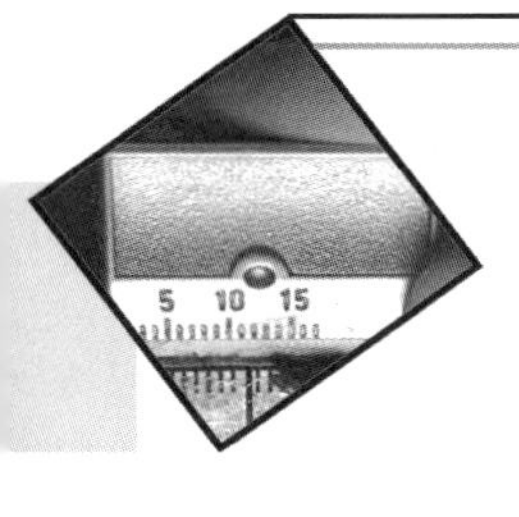

Contents

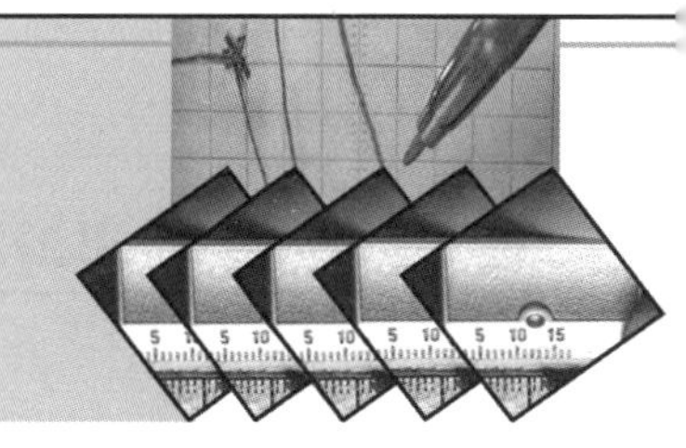

출제 기준

자격종목 : **초음파**비파괴검사 **기사** 직무분야 : 안전관리
검정방법 : 복합형(필답형·작업형) 적용시점 : 2020.1.1~2023.12.31

실기 과목명	주 요 항 목	세 부 항 목
초음파탐상작업	1. 초음파 비파괴검사	1. 초음파 비파괴검사 산업안전보건관리하기 2. 초음파 비파괴검사 준비하기 3. 초음파 비파괴검사 수직법 실시하기 4. 초음파 비파괴검사 사각법 실시하기 5. 초음파 비파괴검사 정리하기 6. 초음파 비파괴검사 결과 평가하기

자격종목 : **초음파**비파괴검사 **산업기사** 직무분야 : 안전관리
검정방법 : 복합형(필답형·작업형) 적용시점 : 2020.1.1~2023.12.31

실기 과목명	주 요 항 목	세 부 항 목
초음파탐상작업	1. 초음파 비파괴검사	1. 초음파 비파괴검사 산업안전보건관리하기 2. 초음파 비파괴검사 준비하기 3. 초음파 비파괴검사 수직법 실시하기 4. 초음파 비파괴검사 사각법 실시하기 5. 초음파 비파괴검사 정리하기 6. 초음파 비파괴검사 결과 평가하기

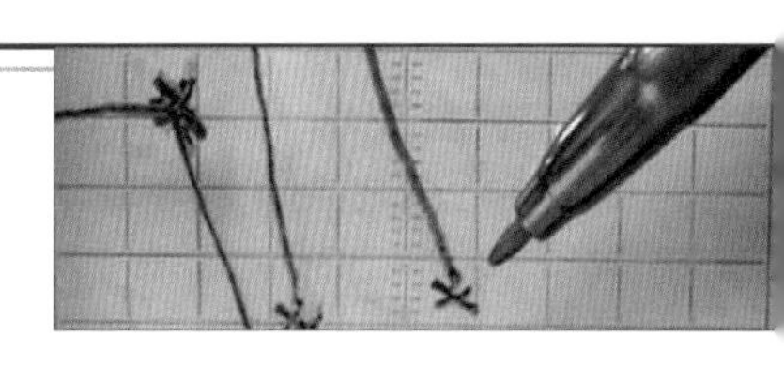

자격종목 : **초음파**비파괴검사 **기능사** 직무분야 : 안전관리

검정방법 : 작업형 적용시점 : 2020.1.1~2023.12.31

실기 과목명	주 요 항 목	세 부 항 목
초음파탐상작업	1. 초음파 비파괴검사	1. 초음파 비파괴검사 산업안전보건관리하기 2. 초음파 비파괴검사 준비하기 3. 초음파 비파괴검사 수직법 실시하기 4. 초음파 비파괴검사 사각법 실시하기 5. 초음파 비파괴검사 정리하기 6. 초음파 비파괴검사 결과 평가하기

2차 작업형 및 필답형 시험요령

기능사의 경우는 작업형 시험이 100점이고 기사·산업기사의 경우는 필답 45점, 작업형 55점 100점 만점으로 구성되어 있으며 합산점수가 60점 이상일 때 합격하게 된다. 기능사의 경우는 필답이 없으므로 탐상에 힘을 기울여야 하며 기사·산업기사의 경우는 필답시험의 점수가 매우 중요하므로 30점 이상 획득하여야 안정권으로 들 수 있다. 물론 30점 이하라도 작업형 배점이 55점이므로 낙담하지 않고 작업형에 만전을 기한다면 좋은 성과를 거두리라 생각한다.

먼저 작업형 시험 시간은 30~45분이며 이 시간은 시험편의 난이도 등에 따라 다른 시간이 주어진다. 수험자는 30분이 끝이라 생각하고 연습에 임해야 시험 때에 시간이 모자라지 않을 것이다. 다른 시험과 달리 비파괴시험은 연장시간이 없기 때문이다. 기사·산업기사·기능사 모두 4가지 종류의 과제가 출제되며 그 종류는 1. step wedge, 2. 평판, 3. 곡률, 4. 필릿(T)이다. Step wedge는 수직 탐상으로, 평판·곡률·필릿은 사각 탐상으로 수행하여야 한다. 시험에 따라서는 1가지 또는 2가지의 과제가 출제된다. 2가지 과제일 경우 step wedge+평판, 곡률, 필릿이며 사각 탐사의 2가지 시험이 같이 나오는 경우는 없었다. 시험편은 자격 등급에 따라 시험편의 형상은 같으나 내포되어 있는 결함의 난이도의 차이가 있으므로 기사를 보는 수험자는 기능사보다 많은 연습이 필요하다. 여하튼 작업형 시험을 치르기 위해서는 장비를 많이 사용하고 연습해야 한다.

실기에 설명하는 Calibration(영점 조정)을 늦어도 5분 안에는 조정해야 시험 기간이 모자라지 않을 것이다. 다음 장에 설명되고 있는 장비는 USK-8S(아날로그)와 MASTERSCAN

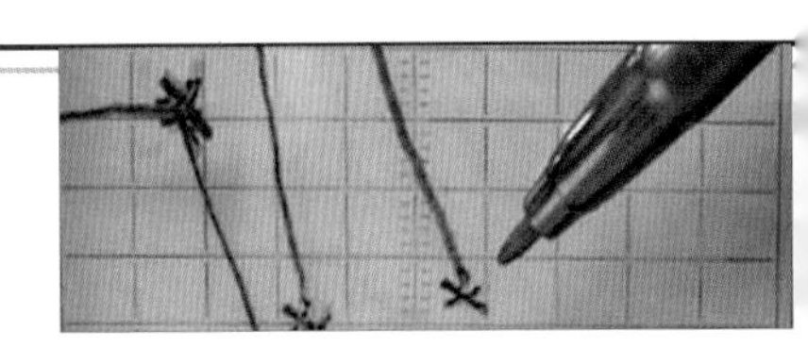

380(디지털)장비의 사용방법을 설명하였다. 아날로그 장비는 익히기 쉽고 시험장에도 구비되어 있으며 감독관들도 즐겨 사용하는 본 장비이고 디지털장비의 경우 장비회사, 기종마다 Calibration을 하기 위한 키 위치 또는 용어가 다르기 때문에 모든 장비의 설명이 어려우므로 현장에서 가장 많이 사용된다고 생각하는 MASTERSCAN 380(디지털)장비를 설명하였다.

개인 장비를 이용하는 수험자의 경우 개인장비를 가지고 사용할 수 있으며 손에 가장 잘 익은 장비를 사용하는 것이 가장 좋은 장비 선택 요령일 것이다. 그리고 실기 요령을 잘 숙달하면 더 좋은 성과를 얻을 수 있을 것이다.

작업형 시험 시 긴장하면 안 된다. 그 동안 연습해온 경험을 믿고 내가 찾은 결함이 정답이라는 확신을 가져야 한다. 이것이 초음파탐상에 있어서 가장 중요한 검사자의 마음가짐일 것이다. 매우 민감한 시험이므로 전날 음주 등 피로감을 줄 수 있는 일들은 삼가는 것 또한 잊지 말아야 한다. 필답시험의 경우 1차 필기시험을 공부할 때 과년도 문제를 외워 합격을 하였다면 무척이나 힘이 들 것이다. 반면에 정석대로 이론을 겸비했다면 조금은 수월하게 점수를 얻을 수 있을 것이다. 과년도 기출문제는 가능한 한 암기를 하여야 한다. 기본적으로 50% 이상은 과년도에서 출제가 되며 매년 새로운 문제가 추가된다. 또한 KS 0896과 ASME를 공부해야 한다. 규격 부분에서 새로운 문제가 많이 추가되고 있기 때문이다.

제 1 장

실기 방법

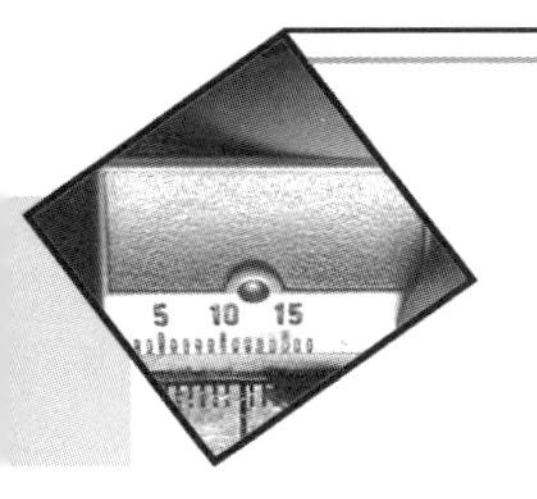

제 1 장 실기 방법

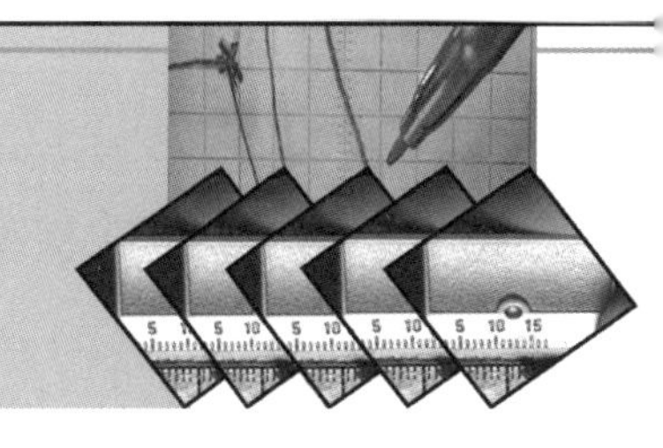

I 아날로그 탐상장비를 이용한 탐상 방법

1. 초음파 탐상기의 구성

(1) 송신부 : 진동자에 전기적 펄스를 보내는 곳이다.

(2) 수신부(증폭부) : 진동자로 돌아온 낮은 전압의 전기 펄스를 증폭시켜 주는 곳이다.

(3) 필터(filter) : 필터는 복잡한 파형을 평활히 해주는 역할을 한다. 단, 필터를 사용할 경우 분해 능력이 저하되는 단점이 있다.

(4) 리젝션(rejection) : 잡음 에코를 없애는 것으로서 일정 높이 이하의 잡음을 제거하는 역할을 한다. 단, 리젝션을 사용할 때 미세한 결함을 놓치거나 증폭의 직선성을 저하시키는 단점이 있다.

(5) 시간축부 : 화면상에 수신되는 음파지시를 나타내 주는 회로이다. 측정범위 조정 스위치, 음속 조정 스위치, 소인 지연 스위치 등이 여기에 속한다.

(6) 모니터 : 모니터 화면에는 수평축과 수직축이 있다. 수평축은 시간축이라 하며, 음파가 왕복 진행하는 데 걸린 시간을 나타낸다. 수직축은 에코의 높이를 표시한다.

(7) 동기부 : 초음파의 송신과 수신이 시간적으로 정확히 발생되도록 제어하는 역할을 한다.

(8) 게이트 회로 : 화면상에 어떤 구간을 설정하여 그 구간 내에서 일정 높이 이상의 에코가 나타날 경우 그 에코를 외부로 출력할 때 사용한다.

(9) 기억장치 및 연산장치

2. 초음파 탐상기 설치하기

(1) 초음파 탐상기와 전원을 연결하고 전기적 안정을 위하여 약 5분 정도 장비를 켜둔다.

(2) 탐상기에 동축케이블을 연결하고 시험편에 따라 탐촉자를 연결한다(step-wedge는 수직 탐촉자이며, 나머지 4가지 시험편은 사각 탐촉자이다).

(3) 테이블에 필요한 도구를 점검한다(STB-A1, STB-A2, 접촉 매질, 측정자, 펜, 계산기, 시험편).

3. 초음파 탐상기 패널 익히기

그림 1 초음파 탐상기

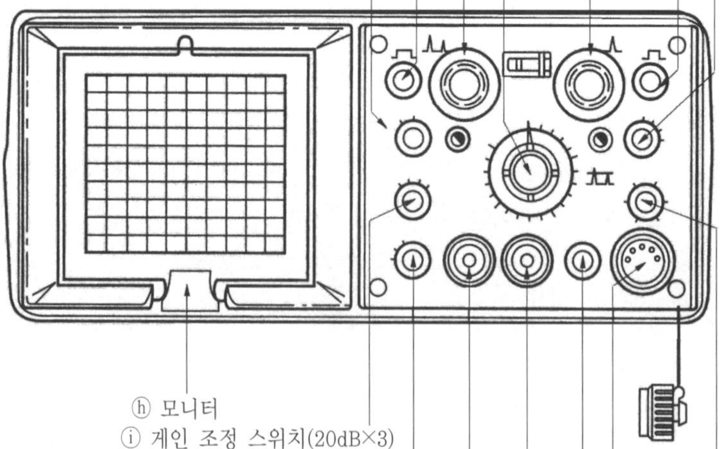

ⓐ 측정범위 조정 스위치
ⓑ 게이트 스타트 스위치
ⓒ 음속 조정 스위치
ⓓ 게인 조정 스위치(20dB×20)
ⓔ 소인 지연 스위치
ⓕ 게이트 폭 조정 스위치
ⓖ 게인 조정 스위치(0.5dB×3)
ⓗ 모니터
ⓘ 게인 조정 스위치(20dB×3)
ⓙ 전원 스위치
ⓚ 탐촉자 연결 단자
ⓛ 탐촉자 연결 단자
ⓜ 초점 조절 스위치
ⓝ 전원 연결구
ⓞ 리젝션 조절 스위치

그림 2 패널 각 부 명칭

4. 초음파 탐상기 기본 조작

그림 3 전원케이블 꽂기

(1) 충전기의 전원을 연결한 후 충전기의 전원이 공급되는가를 확인하고 그림 3과 같이 전원케이블을 장치(그림 2의 ⓝ)에 꽂는다(battery 이용시 생략이 가능하나 시험 도중 미 충전, 방전에 의해 전원이 off 될 수 있으므로 충전기를 이용하는 것이 시험 중에는 안전하다).

전원 공급 후 전기적 안정을 위하여 5분 정도 예열하는 것이 바람직하다. 이 시간 동안 학습자는 다음의 과정을 수행한다.

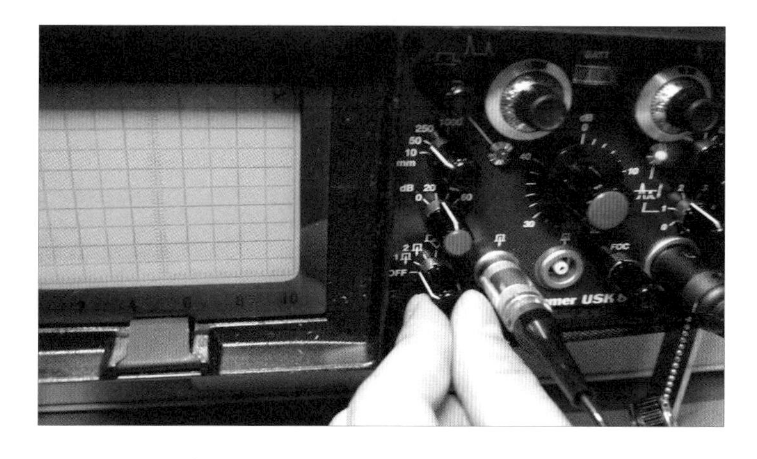

그림 4 전원 on

(2) 스위치를 돌려 전원(그림 2의 ⓙ)을 켠다.

그림 5 탐촉자 해체

(3) 탐촉자의 감도나 분해능은 보호케이스를 사용하지 않을 때 가장 좋으나, 보호케이스를 사용하지 않을 경우 시험편의 거칠기에 따른 탐촉자의 마모와 손상을 유발하게 된다. 시험뿐 아니라 현장 작업 시에도 탐촉자 보호 차원에서 보호케이스를 사용하는 것이 바람직하며 그림 5와 같이 보호케이스를 해체한다.

그림 6 접촉매질 첨가

(4) 해체 후 접촉매질(couplant)을 1~2방울 투여한다. 너무 적게 투여할 경우 탐촉자에 골고루 분산되지 않을 수 있으며 너무 과도하게 투여하면 매질의 두께가 두꺼워져 감도가 저하할 수 있다.

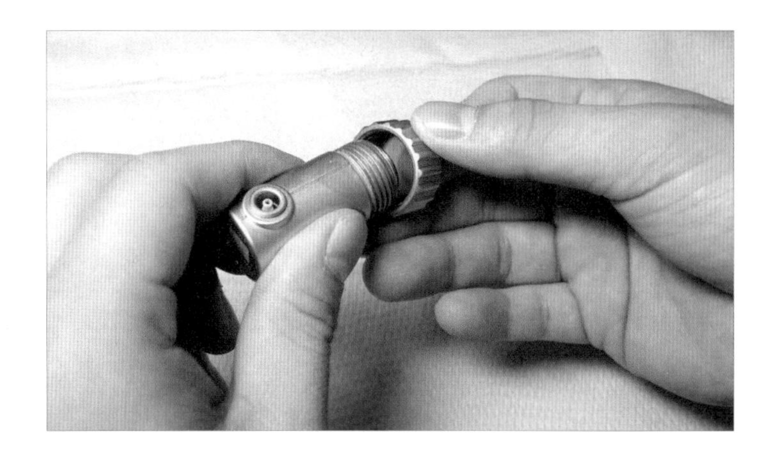

그림 7 탐촉자 결합

(5) 그림 7과 같이 탐촉자를 결합한다.

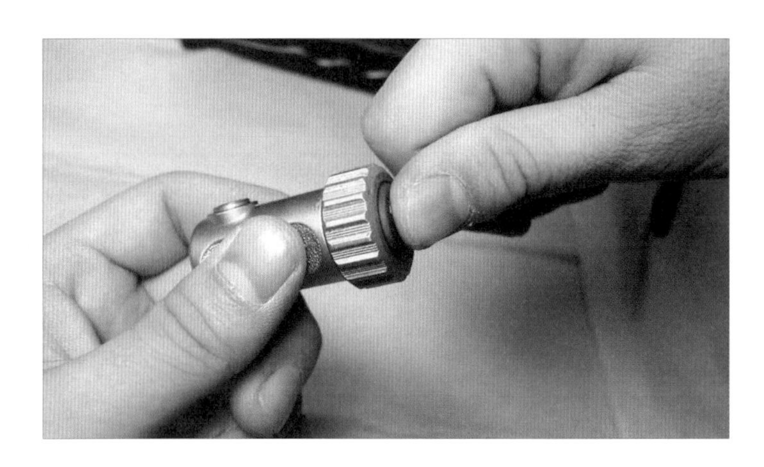

그림 8 탐촉자 조임

(6) 결합 시 중간 정도 잠겼을 때 엄지손가락을 이용하여 공기를 빼낸 후 완전히 잠길 때까지 엄지손가락을 이용하여 잠근다.
결합 후 내부에 흰색 부분이 있을 경우 공기가 완전히 빠지지 않은 상태이므로 재결합한다. 공기가 완전히 제거되었다면 탐촉자 앞부분의 색깔은 짙은 갈색일 것이다.

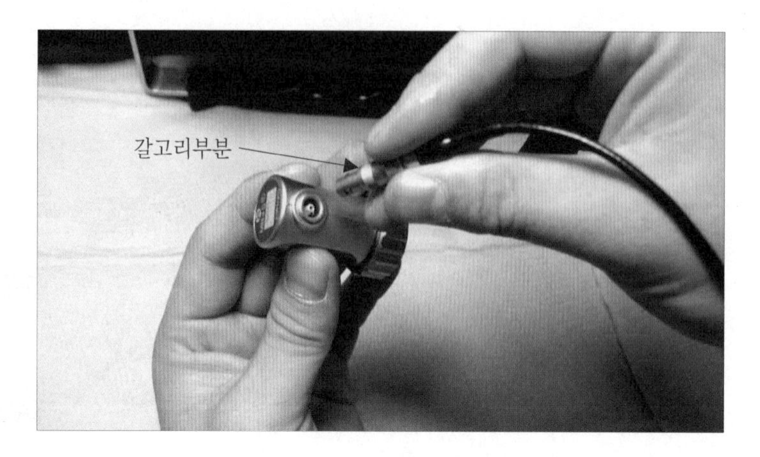

그림 9 동축케이블 연결

(7) 탐촉자와 동축케이블을 연결한다. 케이블은 원치 타입이므로 결합 시에는 그냥 넣으면 툭하는 소리가 날 것이다. 주의사항은 해체 시 갈고리 형태이므로 두툼한 부분을 먼저 잡아당긴 후 빼야 한다. 그냥 뺄 경우 동축케이블은 파손된다.

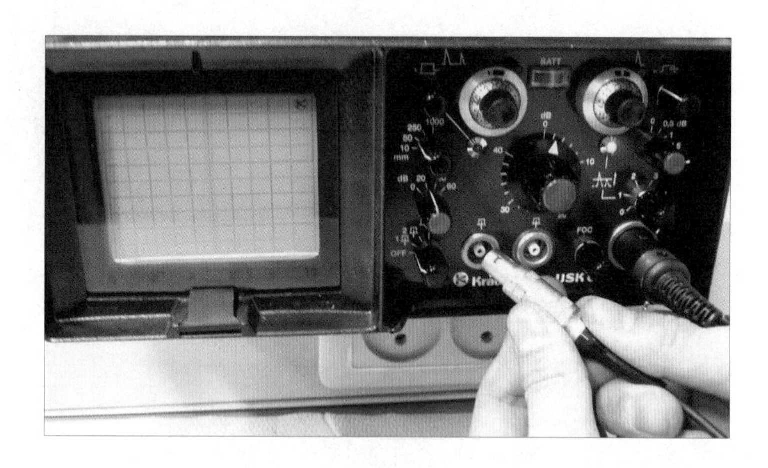

그림 10 동축케이블 장비 연결

(8) 그림 10과 같이 동축케이블을 장비(그림 2의 ⓚ)에 연결한다. 동축케이블을 꽂는 부분은 두 개이며 그림과 같이 좌측 구멍을 이용한다. 우측 구멍(그림 2의 ⓛ)은 탠덤법 등을 이용할 경우 좌측은 송신만 우측은 수신만 할 수 있도록 만들어진 부분이므로 우측에 꽂을 경우 에코가 나타나지 않는다.

(9) 초점 조절 스위치(그림 2의 ⓜ)를 이용하여 초점을 맞춘다.

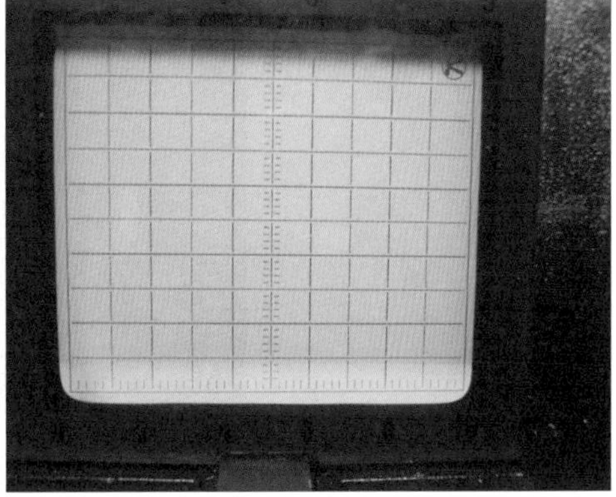

그림 11 초점이 흐릴 때

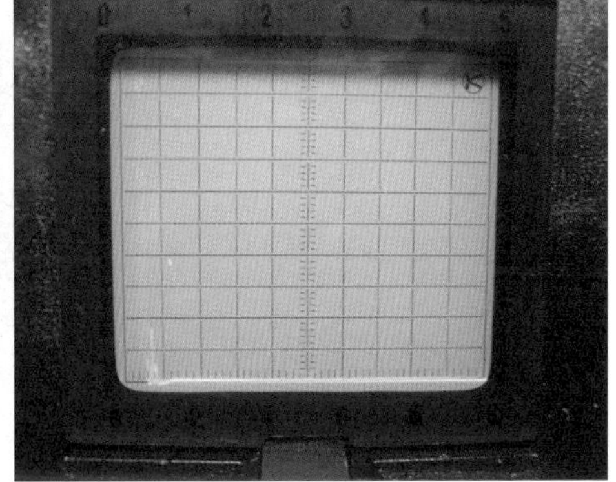

그림 12 초점 조정 후

(10) 측정범위 조정 스위치(그림 2의 ⓐ)를 이용하여 시험체에 가장 적합한 측정범위를 조정한다. 본 장비의 조정판은 10mm, 50mm, 250mm, 1000mm의 4단계로 분류되며 그림 13은 50mm 조정 시, 그림 14는 250mm, 그림 15는 1000mm 조정 시의 에코 모양을 볼 수 있다. 측정범위가 넓어질수록 에코가 앞으로 모이는 것을 알 수 있다. 또한 측정범위 조정 스위치에 100mm 조정이 없다 하더라도 4단계 중 아무 것이나 이용하고 시험편을 이용하여 임의적으로 측정범위를 100mm로 만들 수 있다.

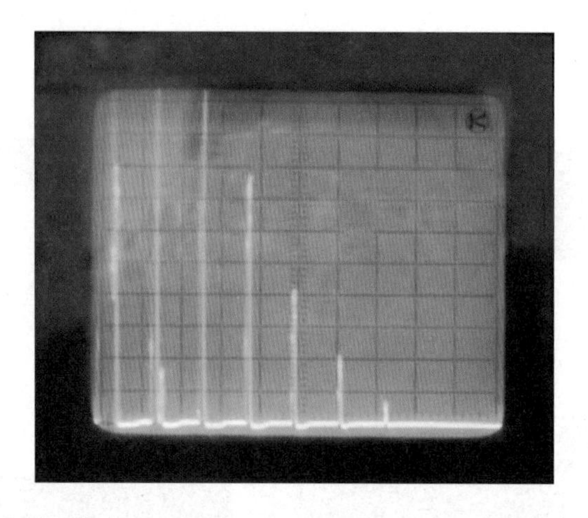

그림 13 측정범위 조정 50mm

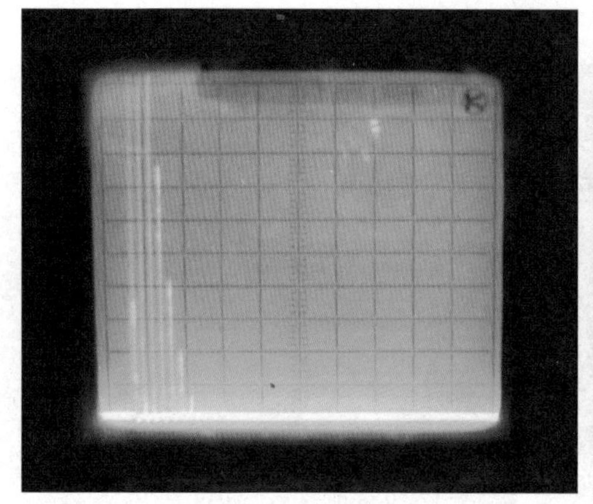

그림 14 측정범위 조정 250mm

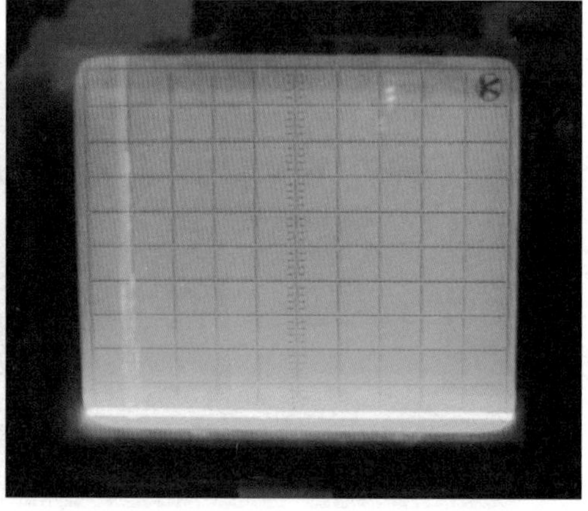

그림 15 측정범위 조정 1000mm

1) 그림 16을 이용하여 마커 읽는 법을 설명한다.

측정 범위가 50mm인 상태이며 X축의 굵은 눈금은 10개의 눈금으로 나뉘어 있다. 1개의 눈금은 5mm를 의미한다. 또한 굵은 눈금 내부에는 4개의 눈금으로 나뉘어 있으므로 작은 눈금 1개는 1mm를 의미한다.

그림 13에서 나타난 눈금을 읽어보면 맨 처음 송신에코, B_1 6mm, B_2 12mm, B_3 18mm, B_4 24mm, B_5 30mm, B_6 36mm로 읽을 수 있다. 디지털 탐상기를 이용할 경우는 게이트를 이용하면 아라비아 숫자로 보여주어 읽기 편한 장점이 있다. 그러나 아날로그의 경우는 위와 같은 방법으로 눈금판을 읽어 구해 주어야 하기 때문에 측정범위가 바뀔 때마다 바로 바로 읽을 수 있는 능력을 배양해야

한다. 디지털 탐상기는 게이트를 이용하기 때문에 최고 피크를 읽을 수 있지만 (Peak 법) 아날로그 탐상기는 최고 피크를 눈으로 내려 읽기 곤란하기 때문에 에코의 앞선을 기준으로(Frank 법) 읽게 된다.

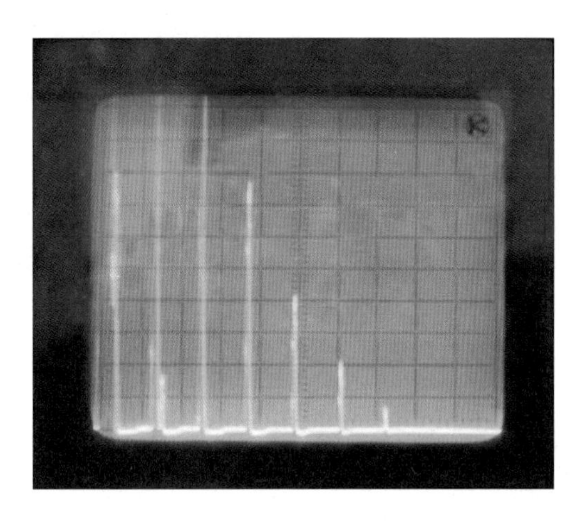

그림 16 마커 읽는 법

2) 그림 16을 이용하여 측정범위 조정시 값을 직접 기입해보자.

① 측정범위 125mm 이용

B_1(mm), B_2(mm), B_3(mm), B_4(mm), B_5(mm), B_6(mm)

② 측정범위 200mm 이용

B_1(mm), B_2(mm), B_3(mm), B_4(mm), B_5(mm), B_6(mm)

③ 측정범위 250mm 이용

B_1(mm), B_2(mm), B_3(mm), B_4(mm), B_5(mm), B_6(mm)

그림 17 소인 지연 스위치 시계방향 회전

그림 18 소인 지연 스위치 반시계방향 회전

(11) 소인 지연 스위치(그림 2의 ⓔ) 작동방법은 그림 17과 같이 시계방향으로 회전시키면 에코 전체를 앞으로, 그림 18과 같이 반시계방향으로 회전시키면 에코 전체를 뒤로 이동시킬 수 있다. 소인 지연 스위치를 이용하여 전체의 에코를 균일하게 이동시킬 수 있으며, 주의점으로 송신에코가 보이지 않을 경우 소인 지연 위치를 조정하여 송신에코를 찾아내야 탐상을 시작할 수 있다.

(12) 음속 조정 스위치(그림 2의 ⓒ) 작동방법은 그림 19와 같이 시계방향으로 회전시키면 에코와 에코의 간격을 줄일 수 있으며 그림 20과 같이 반시계방향으로 회전시키면 에코와 에코의 간격을 넓힐 수 있다.

소인 지연 스위치와 음속 조정 스위치를 이용하여 영점 조정을 하며 송신에코가 보이지 않을 경우 두 개의 손잡이를 사용하여 조정할 수 있다. 만약 손잡이가 움직이지 않는다면 손잡이 위의 잠금장치가 걸려 있는지 확인 후 해체해야 사용이 가능하며 잠금장치가 풀려 있음에도 돌아가지 않는 경우는 손잡이의 범위를 넘어선 상태이므로 무리하게 돌리지 말고 측정범위 등을 조정하여 사용해야 한다.

그림 19 음속 조정 스위치 시계방향 회전

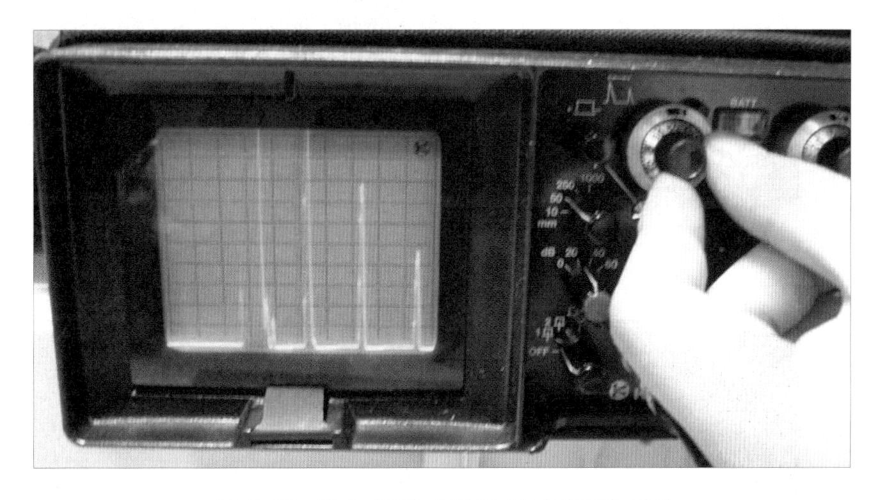

그림 20 음속 조정 스위치 반시계방향 회전

(13) 게인(gain) 조정 스위치(그림 2의 ⓘ, ⓓ, ⓖ)는 3가지로 구성되며 붉은 색의 스위치이다. 3가지의 값을 모두 더한 값이 게인 값이다. 게인은 Y축의 증폭 정도를 조정하는 스위치로 매우 중요하며 기준감도 후 결함의 크기를 비교·평가·예측할 수 있다. 그림 21~그림 23은 그림 2의 ⓘ 게인 손잡이를 이용한 상태로 1단계마다 20dB씩 조정이 가능하다.

그림 21 게인 조정 스위치 0dB

그림 22 게인 조정 스위치 20dB

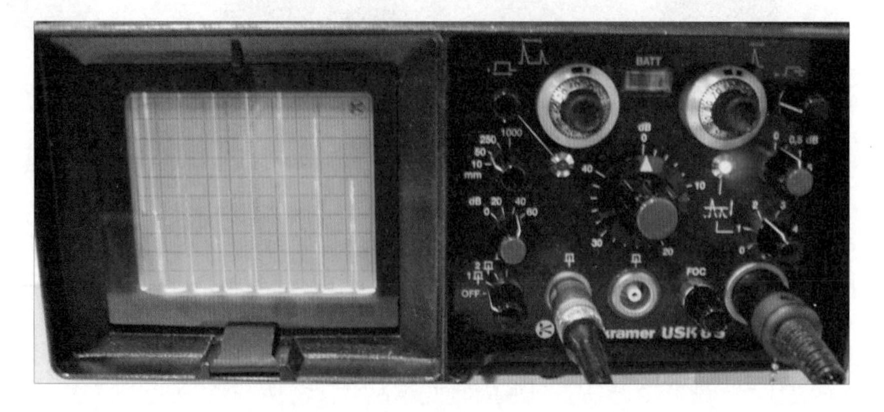

그림 23 게인 조정 스위치 40dB

※ 에코의 증폭을 볼 것

그림 24~그림 26은 그림 2의 ⓓ 게인 손잡이를 사용한 상태로 ⓘ 20dB+ⓓ의 상태를 나타낸 것이다. 20칸으로 분류되어 있으며 1칸 당 2dB의 증감을 조정할 수 있다.

그림 24 게인 조정 스위치 ⓘ 20dB+ⓓ 0dB

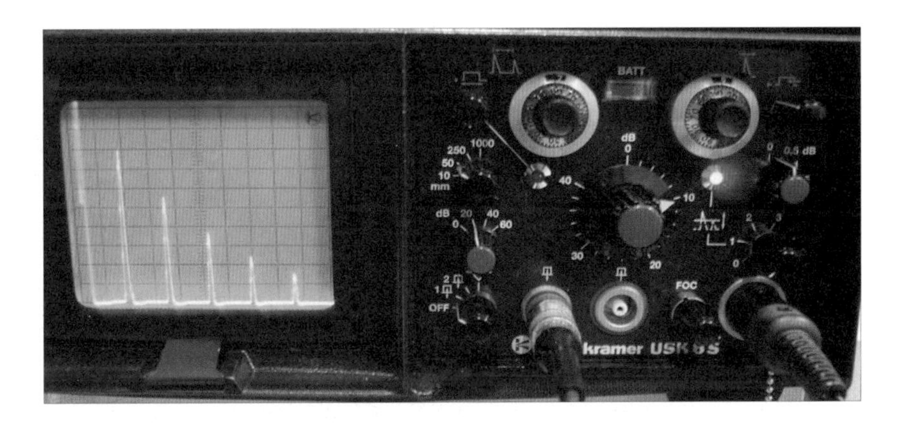

그림 25 게인 조정 스위치 ⓘ 20dB+ⓓ 10dB

그림 26 게인 조정 스위치 ⓘ 20dB+ⓓ 20dB

그림 27~그림 29는 그림 2의 ⓖ 게인 손잡이를 사용한 상태로 ⓘ 20dB+ⓓ 4dB+ⓖ의 상태를 나타낸 것이다. 1칸당 0.5dB의 증감을 조정할 수 있다.

예 ⓘ 20dB+ⓓ 8dB+ⓖ 0.5dB=28.5dB

그림 27 게인 조정 스위치 ⓘ 20dB+ⓓ 4dB+ⓖ 0.5dB

그림 28 게인 조정 스위치 ⓘ 20dB+ⓓ 4dB+ⓖ 1.0dB

그림 29 게인 조정 스위치 ⓘ 20dB+ⓓ 4dB+ⓖ 1.5dB

(14) 그림 30~그림 32는 리젝션(rejection) 스위치(그림 2의 ⓞ)를 사용했을 때의 모양이다. 그림 30은 "0", 그림 31은 "2", 그림 32는 "4"로, 리젝션의 사용량만큼 에코들이 잘려 나가는 모습을 볼 수 있다. 이는 잡음 에코를 제거하는 데는 좋으나 KS 규격에 의해 탐상할 때는 리젝션 "0" 또는 "off"하여 탐상하게 되어 있으므로 시험 시에는 리젝션 스위치를 사용하지 않고 "0"에 위치되어 있는가를 확인한다.

그림 30 리젝션 조절 스위치 0

그림 31 리젝션 조절 스위치 2

그림 32 리젝션 조절 스위치 4

(15) 게이트 스타트 스위치(그림 2의 ⓑ)를 이용하면 게이트 바를 볼 수 있다. 디지털 장비 사용시에는 매우 중요하나, 저자 생각에는 아날로그 장비 사용시에는 별 의미 없으리라 생각한다. 게이트를 이용하여 에코를 표시하는 데 사용할지 모르지만 아날로그 장비는 Frank 방식에 의해 측정하므로 게이트 바를 사용하면 에코를 가리고 얼보이게 되므로 측정이 매우 불편하다. 여하튼 장비에 있는 스위치이므로 설명을 한다. 그림 33은 시계방향으로 회전할 때, 그림 34는 반시계방향으로 회전할 때 게이트 바의 위치를 나타낸다. 시계방향으로 돌려 CRT(Cathode Ray Tube)상에 보이지 않게 하여 사용하기 바란다. 물론 사용하고 싶으면 사용해도 된다.

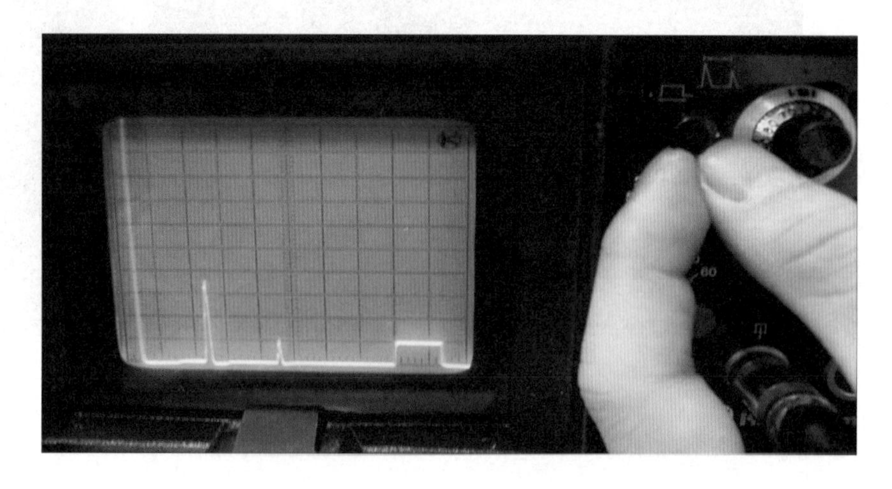

그림 33 게이트 스타트 스위치 시계방향 회전

그림 34 게이트 스타트 스위치 반시계방향 회전

(16) 게이트 폭 조정 스위치(그림 2의 ⓕ)를 이용하면 그림 35, 36과 같이 게이트 바의 폭을 조정할 수 있다.

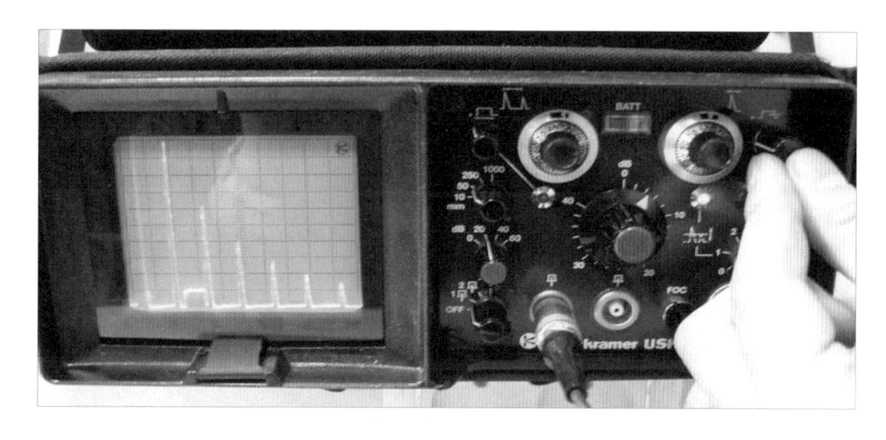

그림 35 게이트 폭 조정 스위치 축소 회전

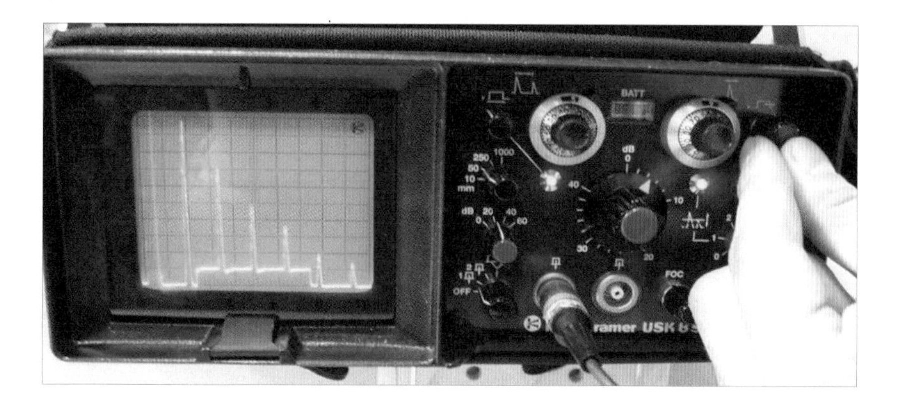

그림 36 게이트 폭 조정 스위치 확대 회전

5. 수직 탐상하기

지금까지 기본 장비 조작 방법을 배웠으며 지금부터 앞장에 설명한 과제 1인 step wedge의 측정 방법을 설명한다. step wedge를 측정하는 방법은 2가지로 나눌 수 있다. 첫 번째 방법인 표준 시험편을 이용하여 "영점"을 조정한 후 측정하는 방법을 설명한다. 이 방법은 가장 일반적인 방법이지만 시험 시험편이 알루미늄(Al)이 나올 경우 시험장에 준비되어 있는 STB-A1이 강(steel)이므로 측정이 불가능하다. 물론 STB-A1(Al)이 준비해 올 경우는 5. (1)의 방법이 사용가능하고 시험편이 없을 경우는 5. (2)의 방법으로 측정해야한다. steel인지 Al인지는 색상과 촉감으로 충분히 구분이 가능하며 시험편의 계단 두께가 너무 얇을 경우도 (2)의 방법이 유리할 수 있다. 그러나 일반적으로 (1)을 사용하여 측정하는 문제가 주로 출제되며 방법의 선정은 수험자가 판단하여 정해야 한다.

그림 37은 step wedge의 실제 형상으로 나무 상자 내부에 시험편이 고정되어 있으며 시험 중 나무 상자와 시험편 분리시 불합격 처리된다.

그림 37 스텝웨지

(1) STB-A1을 이용하여(시험편 방식) Step wedge 측정

수직 "영점" 조정을 위한 STB-A1의 실제 형상과 치수를 알아보자.

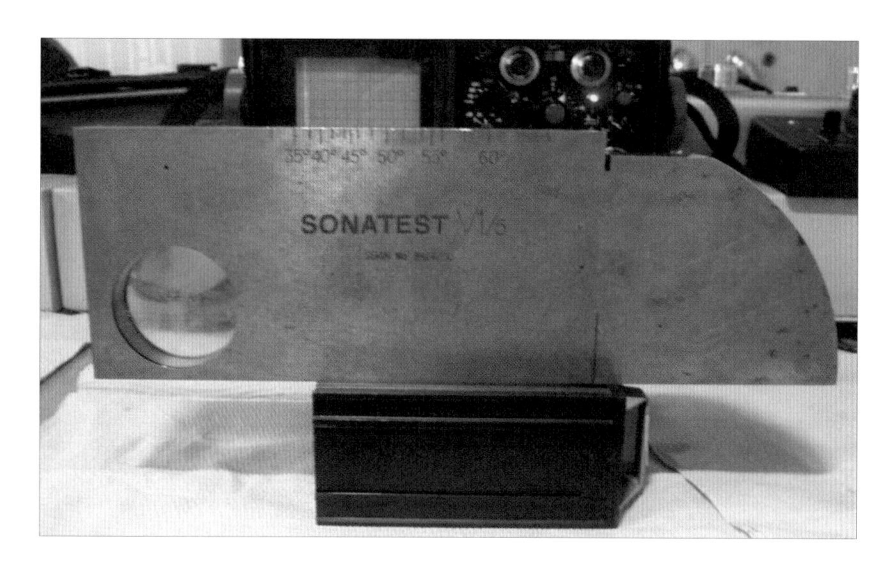

그림 38 STB-A1 시험편

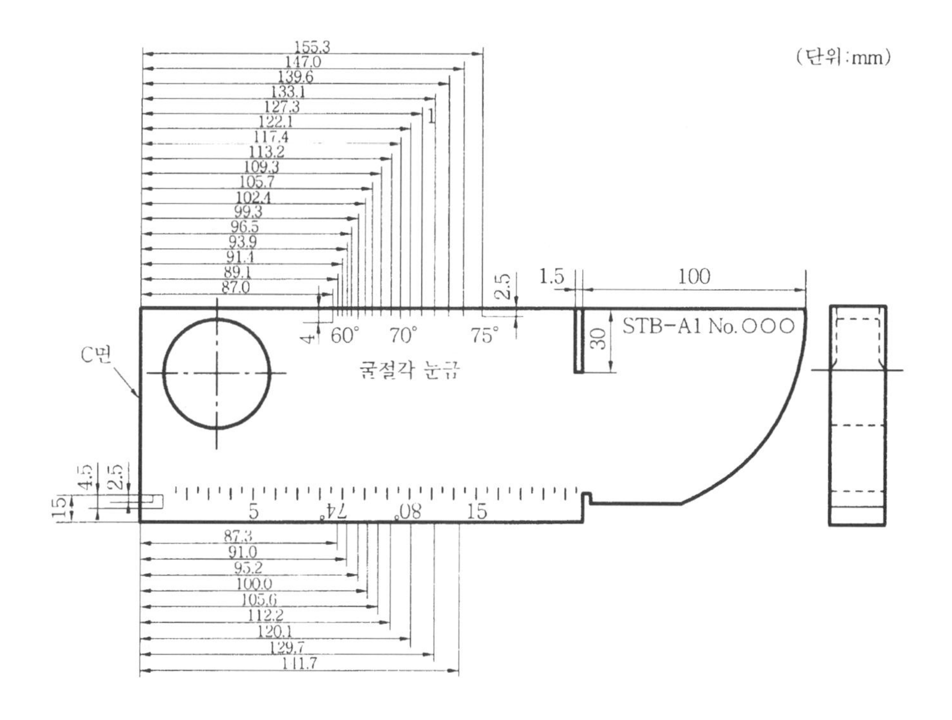

그림 39 STB-A1 시험편 도면

알고 있겠지만 시험편의 형상과 치수를 다시 한번 암기하고 STB-A1 두께 25mm를 이용하여 "영점" 조정한다.

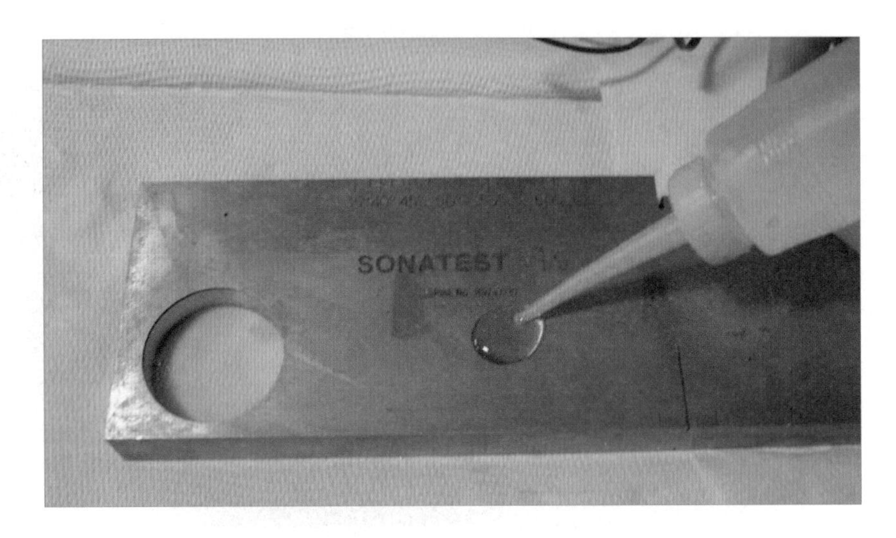

그림 40 접촉매질 시험편에 바름

① 그림 40과 같이 시험편을 위에 접촉매질을 바른다.

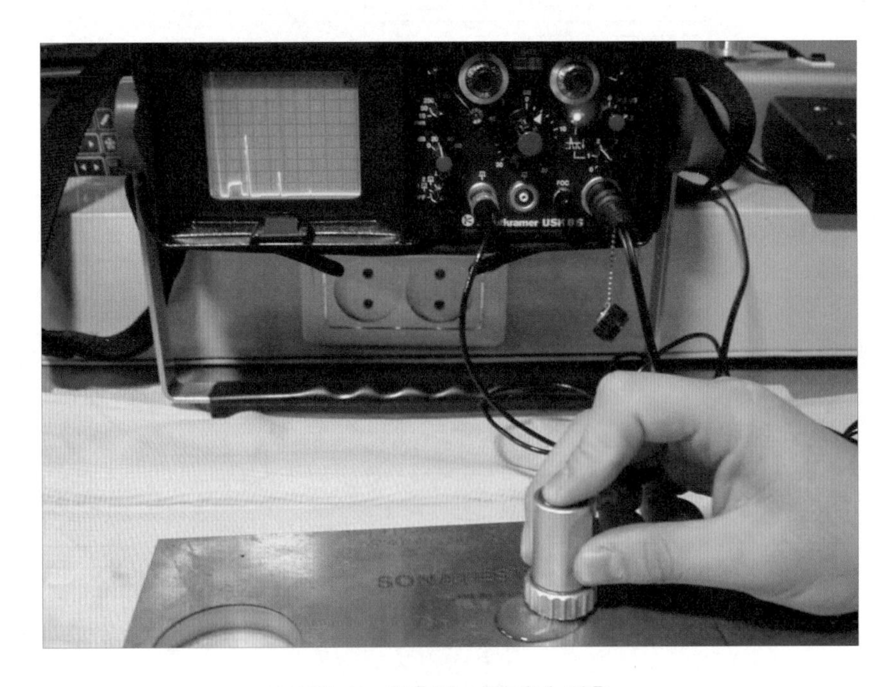

그림 41 탐촉자 시험편에 접촉

② 앞서 설명한 방법(그림 5~10)을 이용하여 탐촉자를 결합 후 그림 41과 같이 시험편에 접촉시킨다. 누르는 힘(2~3kg)은 일정해야 하며 힘이 일정치 않으면 에코의 증폭에 영향이 있다. 연습으로 STB-A1 전체를 이동·주사(탐촉자를 이동하는 행위)하여 에코가 변화되지 않는 연습을 하는 것이 좋다. 초보자는 손이 아플 것이나 연습하면 오히려 점점 힘이 덜함을 느낄 수가 있으며 접촉매질의 장력을 이용하면 한결 부드러운 주사를 얻을 수 있다.

그림 42 측정범위 조정

③ 측정 조정 스위치를 이용하여 그림 42와 같이 조정한다. 스위치가 10, 50, 250, 1000뿐이므로 50의 위치에 조정한 후 실제 측정 범위를 100mm라 생각하고 측정한다. 그림 42에서 보듯이 STB-A1 두께 25mm를 사용할 경우 4개의 에코를 볼 수 있다.

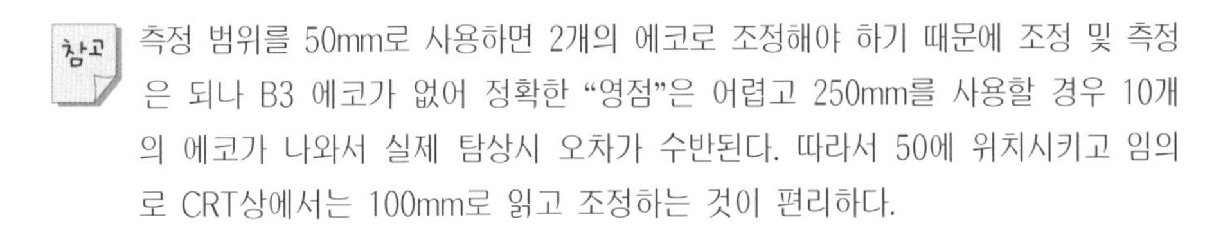

측정 범위를 50mm로 사용하면 2개의 에코로 조정해야 하기 때문에 조정 및 측정은 되나 B3 에코가 없어 정확한 "영점"은 어렵고 250mm를 사용할 경우 10개의 에코가 나와서 실제 탐상시 오차가 수반된다. 따라서 50에 위치시키고 임의로 CRT상에서는 100mm로 읽고 조정하는 것이 편리하다.

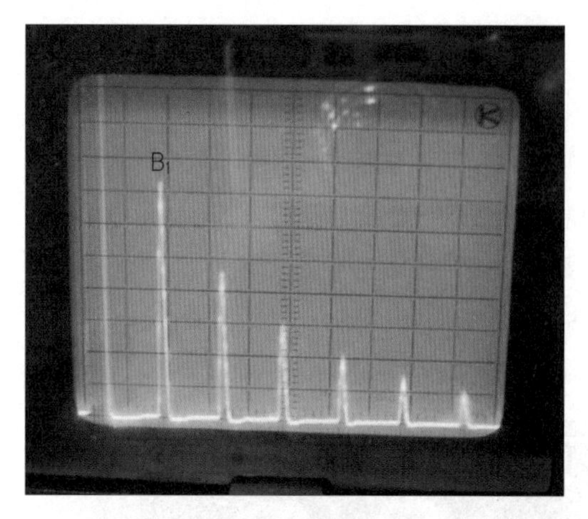

그림 43 게인 조정

④ 에코가 나타나면 그림 43과 같이 3개의 게인 조정 스위치를 이용하여 B_1을 Y축의 80%에 맞춘다.

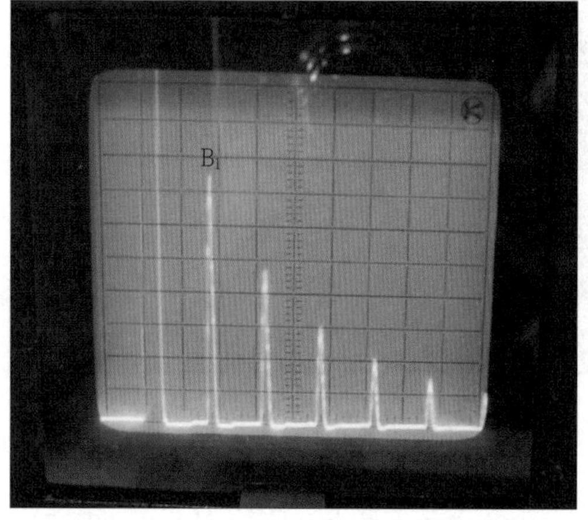

그림 44 소인 지연 스위치 조정

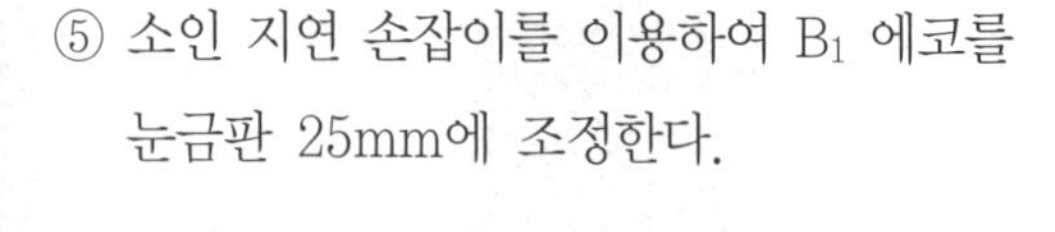

⑤ 소인 지연 손잡이를 이용하여 B_1 에코를 눈금판 25mm에 조정한다.

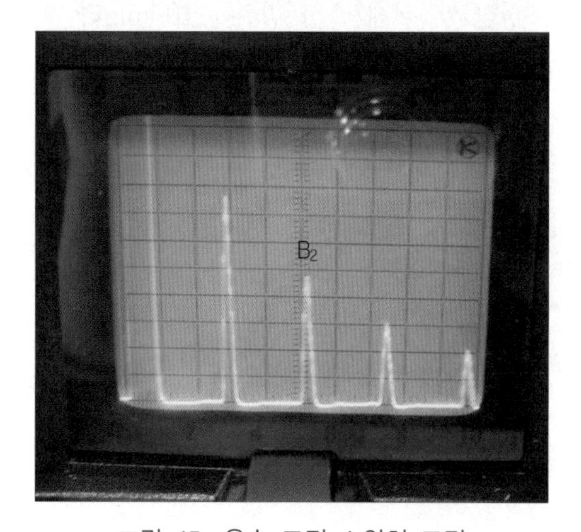

그림 45 음속 조정 스위치 조정

⑥ 음속 조정 손잡이를 이용하여 B_2 에코를 눈금판 50mm 위치한다.

참고 앞의 두 과정을 반복함으로써 “영점” 조정을 할 수 있다. 한 번에 조정이 되지 않으므로 수차례 반복하여 완벽히 조정한다.

⑦ “영점” 조정이 되었다면 step wedge 탐상을 한다.

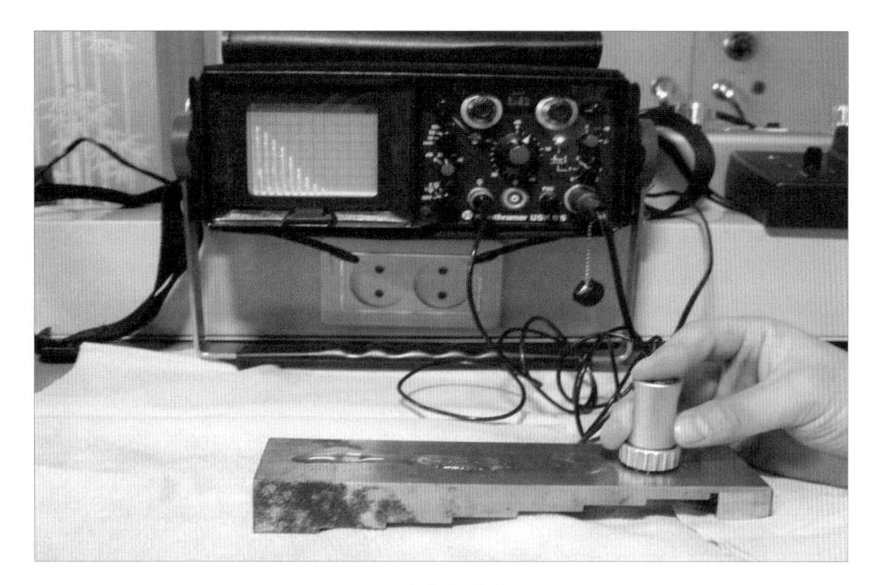

(a) 스텝웨지 탐상 1단

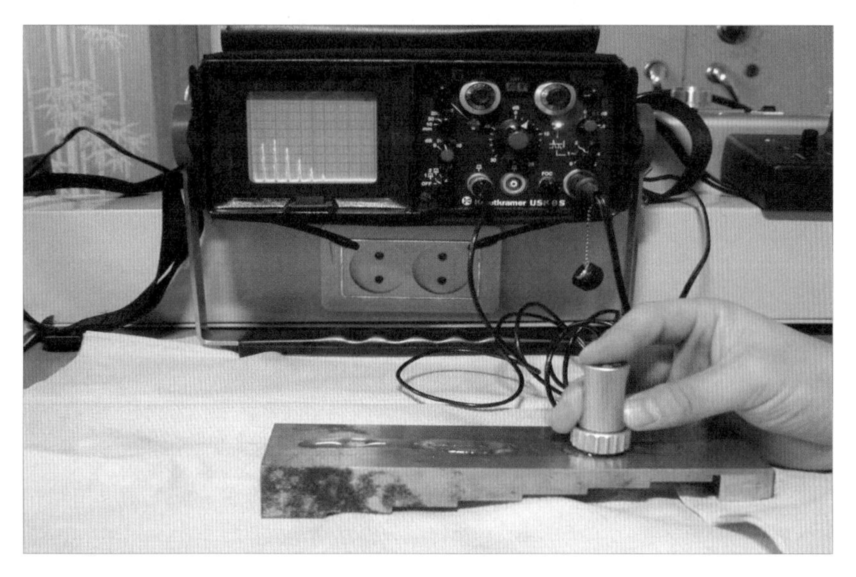

(b) 스텝웨지 탐상 2단

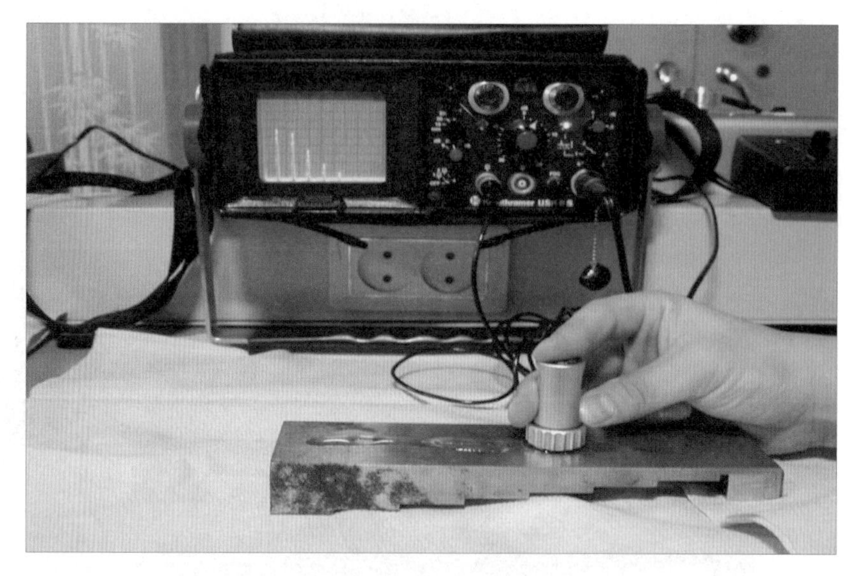

(c) 스텝웨지 탐상 3단

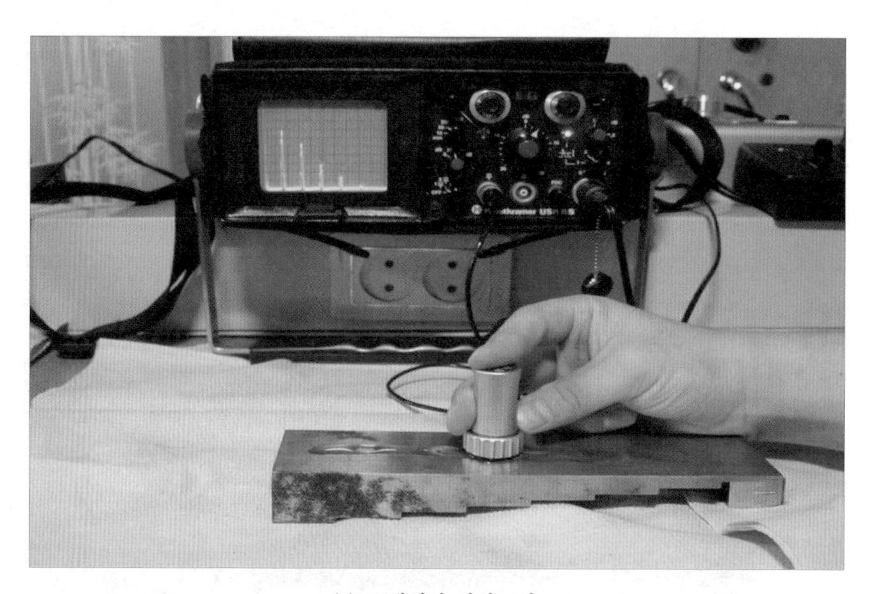

(d) 스텝웨지 탐상 4단

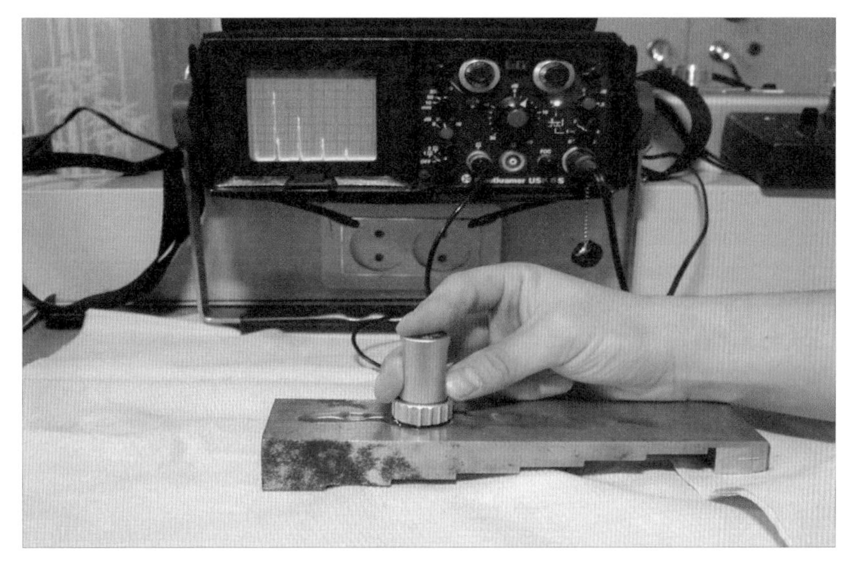

(e) 스텝웨지 탐상 5단

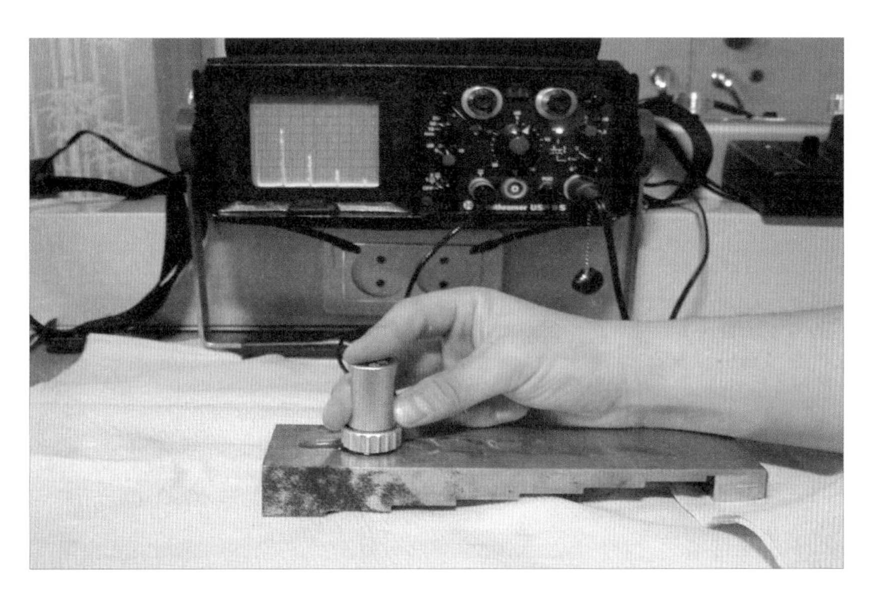

(f) 스텝웨지 탐상 6단

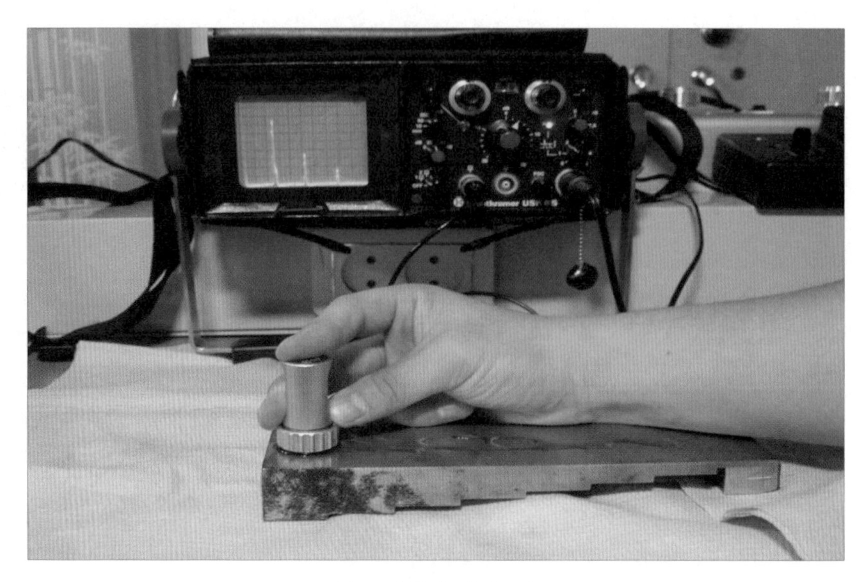

(g) 스텝웨지 탐상 7단

그림 46 스텝웨지 탐상 모양

그림 46은 step wedge 탐상시 1단부터 7단까지의 실제 탐상모양이다.

표 1 측정값 (단위 : mm)

1단	2단	3단	4단	5단	6단	7단
6	8	12	14	18	21	24

문제지에는 1단과 7단을 가르쳐주고 2, 3, 4, 5, 6단을 찾아 넣는 것이 출제되며 STB-A1으로 "영점" 교정 후 시험지에 써있는 1단과 7단 값이 맞는다면 이 방법으로 나머지도 구하면 된다. 만일 맞지 않는다면 가상 두께 측정이므로 5. (2)의 방법을 채택하는 것이 바람직하다.

표 2 실제 시험문제 예

1단	2단	3단	4단	5단	6단	7단
6						24

(2) Step wedge를 이용하여(밑면 에코 방식) 측정

5. (1) 방식으로 측정이 곤란한 경우에 사용하며, 2001년 두께가 극히 얇은 step wedge가 출제된 적이 있으며 B_3 또는 B_4를 이용해야 가능한 문제가 출제된 적도 있다.

1) B_1 에코 이용방법

시험문제가 표 3과 같이 주어진다면 측정범위와 게인 조정을 하고 다음과 같이 측정한다.

표 3 연습문제

1단	2단	3단	4단	5단	6단	7단
10						30

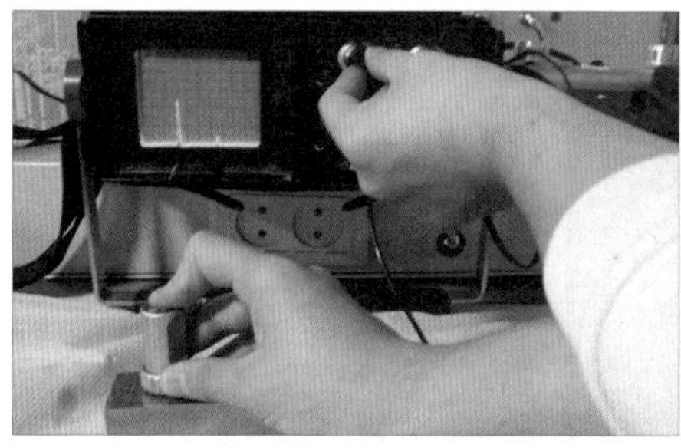
그림 47 7단 30mm 음속 조정 스위치 이용

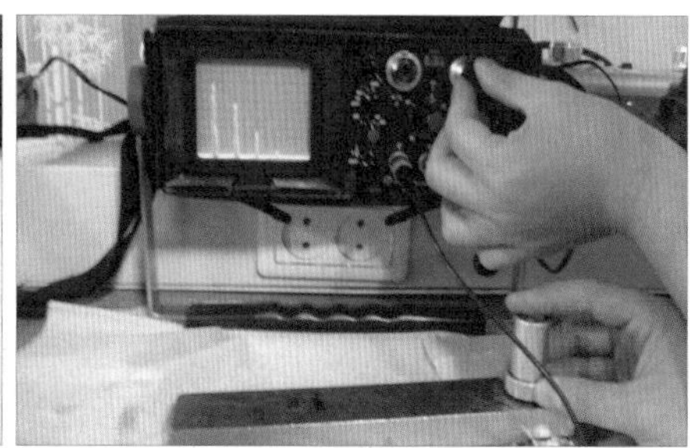
그림 48 1단 10mm 소인 지연 스위치 이용

① 그림 47과 같이 음속 조정 스위치를 이용하여 7단에서 B_1 에코를 30mm 위치에 맞춘다.

② 그림 48과 같이 소인 지연 스위치를 이용하여 1단에서 B1 에코를 10mm 위치에 맞춘다.

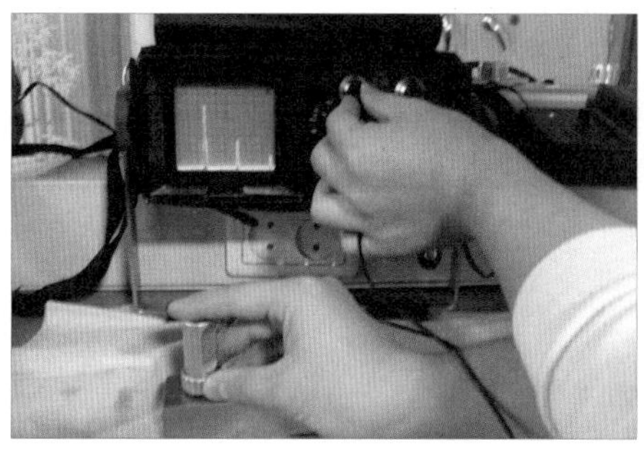
그림 49 7단 30mm 유속 조정 스위치

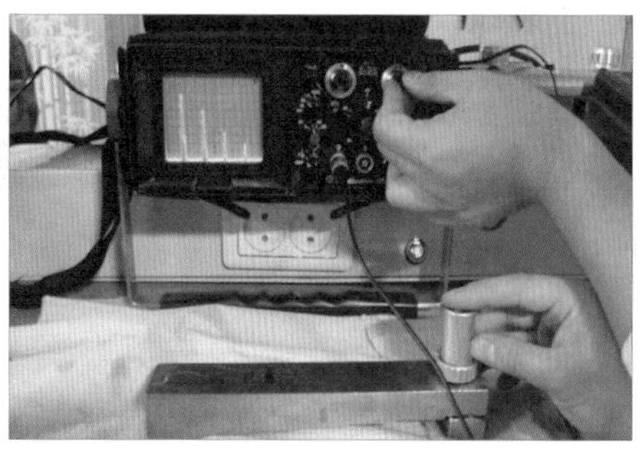
그림 50 1단 10mm 소인 지연 스위치

③ 소인 지연 스위치 조정 후 다시 7단으로 가서 음속 조정 스위치로 다시 B_1 에코를 30mm 위치에 맞춘다.

④ 음속 조정 스위치 조정 후 다시 1단으로 가서 소인 지연 스위치로 B_1 에코를 10mm 위치에 맞춘다.

참고 1단과 7단의 위 과정을 반복함으로써 1단 10mm, 7단 30mm를 맞추게 된다. 이 방법은 여러 번 반복해야 하며 조정시마다 가능한 정확히 해야 오차가 점점 줄어들 것이다.

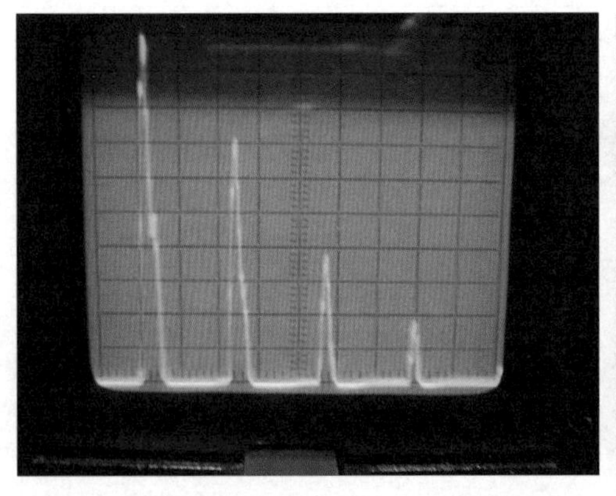

(a) 스텝웨지 탐상 1단

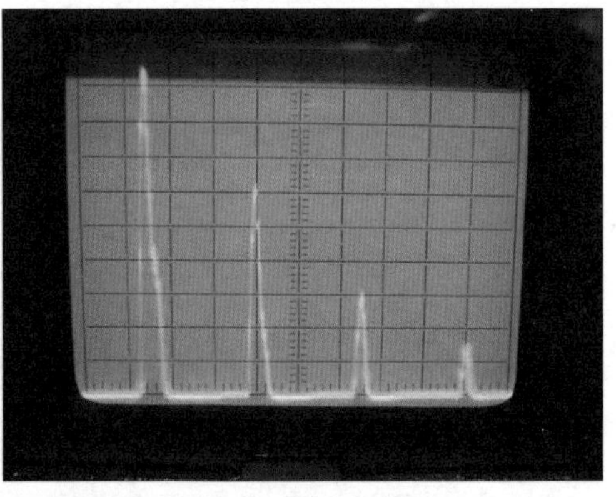

(b) 스텝웨지 탐상 2단

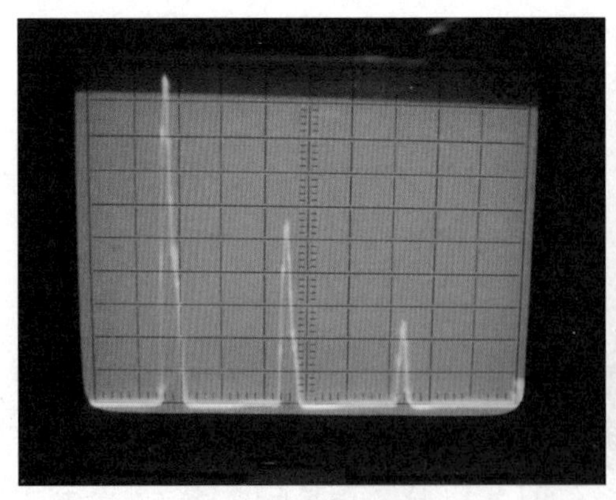

(c) 스텝웨지 탐상 3단

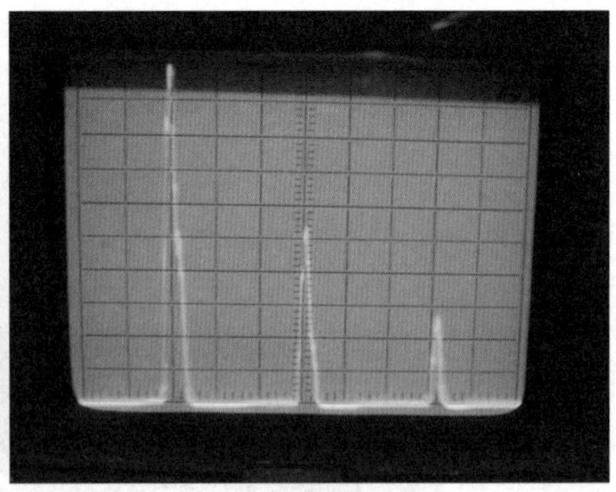

(d) 스텝웨지 탐상 4단

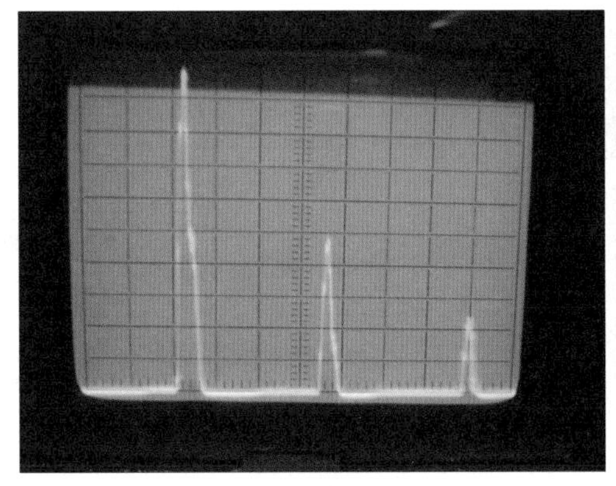

(e) 스텝웨지 탐상 5단

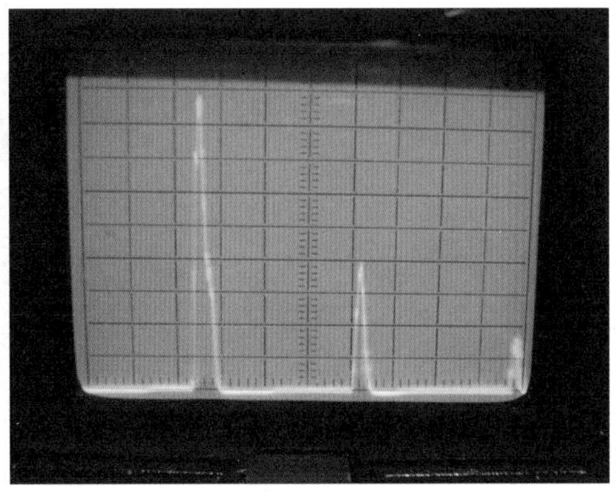

(f) 스텝웨지 탐상 6단

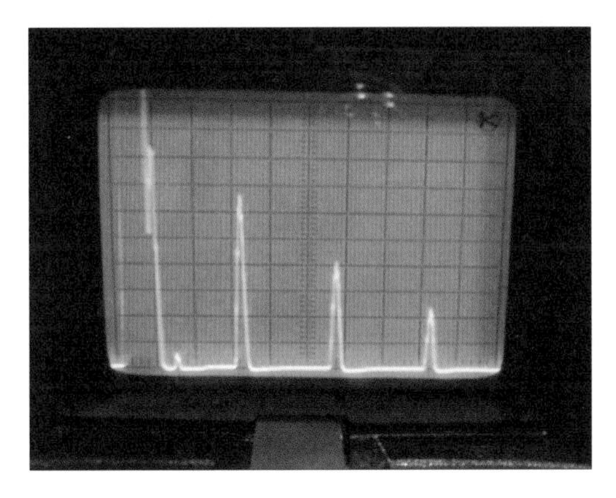

(g) 스텝웨지 탐상 7단

그림 51 B1 에코 이용방법으로 측정한 스텝웨지 탐상 모양

그림 51은 1단~7단의 측정된 CRT 화면이다.

표 4 정답

1단	2단	3단	4단	5단	6단	7단
10	12	14	17	20	23	30

2) B_2 에코 이용방법

B_1 에코를 이용하려 하나 소인 지연 스위치와 음속 조정 스위치의 조정이 불가능한 상태일 경우 B_2 에코를 이용하여 측정한다.

그림 52 7단 30mm 음속 조정 스위치 이용

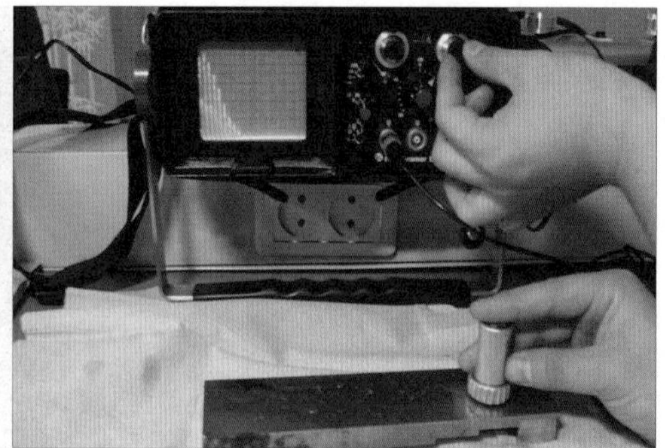

그림 53 1단 10mm 소인 지연 스위치 이용

① 그림 52와 같이 음속 조정 스위치를 이용하여 7단에서 B_2 에코를 30mm 위치에 맞춘다.

② 그림 53과 같이 소인 지연 스위치를 이용하여 1단에서 B_2 에코를 10mm 위치에 맞춘다.

참고 1단과 7단의 위 과정을 반복함으로써 1단 10mm, 7단 30mm를 맞추게 된다. 이 방법은 여러 번 반복해야 하며 조정시마다 가능한 정확히 해야 오차가 점점 줄어들 것이다.

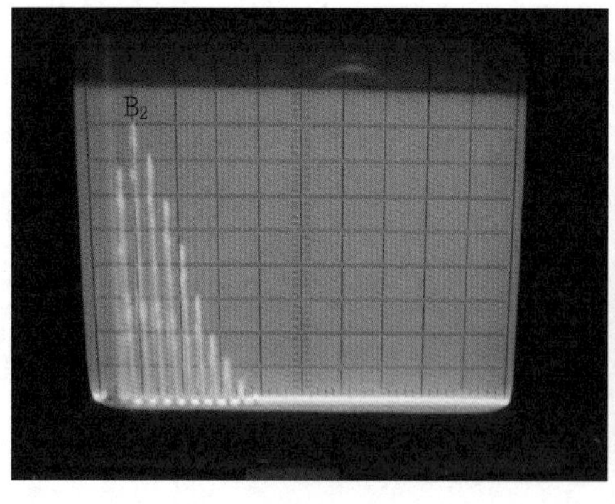

(a) 스텝웨지 탐상 1단

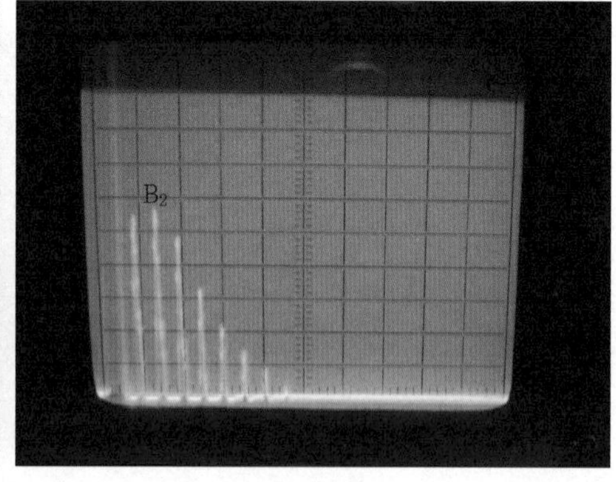

(b) 스텝웨지 탐상 2단

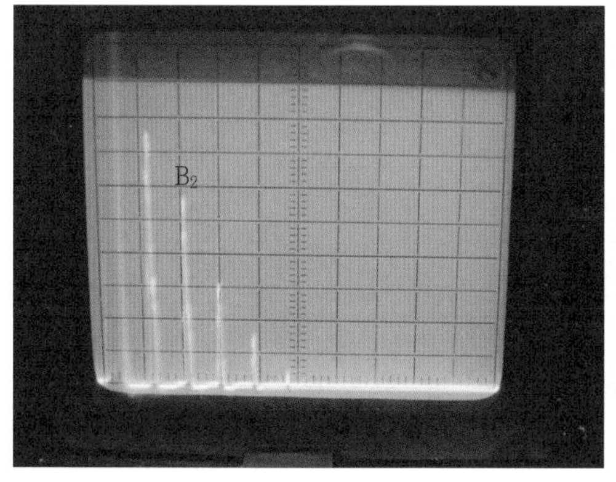

(c) 스텝웨지 탐상 4단

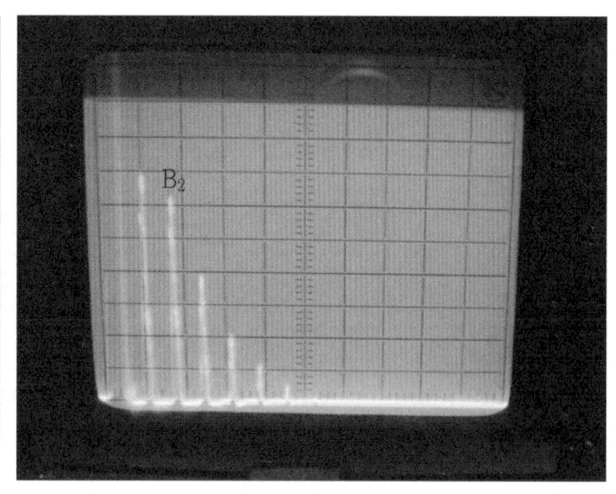

(d) 스텝웨지 탐상 3단

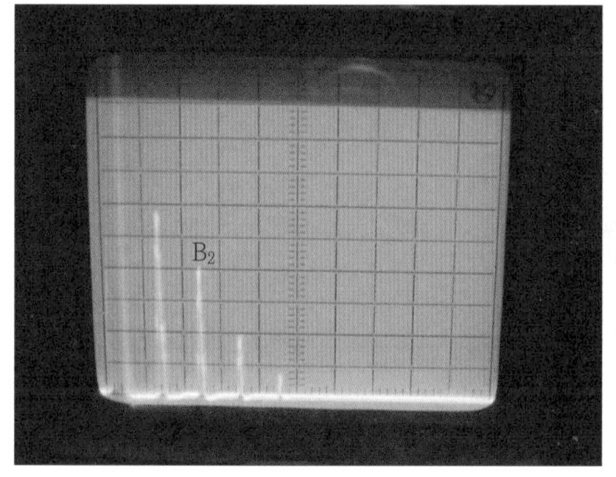

(e) 스텝웨지 탐상 5단

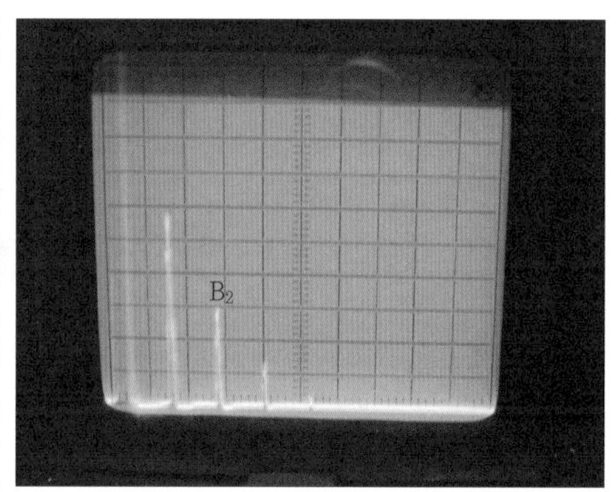

(f) 스텝웨지 탐상 6단

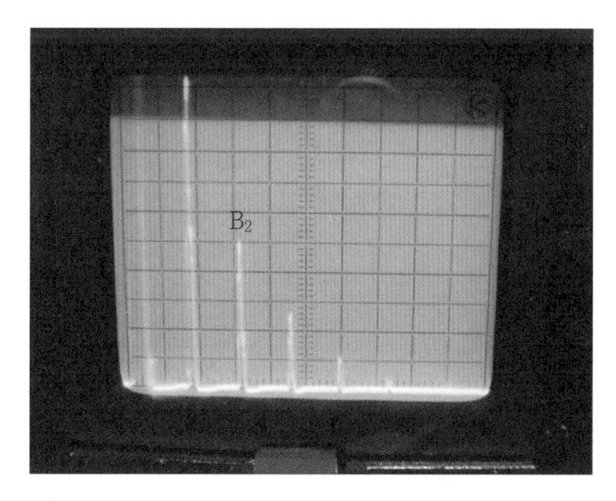

(g) 스텝웨지 탐상 7단

그림 54 B2 에코 이용방법으로 측정한 스텝웨지 탐상모양

그림 54는 1단~7단의 측정된 CRT 화면이다.

표 5 정답

1단	2단	3단	4단	5단	6단	7단
10	13	16	20	22	27	30

참고 B_2 에코로도 조정이 되지 않는다면 B_3, B_4순으로 사용하면 측정이 가능하다. 주의 사항으로는 B_2 이상을 사용할 때에는 송신에코가 보이지 않기 때문에 특히 얇은 단의 에코를 구분하기 힘들다. 그렇기 때문에 단과 단의 이동시 에코에서 눈을 떼지 말아야 한다.

6. 사각 탐상하기

(1) 준비 작업

전원을 연결한 후 예열한다.

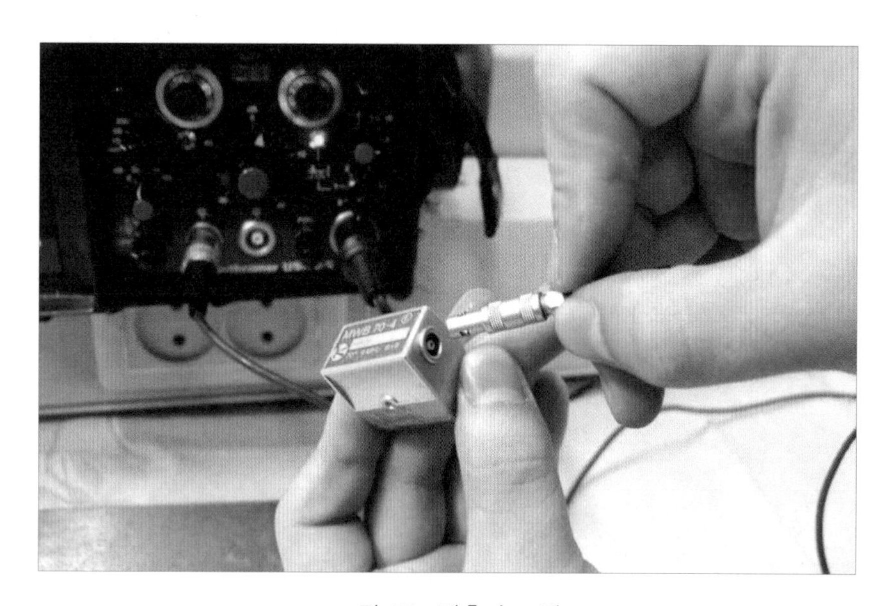

그림 55 탐촉자 교체

탐촉자를 사각 탐촉자로 교체한다.

탐촉자 선정은 KS B 0896에 의거하며 다음과 같다.

표 6 경사 탐상에 사용하는 공칭 주파수

모재의 판 두께 T mm	공칭 주파수 MHz
75 이하	5 또는 2
75 초과	2

KS B 0896에는 위와 같이 규정하고 있으며 시험시에는 5MHz 70°의 탐촉자를 선정하는 것이 바람직하다. 굴절각 70°를 선택하는 이유는 6. (3) 굴절각 측정하기에서 설명한다.

(2) 입사점 측정하기

그림 56 접촉매질 입사점 측정위치에 바르기

그림 56과 같이 STB-A1 시험편을 이용하며 입사점 측정위치에 접촉매질을 바른다.

그림 57 측정범위 조정 250mm

입사점 곡률반경이 100R이므로 측정범위 조정 스위치를 250mm 위치로 조정한다.

참고 250mm로 조정 후 전체 범위를 200으로 하여 측정해도 된다.
본 교재는 250mm로 조정하였으며 250mm로 측정한 그림을 보여준다.

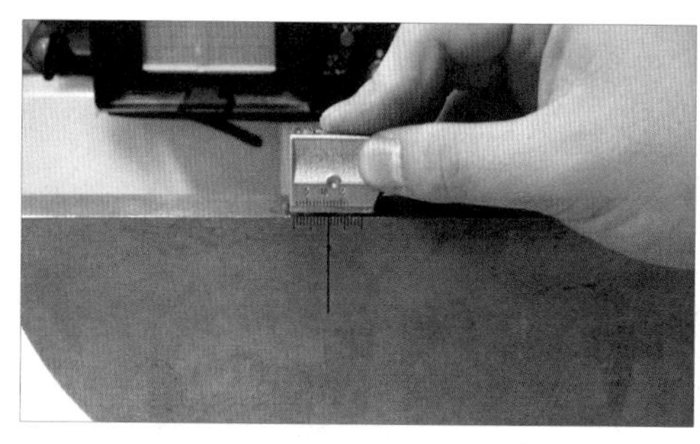

그림 58 사각 탐촉자 시험편에 대기

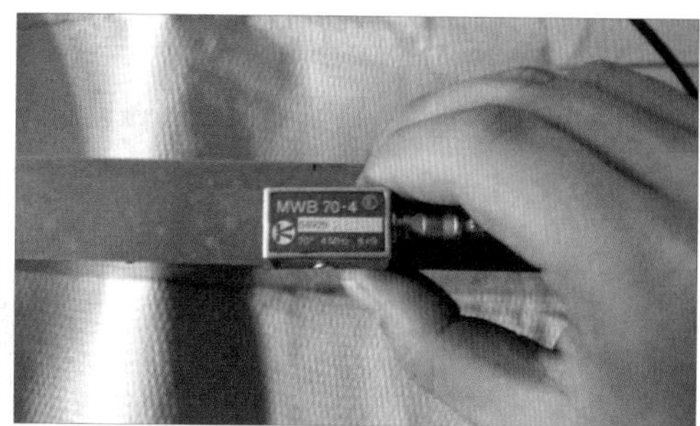

그림 59 시험편 위에서 탐촉자 보기

그림 58은 탐촉자를 입사점 측정을 위하여 시험편에 위치한 상태이며 그림 59는 위에서 본 그림이다. 원칙은 위에서 보았을 때 시험편 중앙에서 탐상하나 에코를 일정하게 나타내기 힘들므로 시험편 좌·우면에 대고 엄지 손가락을 이용하여 고정하는 편이 유리하다.

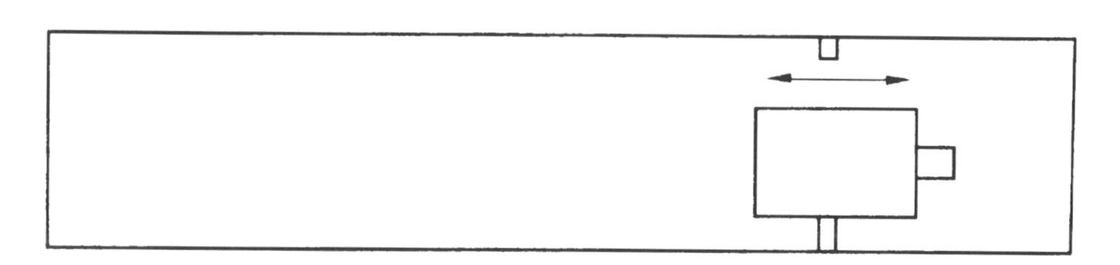

그림 60 탐촉자 전후 주사

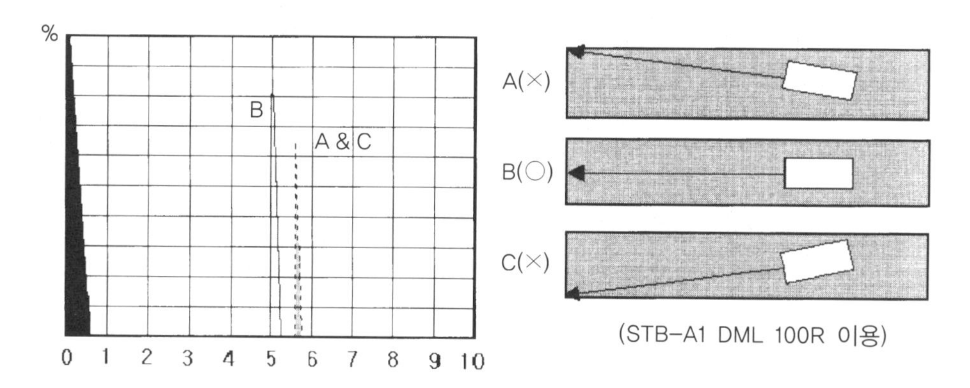

그림 61 목돌림 주사 금지

참고 탐촉자를 대고 양손의 엄지손가락을 탐촉자와 시험편 중간에 위치한 후 좌·우 주사를 하면 목돌림을 방지할 수 있다.

그림 60은 탐촉자 주사법을 나타낸 그림으로 좌·우 주사를 통하여 최대 에코를 찾는다. 그림 61과 같이 목돌림 주사시 임의의 면에 에코가 발생하여 정확한 측정이 어려우므로 절대 목돌림 주사는 하지 않는다.

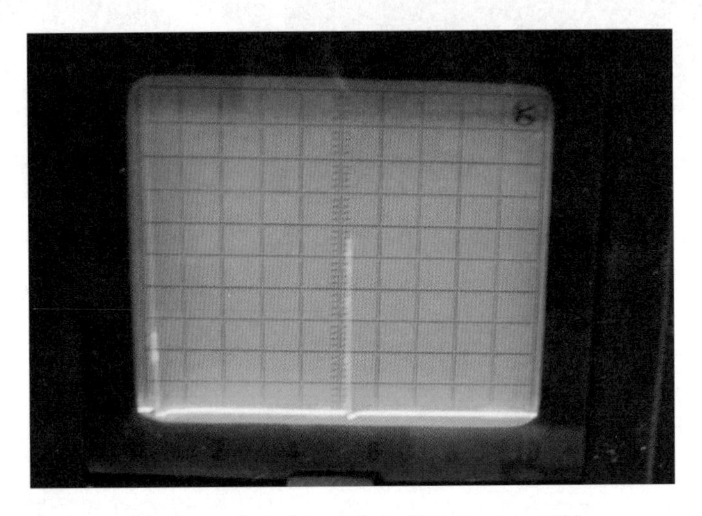

그림 62 입사점에 탐촉자 위치시 피크 모양

입사점에 위치했을 경우의 에코 모양은 다음과 같다.

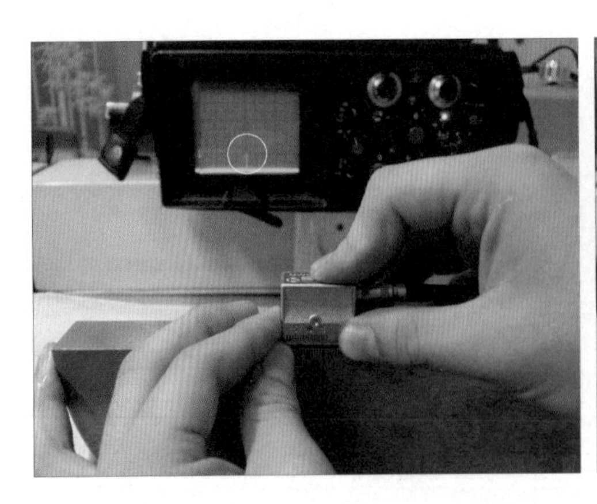

그림 63 최대 피크 찾기(좌로 이동)

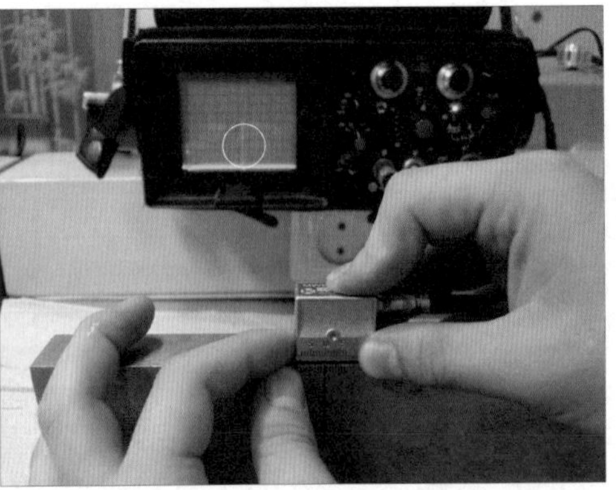

그림 64 최대 피크 찾기(우로 이동)

그림 63은 입사점 측정위치에서 좌로 이동시의 에코 모양이며 그림 64는 우로

이동시의 에코 모양을 나타낸다. 위와 같은 방법으로 최대 에코를 찾아낸다.

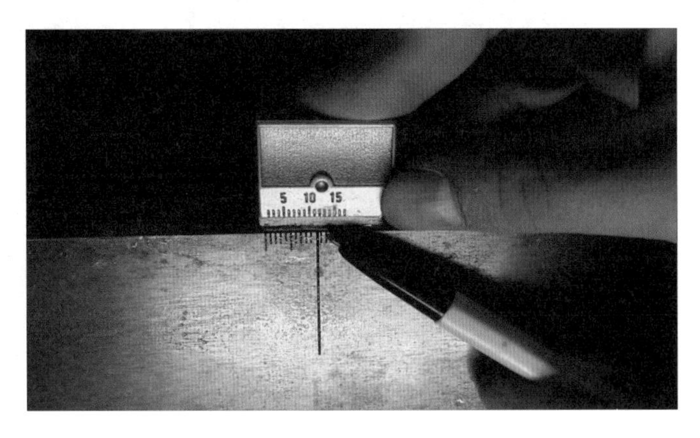

그림 65 입사점 읽기

최대 에코를 찾아낸 후 그림 65와 같이 입사점을 읽는다. 그림 65에서는 입사점이 11.3mm 정도 되나 실제 입사점은 KS B 0896에 의거 1mm 단위로 읽기 때문에 11mm로 읽으면 된다.

참고 시험 중 입사점을 잊어 먹는 경우가 발생하므로 기록해 두어야 한다.

최대 에코를 찾은 후 게인을 조정 스위치를 이용하여 B_1 에코를 80% 위치로 올려놓는다.

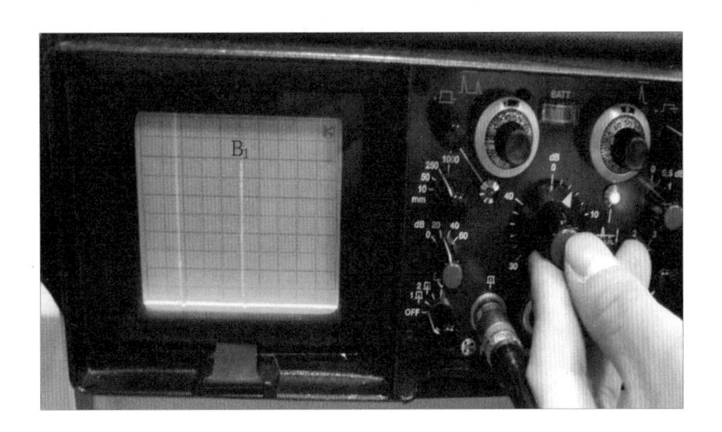

그림 66 게인 조정

그림 67 소인 지연 스위치 조정

소인 지연 스위치를 이용하여 B_1 에코를 100mm 위치에 맞춘다.

그림 68 게인 조정

B_2 에코가 잘 보이지 않으므로 게인을 올려 B_2 에코를 잘 보이게 한다.

음속 조정 스위치를 이용하여 B_2 에코를 200mm 위치에 조정한다. 게인을 내려서 B_1 에코가 80% 위치에 오도록 조정한다.

음속 조정 스위치 조정시 B_1 에코가 100mm에서 움직일 수 있으므로 확인 후 소인지연 스위치와 음속 조정 스위치를 이용하여 B_1 에코 100mm, B_2 에코 200mm의 위치에 오도록 조정한다.

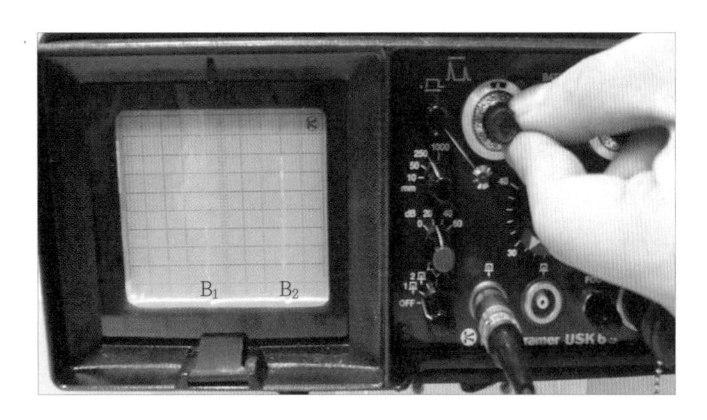

그림 69 음속 스위치 조정

(3) 굴절각 측정하기

표 7 사용하는 탐촉자의 공칭 굴절각

판두께 mm	사용하는 탐촉자의 공칭 굴절각(도)	음향 이방성을 가진 시험체의 경우에 사용하는 공칭 굴절각(도)
40 이하	70	65 또는 60(1)
40 초과 60 이하	70 또는 60	
60을 넘는 것	70과 45의 병용 또는 60과 45의 병용	65와 45의 병용 또는 60과 45의 병용(1)

주(1) 공칭 굴절각 60°는 공칭 굴절각 65°의 적용이 곤란한 경우에 적용한다.

KS B 0896에 의거하면 시험 볼 때 나오는 시험편의 두께가 40mm 이하이므로 70°를 선택한다.

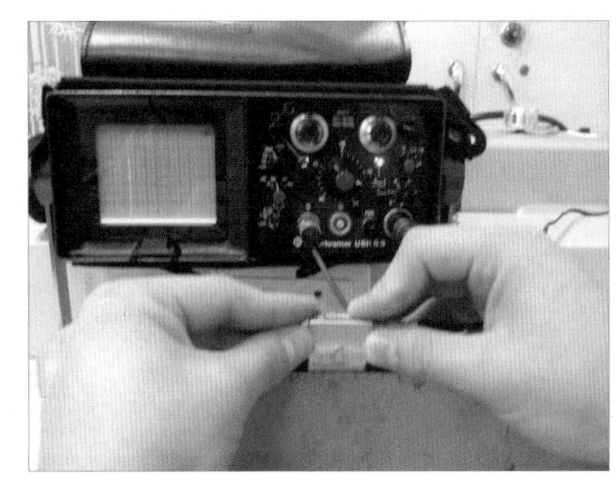

그림 70 70° 위치 시험편에 탐촉자 대기

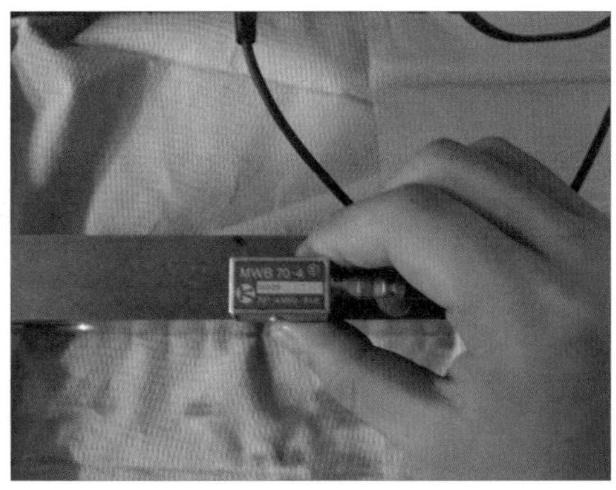

그림 71 시험편 위에서 탐촉자 보기

STB-A1 시험편 굴절각 70°의 위치에 접촉매질을 바른 후 탐촉자를 50ϕ 위치를 겨냥하여 에코를 탐상한다.
탐촉자 주사방법은 입사점 측정방법과 같이 좌·우 주사를 원칙으로 목돌림 주사를 하지 않는다.
STB-A1 시험편을 이용한 각 굴절각 측정 위치의 모습을 그림 72에 나타내었다. 시험편 제조회사에 따라 시험편에 아라비아 숫자로 조각되어 있는 것도 있고 없는 것도 있으므로 탐촉자 위치를 잘 익혀 놓기 바란다.

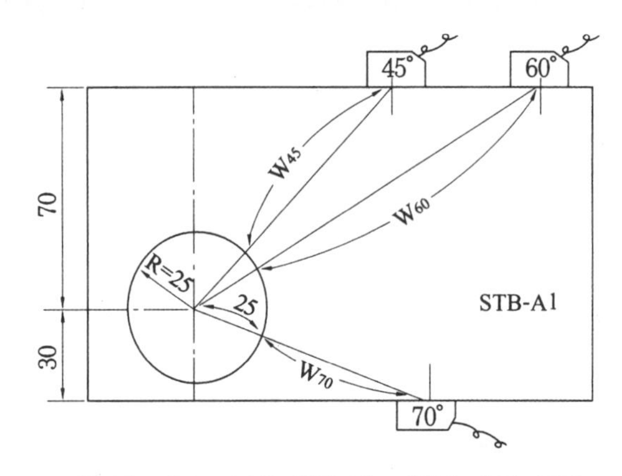

그림 72 STB-A1을 이용 각 굴절각 측정 위치

30°~70°는 지름 50mm 구멍을 이용하고, 74°~80°는 지름 1.5mm 관통 구멍을 이용한다.
그림 73은 기준 70° 위치에서 좌로 주사, 그림 74는 기준 70° 위치에서 우로 주사하여 최대 에코를 찾아낸다. 그림 75는 최대 에코의 CRT 화면이다. 최대 에코가 잘 뜨지 않을 경우에는 접촉매질이 밀려 공기층이 차 있을 수 있으므로 다시 접촉매질을 바르고 탐상한다.

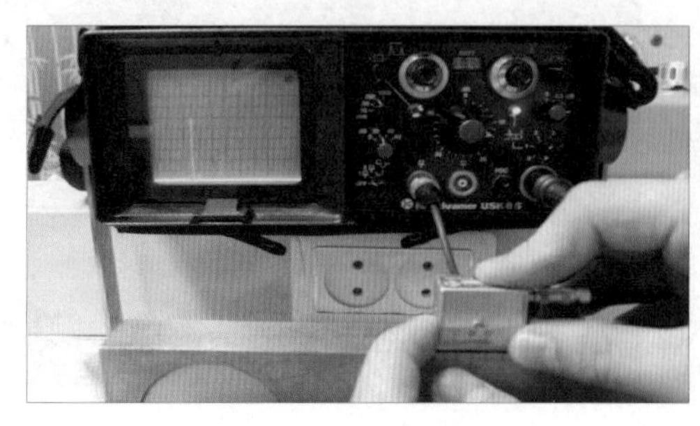

그림 73 좌로 이동

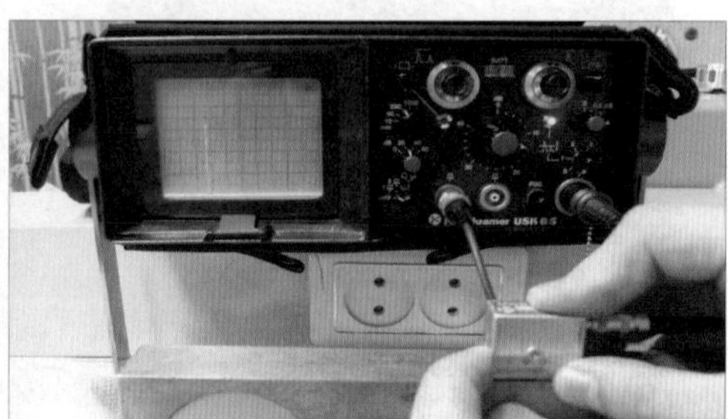

그림 74 우로 이동

에코의 높이를 잘 볼 것

굴절각은 KS B 0896에 의거하여 0.5° 단위로 측정을 한다. 만약, 70.3°가 나올 경우 70.5°로 읽으면 된다. 상온(10~30℃)에서 ±2° 범위 내로 측정을 해야 한다. 측정한 값이 ±2°를 넘어갈 경우 탐촉자를 교환해야 한다. 단, 공칭 굴절각 35°의 경우는 0°~+4° 범위 내로 한다.
그림 75를 기준으로 측정했을 때 실제 굴절각 70°가 나왔으며 W_f값은 62mm가 측정되었다. 이 값을 다음 식에 대입한다.
$(W_f+25)\times\cos\theta=30\pm0.5$(mm)의 오차 범위에 들어야 한다. 대입하면 $(62+25)\times\cos70=29.8$mm(소수점 둘째자리 반올림)이고 범위 안에 들어가므로 사용이 가능하다.

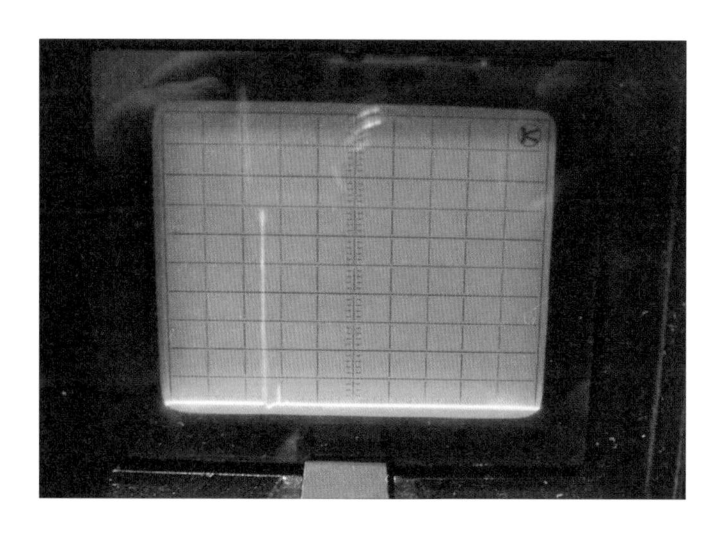

그림 75 최대 피크

오차 범위 내로 계산 값이 들어가지 않는다면 입사점 조정부터 굴절각 측정까지 다시 하여야 하며 대부분 최대 에코를 잡지 못해 벌어진 현상일 것이다. 디지털 장비를 이용할 경우 탐상기에 지시하는 S값을 이용하여 계산 후 오차범위 내에 존재시 입사점과 실제 굴절각을 장비에 입력한다.

예 굴절각 45° 또는 60°를 사용할 때의 식
$(W_f+25)\times\cos\theta=70\pm0.5$(mm)의 오차 범위

(4) 기준 감도 측정

그림 76 STB-A2

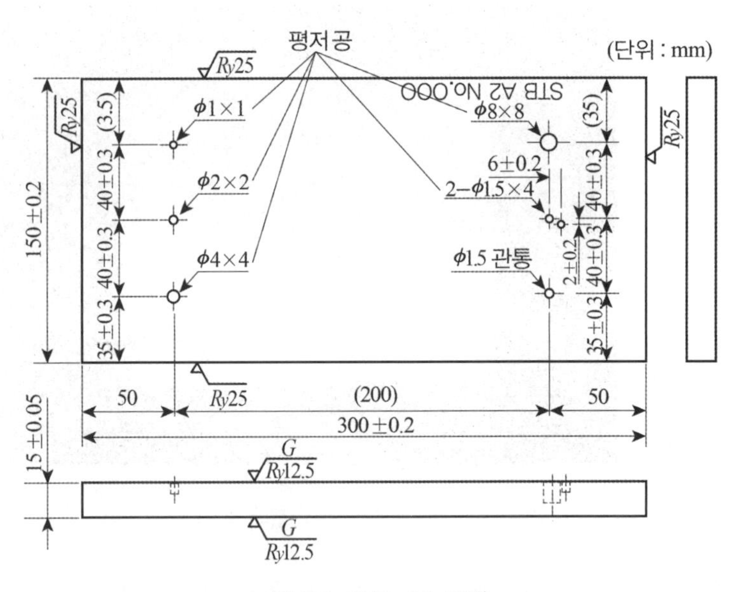

그림 77 STB-A2 도면

참고 구멍 깊이 공차는 ±0.2mm,
치수 허용차는 ±0.1mm로 한다.

그림 76은 STB-A2 시험편의 실제 사진이며 그림 77은 STB-A2의 도면을 나타낸다.

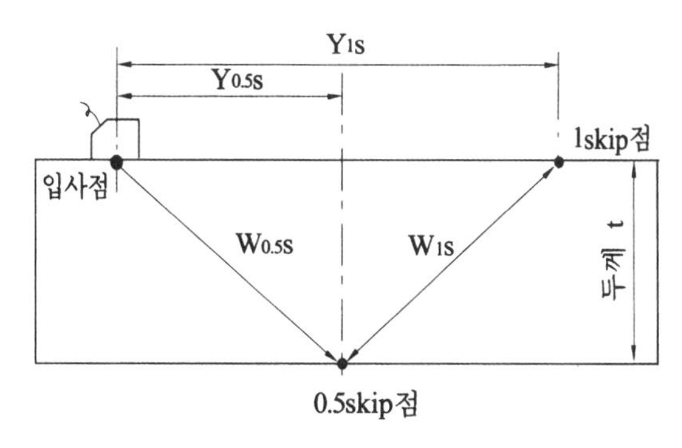

그림 78 사각 탐상의 기하학

그림 78은 사각 탐상시 사용되는 용어를 나타내며 계산식은 다음과 같다.

1) $W_{0.5s}$: 입사점에서 0.5skip점까지의 거리를 0.5skip 빔 거리라 하고, 기호로는 $W_{0.5s}$를 사용한다.

$$W_{0.5s} = t/\cos\theta$$

2) W_{1s} : 입사점에서 1skip점까지의 거리를 1skip 빔 거리라 하고, 기호로는 W_{1s}를 사용한다.

$$W_{1s} = 2\times2\,W_{0.5s} = 2t/\cos\theta$$

3) $Y_{0.5s}$: 입사점에서 0.5skip점까지의 탐상면상 거리를 0.5skip 거리라 하고, 기호는 $Y_{0.5s}$로 표시한다.

$$Y_{0.5s} = t\times\tan\theta = W_{0.5s}\times\sin\theta$$

4) Y_{1s} : 입사점에서 1skip점까지의 탐상면상 거리를 1skip 거리라 하고, 기호는 Y_{1s}로 표시한다.

$$Y_{1s} = 2\,Y_{0.5s} = 2t\times\tan\theta = W_{0.5s}\times\sin\theta$$

5) 결함 깊이(d)

직사법으로 결함을 검출한 경우 : $d = W_f\times\cos\theta$

1회 반사법으로 결함을 검출한 경우 : $d=2t-W_f\times\cos\theta$

여기서 t : 모재 두께, θ : 실제 굴절각,
W_f : 입사점에서 결함까지의 빔 행정거리

그림 79~그림 80은 STB-A2의 4×4 평저공 중심에서 시험편 끝부분을 측정한 모습이다. X축은 50mm, Y축은 35mm이다.

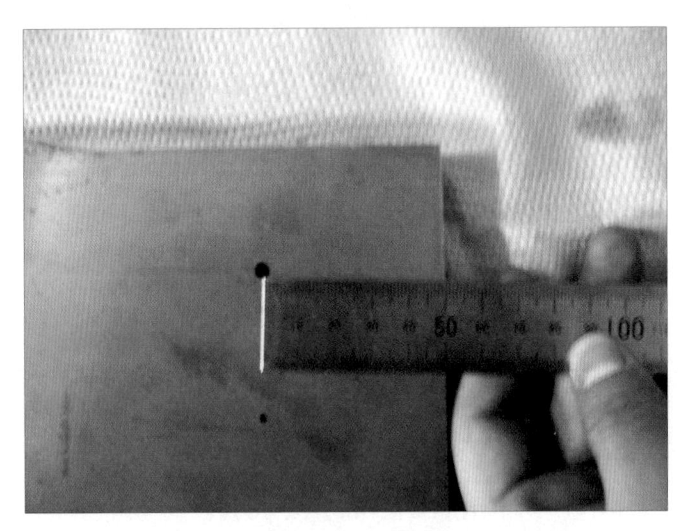

그림 79 4×4 인공결함 위치측정 가로 50mm

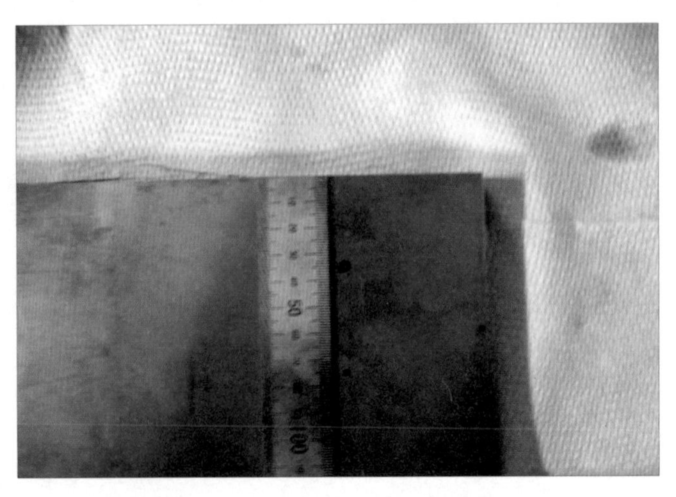

그림 80 4×4 인공결함 위치측정 세로 35mm

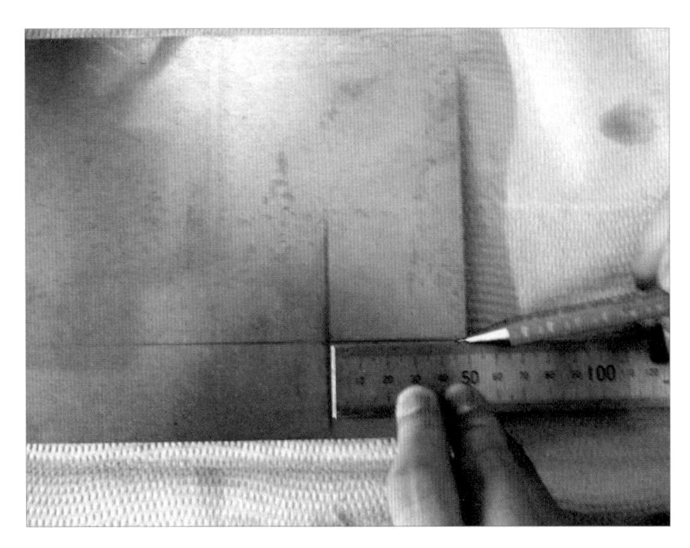

그림 81 4×4 인공결함 위치표시하기

그림 81과 같이 시험편을 뒤집어서 4×4 평저공 위치를 표시한다.

그림 82 0.5skip 위치 선긋기

$Y_{0.5s}=t\times\tan\theta$이므로 STB-A2의 두께 15mm와 굴절각 70°를 대입하면 41.21mm가 나오며 이 값을 4×4 평저공의 위치에서 측정한 후 선을 긋는다.

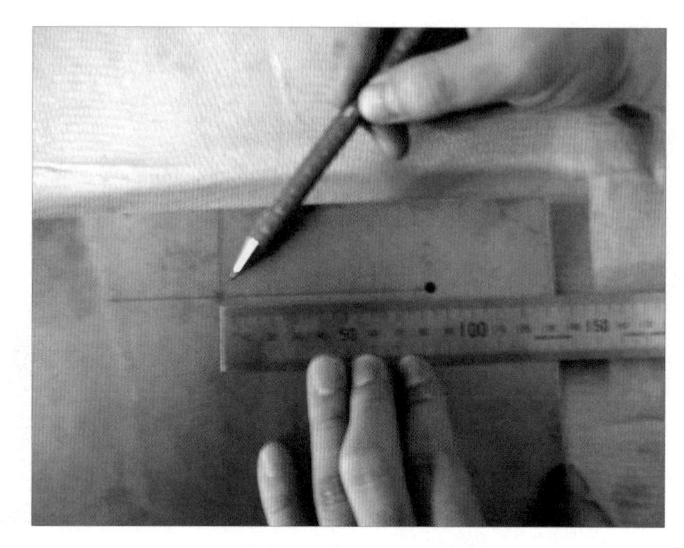

그림 83 1skip 위치 선긋기

$Y_{1s}=2Y_{0.5s}$이므로 시험편을 뒤집어 4×4 평저공이 있는 부분에서 82.42mm 위치에 선을 긋는다.

그림 84 1.5skip 위치 선긋기

$Y_{1.5s}=3Y_{0.5s}$이므로 다시 시험편을 뒤집어 123.63mm 위치에 선을 긋는다.

그림 85는 0.5skip 범위에서 4×4 평저공을 겨냥하여 탐상했을 때의 에코 모양을 나타낸다. 주의사항은 그림 82에서 그은 선을 탐촉자가 넘어가지 않아야 한

다. 탐촉자가 선을 넘어갈 때는 1skip의 탐상이 되기 때문이다. 그림 85와 같이 탐상했을 때 2개의 에코를 볼 수 있다.

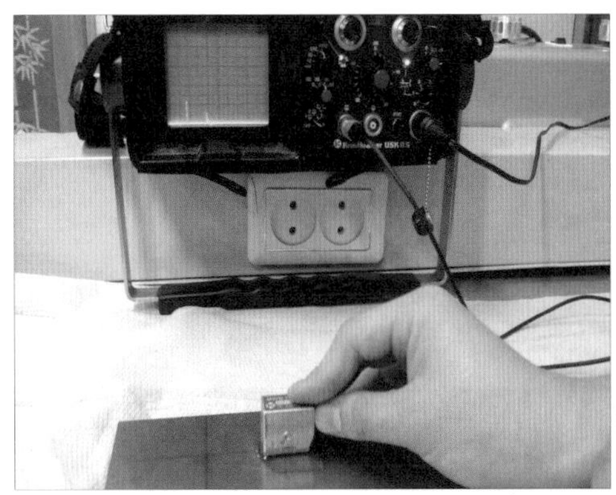

그림 85 0.5skip 위치에서 탐상

그림 86 0.5skip 위치에서의 최대 피크

우선 마커를 읽어보면 첫 번째 에코는 W_f가 40mm로, 두 번째 에코는 W_f가 90mm로 측정되었다. 이 값을 $Y=W_f \times \sin\theta$에 대입하면 첫 번째 에코는 37.58mm, 두 번째 에코는 84.57mm가 산출된다. 이에 탐촉자 앞에서 자로 측정하면 첫 번째 에코는 4×4의 평저공을, 두 번째 에코는 시험편의 모서리를 나타냄을 알 수 있다. 그림 86은 0.5skip에서 나오는 첫 번째 에코의 최대 피크를 좌·우, 전·후 주사를 통하여 찾아냈을 때의 모양이며, 목돌림 주사를 하지 않도록 각별히 주의한다.

그림 87 기준감도 조정 80%

게인 조정 스위치를 이용하여 첫 번째 에코가 80%에 오도록 조정한다. 조정시 에코가 흔들리지 않아야 하므로 탐촉자의 누르는 힘은 일정하게 유지한다. 그림 87의 기준 감도는 45dB을 나타낸다.

이때의 게인 값을 기준 감도라 부르며 이 게인 값은 이면지에 적어 기억해야 한다. 디지털의 경우 dB Ref(크라우트 크라마 디지털 장치의 예) 키를 누르면 저장된다.

(5) DAC 작성하기

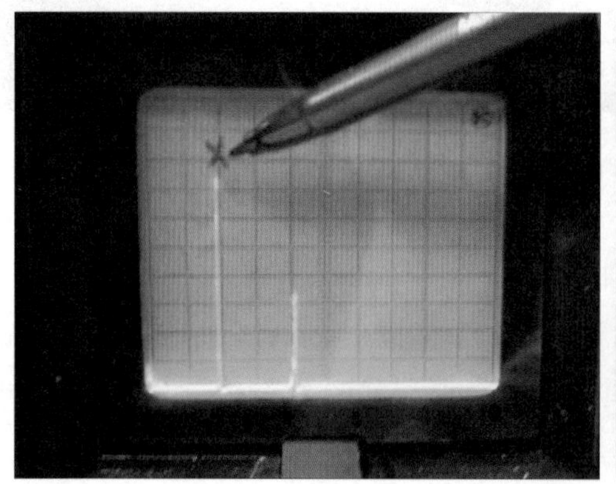

그림 88 기준 감도 점찍기

그림 89 −6dB 점찍기

그림 90 −6dB 점찍기

그림 88은 기준 감도에 컴퓨터용 사인펜을 이용하여 "×" 표시한다. 그림 89와 같이 기준감도 −6dB를 하여 "×" 표시한다. 그림 90과 같이 다시 −6dB하여 "×" 표시한다.

그림 91 +12dB 점찍기

표시 후 원래의 기준 감도로 복귀한다(+12dB).

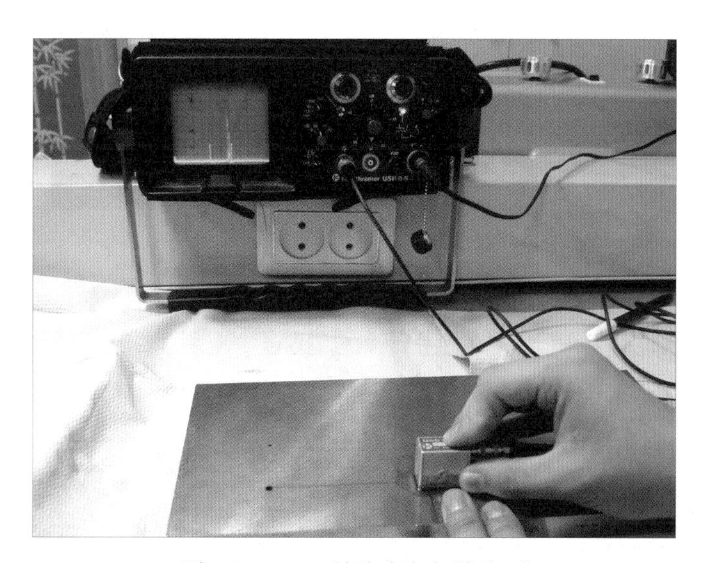

그림 92 1skip 위치에서의 최대 피크

그림 92와 같이 1skip의 위치에서 에코를 측정한다. 첫 번째에 p. 66의 내용과 같이 계산하고, p. 68의 내용과 같이 주사하여 최대 에코를 찾는다.

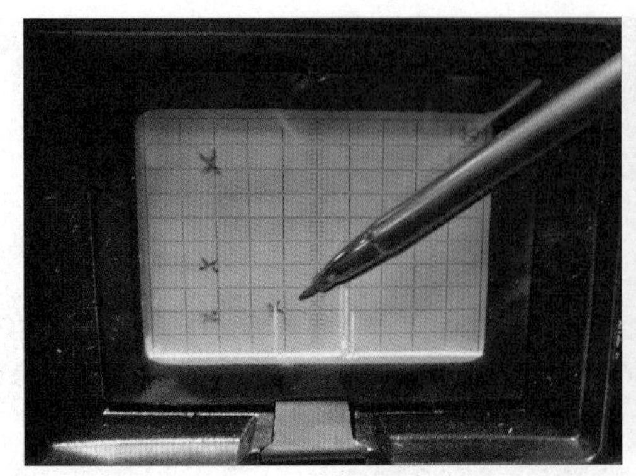

그림 93 1skip 최대 피크 점찍기

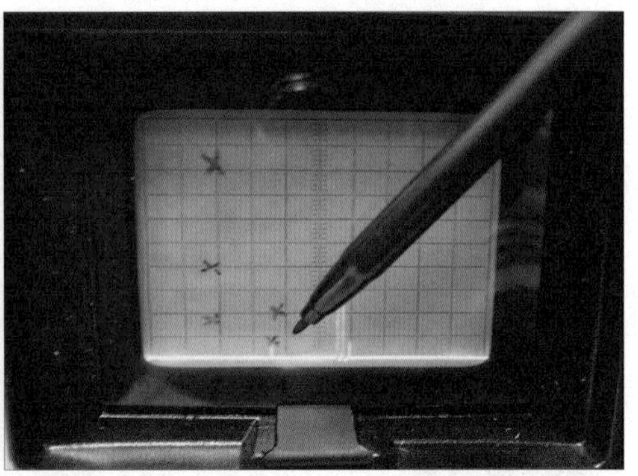

그림 94 －6dB 점찍기

그림 95 －6dB 점찍기

그림 93은 최대 피크에 컴퓨터용 사인펜을 이용하여 "×" 표시하고, 그림 94와 같이 기준 감도 －6dB를 하여 "×" 표시 후 그림 95와 같이 다시 －6dB하여 "×" 표시한다.

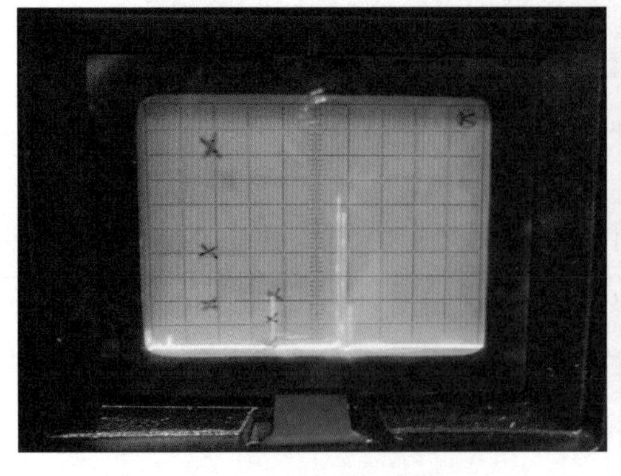

그림 96 ＋12dB 점찍기

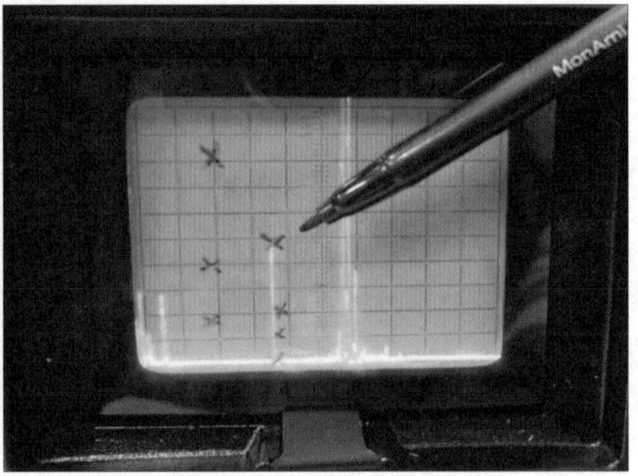

그림 97 ＋6dB 점찍기

그림 96은 표시 후 기준 감도로 조정된 모습이며, 그림 97은 기준 감도 +6dB 위치에서의 "×" 표시 그림이다.
그림 97과 같이 표시 후 다시 기준 감도인 45dB로 조정한다.

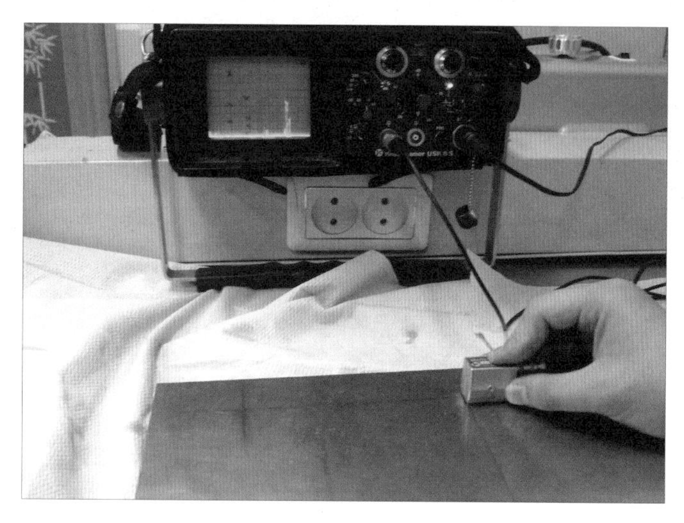

그림 98 1.5skip 위치에서의 최대 피크

다시 시험편을 뒤집어 1.5skip 위치에서 최대 에코를 찾는다. 측정 방법은 앞과 동일하다.

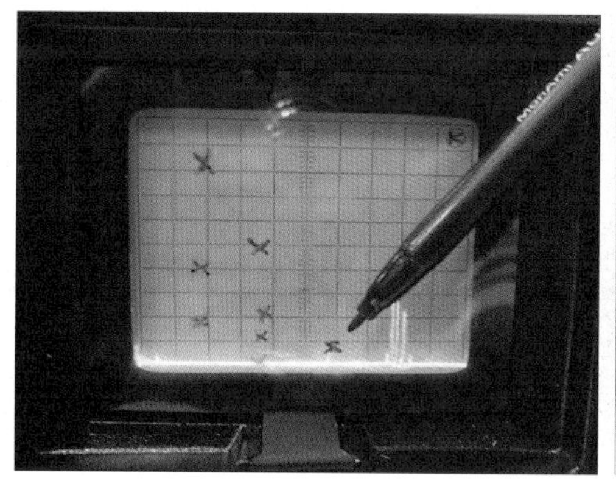

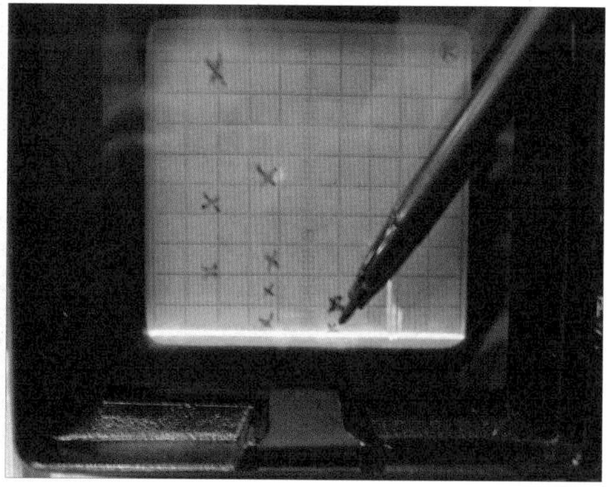

그림 99 1.5skip 최대 피크 점찍기

그림 100 −6dB 점찍기

그림 99는 1.5skip의 최대 피크를 "×" 표시한 모양이고 −6dB 후의 "×" 표시 모양은 그림 100에 나타내었다. 원칙은 −6dB 더 내려 표시해야 하나 에코가

너무 작아 표시가 어려우므로 그림 101, 102와 같이 +6dB 조정한다.

그림 101 기준 감도 +6dB 점찍기

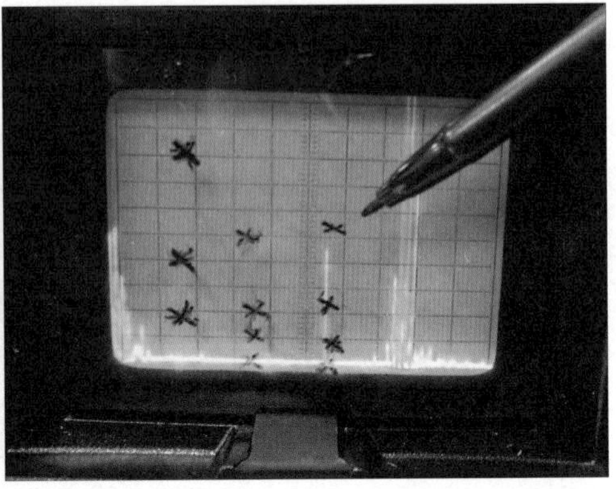

그림 102 기준 감도 +12dB 점찍기

그림 101은 기준 감도에서 +6dB, 그림 102는 기준 감도에서 +12dB를 조정하여 "×" 표시한 그림이며, "×" 표시 후 원래 기준 감도 값(−12dB) 45dB로 조정한다.

• 선 연결하기

그림과 같이 선을 연결한다.

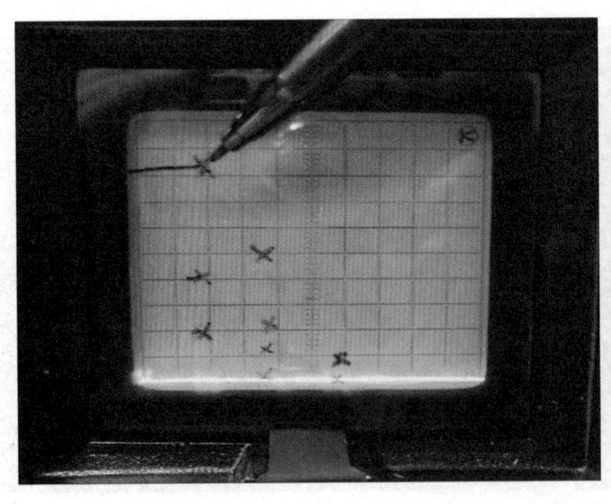

그림 103 선 연결 1

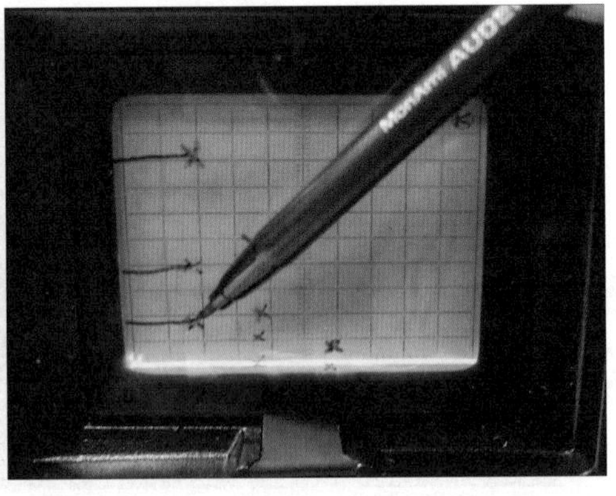

그림 104 선 연결 2

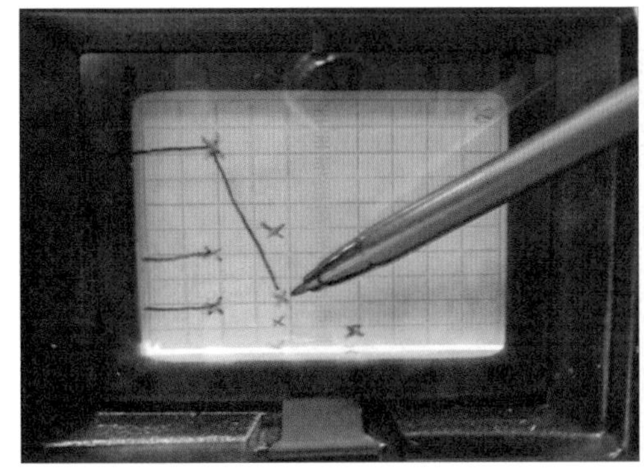

그림 105 선 연결 3

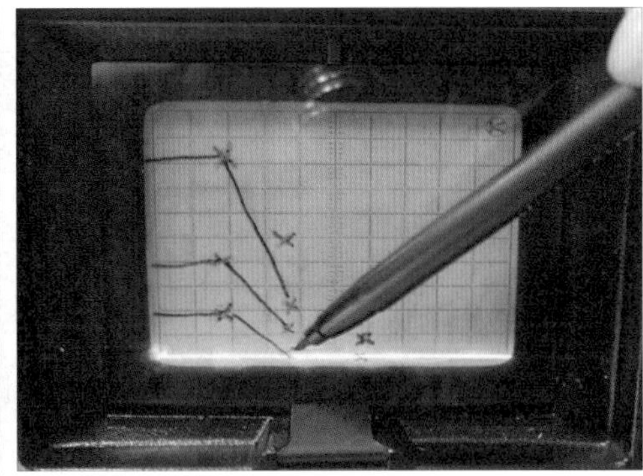

그림 106 선 연결 4

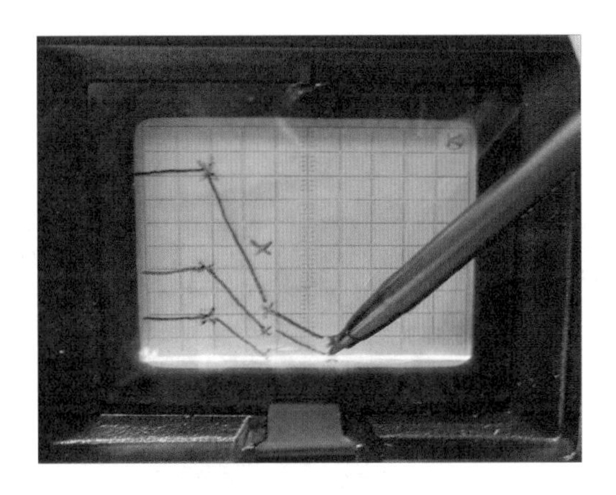

그림 107 선 연결 5

그림과 같이 연장선을 연결한다.

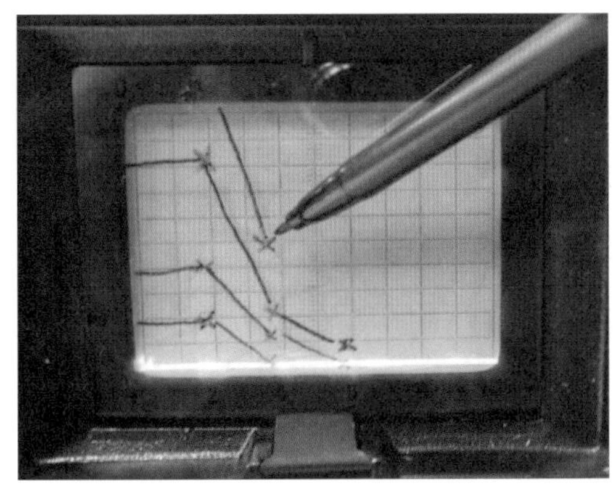

그림 108 윗선 연결 1

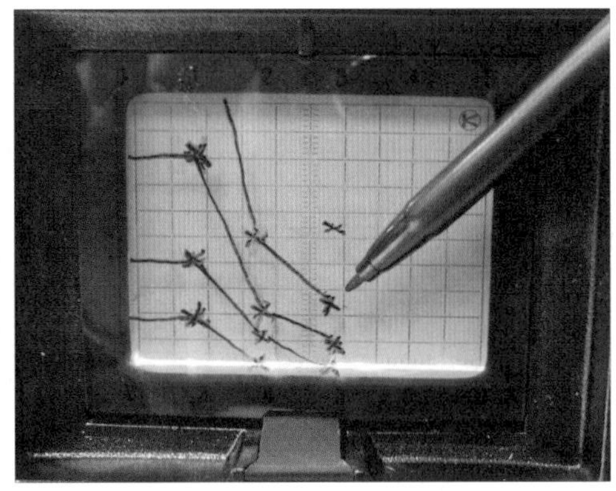

그림 109 윗선 연결 2

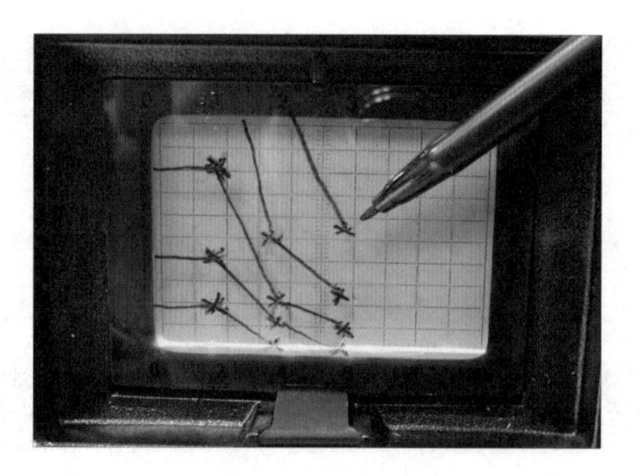

그림 110 윗선 연결 3

그림 111과 같이 구간 표시를 한다.

그림 112와 같이 선 명칭을 부여한다.

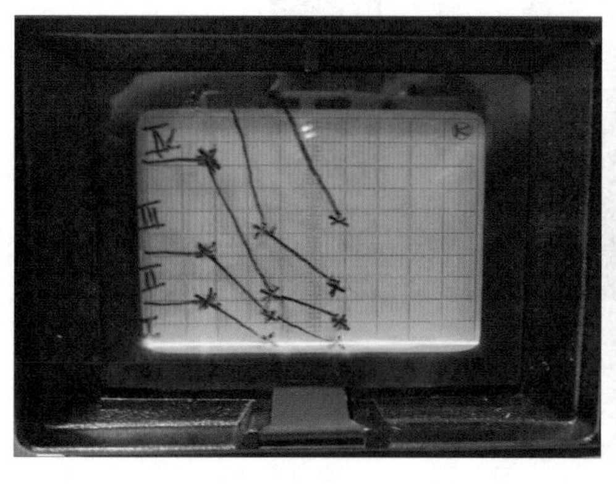

그림 111 구간 표시(Ⅰ, Ⅱ, Ⅲ, Ⅳ)

그림 112 선 명칭 부여(L, M, H)

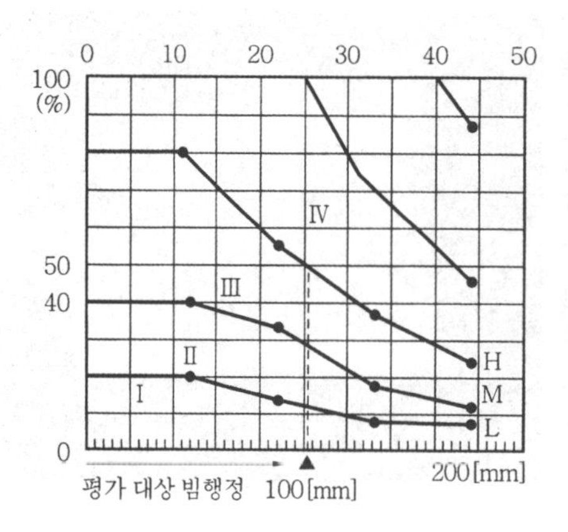

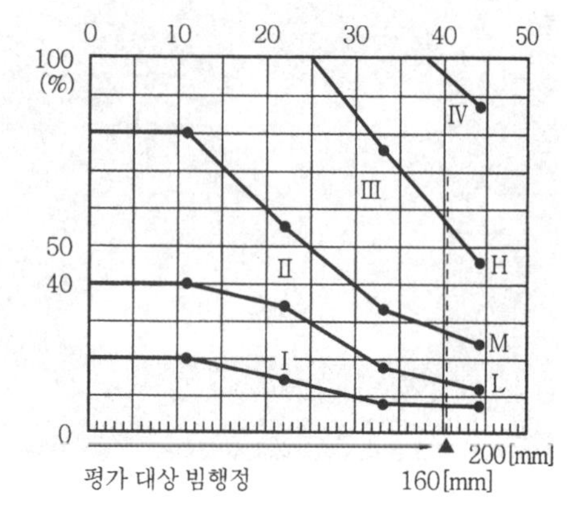

그림 113 DAC 도면

그림 113은 DAC 곡선의 예를 나타낸 것이며, 측정범위 200mm를 기준으로 나타낸 그림이다.

표 8 에코 높이의 영역 구분

에코 높이의 범위	에코 높이의 영역
L선 이하	Ⅰ
L선 초과 M선 이하	Ⅱ
M선 초과 H선 이하	Ⅲ
H선을 넘는 것	Ⅳ

참고 실제 사진들은 측정범위 250mm로, 측정범위 200mm일 때보다 에코가 낮게 된다. 예전에는 OHP 필름을 이용 CRT 모니터 상에 붙여 DAC 곡선을 그려내는 것도 실기 시험으로 출제된 적이 있으며 DAC 곡선을 이용 합부 판정과 급수를 판별한 적도 있었다. 감독관이 DAC 곡선을 그리라는 말이 없을 경우 기준감도를 측정한 후 바로 탐상에 들어가면 될 것이다.

7. 평판 맞대기 용접부 탐상하기

(1) 준비 작업

사진 작업상 장비를 재조정하여 탐상하였다.

위의 STB-A1과 STB-A2를 이용하여 조정을 하였다.

측정범위	입사점	굴절각	기준 감도
250mm	11mm	70.5°	43dB

시험 시작점 감독관께 시험편의 기준점을 꼭 물어봐야 한다. 기준점이 바뀔 경우 결함을 찾았더라도 답안을 거꾸로 적어서 0점 처리된 수험자를 종종 볼 수 있다.

그림 114 평판 시험편

그림 115 시험편 두께 측정 결과 T=10mm

그림 114는 평판 시험편의 모습이며, 그림 115는 시험편의 두께 측정 장면이다. 탐상하는 시험편의 두께는 10mm로 측정되었다.

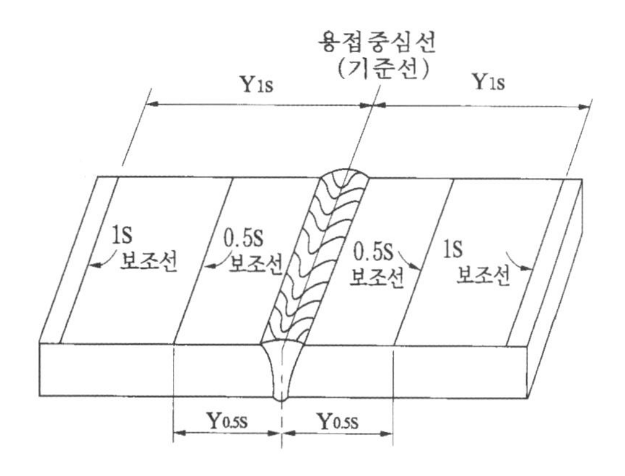

그림 116 탐상면 분할선 긋기

시험을 용이하게 하기 위해서 분할선을 그으면 편리할 것이다. 분할선을 긋는 방법은 다음 식을 계산해야 한다.

$$Y_{0.5s} = t \times \tan\theta, \quad Y_{1s} = 2Y_{0.5s}$$

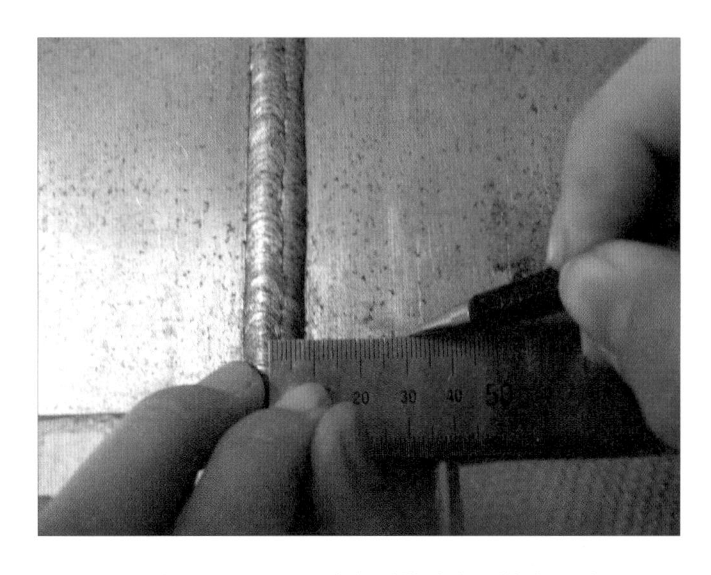

그림 117 0.5skip 거리 시험편에 분할선 긋기

그림 118 1skip 거리 시험편에 분할선 긋기

위의 식을 이용하면

$$Y_{0.5s} = 10 \times \tan 70.5 = 28.23\text{mm}$$

$$Y_{1s} = 2Y_{0.5s} = 56.47\text{mm}$$

이며 이 거리는 위의 사진과 같이 용접 비드 중앙부터 측정하여 선을 긋는다. 분할선을 그어놓으면 탐상시 0.5skip, 1skip 등 현재 탐상하는 지점을 알 수 있다.

(2) 거친 탐상하기

그림 119 기준 감도 +6dB 게인 조정

그림 119와 같이 **기준감도에 +6dB(49dB)**를 하여 탐상한다.

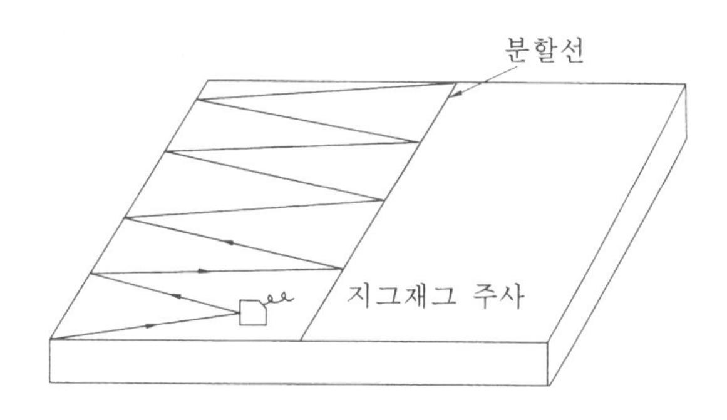

그림 120 거친 탐상 방법

그림 120과 같이 지그재그 주사법을 이용하여 탐상하며 거친 탐상의 주목적은 결함의 유무만을 가리는 탐상이다.

다음에 설명하는 시험편은 임의적으로 4등분하였으며 시작점부터 1/4, 2/4, 3/4, 4/4로 분할하여 탐상하였다. **에코의 모양(지시모양)**을 주시하며 책을 보아주기 바란다. 책은 2)번 결함에 대해서 자세히 설명한다.

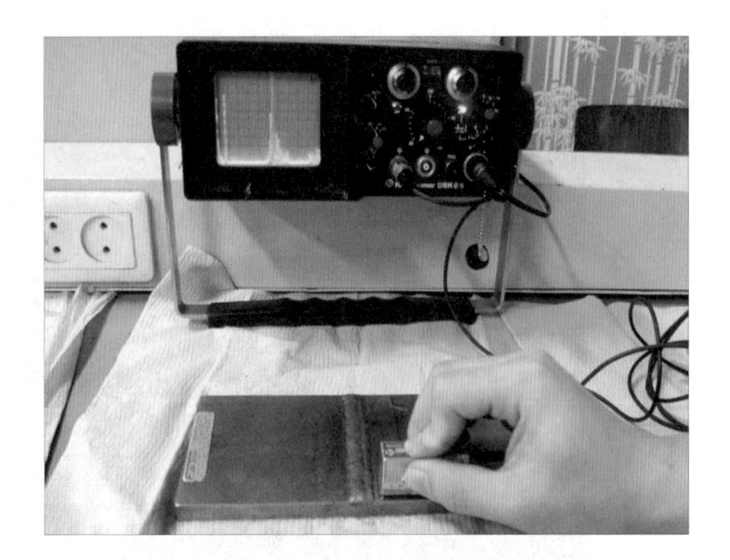

그림 121 0.5skip 범위에서 시험편 1/4위치(무결함)

그림 121은 시험편 1/4 지점에서 탐상하는 모양으로 CRT 지시상 **무결함**으로 판명되었다.

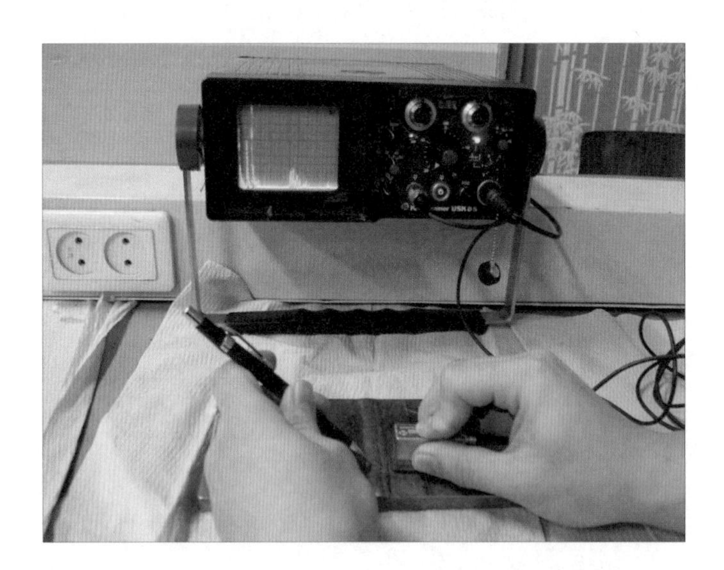

그림 122 0.5skip 범위에서 시험편 2/4위치(결함)

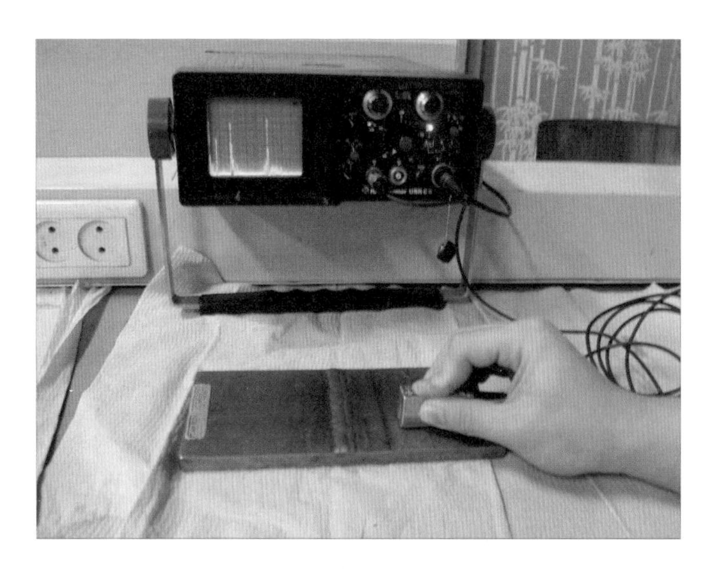

그림 123 1skip 범위에서 시험편 2/4위치(결함)

위 그림은 시험편 시작점에서 찾아낸 1)번 결함으로 그림 122와 그림 123은 2/4 지점에서의 거친 탐상을 한다. 그림 122는 0.5skip, 그림 123은 1skip 위치에서의 에코 모양을 나타낸다. 결함이 존재하면 위의 그림과 같이 0.5skip과 1skip에 결함 에코를 볼 수 있으며 탐촉자 전면에 결함의 위치를 표시한다. 접촉매질을 사용해서 유성펜 등은 잘 그어지지 않으므로 **샤프펜슬**을 이용하여 표시한다.

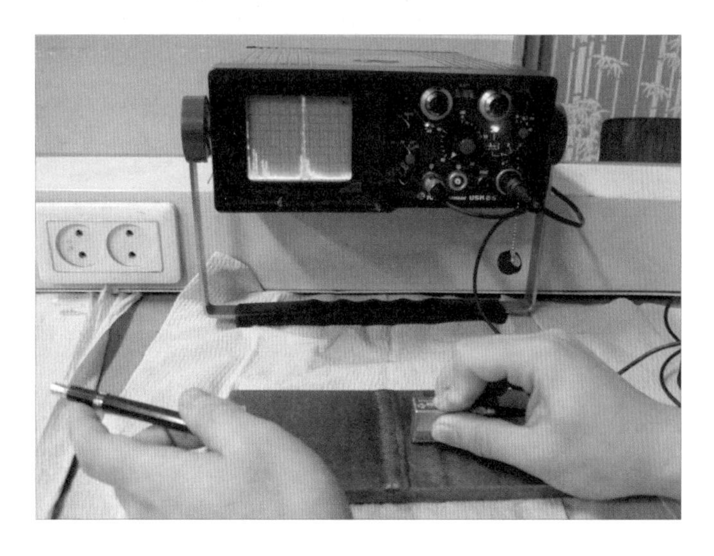

그림 124 0.5skip 범위에서 시험편 3/4위치(무결함)

그림 124는 시험편 3/4 지점에서 탐상하는 모양으로 CRT 지시상 무결함으로 판명되었다.

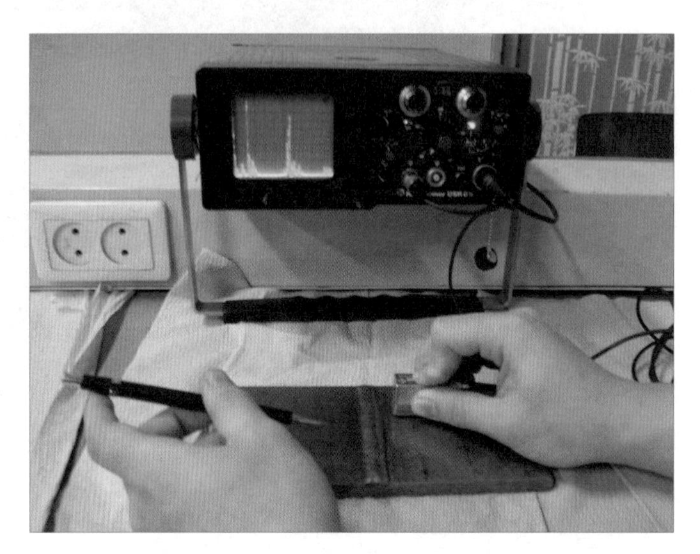

그림 125 0.5skip 범위에서 시험편 4/4위치(결함)

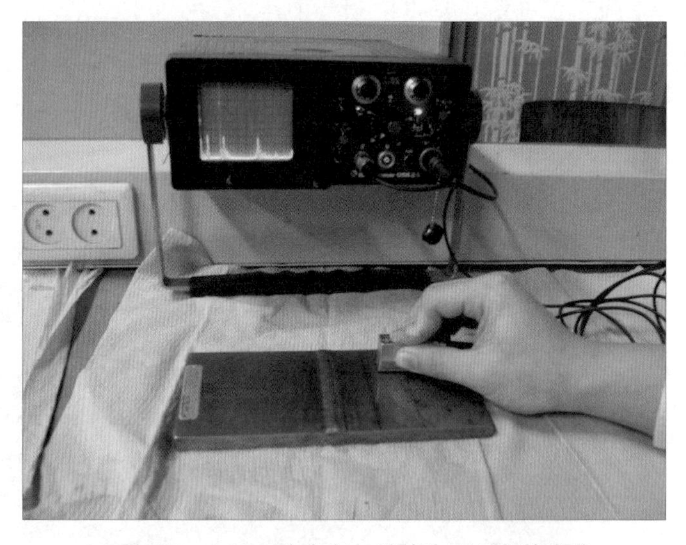

그림 126 1skip 범위에서 시험편 4/4위치(결함)

위 그림은 시험편 시작점에서 찾아낸 2)번 결함지시모양으로 그림 125와 그림 126은 4/4 지점에서의 거친 탐상 장면이다. 그림 125는 0.5skip, 그림 126은 1skip 위치에서의 에코 모양을 나타내고 있으며, 탐촉자 전면에 결함의 위치를 표시한다.

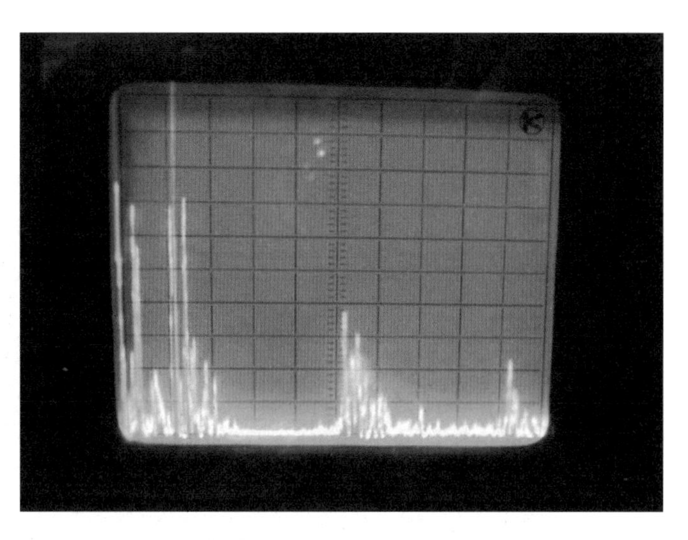

그림 127 결함 시 에코 모양 4/4 지역

그림 127은 2)번 결함의 최고 피크의 CRT 화면이며 결함의 W_f=26을 나타내고 있다. 이 데이터로 결함을 확인하기 위하여 다음 식을 이용한다.
PFD= $W_f \times \sin\theta$에 대입하면 26×sin70.5=24.5mm이다. 이 거리는 탐촉자 입사점에서 결함까지의 거리를 나타내며, 입사점이 11mm이므로 탐촉자 전면부터 결함까지의 거리는 24.5-11=13.5mm이고, 그림 128과 같이 용접 비드 내부에 위치하고 있음을 알 수 있다. 물론 1)번 결함도 다음 식에 의해서 판단된 것이다.

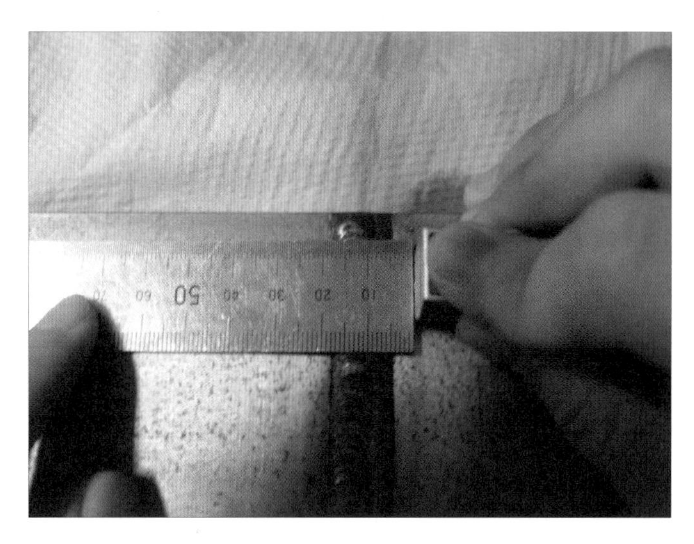

그림 128 탐촉자 앞부터 결함까지의 거리(PFD)

(3) 정밀 탐상하기

그림 129 기준 감도로 게인값 조정

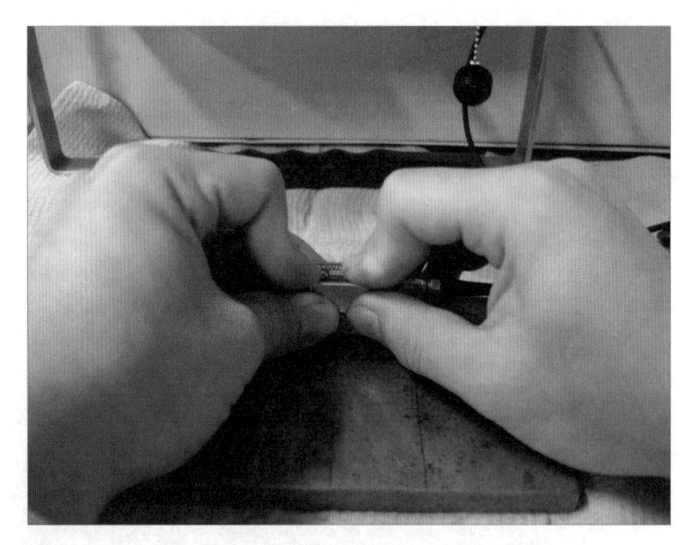

그림 130 탐촉자 잡는 방법

그림 129는 정밀 탐상을 하기 위하여 기준 감도인 43dB로 조정하는 모양이며 그림 130은 탐상을 위해 탐촉자 잡는 모양을 나타내고 있다. 여기에 나오는 사진들은 사진 작업을 위하여 한 손으로 탐촉자를 잡고 있으나 수험자는 그림 130과 같이 양손을 이용하여 보다 안정되게 탐촉자를 주사해야 한다. 그림 131~

133은 시작점을 기준으로 2)번 결함에 대한 정밀 탐상을 통한 결함의 깊이, 시작점, 끝점을 측정한 모양이다.

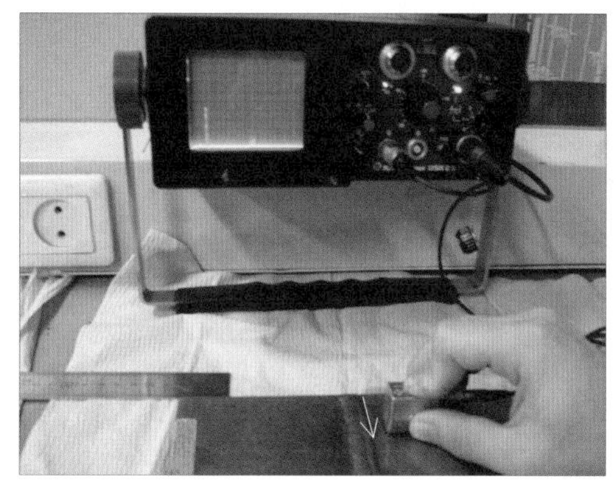

그림 131 결함에서 좌로 주사

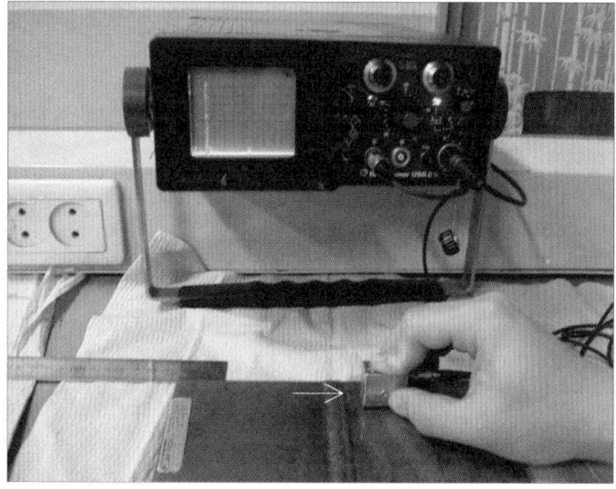

그림 132 결함위치의 중앙

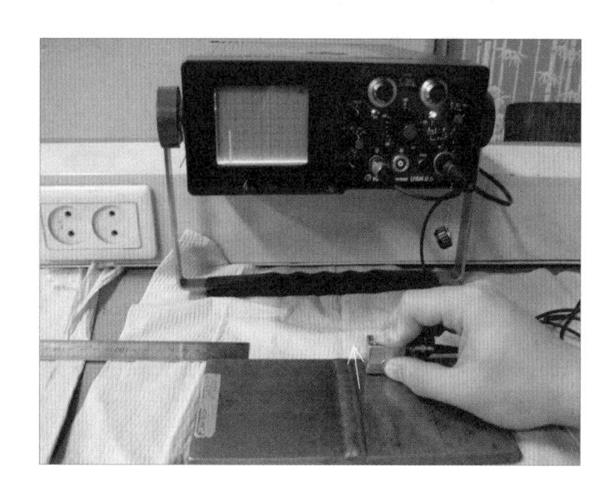

그림 133 결함에서 우로 주사

※ 탐촉자의 위치와 그때의 피크를 보자.

거친 탐상을 통하여 결함의 위치를 파악 후 그 위치에서 그림 131은 좌로, 그림 132는 중앙, 그림 133은 우로 주사했을 때의 에코 모양이다. 좌·우 주사를 통하여 결함의 최고 피크를 찾아내야 한다. 양손을 이용하여 탐상하며 에코가 잘 나타나지 않을 경우 접촉매질을 다시 도포하여 탐상한다.

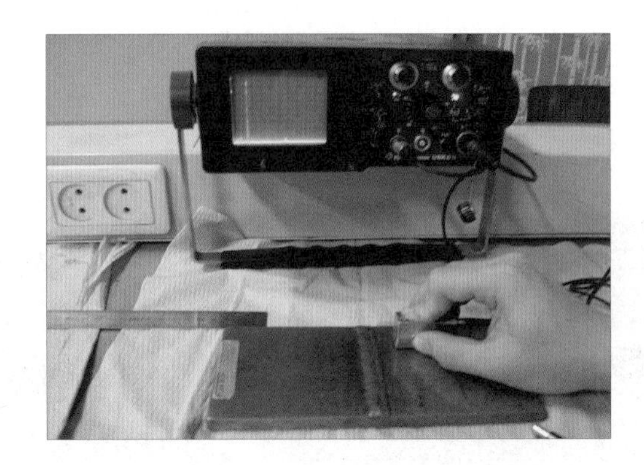

그림 134 좌·우 주사 중 최고 피크

그림 134와 같이 좌·우 주사를 통하여 최고 피크를 찾아내었다.

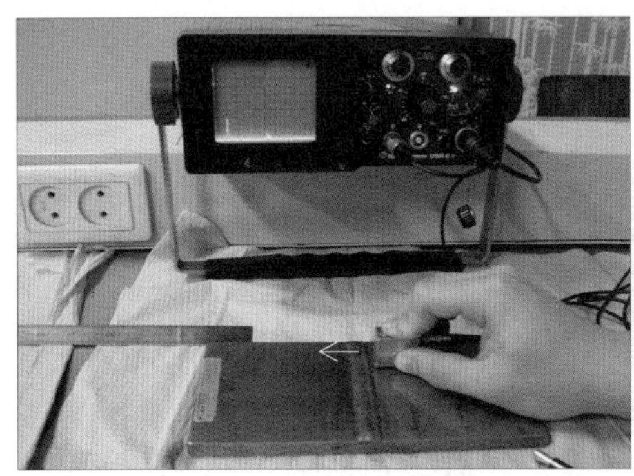

그림 135 최고 피크에서 전진 주사

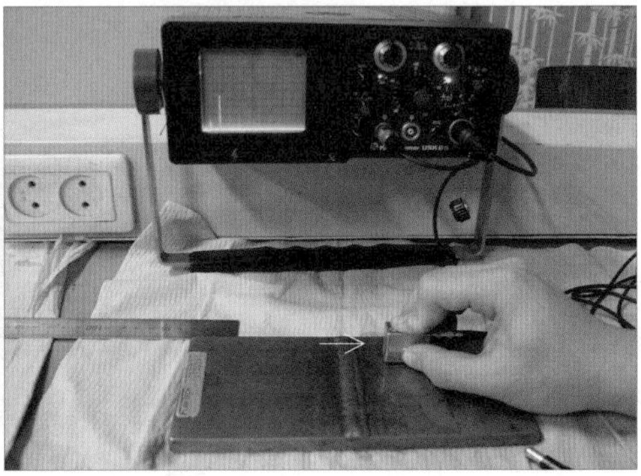

그림 136 최고 피크에서 후진 주사

그 위치에서 그림 135, 그림 136과 같이 전·후 주사를 하여 최고 피크를 찾아낸다.

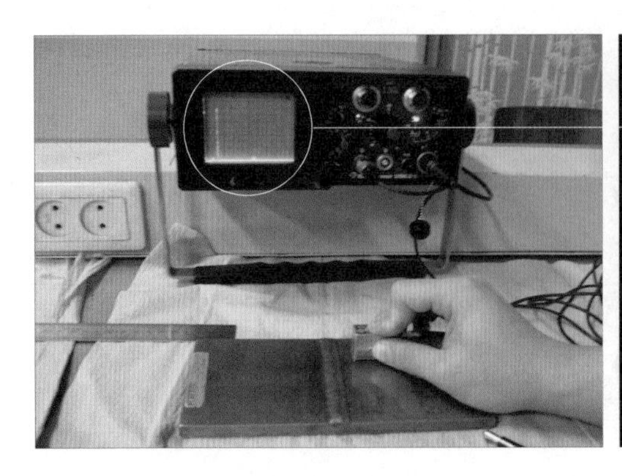

그림 137 결함의 최고 피크

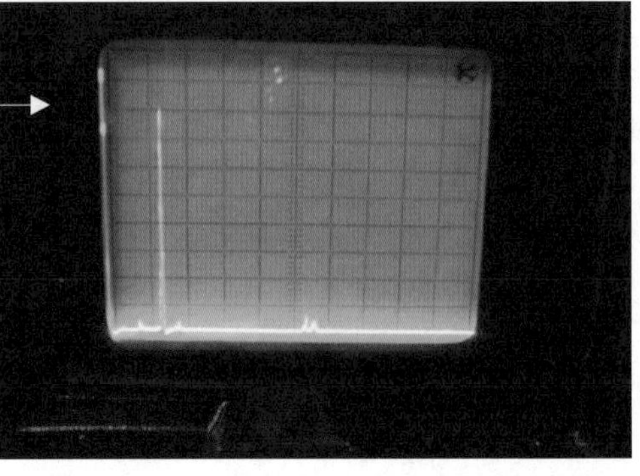

그림 138 최고 피크 위치에서의 CRT 화면

그림 137은 최고 피크의 모양이며, 그림 138은 이때의 CRT 화면이다. 이때의 W_f를 기록하여 결함의 깊이를 측정한다.

직사법으로 결함을 검출한 경우 : $d = W_f \times \cos\theta$

1회 반사법으로 결함을 검출한 경우 : $d = 2t - W_f \times \cos\theta$

현재 0.5skip(직사법)이므로 $d = W_f \times \cos\theta$ 식을 이용하면 $29 \times \cos 70.5 = 9.68$mm를 얻을 수 있으며, 계산 시 탐촉자가 불안정할 수 있으므로 수험자는 W_f만을 기록하고 깊이는 나중에 계산한다.

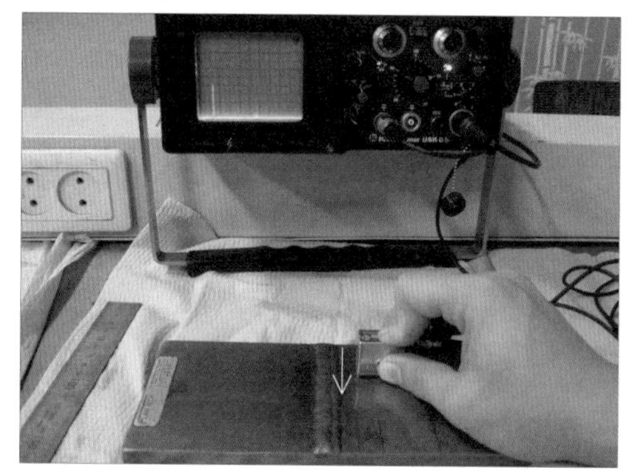

그림 139 좌로 주사

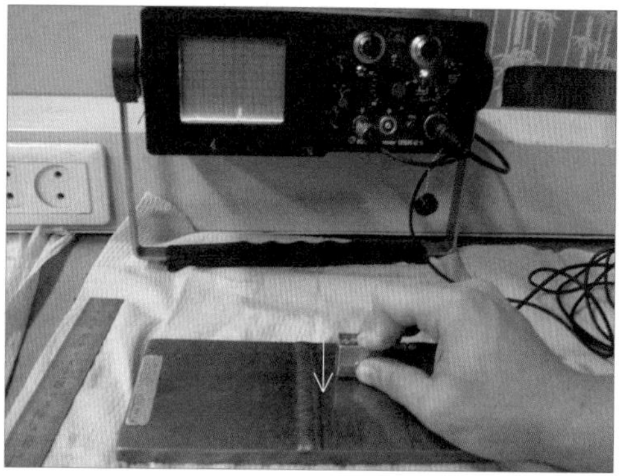

그림 140 계속 좌로 이동 후 에코 소멸

그림 141 최고 피크의 −6dB 위치에서 금긋기

최고 피크가 80%이므로 6dB drop법을 이용하면 40%의 영역이 결함의 시작점과 끝점이다. 그림 139는 좌로 주사를 하여 에코가 점차적으로 감소되는 모양을 나타내며 그림 140은 좌로 더 움직였을 때 결함 에코가 완전히 소멸되는 모양이다. 그림 141은 완전히 결함이 소멸되면 **다시 우측**으로 움직여 에코의 높이가 40% 되는 지점에 탐촉자 옆면에 선을 긋는 모양이며 이곳이 2)번 결함의 시작점이다.

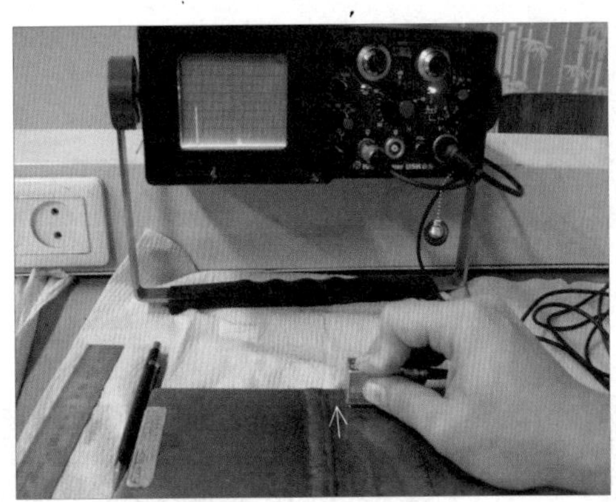

그림 142 우로 주사

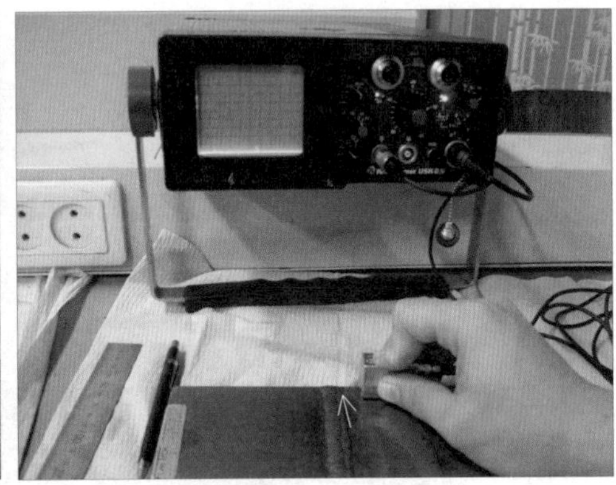

그림 143 계속 우로 이동 후 에코 소멸

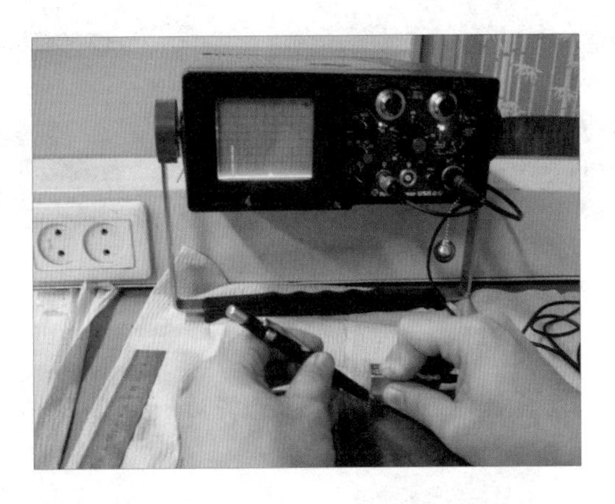

그림 144 최고 피크의 -6dB 위치에서 금긋기

그 상태에서 위와 같은 방법으로 우로 주사하는 모양이 그림 142이며, 더 이동하여 에코가 완전히 소멸되는 모양이 그림 143이다. 다시 좌로 이동하여 40% 되는 지점에 금을 긋는다. 이곳이 끝점이다.

참고 최고 피크의 %가 80%이므로 6dB drop은 40%이고, 최고 피크의 %가 74%이면 6dB drop은 37%이다.

그림 145 위치 측정 64mm

그림 146 위치 측정 84mm

그림 145, 146은 시험편에 표시한 결함의 시작점과 끝점을 실제로 측정하는 장면으로 시작점은 64mm, 끝점은 84mm로 그림과 같이 측정되었다.

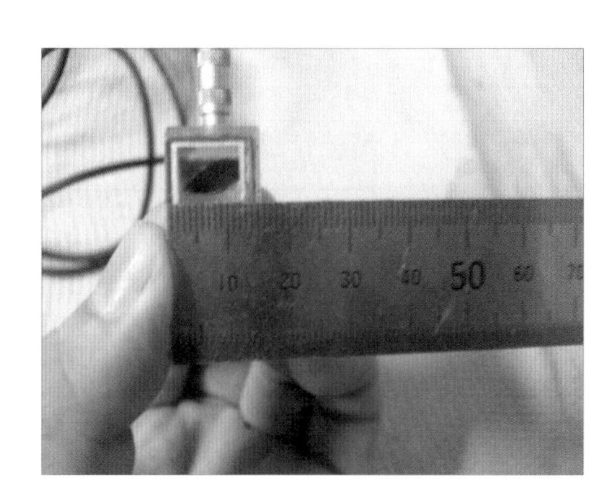

그림 147 탐촉자 크기 측정 14mm

그림 147과 같이 탐촉자의 크기를 측정한다. 원칙은 탐촉자의 중심위치에 결함의 시작점, 끝점을 표시하여 측정하나, 측정 중 표시하기 매우 어려우므로 탐촉자 옆면에 금을 그었다. 이에 탐촉자의 크기를 측정하여 보정을 해주어야 한다. 그림 147과 같이 탐촉자는 14mm가 측정되었으며 14÷2=7mm를 시작점과 끝점에 더하여 주면 탐촉자 중심에서 측정한 값과 같다(탐촉자의 크기는 탐촉자마다 다르다).

64+7=71mm(시작점), 84+7=91mm(끝점)

그림 148 실제 결함 측정 시작점 71mm

그림 149 실제 결함 측정 끝점 91mm

지금 측정한 시험편의 2)번 결함은 용입 불량으로 시험편을 뒤집어 확인한 모양을 나타낸다. 시작점 71mm, 끝점 91mm, 길이 20mm로 초음파로 측정한 값과 동일한 값을 얻을 수 있다.

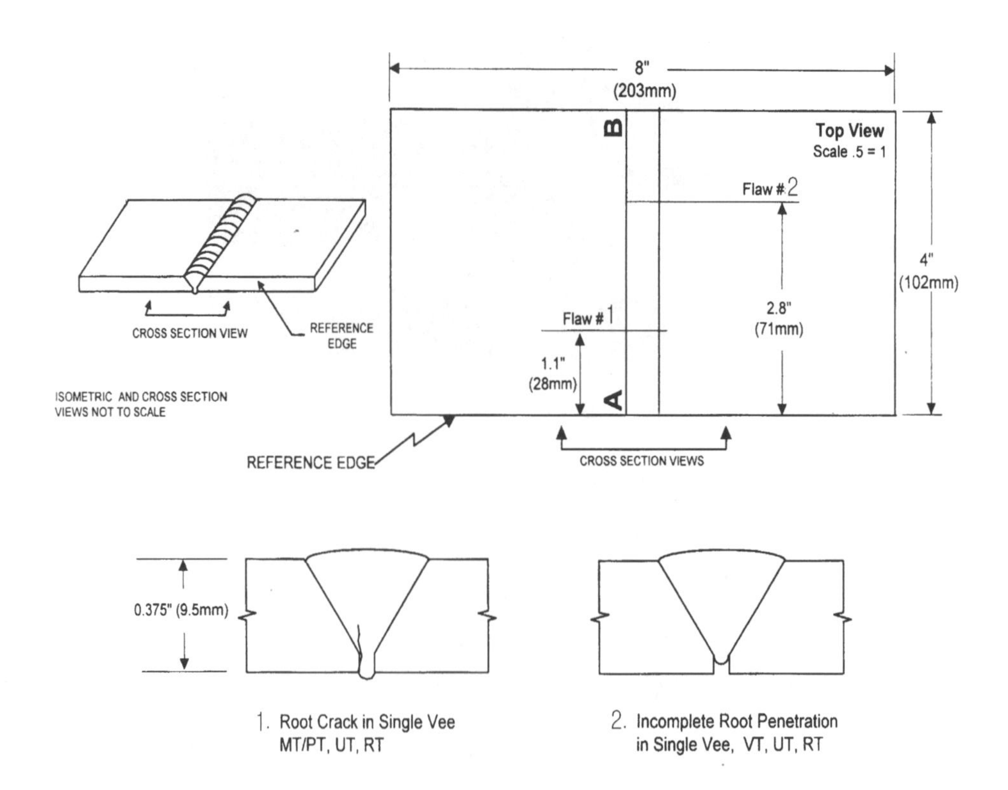

FLAW NUMBER	DISCONTINUITY DESCRIPTION	START OF FLAW TO REF.	TOTAL FLAW LENGTH	FLAW HEIGHT	FLAW DEPTH below surface	NDT METHOD USED TO CONFIRD ISCONTINUITY	
1	Root Crack	1.1″(28mm)	0.5″(13mm)	0.15″ (3.8mm)	Surface Breaking	RT	CONFIRMED : YES NO
2	Incomplete Penetration	2.8″(71mm)	0.8″(20mm)	0.1″ (2.5mm)	Surface Breaking	RT	CONFIRMED : YES NO

그림 150 스케치 도면

그림 150에서 결함에 대한 정보를 평면도, 단면도를 나타내었으며 결함 정보를 표로 나타내었다.

그림 151은 시험편의 방사선 사진으로, 결함의 모양을 확인할 수 있다.

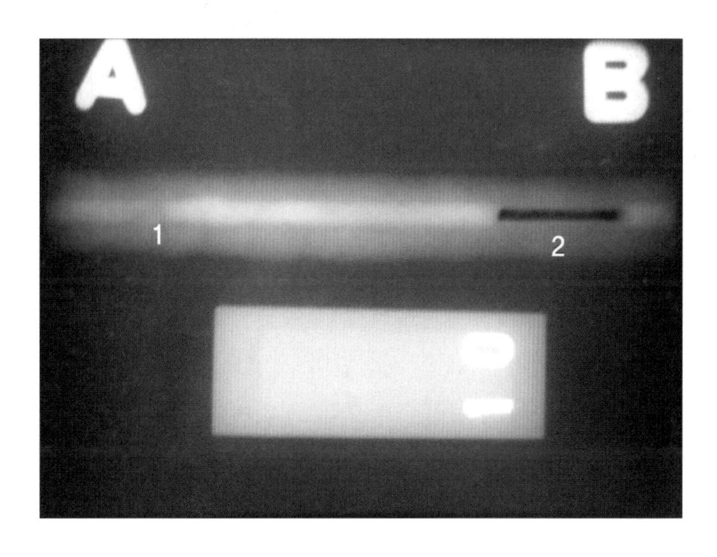

그림 151 방사선 사진

표 9 흠 에코 높이 영역과 흠의 지시 길이에 따른 흠의 분류 (단위 : mm)

영 역	M검출 레벨의 경우는 Ⅲ L검출 레벨의 경우는 Ⅱ와 Ⅲ			Ⅳ		
판두께 / 분류	18 이하	18 초과 60 이하	60을 넘는 것	18 이하	18 초과 60 이하	60을 넘는 것
1류	6 이하	t/3 이하	20 이하	4 이하	t/4 이하	15 이하
2류	9 이하	t/2 이하	30 이하	6 이하	t/3 이하	20 이하
3류	18 이하	t 이하	60 이하	9 이하	t/2 이하	30 이하
4류	3류를 넘는 것					

8. 길이이음 용접부(곡률) 탐상하기

(1) 준비 작업

STB-A1과 STB-A2를 이용하여 조정을 하였다.

측정범위	입사점	굴절각	기준감도
250mm	11mm	70.5°	43dB

(a)

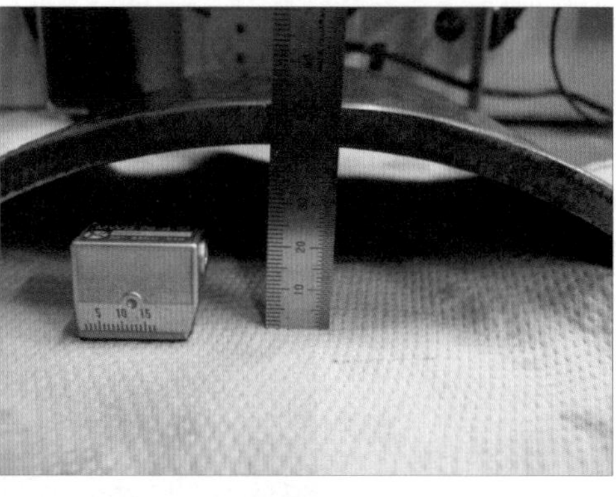

(b)

그림 152 시험편 사진

그림 152는 길이이음 용접 시험편의 모양으로 용접 후 그라인더 작업을 통하여 비드를 제거한 모양이다(비드가 없는 시험편도 출제된다).

뒷면 비드를 제거하지 않아 뒤를 보면 용접부의 위치를 알아낼 수 있다. 또는 시험편 두께 부분에 비드 흔적이 나타나 있다.

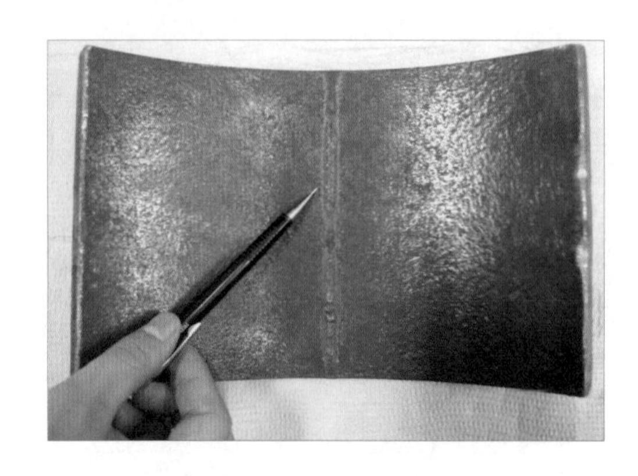

그림 153 뒷면 사진

작업의 편의상 시험편 위에 용접 비드 부위를 표시한다.

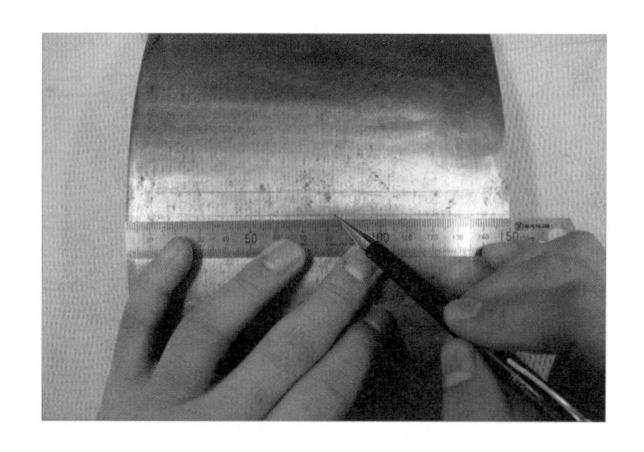

그림 154 용접부 표시

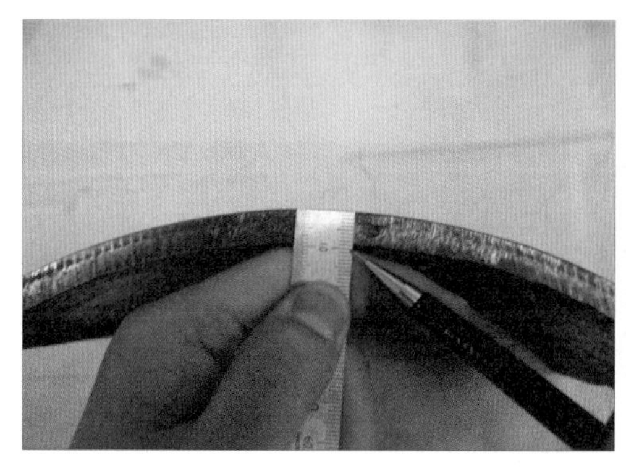

그림 155 시험편 두께 측정

그림 156 시험편 길이 측정

시험편 두께(실제 측정값 9mm) 및 길이를 측정한다.

그림 157 분할선 긋기 0.5skip

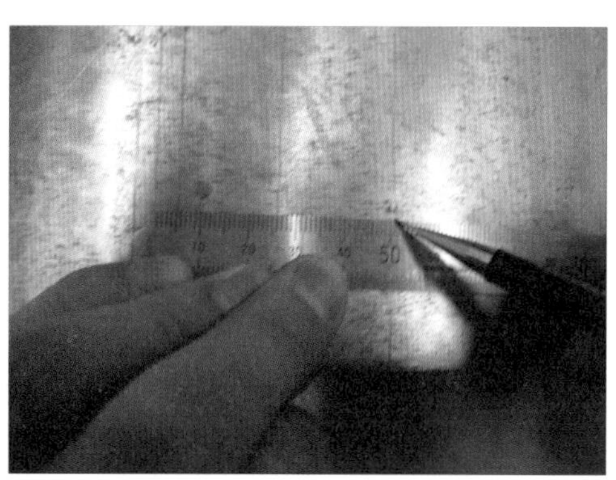

그림 158 분할선 긋기 1skip

$Y_{0.5s} = t \times \tan\theta$, $Y_{1s} = 2Y_{0.5s}$를 이용하여 $9 \times \tan 70.5 = 25.4$mm, $2 \times 25.4 = 50.8$mm를 용접부 중심으로부터 측정하여 분할선을 긋는다.

그림 159 탐촉자 대는 방법 뒷면

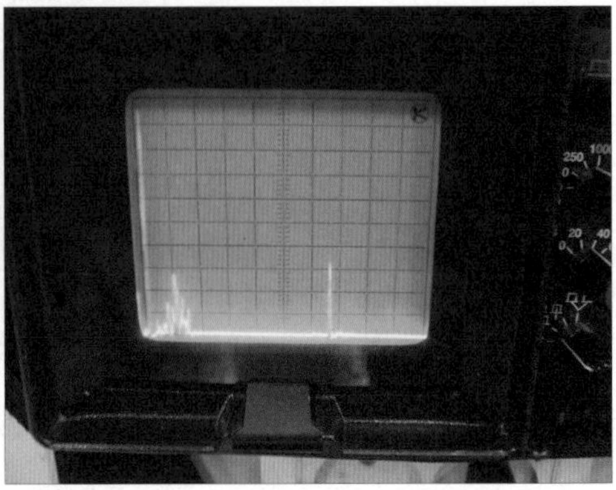

그림 160 뒷면에 힘을 주었을 때 에코 모양

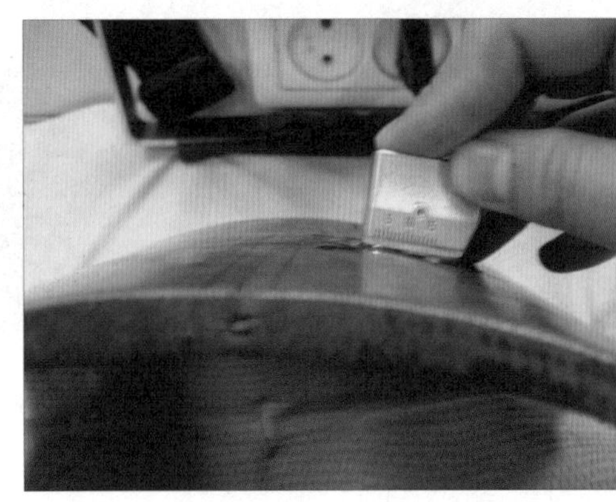

그림 161 탐촉자 대는 방법 앞면

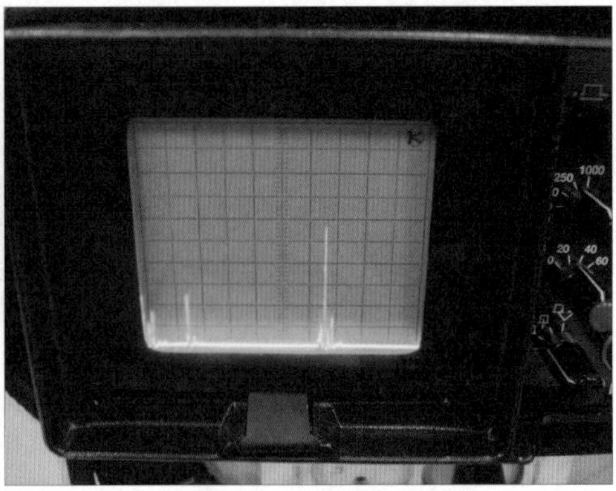

그림 162 앞면에 힘을 주었을 때 에코 모양

길이이음 용접 시험편은 곡률이므로 탐촉자를 완전히 접촉하기는 매우 어려운 일이다. 이에 그림 159와 같이 뒷부분에 힘을 주어 밀착할 경우 그림 160과 같은 신호를 볼 수 있으며 이는 전이 손실에 따라 음파가 산란되기 때문이다. 가능한 그림 161과 같이 앞부분을 밀착시켜 입사점이 밀착되었을 때 그림 162와 같은 신호를 얻을 수 있다.

(2) 거친 탐상하기

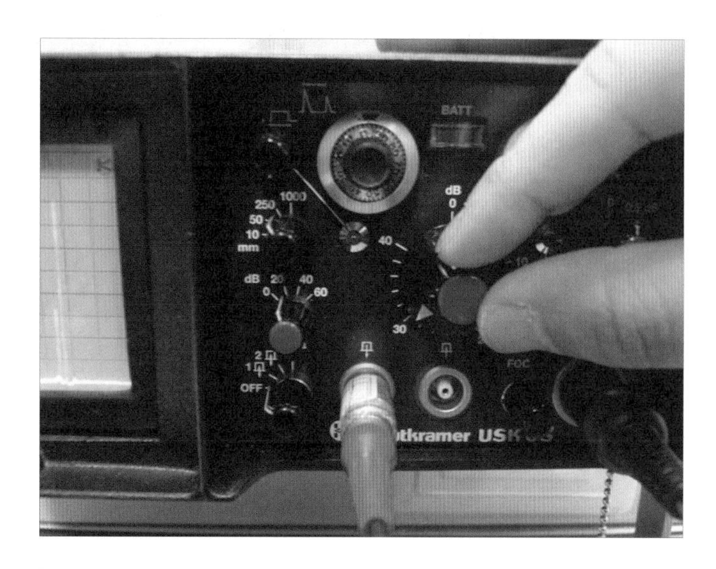

그림 163 거친 탐상 게인 조정

게인을 기준 감도 +6dB하고 평판 탐상과 같이 지그재그 주사법을 이용해 거친 탐상하여 결함의 유무를 판단한다.

참고 본 교재는 길이이음 용접 시험편에서 시작점으로부터 3)번째 결함만 탐상하여 나타내었다.

그림 164 탐촉자 대기 결함 확인(무)

그림 165 탐촉자 대기 결함 확인(유)

그림 166 탐촉자 대기 결함 확인(무)

그림 164와 그림 166은 거친 탐상 시 결함이 없는 부분으로, 보이는 에코는 시험편 끝부분을 나타내며, 그림 165는 결함이 있는 곳으로 결함 신호를 보이고 있다.

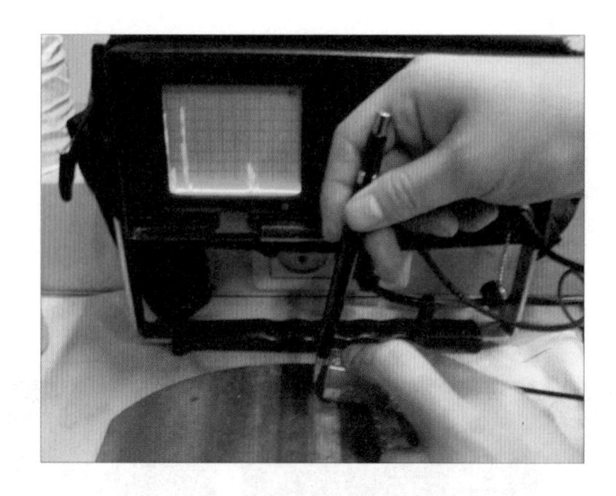

그림 167 시험편에 표시

그림 167은 결함 위치를 표시하는 모습이다.

(3) 정밀 탐상하기

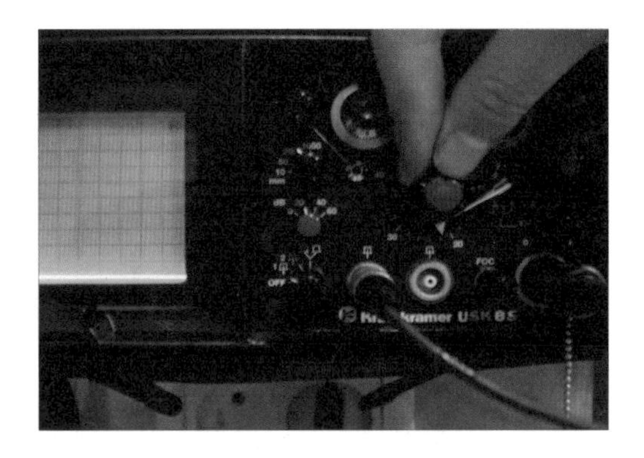

그림 168 정밀 탐상 게인 조정

정밀 탐상을 위하여 기준 감도로 복귀한다.

그림 169 결함 위치에서 좌로 주사

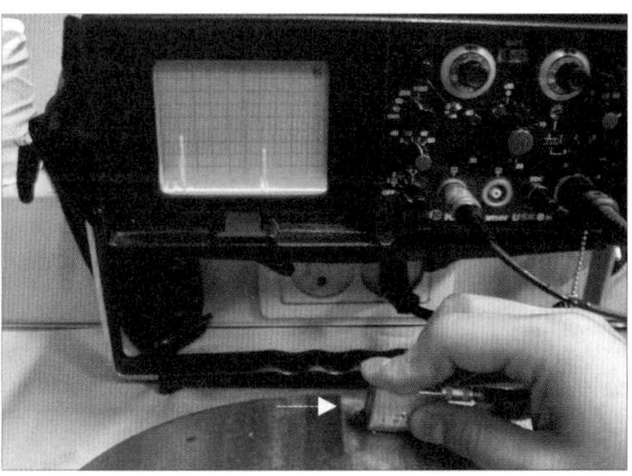

그림 170 결함 위치에서 중간

그림 171 결함 위치에서 우로 주사

결함을 기준으로 그림 169는 좌로, 그림 170은 중심, 그림 171은 우로 주사 시의 에코 모양이다.

그림 172 최대 피크 모양

그림 172는 좌·우 주사 시 최대 피크 모양이다.

그림 173 최대 피크에서 전진 주사

그림 174 최대 피크에서 후진 주사

그림 173, 174는 최대 피크 상태에서 전·후 주사 시의 에코 모양을 나타낸다.

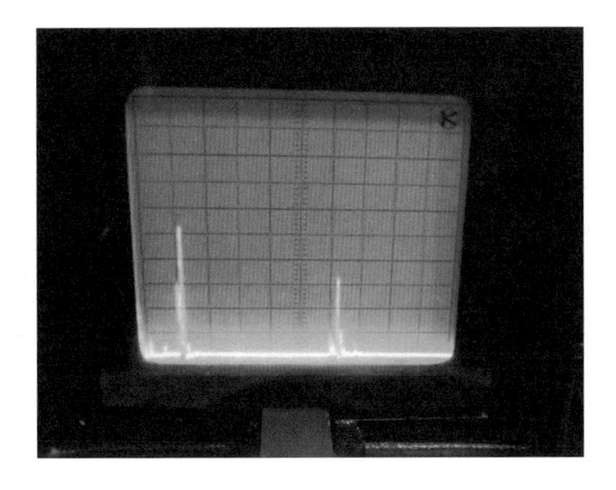

그림 175 최대 피크

그림 175는 이때의 최대 피크의 CRT 화면으로 W_f가 24mm를 지시하고 있으며 다음 식에 의하여 PFD와 결함의 깊이를 측정할 수 있다. 이때의 최대 피크 높이는 52%이다.

$$PFD = W_f \times \sin\theta,\ PFD = 24 \times \sin 70.5 = 22.62,$$
$$22.62 - 11(\text{입사점}) = 11.62\text{mm}$$
$$d = W_f \times \cos\theta,\ d = 24 \times \cos 70.5 = 8.01\text{mm}$$

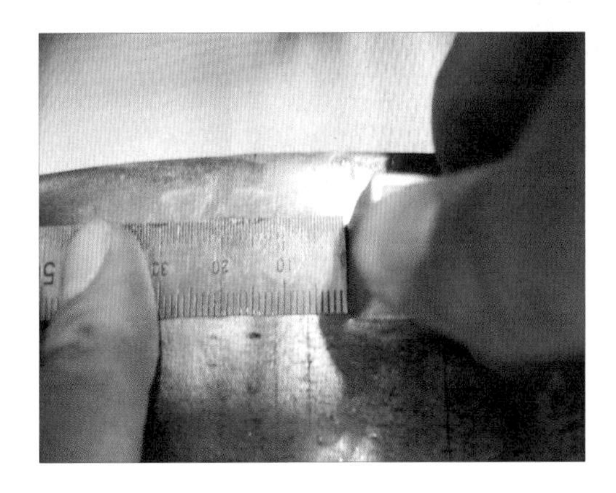

그림 176 PFD

그림 176은 측정자를 이용하여 PFD 거리를 만족하는지 측정하고 있다.

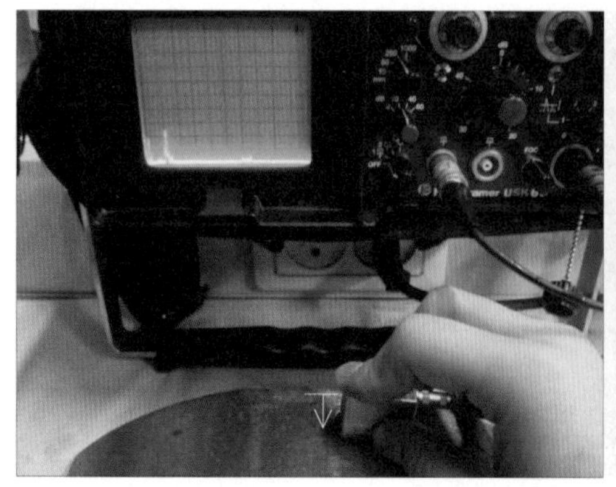

그림 177 좌로 주사 −6dB 위치

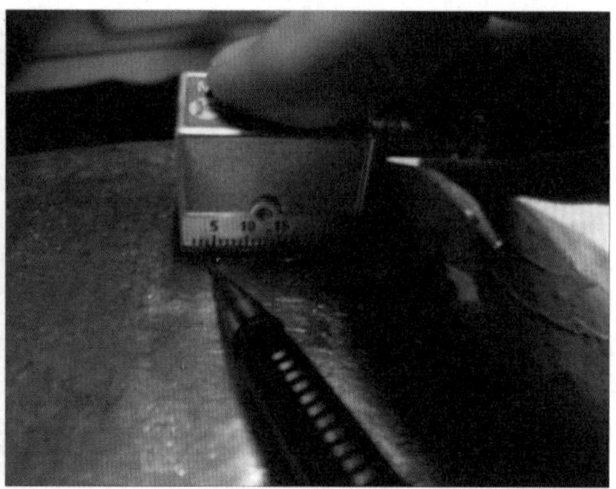

그림 178 샤프로 위치 표시

최대 피크가 52%이므로 이에 절반인(−6dB) 26%의 곳을 찾아 선을 긋는다(시작점).

그림 179 우로 주사 −6dB 위치

그림 180 샤프로 위치 표시

끝점도 위와 같은 방법으로 선을 긋는다.

참고 평판 때와 마찬가지로 에코가 완전히 소멸되는지 확인하여야 한다. 위의 예로 10%대로 하강하다가 다시 에코가 증가하는 것을 자주 볼 수 있으며 이는 결함의 형상과 위치에 영향이 있기 때문이다.

그림 181 결함 시작점 측정

그림 182 결함 끝점 측정

측정자를 이용하여 결함의 시작점과 끝점을 구한다.
위의 그림을 따르면 시작점 123mm, 끝점 132mm가 측정되었고, 탐촉자의 크기의 1/2인 7mm를 더하면 시작점 130mm, 끝점 139mm를 얻을 수 있으며 결함의 길이는 9mm이다.

그림 183 방사선 필름 판독 확인

시험편을 방사선 촬영하여 나타내고 있으며 텅스텐 혼입된 결함 3개를 볼 수 있다. 시험편의 스케치 및 결함 정보는 평판 시험편에 나타난 그림 150과 동일하게 기록하면 된다.

9. 필릿(Fillet) 용접부 탐상하기

(1) 준비 작업

"영점" 조정은 평판, 길이 이음부 용접과 동일하다.

재조정 결과 측정범위 250mm, 입사점 11mm, 굴절각 70°, 기준 감도 43dB이다.

그림 184는 필릿 시험편의 형상이다.

(a)

(b)

그림 184 시험편 사진

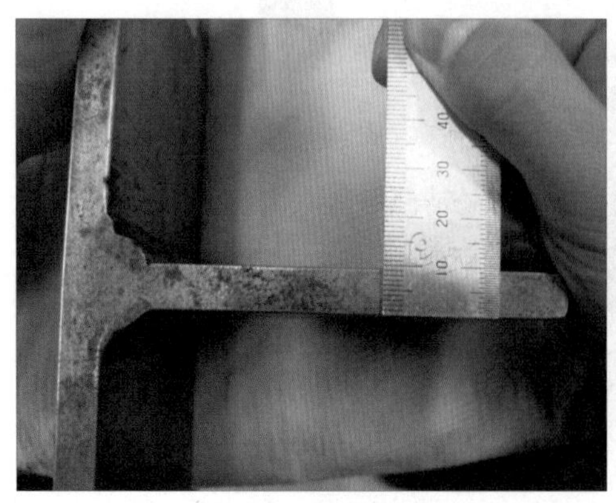

그림 185 시험편 두께 측정

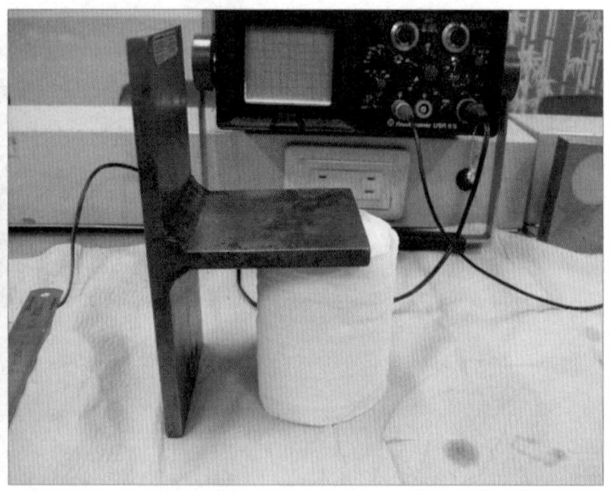

그림 186 시험편 고정

그림 185와 같이 시험편의 두께는 윗면을 측정하고, 측정값은 9mm이다.

그림 186은 탐상을 위하여 시험편 고정한 상태로, 감독관에게 두루마리 화장지를 요구하면 지급될 것이다. 두루마리 화장지의 높이와 시험편의 높이가 유사하여

그림 186과 같이 고정하여 시험하면 편리할 것이다.

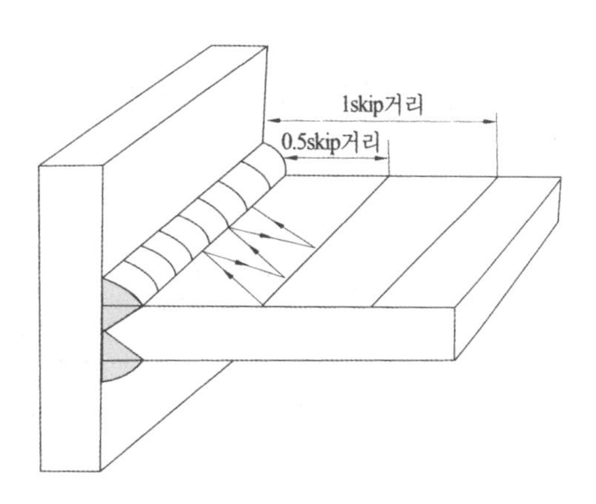

그림 187 분할선 긋기 지그재그 주사

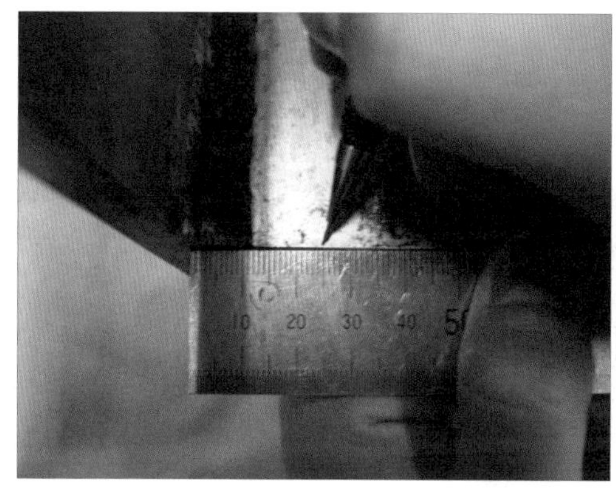

그림 188 분할선 긋기 0.5skip

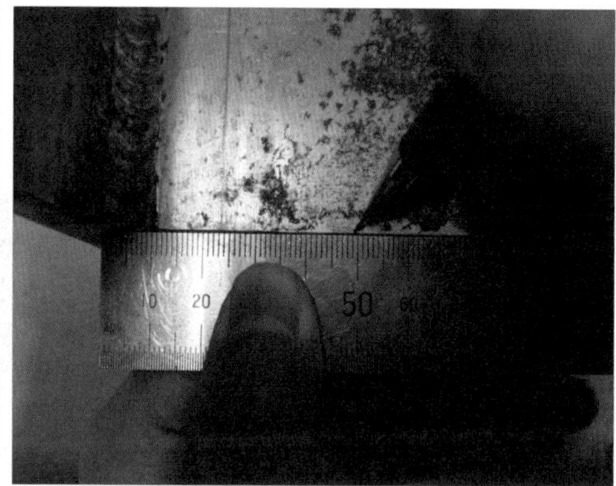

그림 189 분할선 긋기 1skip

그림 188, 189와 같이 $Y_{0.5s} = t \times \tan\theta$, $Y_{1s} = 2Y_{0.5s}$를 이용하면 $9 \times \tan70 =$ 24.7mm, $2 \times 24.7 = 49.5$mm이며, 이를 용접부 아랫면부터 측정하여 분할선을 긋는다.

(2) 거친 탐상하기

그림 190 거친 탐상 게인 조정

게인값을 기준 감도 +6dB 조정하여 거친 탐상을 한다. 탐상방법은 그림 187과 같이 지그재그 주사법을 원칙으로 한다.

그림 191 무결함

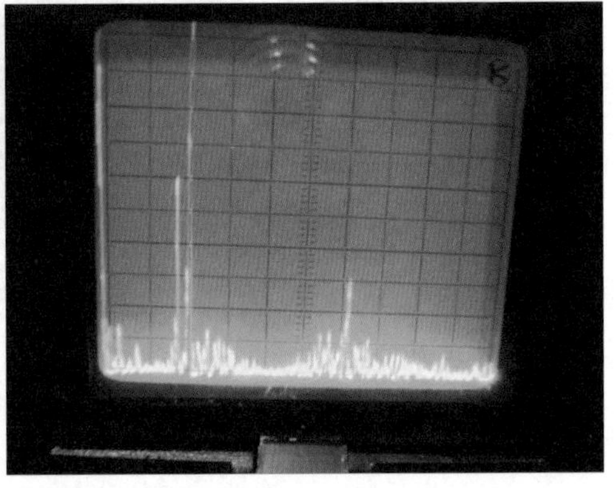

그림 192 무결함 CRT

그림 191, 192는 무결함 지점의 에코의 모양을 나타낸 것이다. 평판, 길이이음 용접부보다 많은 에코를 보이고 있다. 이에 결함에코를 구분하기 위한 노력이 필요하며 그림 207과 그림 208에 필릿의 방해에코의 경로를 설명하였다. 그림 193, 194는 시작점에서 1)번 결함의 모양을 나타내고 있으며 무결함인 그림 192와 그림 194를 비교하면 에코의 변화를 볼 수 있다.

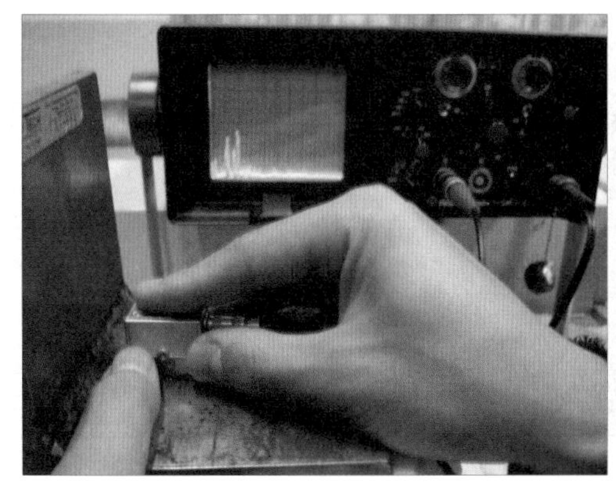

그림 193 1번 결함

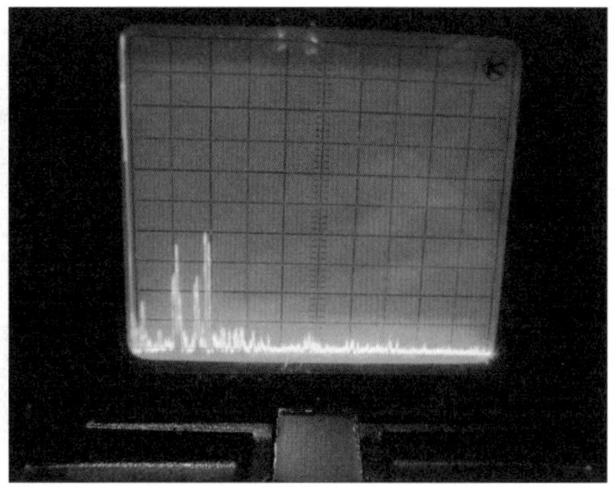

그림 194 1번 결함 CRT

그림 195 시험편에 표시

W_f는 23mm를 지적하고 있으며 PFD = $W_f \times \sin\theta$, PFD = 23 × sin70 = 17.79, 17.79 − 11(입사점) = 6.79mm를 나타내며 탐촉자 전면에서 측정자를 이용하여 측정하면 용접부 내에 존재함을 알 수 있다. 그림 195는 결함 위치를 표시하고 있다. 위의 계산식에서 PFD = 17.79이므로 현재 0.5skip에서 결함을 검출하고 있다.

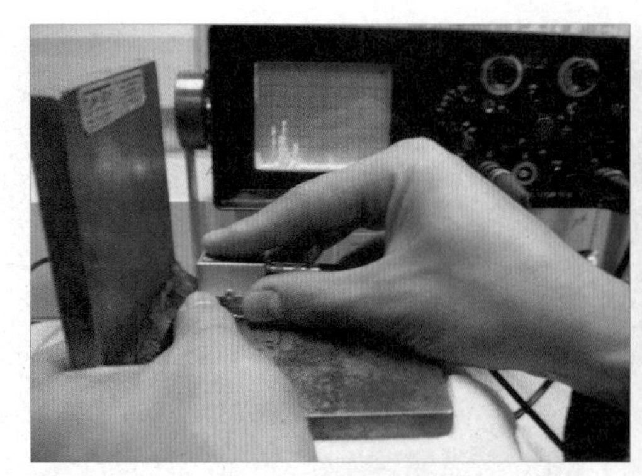

그림 196 2번 결함

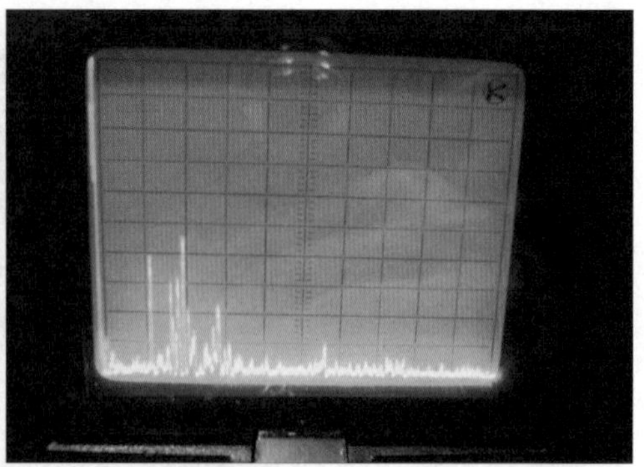

그림 197 2번 결함 CRT

그림 198 시험편에 표시

그림 196, 197은 2)번 결함의 모양을 나타내며, 그림 198은 결함 위치를 표시한다.

(3) 정밀 탐상하기

그림 199 정밀 탐상 게인 조정

직사법 $d = W_f \times \cos\theta$, 1회 반사법 $d = 2t - W_f \times \cos\theta$이므로, 그림 201은 1회 반사법으로 얻어진 $W_f = 23$을 대입하면 $d = 23 \times \cos 70 = 7.86$mm를 얻을 수 있다.(원식은 T형용접부에서의 기준을 개선 가공된 판 두께의 중심을 기준으로 했을 때의 공식이며 만약 탐상선이 기준이라면 변경과 같이 평판 맞대기 용접부와 똑같은 방법으로 하면 된다.

그림 200 1번 결함 최대 피크

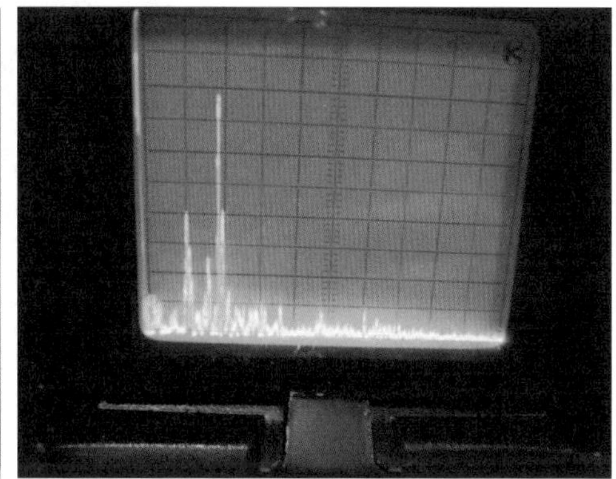

그림 201 1번 결함 최대 피크 CRT

참고 그림 205의 성적서의 결함 1)번의 깊이는 2.5mm로 측정되어 있으며 구한 값과의 오차가 ±1mm 이내이므로 인정된다.

그림 202 1번 결함 좌

그림 203 1번 결함 우

그림 204 시험편 표시 모양

그림 201과 같이 최대 피크가 40%이므로 6dB drop의 위치인 20%의 좌·우점을 찾아 표시하고 탐촉자의 크기를 가감하여 결함의 시작점, 끝점, 길이를 구한다.

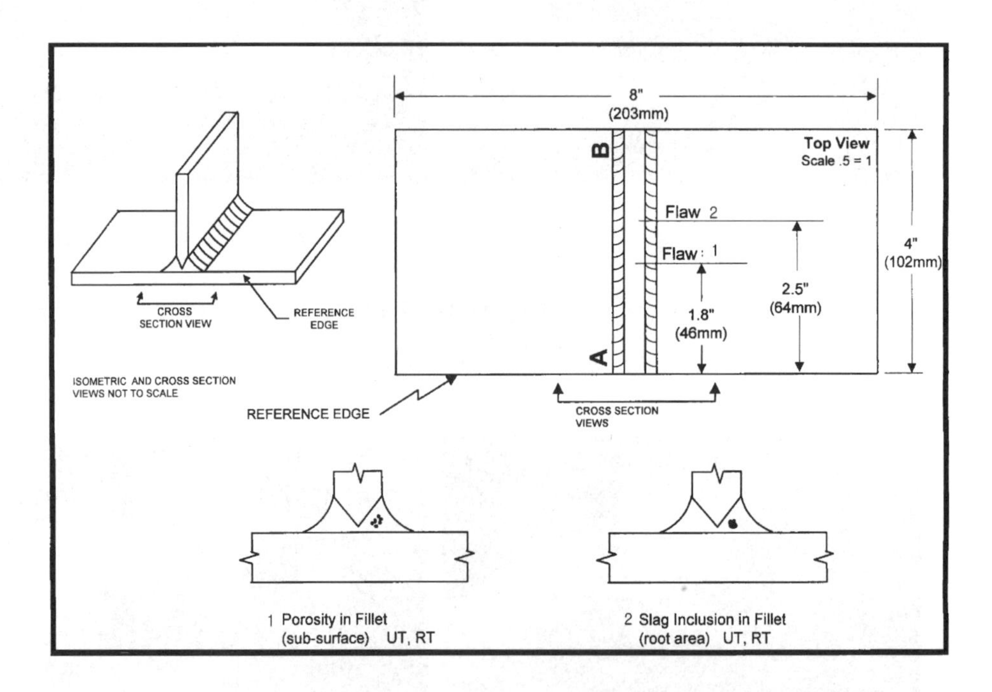

FLAW NUMBER	DISCONTINUITY DESCRIPTION	START OF FLAW TO REF.	TOTAL FLAW LENGTH	FLAW HEIGHT	FLAW DEPTH below surface	NDT METHOD USED TO CONFIRD ISCONTINUITY	
1	Porosity in Fillet Weld	1.8″(46mm)	0.5″(13mm)	0.1″ (2.5mm)	0.1″ (2.5mm)	RT	CONFIRMED : YES NO
2	Slag Inclusion in Fillet	2.5″(64mm)	0.6″(15mm)	0.1″ (2.5mm)	0.2″ (5mm)	RT	CONFIRMED : YES NO

그림 205 성적서

그림 206 방사선 필름

그림 205는 성적서이며 그림 206은 방사선 사진이다.

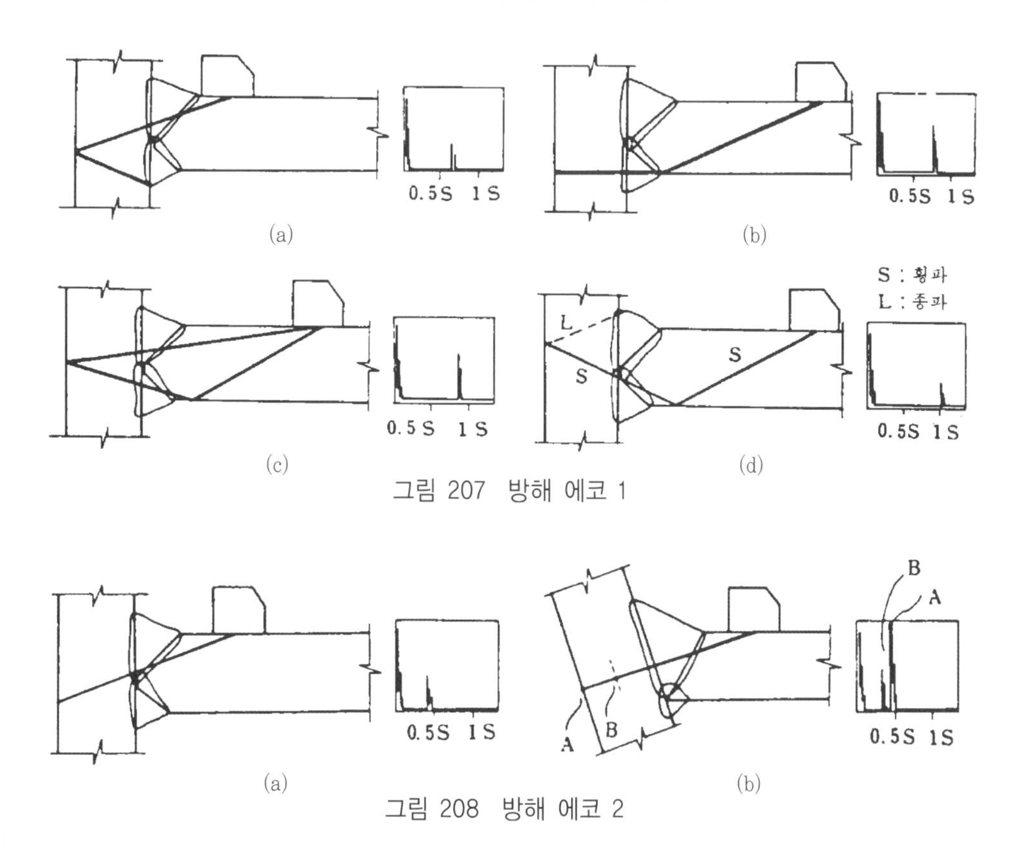

그림 207 방해 에코 1

그림 208 방해 에코 2

그림 207과 그림 208은 필릿 탐상 시 방해 에코의 경로를 나타낸 것이다.

참고 필릿은 특히 많은 방해 에코가 존재하므로 에코 판별에 많은 연습이 필요하며 가장 난이도가 높다고 할 수 있다.

[참고] 부속서 6 시험 결과의 분류방법

1. 적용 범위

이 부속서는 경사각 탐상시험 및 수직 탐상시험 결과를 분류하는 경우에 적용한다.

2. 시험 결과의 분류

시험 결과의 분류는 흠 에코 높이의 영역과 흠의 지시길이에 따라 부속서 6 표 1에 따라 실시한다. 2방향에서 탐상한 경우에 동일한 흠의 분류가 다를 때는 하위 분류를 채용한다.

부속서 6 표 1 흠 에코 높이의 영역과 흠의 지시길이에 따른 흠의 분류 (단위 : mm)

영역 / 판두께	M검출 레벨의 경우는 Ⅲ L검출 레벨의 경우는 Ⅱ, Ⅲ			Ⅳ		
mm / 분류	18 이하	18 초과 60 이하	60을 넘는 것	18 이하	18 초과 60 이하	60을 넘는 것
1류	6 이하	$t/3$ 이하	20 이하	4 이하	$t/4$ 이하	15 이하
2류	9 이하	$t/2$ 이하	30 이하	6 이하	$t/3$ 이하	20 이하
3류	18 이하	t 이하	60 이하	9 이하	$t/2$ 이하	30 이히
4류	3류를 넘는 것					

비고 : t는 그루브를 뗀 쪽의 모재의 두께(mm). 다만, 맞대기 용접에서 맞대는 모재의 판두께가 다른 경우는 얇은 쪽의 판두께로 한다.

이 부속서 6 표 1의 적용에 있어서 동일하다고 간주되는 깊이에서 흠과 흠의 간격이 큰 쪽의 흠의 지시 길이와 같거나 그것보다 짧은 경우는 동일한 흠군으로 간주하고, 그것들을 간격까지 포함시켜 연속한 흠으로 다룬다.

흠과 흠의 간격이 양자의 흠의 지시길이 중 큰 쪽의 흠의 지시길이보다 긴 경우는 각각 독립한 흠으로 간주한다.

그리고 경사 평행 주사, 분기 주사 및 용접선 위 주사에 의한 시험 결과의 분류는 당사자 사이의 협정에 따른다.

[참고] 부속서 6 시험 결과의 분류방법 해설

부속서 6의 시험 결과의 분류는 각 제품 및 사용 조건마다 규정되어야 한다. 그러나 지금까지의 등급 분류를 참조하고 있는 규격이 개정 시점에 있으므로, 이번 개정에서는 등급이라는 용어를 제외하고 **부속서 6**으로서 남겼다. 이 부속서는 다음 번 개정에서 삭제할 예정이다.

참고로 탠덤 탐상에서의 시험 결과의 분류 방법을 다음에 기재한다.

탠덤 탐상의 특징은 탐상면에 수직인 흠의 치수를 비교적 정확하게 평가할 수 있는 데 있다. 즉, 흠 에코 높이는 일정 범위까지는 흠 에코에 거의 비례하고 있다. 본체의 탐상감도에 의한 흠 에코 높이와 흠 높이의 관계는 **해설 그림 부속서 6.1**과 같이 되고, **해설 표 부속서 6.1**과 같이 흠 높이를 추정할 수 있다.

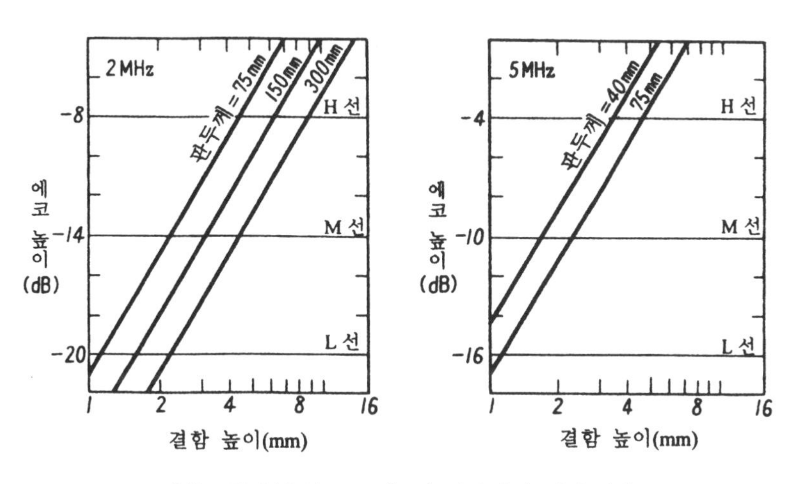

해설 그림 부속서 6.1 에코 높이와 흠 높이의 관계

해설 표 부속서 6.1 에코 높이의 영역과 흠 높이의 추정 치수

에코 높이의 범위	영 역	흠 높이의 추정 치수 mm
L선 이하	Ⅰ	$\frac{\sqrt{t}}{8}$ 이하
L선 초과 M선 이하	Ⅱ	$\frac{\sqrt{t}}{8}$ 초과 $\frac{\sqrt{t}}{4}$ 이하
M선 초과 H선 이하	Ⅲ	$\frac{\sqrt{t}}{4}$ 초과 $\frac{\sqrt{t}}{2}$ 이하
H선을 넘는 것	Ⅳ	$\frac{\sqrt{t}}{2}$ 를 넘는 것

비고 : t는 판두께를 mm 단위로 나타내는 수치이다.

흠 높이를 고려하여 분류를 하는 경우는 흠 에코 높이의 영역과 흠의 지시길이에 따라 **해설 표 부속서 6.2**에 따라 실시하는 것이 바람직하다.

해설 표 6.2 홈 에코 높이의 영역과 흠의 지시길이에 의한 흠의 분류

분류 \ 영역	Ⅱ	Ⅲ	Ⅳ
1류	$t/2$ 이하	$t/3$ 이하	$t/4$ 이하
2류	t 이하	$t/2$ 이하	$t/3$ 이하
3류	$2t$ 이하	t 이하	$t/2$ 이하
4류	3류를 넘는 것		

비고 : t는 탐상 단면쪽의 판두께(mm). 다만, 맞대기 용접에서 맞대기 모재의 판두께가 다른 경우는 얇은 판두께 쪽의 판두께로 한다.

5MHz에서는 흠의 길이를 비교적 정밀하게 측정할 수 있다. 이렇게 탠덤 탐상에서는 흠의 단면적을 비교적 정밀하게 평가할 수 있으므로 동일 분류 사이에서는 같은 흠의 단면적이 되도록 할 수 있다(**해설 표 부속서 6.3 참조**).

그리고 1이음 용접부의 합격 여부 판정은 각 흠의 단면적의 총합을 기초로 하여 검토하는 것이 바람직하다.

해설 표 부속서 6.3 분류와 흠의 높이 및 흠의 단면적의 보기

분류	판두께 49mm		판두께 200mm	
	흠 높이(mm)	흠의 단면적(mm^2)	흠 높이(mm)	흠의 단면적(mm^2)
1류	0.9 이하	45 이하	1.8 이하	368 이하
2류	0.9~1.8	45~89	1.8~3.7	368~735
3류	1.8~3.6	89~178	3.7~7.4	735~1470
4류	3.6을 넘는 것	178을 넘는 것	7.4를 넘는 것	1470을 넘는 것

Ⅱ 디지털 탐상장비를 이용한 탐상 방법

1. 초음파 탐상 장비 익히기

이번에는 디지털 초음파 탐상장비인 SONATEST사의 MASTERSCAN 380으로 설명한다. 기존 SONATEST사의 SISTSCAN 150에 기능이 추가된 것으로 장비의 모양과 사용 방법은 동일하다.

(1) 기본 매뉴얼

간략히 전면 패널의 명칭을 익히고 암기해야 한다. 초음파 탐상 검사의 경우 장비를 사용할 줄 아는 것이 중요한 것이 아니라 충분히 장비의 기능을 익혀 자유자재로 사용하여 결함을 정확히 찾아내는데 그 목적이 있다. 여러분이 자격시험을 볼 경우 장비의 영점조정도 시험 시간에 포함되므로 아래에서 설명하는 수직 및 사각 영점 조정을 빠른 시간에 완료할 수 있도록 해야 한다. 그림 209는 장비 전면부를 나타내었고 표 10에 각각의 키(Key) 설명을 하고 있다. 이러한 키(Key)들은 장비의 세팅(setting)을 다시 한다거나, 스크린 상에서 여러 가지 메뉴로 들어가기 위한 것들이다.

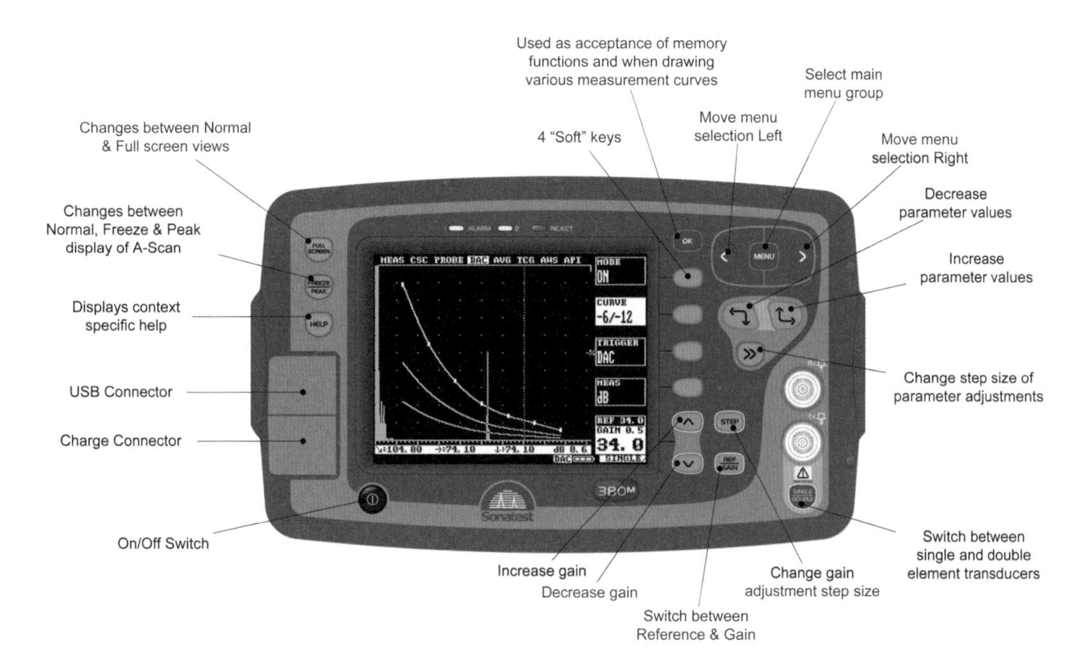

그림 209 장비 전면부 패널 명칭

표 10 전면 패널 조정 장비의 기능

순번	Key 모양	주요 기능
①		"Power On 또는 Off" 버튼이며, 장비 상에 문제점이 발생하였을 때 "FULL SCREEN" 버튼과 동시에 눌러 줌으로써 장비의 초기화를 시켜 주는 역할을 한다. 이때 주의 할 점은 장비에 작업자가 세팅(Setting)시켜 놓은 자료 또한 초기화가 되므로 주의해야 된다.
②	MENU	본 Key는 4가지 메인 메뉴(CAL, MEAS, UTIL, MEMORY)로 이루어져 있다. 메인 메뉴들 중 한 가지를 선택하기 위해서는 메뉴 옆의 회색 Key들 중 선택하면 된다.
③		메인 메뉴 중 한 가지를 선택했을 때 화면 상단에 나타나는 메뉴들 중 한 가지를 선택하기 위해 하얀 커서를 움직이는 데 사용을 한다.
④		장비의 오른쪽에 열 방향으로 4개가 이루어져 있다. 본 Key는 서브 메뉴 각각에 배당된 Key이며, 선택하고자 하는 서브 메뉴에 해당하는 Key를 누르면, 하얀 커서도 동시에 움직이면서 각각의 설정 값을 바꿀 수 있게 한다. 숫자가 있는 때에 따라서는 동시에 두 번 눌러 줌으로써, 본 장비에 설정된 값이 나타나서, 빠른 세팅(setting)을 도와준다. 이때 사용되는 Key는 ↳와 ↰이다.
⑤		본 Key는 바로 위해서 설명한 것과 같이 빠른 설정을 위해 본 장비에 이미 설정되어 있는 값을 세팅하는데 사용된다.(ex : Zero 또는 Delay에서 ④ Key를 연속하여 누르면, 화면에 본 장비에 설정된 값들이 나타나게 된다. 이때 본 Key를 이용하여, 커서를 이동하여, 세팅을 해 주면 된다.)
⑥		서브 메뉴 중 상단 오른쪽에 있는 ▶ 또는 ▶▶와 연관이 있는 Key로써, 한번 또는 두 번 누름으로써, 세팅 값을 설정할 때 미세 조정을 가능하게 하여 주는 Key이다.
⑦	OK	메모리 메뉴와 연관이 있으며, 저장할 값을 저장하거나, 저장된 데이터를 불러오기 할 때 사용한다. 또한 인쇄 모드에서는 OK가 인쇄 Key의 기능을 한다.
⑧	FREEZE PEAK	Key를 한 번 누르면 A-scope 화면을 정지시킬 수 있는 정지모드가 선택된다. 이것은 측정값이 나타나 있을 때 back echo 신호를 정지시키고자 할 때 유용한 기능이다. 이 모드에서는 CRT 하단 왼쪽에 탐상기가 정지 모드라는 것을 알려주기 위해 "FREEZE"라는 신호가 표시된다. ⇒ 한 번 누름 – 정지(Freeze) ⇒ 두 번 누름 – 피크(Peak) ⇒ 세 번 누름 – 기존의 에코가 정지함(Hold) ⇒ 네 번 누름 – 잠금(Keylock) : 옵션 ⇒ 다섯 번 누름 – 정상(Normal 모드)

⑨	 FULL SCREEN	장비의 화면에 A-scan 화상을 전체적으로 나타나게 하거나 또는 메뉴들과 함께 동시에 A-scan 화상을 나타나게 하여주는 기능이다. 또한 "메인 메뉴 중 "UTIL→MISC→SPLIT"을 선택하여, "ACTIVE"로 설정하여 놓고, 본 Key을 3번 누르면, 화면은 반으로 나뉘어 하단에는 작업자가 빠른 설정 및 설정한 값을 한눈에 볼 수 있도록 주요 세팅 값들이 한꺼번에 나타나게 된다. 이때 상단에는 A-scope 화상이 나타나 작업자가 A-scope 및 설정 값을 동시에 볼 수 있도록 할 수 있다.
⑩	 STEP	dB(증폭 Gain)을 0.5, 2, 6, 14 또는 20dB로 선택하여 변환시켜 주는 버튼으로, front panel의 하단에 있으며, 표시는 gain box안의 위쪽에 표시된다.
⑪	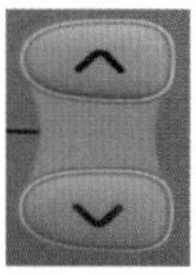	gain 또는 기준 dB에 나타난 값을 증가 또는 감소시킬 때 누른다.
⑫	 REF GAIN	gain box안의 게인 또는 비교 gain을 설정하는 기능이다.
⑬	 SINGLE DOUBLE	탐촉자의 type(single 또는 TR Type)에 따라 선택하는 기능이다. 사용자는 반드시 본 장비를 끄거나, "FREEZE/PEAK" Key를 눌러 펄스는 정지시킨 다음에 본 기능을 실행 시켜야 한다.
⑭		single 또는 double(TR) 탐촉자 작동을 선택할 때 사용되는 connector이다. gain 상자 아래에 선택된 모드가 표시된다.(single일 때는 반드시 Rx 소켓에 꽂아야 됨.)
⑮		위의 소켓은 USB 장비 즉, 전용 PRINTER, KEYBOARD 또는 PC에 연결하는 소켓이다. 아래 소켓은 충전기를 꽂는 소켓이다.

1) 명령어의 의미

표 11은 Key를 누를 때 화면에 나타나는 명령어로 의미는 다음과 같다.

표 11 명령어의 의미

측정 범위	0mm to 20,000mm(0.2~400in) 스틸의 음속 기준. variable in 1, 2, 5 sequence or continuously in 1mm(0.05in) Step 증가
음속	256 m/s to 16000 m/s 속도 조절
Delay	강(steel) 음속에서 0~20,000까지 0.05mm STEP으로 조절 가능
프로브 제로	0~999.999μs 조정
게인	0~110dB. 0.5, 2, 6, 10, 14 and 20dB step으로 조정 가능 어느 모드에 있든지 Gain 설정은 바로 됨
Active Edge	표면 분해능과 측정 시의 증폭 신호에 대한 반응을 향상시키는 기능(Damping기능과 동일)
Reject	80%까지 가능.
Memory	Panel 즉, Calibration 값은 100 Data 저장 가능 A-Scan Setting치는 최대 800개의 Data 저장 가능 두께 값은 최대 8,000개의 Data 저장 가능 본체에 저장된 Waveform들은 전용 printer나 RS232로써 컴퓨터로의 전송이 가능함(두께 측정치는 8,000Data까지 저장가능)
DAC	DAC curves setting 가능(디지털로써). Reference −2dB, −6dB, −10dB, −12dB, −14dB curves 중에서 선택 가능. DAC curve을 setting한 후 알람 Gate 설정 및 setting값에 대한 저장 가능. 본 커브는 10개까지의 포인트를 찍을 수 있으며, ASME 및 JIS, EN1714 COD을 충족시킨다.
Reference Waveform	이미 저장된 data을 화면에 불러오고, 현재 작업 중인 data을 불러오는 기능으로, 기준값에 대비하여, 손쉽게 비교 정보를 얻을 수 있는 기능
AWS	AWS D1.1 용접 코드에 의한 결함 표시 기능
Auto-Cal	두 개의 에코에 의한 자동 교정 기능
TEST MODES (총 5가지 모드 가능)	Signal Monitor / Gate에 첫 번째로 잡히는 신호에 대한 깊이, 증폭값 / Echo-Echo거리 측정 / 표면 거리, 결함까지의 깊이, 삼각함수에 의한 빔, 노정거리 표시 / 부식 두께 값 표시를 위한 T-MIN Mode Peck, Flank Mode 선택
Pulser	100~350V(450V MS380) square wave pulser. Pulse width from Spike to 2000ns duration-rise / fall times < 5ns into 50 ohms: Width adjustable in 2% of nominal width, minimum 1ns maximum 40ns 100
Backwall Echo Attenuation	0~40dB까지 사용자가 감쇄시킬 수 있는 기능 10 Point까지 40dB 이상의 유동적인 에코의 높이를 일정하게 80%까지 신호를 높여 주는 기능

TCG (Time Corrected Gain)	30dB 이상의 신호(에코)에서 에코를 최대 80%까지 증폭시키는 기능 (최대 10포인트까지 설정 가능)
P.R.F	35~5000Hz 중 5Hz steps으로 선택 가능
화면	8칼라 TFT 화면으로 111.4x83.5mm. A-Scan 화면은 315×200mm로 이루어져 있다.
주파수 범위	6 narrow bands centered at 0.5MHz, 1MHz, 2.25MHz, 5MHz, 10MHz and 15MHz. Broadband 2~22MHz(-6dB) and 1~35MHz(-20dB)
AGC (자동 게인 조정 기능)	10~90% 높이의 에코를 자동 5~20% 사이를 기준으로 자동 조절할 수 있는 기능
API	자동 결함 크기 측정 기능으로, API5UE에 의한다.
AVG/DGS	자동 결함 크기 측정 기능으로, 10개의 탐촉자 값을 저장하여 사용할 수 있다.
언어	6개(영어·이탈리아·스페인·러시아·독일· 프랑스어 등) 언어 선택 가능
전원	Lithium Ion Battery Pack(14.4V, 5A), 충전상태에서 최대 11시간 사용 가능
충전 전원	Mains input of 100 or 240 Volts, 3시간 급속충전 Pack
사용 온도	Operating -10 to +55℃ (14 to 131°F) Survivable -20 to +70℃ (-4 to 158°F) Storage -40 to +75℃ (-40 to 167°F)
크기 및 무게	256×145×145mm, 2.5kg(Battery pack 포함)

※ 메인 메뉴는 책의 페이지 제약으로 상세히 이곳에서는 다루지 못하므로 장비회사에서 제공되는 장비 매뉴얼에 따른 메인 메뉴의 기능을 충분히 익힌 후 실습한다.

(2) 초음파 탐상 준비하기

초음파 탐상을 하기 위해서 기본적으로 갖추어야 할 품목으로는 탐상기, 동축 케이블, 탐촉자, 접촉매질(글리세린 또는 기계유), STB-A1, STB-A2, 강철자, 샤프, 화장지(종이 수건) 등이 준비되어야 하며 그림 210에 나타내었다.

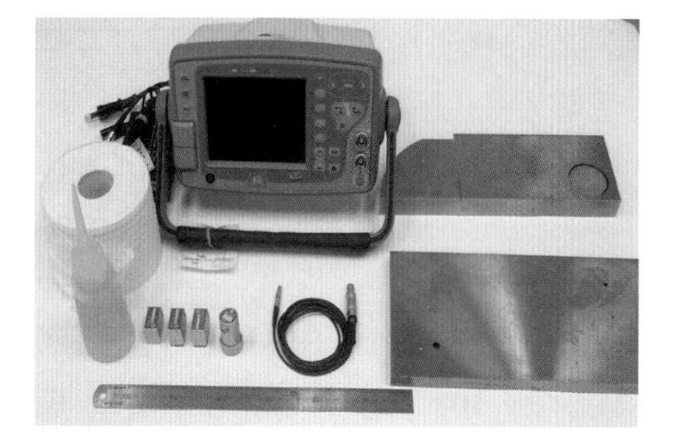

그림 210 기본구성

1) 표준 및 대비 시험편

초음파 탐상을 위하여 장비의 교정, 조정, 감도의 조정 등에 사용되는 시험편은 표준 시험편(Standard Test Block;STB)과 대비 시험편(Reference Block;RB)로 분류된다.

① 표준 시험편

한국공업규격(KS B 0831)나 IIW 등에 규격에 근거하여 제작되며 권위 있는 기관의 검정을 요한 시험편을 의미한다. STB-A1, A2, G, N 등 다양한 시험편이 있으며 용도에 따라 시험편의 재질, 형상, 사용목 적이 다르므로 KS B 0831을 참조하여 사용한다. 본 장에는 수직과 사각의 영점 조정에 가장 기본이 되는 시험편만을 소개한다.

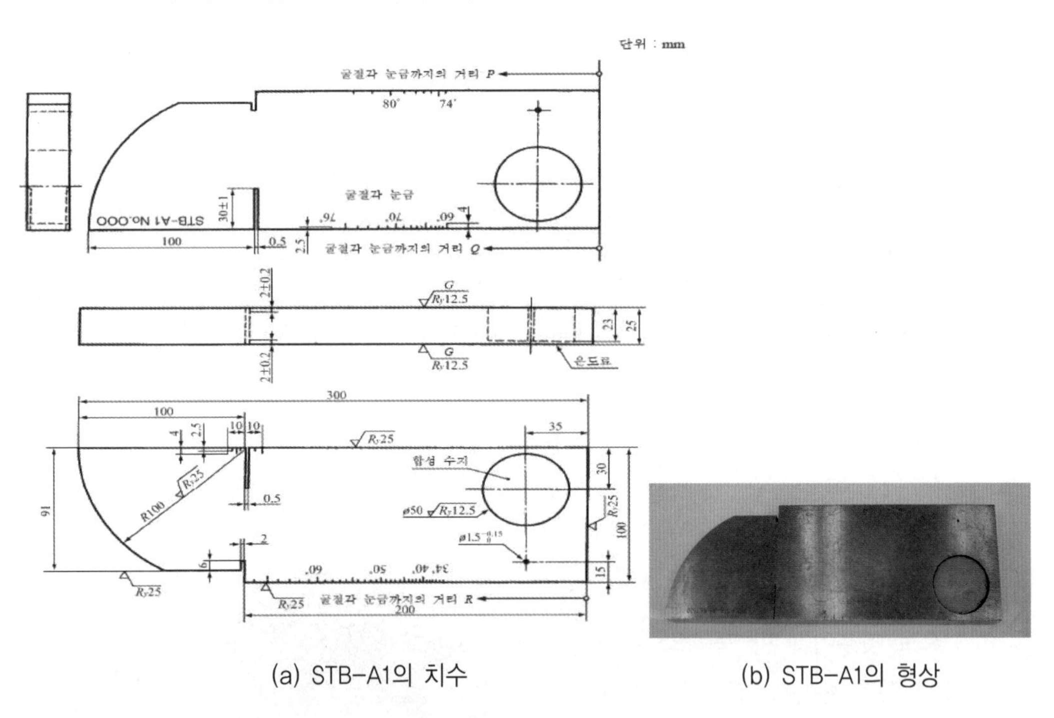

(a) STB-A1의 치수 (b) STB-A1의 형상

그림 211 STB-A1의 형상과 치수

그림 211의 STB-A1 시험편은 수직 탐상의 측정 범위 조정, 성능 특성 측정과 사각 탐상의 측정 범위 조정, 탐상 감도 조정 및 성능 특성 조정에 사용되는 가장 기본이 되는 시험편으로 그 재원 SM400, SM490 또는 중탄소의 기계 구조용 탄소강 강재를 불림(normalizing) 또는, 퀜칭 템퍼링(750~810℃ 수랭,

650℃ 공랭을 표준으로 한다.)하여 제작한다. 이 시험편을 가지고 장치의 영점 조정을 하므로 시험편의 치수는 암기해야 적용할 수 있다.

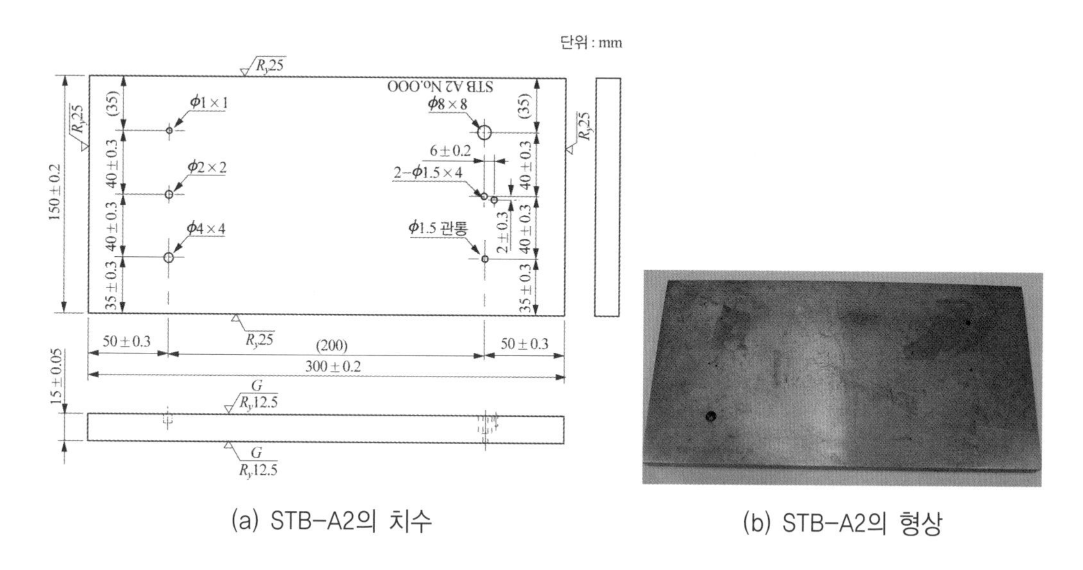

(a) STB-A2의 치수

(b) STB-A2의 형상

그림 212 STB-A2의 형상과 치수

그림 212의 STB-A2 시험편은 사각 탐상의 탐상 감도 조정 및 성능 특성 조정에 사용되는 시험편으로 그 재원 SM490 또는 중탄소의 기계 구조용 탄소강 강재를 불림(normalizing) 또는 퀜칭 템퍼링(750~810℃ 수랭, 650℃ 공랭을 표준으로 한다)하여 제작한다. 이 시험편은 주로 사강 탐사의 기준 감도를 적용하는데 사용되는 각각의 홀의 크기와 위치 및 시험편의 두께 치수 등을 기억해 두어야 한다.

② 대비시험편

시험체 또는 시험체와 동일한 특성을 가진 재료로 가공하여 재작하며 관련 규격서(KS B 0896, 0897 등)에 제작 사양을 언급하고 있으며 자체 제작하는 것이 일반적이다.

(3) 수직 탐상 영점 조정(calibration)하기

본 탐상기는 수동 영점 조정(표준)과 자동 영점 조정의 기능을 갖추고 있으며 자동일 경우 초음파 탐상기를 처음 조작하는 사용자에게 편리하다는 장점이 있으나 정밀도에 있어서 기계적인 오차가 약간 있을 수 있다. 그렇기에 수작업으로 하는 것이 좋다.

보충 학습 **수직 탐상을 하기 위한 3가지 중요한 요건**

① **적절한 탐촉자의 선택**
초음파 탐상에 통상적으로 사용되는 탐촉자는 불연속부에 대한 고감도를 얻기 위해 "narrow band"를 많이 사용한다(때에 따라서는 표면 또는 저면에 대한 감도를 활용하여 정보를 얻고자 할 때에는 "broad band" 탐촉자를 사용하기도 한다. 즉, 표면 또는 저면 에코로부터 불연속부에 대한 에코를 잡아내기 어려울 때 사용한다).

② **표준 및 대비 시험편을 선택**
탐상하고자 하는 금속과 같은 재질로 이루어진 정밀하고 감도가 좋은 표준 및 대비 시험편을 선택한다. 같은 음속과 고유 재질을 갖은 시험편을 사용하여야 한다는 의미한다. 또한 시험편의 표면은 검사하고자 하는 재질의 표면과 거의 흡사하면 더욱 좋다.

③ **정확한 장비 및 탐촉자의 교정방법 숙지**

1) 표준 영점 조정

본 방법은 초음파 탐상에서 기본이 되는 탐상 방법으로, 수직 탐상을 하기 전에 장비와 탐촉자에 대한 교정이 우선적으로 이루어져야 한다. 즉 검사하고자 하는 금속에 대한 정확한 데이터(data)를 얻기 위해서는 "ZERO"와 "VEL"을 정확하게 설정해 주어야 한다.

우선 초음파 탐상을 하기 위해 장치를 연결한다.

① 그림 213과 같이 battery를 체결한다.

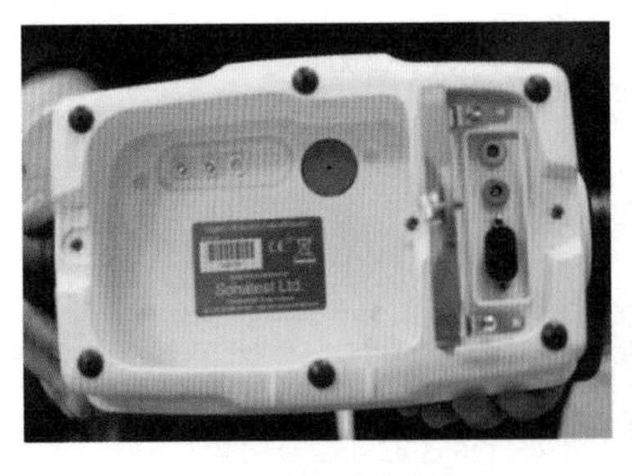

(a) battery 체결 전

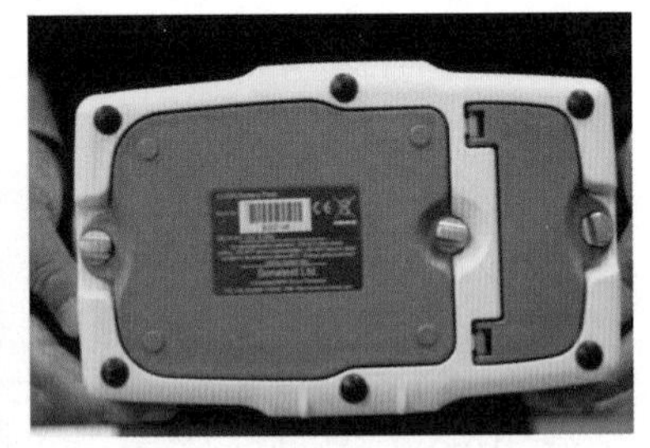

(b) battery 체결 후

그림 213 battery 체결하기

② 그림 214와 같이 어댑터를 연결한다. 주의할 점은 내부 핀이 매우 약하므로 붉은점을 잘 맞추어 채결하고 원치 타입으로 해체할 때는 윗부분을 살짝 당긴 후 제거한다. 동축 케이블은 그림 215와 같이 single에 체결하며 듀얼 탐상을 할 때는 single과 double 모두 체결한다.

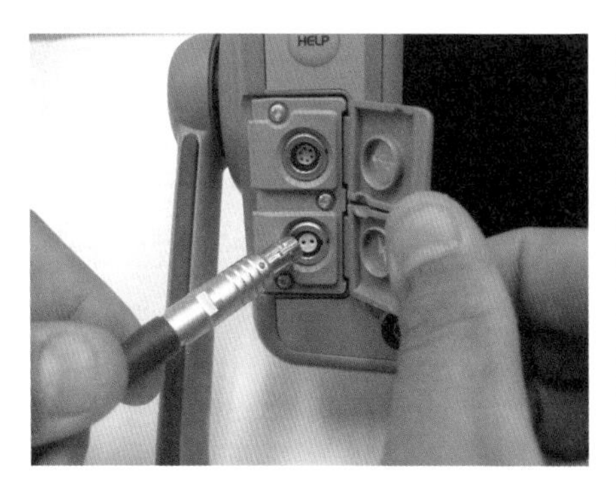

그림 214 어댑터 연결

그림 215 동축 케이블 연결

③ 그림 216과 같이 탐촉자를 체결한다. 탐촉자의 감도나 분해능은 보호 케이스를 사용하지 않을 때 가장 좋으나, 보호 케이스를 사용하지 않을 경우 시험편의 거칠기에 따른 탐촉자의 마모와 손상을 유발하게 된다. 작업 시에도 탐촉자 보호 차원에서 보호 케이스를 사용하는 것이 바람직하다.

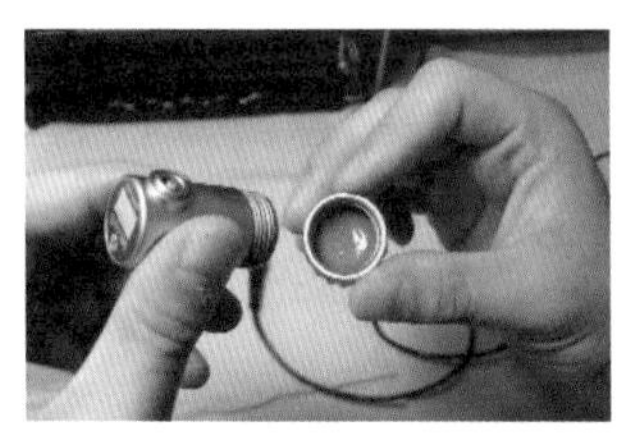

(a) 탐촉자 해체

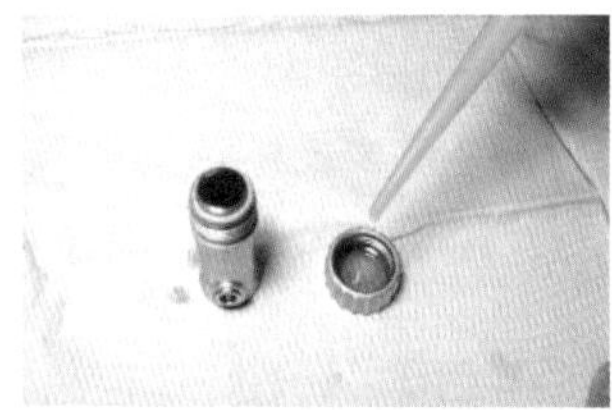

(b) 접촉매질 첨가

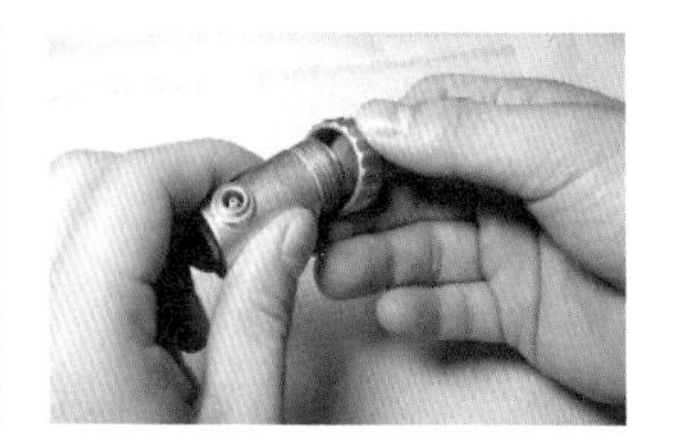

(c) 탐촉자 결함

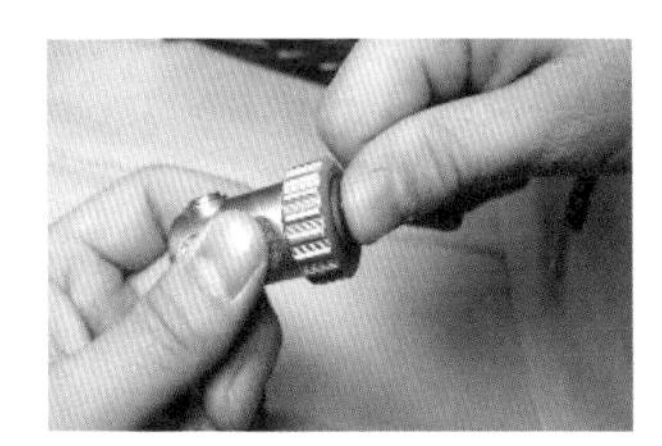

(d) 탐촉자 조임

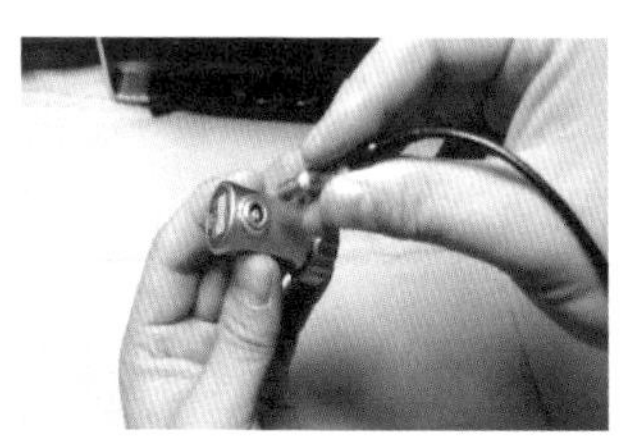

(e) 동축 케이블 연결

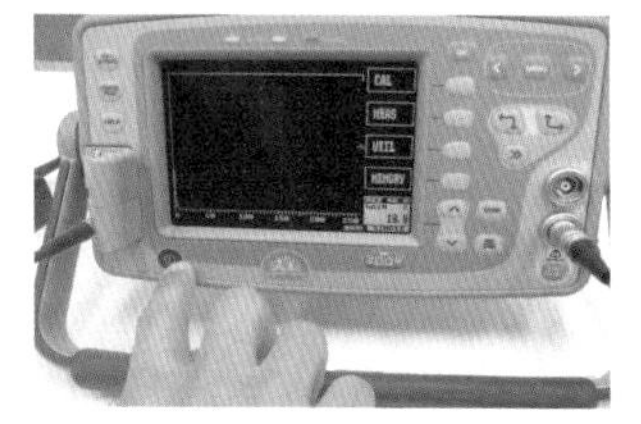

(f) power on

그림 216 수직 탐촉자 체결하기

- (a)와 같이 보호 케이스를 해체한다.
- (b) 해체 후 접촉 매질을 1~2방울을 투여한다. 너무 적게 투여할 경우 탐촉자에 골고루 분산되지 않을 수 있으며 너무 과도하게 투여하면 매질의 두께가 두꺼워져 감도가 저하할 수 있다.

- (c)와 같이 탐촉자를 결합한다.
- (d)결합 시 중간 정도 잠겼을 때 엄지손가락을 이용하여 공기를 빼낸 후 완전히 잠길 때까지 엄지손가락을 이용하여 잠근다. 결합 후 내부에 흰색 부분이 있을 경우 공기가 완전히 빠지지 않은 상태이므로 재결합한다. 공기가 완전히 제거되었다면 탐촉자 앞부분의 색깔은 짙은 갈색일 것이다.
- (e) 탐촉자와 동축 케이블을 연결한다. 케이블은 윈치 타입이므로 결합 시에는 그냥 넣으면 툭하는 소리가 날 것이다. 주의사항은 해체 시 갈고리 형태이므로 두툼한 부분을 먼저 잡아당긴 후 빼야 한다. 그냥 뺄 경우 동축케이블은 파손된다.
- POWER 스위치를 눌러 장비를 ON시킨다.

④ SINGLE/DOUBLE 스위치를 SINGLE이 되도록 조정한다.

⑤ 메인 메뉴 중 "CAL"을 선택한 후 "< >" Key를 이용하여 "CAL"에 맞추고 서브 메뉴의 "VEL"에 커서를 놓고 ↳와 ↴ Key를 이용하여 강의 종파 속도인 약 5,900m/s 정도로 조정한다(이때 서브 메뉴 안의 상자에 변수와 ▶ 또는 ▶▶ 마크가 함께 나타나는데, ▶ 또는 ▶▶ 마크는 변수를 조정할 때 조정 속도 및 조정 숫자의 크기를 조정하기 위한 표시이므로(▶ : 미세조정, ▶▶ : 빠른속도 및 저장된 변수로 변환) 설정할 때 유용하게 사용하면 된다).

⑥ 서브 메뉴의 "RANG"를 125mm 정도로 조정한다.

⑦ "< >" Key를 이용하여 "AMP"로 이동하여 서브메뉴의 "DETECT"에 커서를 놓고 ↳와 ↴ Key를 이용하여 "FULL"로 놓는다.

⑧ 메인 메뉴를 "MEAS"에 놓고 서브 메뉴의 변수들을 조정한다.

- TRIGGER : FRANK(FRANK는 에코의 앞부분을 PEAK는 꼭지점을 측정한다. 두 가지 모두 사용이 가능하며 주로 아날로그에서는 PEAK로 측정해야 하나 측정값이 디지털 장비는 FRANK를 설정하여 읽을 수 있다. FRANK로 설정하면 Gate의 설정 높이에 따라 값이 바뀔 수 있으며 이를 주의한다.)
- HUD : 작업자에 의해 결정
- BLANK : 추후 설정

⑨ STB-A1 시험편의 25mm 교정 위치에 놓은 후 2개 이상의 에코가 나타나는지 확인한다. 보통 측정 범위(RANG)를 100mm 또는 125mm로 조정하여 에코 4개 또는 5개가 보이도록 설정한다.

※ 통상 B1 에코를 80%의 높이가 되도록 게인 값을 조정한다.

⑩ 우선 메인 메뉴 중 "MEAS"에서 "E-E"로 되어 있는 모드를 "DEPTH"나 "MONITOR" 모드로 설정한다. 그러면 "Gate"가 한 개의 Bar로 나타날 것이며, 화면 하단에는 "D: --mm H: --%"라는 기호와 숫자들이 나타난다. 그림 217과 같이 "Gate 1"을 첫 번째 에코에 위치시키며 이때 탐촉자는 잘 고정시킨다(일반적으로 2~3kg의 힘으로 눌러주며 시험 중에는 띄지 않는다. 탐촉자가 주사되는 지점에는 접촉매질을 발라야 한다). 이때 "D:--mm"의 숫자가 "25mm"가 되어야 한다.

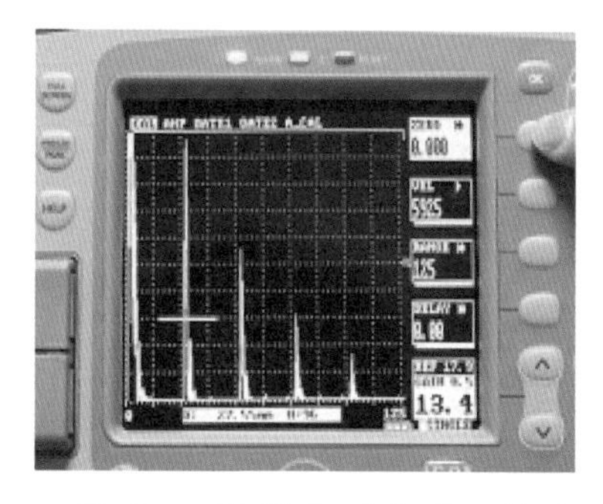

그림 217 첫 번째 저면 에코 측정

⑪ 만약 "25mm"가 되질 않는다면, 메인 메뉴 "CAL"의 "ZERO"에 커서를 위치시키고, ↳와 ↰ Key를 이용하여, "25mm"로 설정한다.

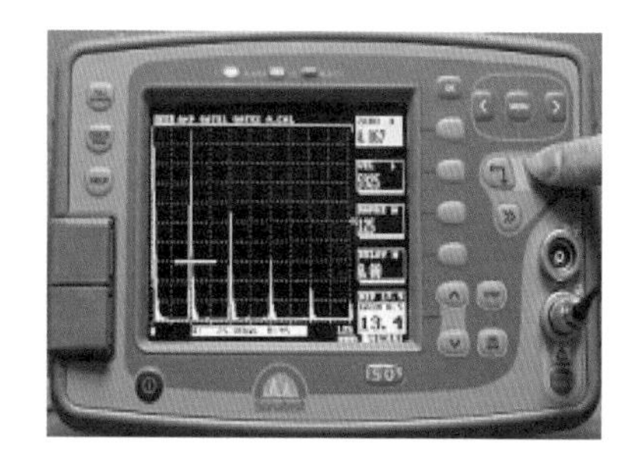

그림 218 ZERO 조정

⑫ 다시 MODE : E-E로 놓으면 2겹의 "Gate"가 나타난다. "E-E:"란에 임의의 숫자가 표시되며 이 숫자의 의미는 "에코"와 "에코" 사이 즉, 2겹의 "Gate"에 걸린 "에코" 사이의 거리를 나타내는 것으로, A1의 시험편에서는 "25mm"가 되어야 한다. 그림 219와 같이 화면상에 2겹의 "Gate" 중 위쪽에 위치한 "Gate"를 에코에 걸리게 위치하고, 아래쪽에 위치한 "Gate"는 두 번째 에코에 걸리게 위치한다. 이때 본 "Gate"를 조정하는 메뉴는 메인 메뉴 중 "Gate1"에서 하면 되고, 아래쪽에 있는 "Gate"가 두 번째 에코에 정확하게 걸리지 않을 시에는 위의 "BLANK"을 이용하여 폭을 조절하여 준다.

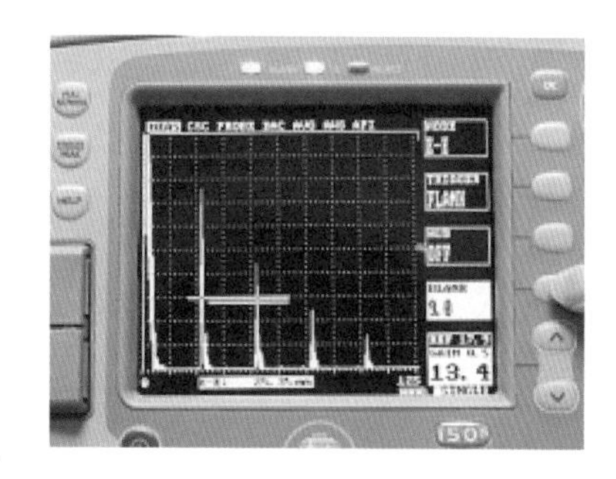

그림 219 Gate 조정

⑬ "25mm"가 되게 하기 위해 메인 메뉴 중 "CAL"에서 "VEL"에 커서를 놓은 후 ⮑와 ⮐ Key를 이용하여 본 숫자를 "25mm"가 되게 조절하면 음속에 대한 조정이 완료 된다.

⑭ 다시 "Gate 2"는 "OFF"로 설정하고 Gate 1이 B1(첫 번째 저면 에코)에 걸어서 25mm가 나오지 않는다면 위의 ⑩번 과정부터 다시 조절하여 B1이 25mm인지 B1과 B2 사이의 거리가 25mm가 나오는 지 확인하면서 조정한다.

⑮ STB-A1 시험편을 세워 위에서 측정한 결과 B1 에코가 Gate를 걸었을 때 100mm가 나온다면 수직 영점 조정이 완료된 것이다.

※ 위의 설명은 ZERO 조정 후 VEL 조정으로 구성되어 있으며 VEL 조정 후 ZERO 조정의 순서로 하여도 된다.

보충 학습 **수직 탐상 자동 영점 조정**

앞서 설명한 것처럼 본 장비는 메인 메뉴인 "CAL"에 "A-CAL"이라는 메뉴가 있어서 버튼 몇 개로 자동 교정을 할 수 있도록 메뉴 프로그램이 짜여 있다. 손쉽게 영점 조정(장비회사 매뉴얼 참조)을 할 수 있으나 수동 조작보다 정밀도면에서 떨어지며 자동 기능이 없는 장비도 많이 있으므로 수동 조정을 잘 익히기 바란다.
※"MEAS" 모드를 "DEPTH"로 설정해야만 자동조정이 가능하다.

(4) 사각 탐상 영점 조정(calibration)하기

1) 표준 영점 조정

사각 탐상 또는 경사각 탐상이라 부르며 용접부와 같이 표면에 직접 접촉이 불가능 할 경우 사용하는 방법이다. 사각 탐촉자는 45°, 60°, 70°가 가장 일반적으로 사용되며 특수한 각도가 필요한 경우 용도에 맞추어 특수 제작할 수 있다.
사각 탐상의 교정 또한 중요한 절차는 위에서 설명한 것과 마찬가지로, "ZERO"와 "VEL"을 설정하는 것이다. 이 두 가지 절차를 완료함으로써, 모재의 두께 그리고, 불연속부에 대한 위치 등을 정확하게 파악할 수 있다. 단, 사각 탐상을 위해서는 입사점 조정과 굴절각 조정을 해야 한다.

① battery를 체결한다.

② POWER 스위치를 눌러 장비를 ON시킨다.

③ SINGLE/DOUBLE 스위치를 SINGLE이 되도록 조정한다.

④ 메인 메뉴 중 “CAL”을 선택한 후, 서브 메뉴의 “VEL”에 커서를 놓고 ⮑와 ⮐ Key를 이용하여 3,230m/s 정도로 조정한다(이때 서브 메뉴 안의 상자에 변수와 ▶ 또는 ▶▶ 마크가 함께 나타나는데, ▶ 또는 ▶▶ 마크는 변수를 조정할 때 조정 속도 및 조정 숫자의 크기를 조정하기 위한 표시이므로(▶ : 미세 조정, ▶▶ : 빠른 속도 및 저장된 변수로 변환) 설정할 때 유용하게 사용하면 된다).

※ 앞서 설명한 것과 같이 강의 종파는 약 5,900m/s이므로 수직에 적용하고 사각의 경우 횡파를 사용하므로 약 3,200m/s로 조정하여 ④에 따라 미세 조정한다.

⑤ 서브 메뉴의 “RANG”를 250mm 정도로 조정한다.

※ 입사점 측정에 사용되는 면의 길이가 100mm이므로 에코 2개를 볼 수 있도록 250mm로 조정한다.

⑥ 메인 메뉴를 “< >” Key를 이용하여 “AMP”로 이동하여 서브메뉴의 “DETECT”에 커서를 놓고 ⮑와 ⮐ Key를 이용하여 “FULL”로 놓는다.

⑦ 사각 탐촉자를 그림 220과 같이 STB-A1 시험편의 교정 위치에 놓은 후 2개 이상의 에코가 나타나는지 확인한다. 이 과정은 영점 조정과 더불어 입사점 측정에 사용되며 입사점 측정은 그림 221과 같이 한다.

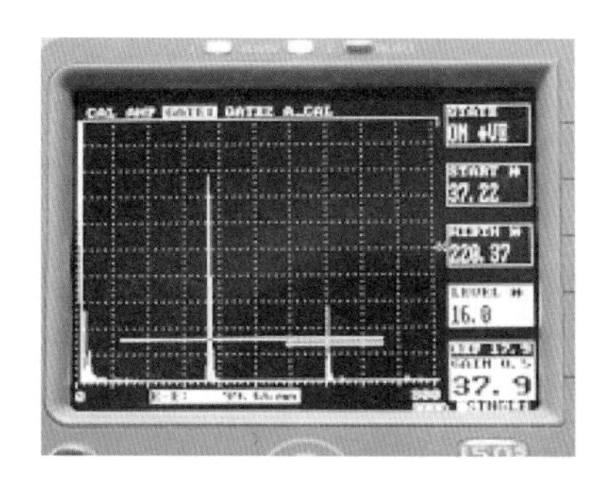

그림 220 에코 확인

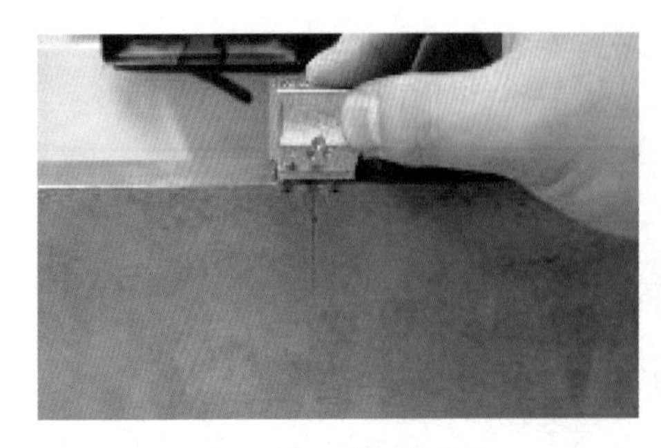

(a) 입사점 측정(정면)

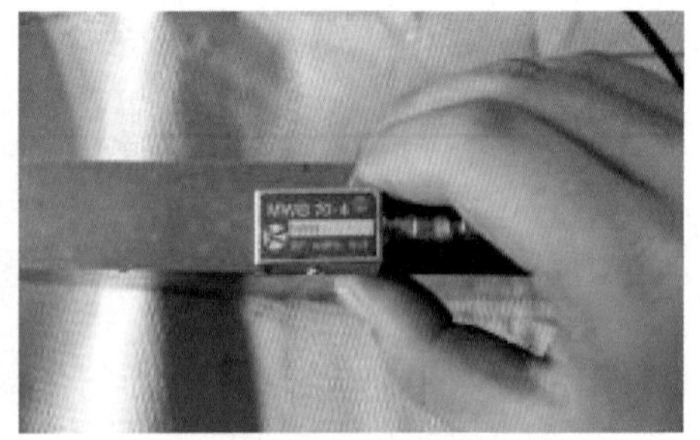

(b) 입사점 측정(평면)

그림 221 사각 탐상의 입사점 및 영점 조정하기

STB-A1의 100R 부분을 이용하며 (b)와 같이 엄지손가락을 이용하여 벽에 고정한다. 원칙은 시험체의 중간에 위치해야 그러나 이럴 경우 그림 222와 같이 목돌림 주사가 발생하여 에코가 변화되므로 옆면 벽을 이용하는 것이 좋다.

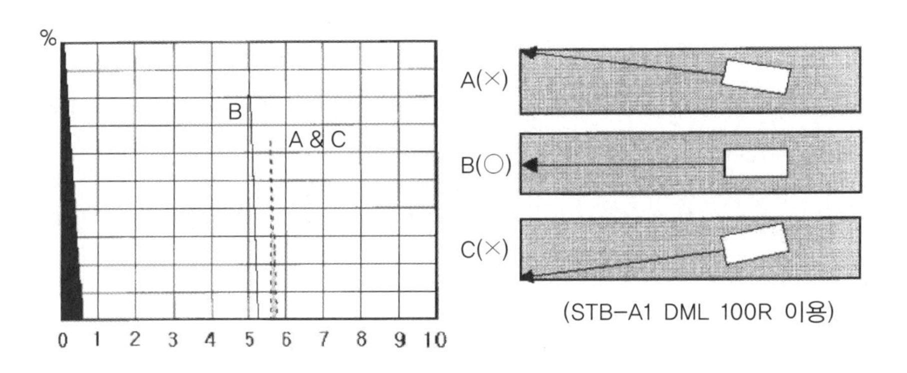

그림 222 목돌림 주사 금지

주사(Scanning)

주사란 탐촉자를 탐상 목적에 따라 탐상면을 이동하는 것을 말한다.

① **기본주사** : 전후, 좌우, 목돌림, 진자 주사가 있으며 주로 결함의 형상, 치수 또는 방향의 측정을 주목적으로 한다.

② **응용주사** : 지그재그, 종 방향, 횡 방향, 경사평행, 용접선상 주사가 있으며 기본 주사로는 검출하기 힘든 결함의 검출이나 형상의 측정에 사용된다.

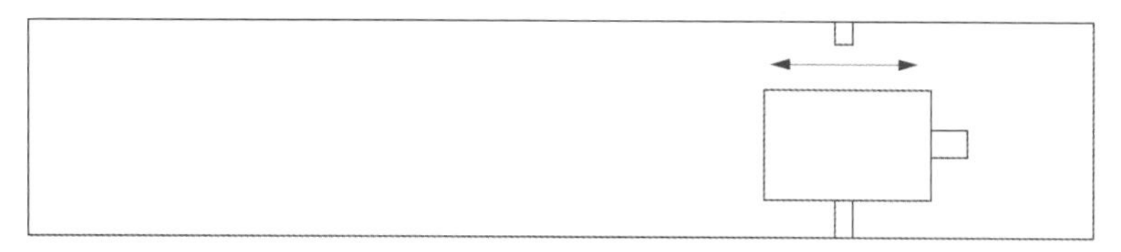

그림 223 전후 주사

그림 223과 같이 전후 주사를 하여 에코가 최대점이 되는 지점을 찾아 그림 224에 나와 있는 숫자를 읽어 기록해 둔다. 입사점은 KS B 0896에 따라 1mm 단위로 읽는다.

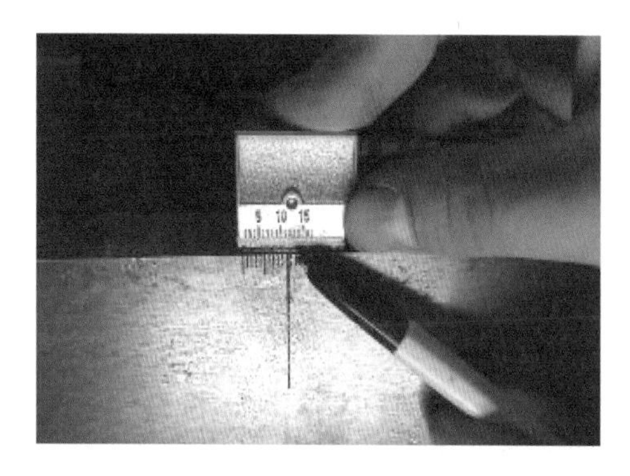

그림 224 입사점 측정

⑧ 우선 메인 메뉴 중 “MEAS”에서 “E-E”로 되어 있는 모드를 “TRIG”로 설정한다. 그러면 “Gate”가 한 개의 Bar로 나타날 것이며, 화면 하단에는 ↘, →, ↓의 기호들이 나타날 것이다. “Gate1”을 B1 에코에 위치시키며 이때 탐촉자는 잘 고정시킨다(일반적으로 2~3kg의 힘으로 눌러 주며 시험 중에는 띄지 않는다. 탐촉자가 주사되는 지점에는 접촉 매질을 발라야 한다). 이때 “D:--mm”의 숫자가 “100mm” 부근이 되어야 한다.

⑨ “Gate 1”을 첫번째 에코에 위치시키고, 그림 225와 같이 탐촉자를 이용하여, 최대점(Peak)을 찾아낸다. 이때 최대점에 대한 “↘:”의 숫자가 “100”이 되어야 한다.

⑩ 만약 그림 225와 같이 “100”이 되질 않는다면, 메인 메뉴 “CAL”의 “ZERO”에 커서를 위치시키고, ↳와 ↴ Key를 이용하여, “100”으로 설정해 주면 된다.

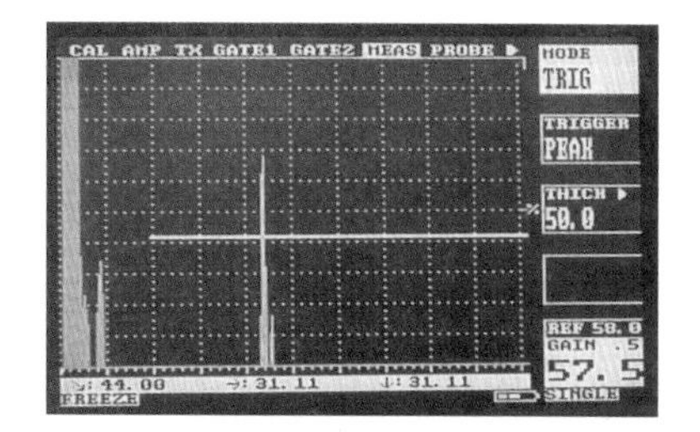

그림 225 ZERO 조정하기

⑪ 메인 메뉴를 "MEAS"에 놓고 MODE : E-E로 놓으면 2겹의 "Gate"가 나타난다.

⑫ 화면상에 2겹의 "Gate" 중 위쪽에 위치한 "Gate"를 에코에 걸리게 위치하고, 아래쪽에 위치한 "Gate"는 두 번째 에코에 걸리게 위치한다. 이때 본 "Gate"를 조정하는 메뉴는 메인 메뉴 중 "Gate 1"에서 하면 되고, 아래쪽에 있는 "Gate"가 두 번째 에코에 정확하게 걸리지 않을 시에는 서브 메뉴의 "BLANK"를 이용하여 폭을 조절한다.

⑬ 위와 같은 절차로 설정을 하면 화면 아래의 "E-E :"라는 란에 임의의 숫자가 표시 된다. 이 숫자의 의미는 "에코"와 "에코" 사이 즉, 2겹의 "Gate"에 걸린 "에코" 사이의 거리를 "100"이 되도록 "VEL"에 커서를 놓은 후 ↳와 ↰ Key를 이용하여 본 숫자를 "100"이 되게 조절하면 된다.

⑭ "Gate 2"는 "OFF"로 설정한다.

⑮ 그림 226과 같이 Gate1을 이동하여 B1 에코가 100mm인지 B_2 에코가 200mm인지 확인하고 값이 다를 경우 "ZERO"와 "VEL"을 반복 조정한다.

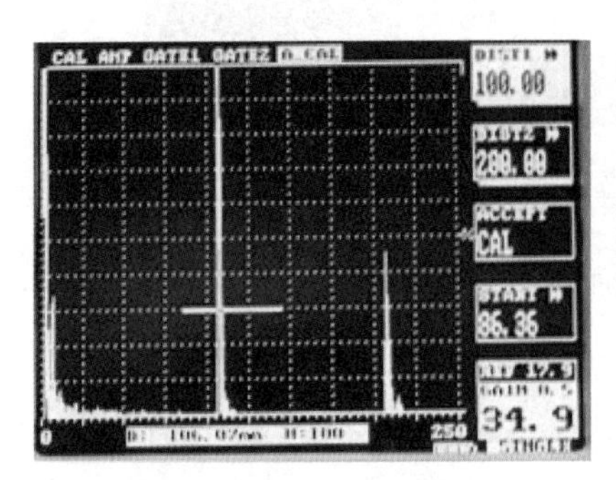

(a) B_1 100mm 확인　　(b) B_2 200mm 확인

그림 226 B_1, B_2 에코 확인

⑯ STB-A1 표준 시험편을 이용한 각 굴절각 측정 위치의 모습을 그림 227에 나타낸다. 시험편 제조 회사에 따라 시험편에 아라비아 숫자로 조각되어 있는 것도 있고 없는 것도 있으므로 탐촉자 위치를 잘 익혀 놓기 바란다.

※ 앞서 설명한 것과 같이 여러 종류의 굴절각이 있으며 본장에서는 70°를 기준으로 설명한다.

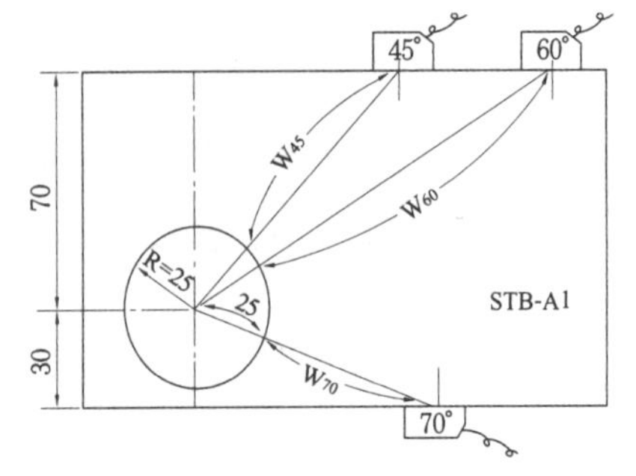

그림 227 STB-A1을 이용한 굴절각 측정 위치

⑰ STB-A1 시험편의 70° 위치에서 좌우 주사하여 에코가 가장 높게 나타나는 지점을 찾아낸다. 그림 228은 최대 에코의 CRT 화면이다. 최대 에코가 잘 뜨지 않을 경우에는 접촉 매질이 밀려 공기층이 차 있을 수 있으므로 다시 접촉 매질을 바르고 탐상한다. 굴절각 30°~70°는 지름 50mm 구멍을 이용하고, 74°~80°는 지름 1.5mm 관통 구멍을 이용한다.

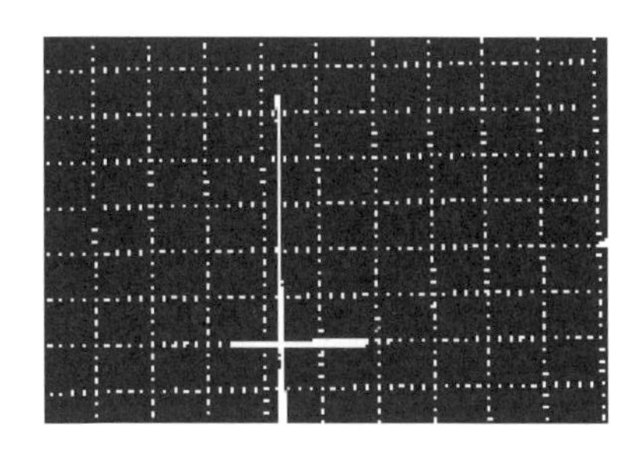

그림 228 굴절각 최대 피크

⑱ 굴절각은 KS B 0896에 의거하여 0.5° 단위로 측정을 한다. 만약, 70.3°가 나올 경우 70.5v로 읽으면 된다. 상온(10~30℃)에서 ±2° 범위 내로 측정을 해야 한다. 측정한 값이 ±2°를 넘어갈 경우 탐촉자를 교환해야 한다. 단, 공칭 굴절각 35° 의 경우는 0°~+4° 범위 내로 한다. 예로 실제 굴절각 70°가 나왔으며 W_f값은 62mm가 측정되었다. 이 값을 다음 식 (a)에 대입한다.

$$(W_f + 25) \times \cos\theta = 30 \pm 0.5 \text{ [mm]} \quad \cdots\cdots \text{(a)}$$

대입하면 (62+25)×cos70 = 29.8mm(소수점 둘째자리 반올림)이고 범위 안에 들어가므로 사용이 가능하다.

⑲ 앞에서 측정된 입사점과 굴절각을 MENU→MEAS→PROBE의 메뉴로 들어가 ANGLE에 측정한 굴절각을 X-OFF에 측정한 입사점을 입력한다.

⑳ STB-A2 시험편의 두께는 15mm로 MENU→MEAS→MODE→THICK에 15mm를 입력하고 기준 감도를 설정한다. 4×4 평저공을 이용하며 그림 229와 같이 평저공 뒷면에 표시하여 탐상하며 평저공의 결함 최대 에코가 80% 높이로 설정한 Gain 값을 기준 감도로 정한다.

※ 시험체가 바뀔 때마다 시험체의 두께는 MENU→MEAS→MODE→THICK를 이용하여 입력한다.

그림 229 STB-A2를 이용한 기준 감도 측정

※ 기준 감도는 결함의 길이를 측정하기 위한 6dB drop법이나 L-cut법 등을 사용할 때에도 매우 중요하다.

2) 거리진폭 특성곡선(Distance Amplitude Correction Curve, DAC) 작성

거리 진폭 특성 곡선(DAC)은 초음파의 확산과 재료에 의한 감쇠로 인하여, 같은 결함의 크기일지라도 빔 진행 거리가 증가하면 에코의 높이가 감소되는 것을 보정하기 위한 곡선으로 탐상 방식에 따라 보정량이 다르고, 같은 사각 탐상에서도 시험체의 종류에 따라 보상량이 다르기 때문에 그때마다 DAC를 조정한다.

① 검사하고자 하는 재질과 같은 비교 시험편에 탐촉자를 고정시킨다.

② Main 메뉴중 “MEAS” 키를 누른 후 서브 메뉴에서 “< >” Key를 이용하여 DAC 기능을 선택한다.

③ ↳ Key를 이용하여 MODE를 “OFF”에서 “DRAW” 모드를 선택하여, Bar Cursor가 화면상에 나타나도록 한다. 이때, 서브 메뉴에 있는 커서는 자동으로 그림 230과 같이 “ADJUST”로 가게 될 것이다.

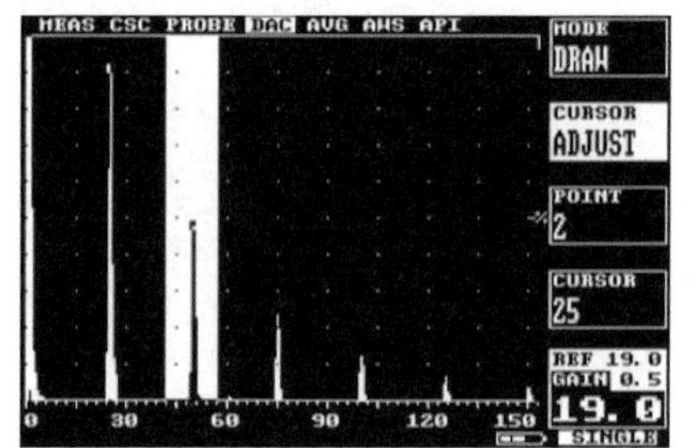

그림 230 보정 전

④ 장비 화면에 첫 번째 저면 에코를 정확하게 설정하기 위해 탐촉자를 표준시험편내지 샘플에 놓고, REF Gain을 조정하여 피크점을 정확히 설정한다.

⑤ 보조 메뉴 중 “CURSOR(ADJUST)”에 커서가 정확히 놓여 있는지를 확인하고, ↳와 ↰ Key를 이용하여 피크점 위의 화면상에 나타난 Bar Cursor를 움직여 첫 번째 “POINT”을 잡은 후 “OK” Key를 누른다.

⑥ 위와 같은 방법에 의해 첫 번째 에코에 대한 DAC 커브의 기준점을 잡고, 위와 같은 방법을 반복하여, 최대 10 Point까지 DAC 커브를 그릴 수 있다.

⑦ Point 설정이 끝나면, 회색 버튼을 이용하여 커서를 “MODE”에 놓고, ↳ Key를 사용하여 “MODE”를 ON으로 바꾸면, 그림 231과 같이 곡선이 표시된다.

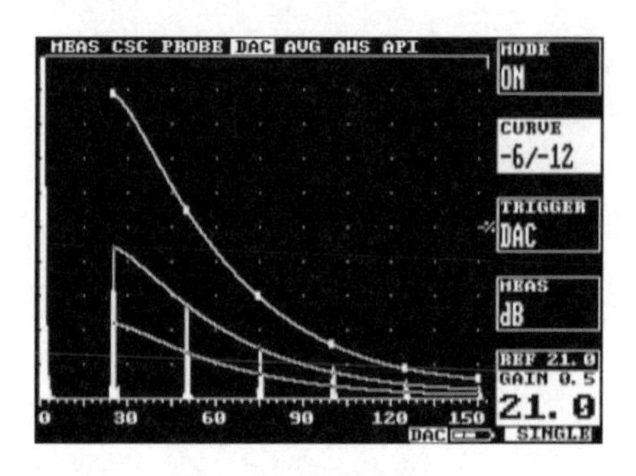

그림 231 DAC 곡선 작성

⑧ 본 장비의 DAC 곡선은 위의 그림과 같이 작업자가 설정한 기준 곡선과 −6/−12dB 또는 −6/14dB 등의 곡선을 임의로 그릴 수도 있다(ASME 또는 JIS Code에 의한 곡선임).

※ DAC을 만들고자 할 때에는 에코의 높이가 일정하게 유지되도록 탐촉자에 가해지는 압력을 일정하게 유지하여 주어야 한다.

결함 시험편 탐상방법은 p. 67 ~ p. 104의 내용을 참고하세요.

응시 전 필수 확인사항

- 시험은 앞서 설명한 6dB drop법을 이용하여 결함의 지시 길이를 측정하는 방법은 판 두께가 75mm 이상일 경우에 주로 사용됩니다. 그러나 시험이기 때문에 모재 두께가 그 이하 일지라도 적용할 수 있습니다.
- 시험의 다양성을 부여하기 위하여 최근에는 DAC 곡선을 이용하여 L-cut법 내지 M-cut법도 출제될 수 있으며 충분히 연습해야 합니다.
- 같은 결함일 지라도 초음파의 특성상 어떤 방법을 사용하느냐에 따라 결과 값은 ±1~2mm의 차이가 날 수 있습니다.
- 본 교재는 200mm 이상의 측정범위에서 영점 조정하는 방법을 제시 하였습니다. 그러나 실제 시험에 사용되는 모재의 두께는 10~20mm 사이로 200mm 이상으로 측정범위를 조정할 경우 에코가 너무 앞쪽으로 치우쳐 측정하기 매우 곤란합니다.
- 아날로그 장비를 이용할 경우 100mm를 측정범위로 B_1 에코를 끝선에 맞추고 소인지연 손잡이를 이용하여 B_1 에코를 맨 앞으로 보내고 B_2 에코를 음속손잡이를 이용하여 끝선에 맞춘다면 측정범위를 100mm로 맞출 수도 있습니다.
- 또한, 디지털장비를 사용할 경우에는 영점조정 후 측정범위를 조정하여 검사할 수 있습니다. 물론 DAC 곡선을 이용한 L-cut, M-cut법을 이용할 경우 곡선이 측정범위와 함께 변화되지 않는다면 조정할 수 없습니다.
- 필렛의 경우는 깊이 대신 기준면에서의 결함까지의 거리를 측정하라고 할 수도 있습니다.
- 그리고 시험체의 기준 감도를 물어보아야 합니다.
  이유는 시험체마다 결함의 크기가 각각이어서 너무 작은 결함일 경우 지시한 방법의 아래선에 위치함으로 결함으로 측정이 불가능할 수 있습니다. 시험 전 각각의 시험체의 기준감도를 질문하고 시험에 응하면 됩니다.

[참고] 결함의 모양

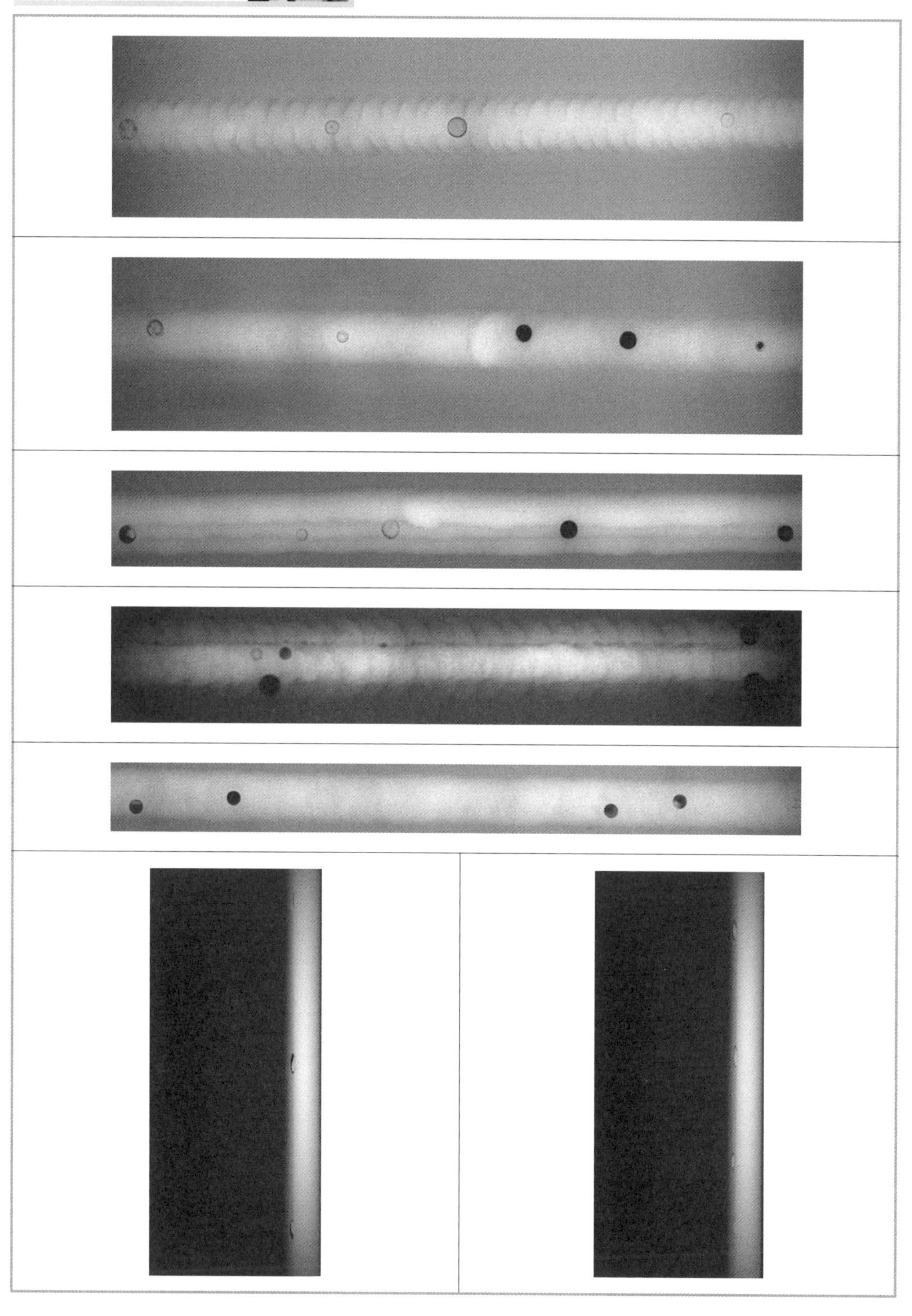

자 격 종 목	초음파비파괴검사	작 품 명	초음파탐상작업

시험시간 : 40분　　　**연장시간 : 없음**

◎ step wedge

10과 30으로 맞춰 넣고 탐상하시오.

(단, 소수점 둘째자리에서 반올림할 것)

계 단	1	2	3	4	5	6	7
측정값 (단위 : mm)	10						30

Ⅰ. 요구사항

◎ 주어진 용접시험편을 초음파 탐상하여 구하시오.

(단, 경사각 탐상법 이용)

[경사각 탐상]

시험편 번호 :　　　장치명 :　　　탐촉자의 종류 :

입사점 :　　　굴절각 :　　　기준감도 :

◎ 1. DAC 곡선을 작성하여 붙이시오. [기능사]

단위 : mm

내용 / 결함순번	시작점	끝점	결함 길이

※ 결함의 개수는 시험편마다 다를 수 있으므로 모든 칸을 채우지 않을 수도 있습니다.

2. DAC 곡선을 작성하여 붙이시오. [산업기사]

단위 : mm

내용 / 결함순번	시작점	끝점	결함 길이	깊이

※ 결함의 개수는 시험편마다 다를 수 있으므로 모든 칸을 채우지 않을 수도 있습니다.

3. DAC 곡선을 작성하여 붙이시오. [기사]

단위 : mm

내용 / 결함순번	시작점	끝점	결함 길이	깊이	에코높이레벨	합부

※ 결함의 개수는 시험편마다 다를 수 있으므로 모든 칸을 채우지 않을 수도 있습니다.

◎ 실기문제

● 초음파비파괴검사기능사

※시험시간 : 40분

1. 요구사항

1) 주어진 스텝웨지 시험편의 깊이를 수직탐상으로 측정하여 답지에 기록하시오. (시험시간 : 10분)
2) 지급된 시험편을 경사각탐상으로 탐상검사하여 답지에 기록하시오. (시험시간 : 30분)

2. 수험자 유의사항

1) 탐상기는 수험자가 지참하여 수험할 수 있으나, 탐촉자는 반드시 시험 전 감독위원이 확인하여 제공하는 것만을 사용하여야 합니다.
2) 요구사항 중 표 내에 기입하는 길이 또는 깊이는 소수점 둘째자리에서 반올림하여 소수점 첫째자리까지 기입하도록 합니다.
3) 입사점, 굴절각, 탐상감도의 기록시 반드시 단위를 포함하여 기입하여야 합니다.
4) 수험자 인적사항 및 계산식을 포함한 답안작성은 흑색 필기구만 사용해야 하며, 그 외 연필류, 빨간색, 청색 등 필기구 및 수정테이프(액)로 작성한 답항은 0점 처리되오니 불이익을 당하지 않도록 유의해 주시기 바랍니다.
5) 답안 정정 시에는 정정하고자 하는 단어에 두 줄(=)로 긋고 다시 작성하시기 바랍니다.
6) 검정이 완료된 후 반드시 장비에 대한 후처리작업을 실시하여 장비 및 시험편의 청결을 유지하도록 합니다.
7) 다음 사항에 대해서는 채점 대상에서 제외하니 특히 유의하시기 바랍니다.
   가. 기권
      (1) 수험자 본인이 수험 도중 시험에 대한 의사를 표시하고 포기하는 경우
      (2) 실기시험 과정 중 1개 과정이라도 불참한 경우
   나. 실격
      (1) 결함 순번은 시험위원이 지시해 준 기준점으로부터 결함을 순차적으로 기입하지 않은 경우
      (2) 요구한 탐상방법으로 측정하지 않는 경우
      (3) 안전수칙을 불이행, 장비조작 미숙, 시험장비의 파손 등 수험이 불가능한 경우
   다. 미완성
      (1) 주어진 시간 내 제출하였으나 완성하지 못한 경우

● 초음파비파괴검사산업기사

※시험시간 : 40분

1. 요구사항

1) 지급된 step wedge를 이용하여 시간축 교정 후 step wedge의 두께를 수직법으로 0.5mm 단위까지 측정하여 답안지에 기입하시오. [1과제 10분]
2) 주어진 용접시험편을 KS B 0896에 의거 경사각법으로 초음파탐상하여 결함의 위치, 길이 및 깊이를 답안지에 쓰시오. [2과제 30분]

2. 수험자 유의사항

1) 탐상결과는 흑색 또는 청색필기구(연필류 제외)만으로 기입하며, 정정은 회수에 무관하나 답안의 비번호, 시험편 번호는 정정할 수 없습니다.
2) 수험자 인적사항 및 계산식을 포함한 답안작성은 흑색 필기구만 사용해야 하며, 그 외 연필류, 빨간색, 청색 등 필기구 및 수정테이프(액)로 작성한 답항은 0점 처리되오니 불이익을 당하지 않도록 유의해 주시기 바랍니다.
3) 답안 정정 시에는 정정하고자 하는 단어에 두 줄(=)로 긋고 다시 작성하시기 바랍니다.
4) 검정이 완료된 후 반드시 장비에 대한 후처리작업을 실시하여 장비 및 시험편의 청결을 유지하여야 합니다.
5) 결함은 감독위원이 지시해 준 기준점으로 부터 결함을 순차적으로 적어야 합니다.
6) 다음 사항에 대해서는 채점 대상에서 제외하니 특히 유의하시기 바랍니다.
   가. 기권
      (1) 수험자 본인이 수험 도중 시험에 대한 의사를 표시하고 포기하는 경우
      (2) 실기시험 과정 중 1개 과정이라도 불참한 경우
   나. 실격
      (1) 안전 불이행 및 시험장비의 파손하거나, 요구된 탐상방법으로 측정하지 않는 경우
      (2) 비번호, 시험편 번호를 정정한 경우
      (3) 본 종목은 복합형(필답형+작업형)으로서 전 과정을 응시하지 않은 경우
   다. 미완성
      (1) 주어진 시간 내 제출하였으나 완성하지 못한 경우

● 초음파비파괴검사기사

※시험시간 : 40분

1. 요구사항

1) 지급된 step wedge를 이용하여 시간축 교정 후 step wedge의 두께를 수직법으로 0.5mm 단위까지 측정하여 답안지에 기입하시오. [1과제 10분]
2) 주어진 용접시험편을 KS B 0896에 의거 경사각법으로 초음파탐상하여 결함의 위치, 길이 및 깊이를 답안지에 쓰시오. [2과제 30분]

2. 수험자 유의사항

1) 제1과제, 제2과제는 문제에서 요구한 탐상 장비에 의하여만 측정하여야 합니다.
2) 수험자 인적사항 및 계산식을 포함한 답안작성은 흑색 필기구만 사용해야 하며, 그 외 연필류, 빨간색, 청색 등 필기구 및 수정테이프(액)로 작성한 답항은 0점 처리되오니 불이익을 당하지 않도록 유의해 주시기 바랍니다.
3) 답안 정정 시에는 정정하고자 하는 단어에 두 줄(=)로 긋고 다시 작성하시기 바랍니다.
4) 정정은 횟수에 무관하나 답안의 비번호, 시험편 번호는 정정할 수 없습니다.
5) 검정이 완료된 후 반드시 장비 및 시험편에 대한 후처리작업을 실시하여야 합니다.
6) 결함 순번은 시험위원이 지시해 준 기준점으로부터 순차적으로 기록하여야 합니다.
7) 다음 사항에 대해서는 채점 대상에서 제외하니 특히 유의하시기 바랍니다.

가. 기권
(1) 수험자 본인이 수험 도중 시험에 대한 의사를 표시하고 포기하는 경우
(2) 실기시험 과정 중 1개 과정이라도 불참한 경우

나. 실격
(1) 안전 불이행 및 시험장비의 파손하거나, 요구된 탐상방법으로 측정하지 않는 경우
(2) 비번호, 시험편 번호를 정정한 경우
(3) 본 종목은 복합형(필답형+작업형)으로서 전 과정을 응시하지 않은 경우

다. 미완성
(1) 주어진 시간 내 제출하였으나 완성하지 못한 경우

◎ 본 시험지는 임의로 제작된 시험지이므로 실제 시험지와 다름 ◎

작업형 실기시험시 유의사항

시험편은 4가지 중 1 또는 2가지로 정해져 있으므로 어떤 종류의 시험편이 출제되더라도 흔들림 없을 정도로 연습을 해야 한다.

또한, 수험자(검사자)는 자신이 찾은 결함이 정확하다는 확신을 가지고 있어야 한다. 혹시 결함이 없다면 분명히 잘못 측정한 것일 것이다. 시험 문제로 출제되는 시험편들은 무결함이 있을 수 없기 때문이다. 너무 긴장한 나머지 시험편을 돌려 측정하다가 시작점(기준점)을 거꾸로 이용하는 수험자들도 많이 보았으며, 시험편의 두께가 10mm였는데 어디서 오류가 났는지 몰라도 결함깊이를 11mm나 12mm로 적는 수험자도 많이 보았다. 이런 경우 차분히 다시 계산해야 한다. 디지털 탐상기의 경우 STB-A2의 두께 15mm를 입력 후 실제 시험편의 두께로 변경을 하지 않은 경우 자주 발생한다.

이와 같은 사항은 너무 긴장하기 때문이다. 보통 조당 4～5명이 한번에 시험을 치르게 되며 감독관 두분이 두명 내지 세명 뒤에 각각 한 분씩 자리 잡고 있기 때문에 분위기에 눌리는 경우가 많다. 다른 시험의 경우 2번 이상 불합격하면 열심히 연습하면 3번째는 대부분 합격하는 반면 초음파시험은 2번 이상 불합격하면 위의 분위기에 눌려 2년의 기간이 지나 필기 합격이 취소되는 경우를 많이 보아 왔다.

앞에서 설명한 실기 방법을 많이 연습하여 “영점” 조정을 4～5분 안에 소화하고 기본적으로 KS B 0896의 작업 방법을 완전히 익혀 시험 답안지에 쓰는 란이나 감독관의 시험시 질문에 대답을 정확히 한다면 분위기는 어느 정도 극복하리라 본다.

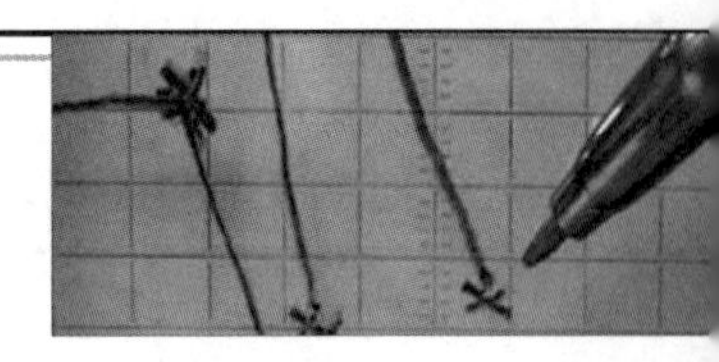

결함의 길이를 측정할 때는 1mm 단위로 측정하며, 또한 시작점에서 결함은 순차적으로 작성해야 한다. 측정범위 변경 없이 기본 측정범위로 측정을 하는 것이 좀 더 높은 점수를 얻으리라 생각한다.

시험편의 모범답안은 정확해야 하므로 감독관의 기량이나 컨디션을 감안하여 2000년 이후 100% 방사선 투과검사를 통해 결함의 개수, 시작점, 길이 등의 답안이 작성된다. 따라서 정답의 신뢰성은 믿어도 될 것이다. 결함의 깊이는 필름의 결함을 측정하고 그 위치에서 최대 피크를 통한 깊이를 측정하기 때문에 답안은 정확하다.

수험자는 불합격시 겸허하게 받아들이고 개인적인 실력을 더욱 정진하여 합격을 하길 본 저자는 기원한다.

여러분이 열심히 노력한 만큼 한국의 NDT는 발전되리라 확신한다.

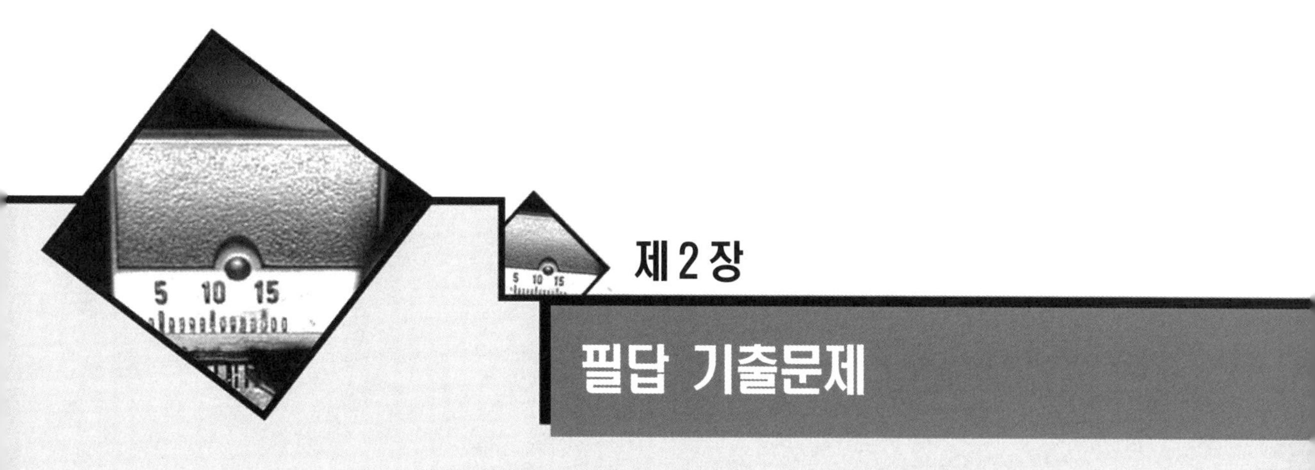

제 2 장

필답 기출문제

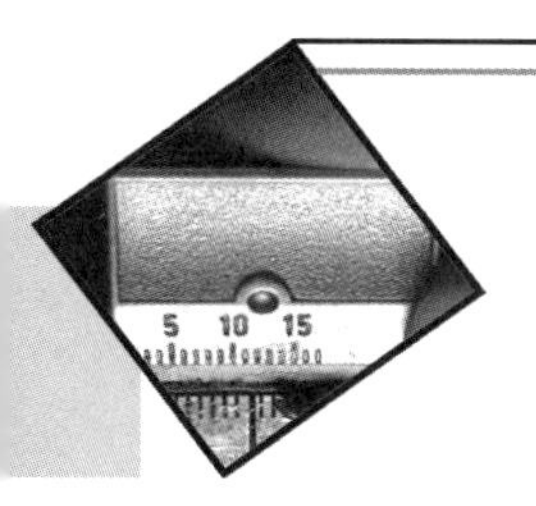

제2장 필답 기출문제

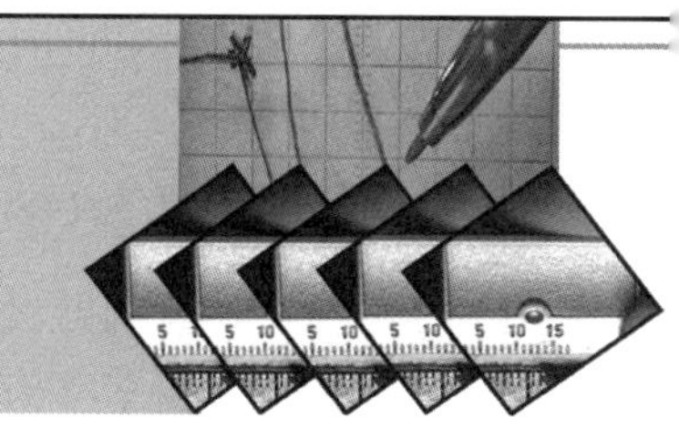

- 기존 기출 문제의 ( ) 위치를 변경하여 출제도 되니 유의할 것!
- '3가지만 쓰시오'란 문제는 4개를 써도 앞에 3개만 채점에 들어가니 확실한 것부터 작성할 것!

1. KS D 0248을 적용하여 100mm의 단강품 절차서를 작성하시오.(10점)

① 시험체 형상의 확인→② 탐상면, 탐상 방향의 확인→③ 시험체 두께 측정→④ 사용 탐촉자의 선정→(⑤)→(⑥)→(⑦)→⑧ 탐상 감도의 조정→⑨ 탐상면의 손질과 접촉 매질의 도포→(⑩)→⑪ 결함 데이터의 체취→(⑫)→⑬ 데이터의 정리→(⑭)→⑮ 기록

풀이 ⑤ 측정 범위 조정 ⑥ 탐상 방식의 설정 ⑦ 거리 진폭 특성 곡선의 작성
⑩ 탐상 ⑫ 감쇠 계수의 측정 ⑭ 등급 분류

2. 밑면 에코 방식과 시험편 방식의 장단점에 대해 기술하시오.

풀이 (1) 밑면 에코 방식

① 장점 : 시험체 자체의 에코를 사용하는 것이므로 표면거칠기, 곡률, 감쇠차의 보정이 필요 없다.

② 단점 : 저면이 평행이 아닌 것이나 저면이 불규칙한 면일 경우는 에코가 나타나지 않거나 에코 높이가 낮아지므로 이 방식을 사용할 수 없으며, 감쇠가 큰 재질에서는 근거리 결함의 경우 과대평가의 우려가 있다.

(2) 시험편 방식

① 장점 : 시험편을 이용하므로 기준을 정할 수 있으며, 여러 시험체의 비교가 가능하다.

② 단점 : 시험편과 시험체 사이에 발생하는 재질차와 표면거칠기에 의한 에코 높이차를 보상해야 한다.

3. KS B 0896에서 RB-A6를 사용한 다음 절차서를 작성하시오.

풀이 ① 예비 조정 ② 원점의 수정
③ 입사점의 측정 ④ 굴절각 측정
⑤ 에코 높이 구분선 작성

4. 결함의 정량적 평가방법을 기술하시오.

풀이 (1) 탐촉자의 이동거리에 의한 방법 : dB drop법, 평가레벨법
(2) 에코 높이를 이용한 방법 : 산란파법, 탠덤탐상법, 단층탐상법, DGS선법
(3) 에코의 진행 시간차를 이용한 방법 : 단부에코법, 산란파법, 표면파법, 모드변환법
(4) 주파수를 이용한 방법 : 주파수 분석법
(5) 영상법 : 홀로그래피법, 전자주사법

5. 탐상 보고서 작성에서 괄호 안을 채우시오.(20점)

(1) 검사 대상물의 표시
① (   ) ② 검사장소, 고객 또는 거래선 ③ 검사자
④ (   ) ⑤ 검사 대상물 : 재질, 번호, 탐상 부위 등
(2) 장치
① (   ) ② 탐촉자 : 치수, 주파수, 굴절각
③ (   ) ④ 교정 방법과 교정 시험편
(3) 교정
① 탐상감도 ② (   ) ③ 감쇠 보정과 전이손실 보정
(4) 검사기법
① (   ) ② 결함길이 및 결함높이 측정방법
③ 기록 준위 ④ 탐상 제한 : 피검체의 모양이나 기타 요인으로 탐상을 못한 부분
(5) 탐상결과
① 검사지시번호 ② 결함 위치와 치수 ③ (   )

풀이 (1) ① 검사 일자 및 시간 ④ 적용규격 및 절차서
(2) ① 탐상기 : 적용 규격을 만족하는 성능을 갖는 탐상기 ③ 접촉매질
(3) ② 측정범위 조정
(4) ① 주사방법
(5) ③ 결함의 합부 여부

6. 수직 탐촉자를 사용하여 경사각 탐상을 하기 위해, 플라스틱 Wedge를 붙여 60°의 경사각을 만들려고 한다. 이때 주의사항 6가지를 기술하시오.

풀이 ① 쐐기의 접근 한계 길이를 고려한다.
② 탐촉자와 쐐기와의 접촉 상태를 고려한다.
③ 탐촉자와 쐐기와의 음향 임피던스를 고려한다.
④ 쐐기 내에 결함이 없어야 한다.
⑤ 쐐기의 재질은 초음파의 감쇠 및 손실이 없어야 한다.
⑥ 접촉매질에 의한 부식이나 오손이 없어야 한다.

7. KS B 0896에 따른 탐상 감도 조정 절차서를 작성하시오.

풀이 (1) STB-A2의 경우
① 굴절각 60°, 70°를 사용할 경우 $\phi 4\times4$를 0.5skip에서 에코 높이가 H선에 맞도록 게인을 조정한다.
② 굴절각 45°를 사용하는 경우 $\phi 4\times4$를 0.5skip에서 에코 높이가 H선에 맞도록 게인을 조정한 후 6dB을 높여 이것을 탐상 감도로 한다.
(2) RB-4 : 지름 4.8인 표준구멍의 $t/4$ 위치에서 최대 에코를 찾고 에코 높이는 80%(H선)에 맞춘다.

8. 오스테나이트계 스테인리스강 용접부의 사각 탐상 시험을 하는 경우 결함 검출에 유효하다고 생각되는 탐촉자에는 어떠한 종류가 있는지 3가지만 쓰시오.(15점)

풀이 ① 고분해능 탐촉자 ② 종파 사각 탐촉자 ③ 저주파수의 탐촉자 ④ 광대역 탐촉자 ⑤ 집속형 탐촉자(오스테나이트 결정립이 크기 때문에 산란이 많아서 주철품에 쓰는 탐촉자를 쓴다)

9. 광대역 탐촉자에 대하여 설명하시오.

풀이 (1) 특징 : 대역폭을 크게 한 탐촉자이며 대역폭이 크면 댐핑이 크고 펄스폭이 작아 분해능이 좋아진다. 이것은 내부 댐핑이 큰 니오비움산납이나 황산리튬 진동자를 사용하며, 여기에 댐핑재를 더한 구조를 갖는다. 댐핑이 크다는 것은 펄스폭이 작다는 것을 의미하며 반사된 음파들이 서로 독립되므로 산란파의 높이가 크게 높아지지는 않으며 S/N비(신호대잡음비)가 커져서 탐상이 용이해진다.
(2) 적용 : 박판의 탐상이나 두께 측정, 근거리 결함의 분리를 목적으로 사용되며 조직이 조대한 재료의 탐상에도 이용된다.

참고 광대역 탐촉자를 사용하기 위해서는 탐상기에서도 광대역 증폭기가 필요하고 장치와 조합하여 그 성능이 발휘되는 것이므로, 모든 장치에 사용 가능한 것은 아니다.

10. 표준 시험편과 대비 시험편 사용 목적을 3가지만 쓰시오.(9점)

풀이 ① 결함의 위치를 판정하기 위한 측정범위의 조정에 사용한다.
② 반사원의 에코 높이를 측정하기 위한 탐상 감도의 조정에 사용한다.
③ 탐상 장치의 성능 측정에 사용한다.

11. 초음파 탐상에서 손실과 감쇠에 대한 3가지와 그 특징에 대해 기술하시오.(6점)

풀이 (1) 전달(전이) 손실 : 음파가 물체의 표면으로 입사할 때 생겨나는 것으로서 표면 거칠기 또는 표면의 형상이 곡면일 경우 탐촉자의 접촉이 불완전하여 내부의 공기층이 형성됨으로써 발생하는 손실이며, 접촉 매질의 두께에 의해서도 발생한다.
(2) 산란 감쇠 : 물체 내부에서의 산란에 의해 나타나며 결정립계(Grain Boundary)에서 산란에 의해 나타나는 손실이다.
(3) 확산 손실 : 음파의 분산에 널리 퍼짐으로써 생성되는 손실이다.
(4) 흡수 감쇠 : 기계적 진동 에너지가 열에너지로 바뀌어 감쇠가 일어난다.

12. 압전 재료 4가지와 그 특징을 쓰시오.(12점)

풀이 (1) 수정(Quart) : 가장 오래된 진동자이다. 기계적, 전기적, 화학적으로 안정하며 물에 대해 불용성이고 수명이 길고 단단하다. 하지만 여러 가지 진동자 재질 중 송신 효율이 가장 나쁜 단점을 갖고 있다.
(2) 황산리듐($LiSO_4$) : 수신 효율이 가장 좋은 재질로서 음향 임피던스가 낮아 수침용으로 적당하나 수용성이라 수침용으로 사용할 때는 방수 처리를 해야 한다. 그리고 내부 댐핑이 크기 때문에 니오븀산납에 이어 분해능이 큰 장점을 가지고 있지만 취성이 있어 깨지기 쉽고 74°C 이상에서는 사용할 수 없다.
(3) 티탄산 바륨계($BaTiO_3$) : 송신 효율이 가장 좋은 재질로서 현재 가장 많이 사용되는 재질이나 내마모성이 낮아 수명이 짧은 단점을 갖고 있다. 티탄산 바륨을 개량한 것이 지르콘 티탄산납(PZT)으로서 광대역으로 분해능이 뛰어나며 최고 300°C까지 사용할 수 있어 고온용으로 사용된다.
(4) 니오비움산납($PbNbO_3$) : 내부 댐핑이 높아 고분해능형 탐촉자에 많이 사용되지만 깨지기 쉬운 단점을 갖고 있다.

13. 6dB법을 이용한 결함의 길이를 측정하는 방법을 서술하시오.(8점)

풀이 결함 에코 높이가 최고인 지점에서 탐촉자를 좌우로 이동하여 그 에코 높이가 최고 높이의 6dB, 1/2 이하가 되는 지점을 결함의 시점과 끝단으로 간주하는 방법으로, 전체 빔 중 1/2만이 결함으로 입사됐을 때 반사 음파의 양도 절반으로 감소하는 것을 이용한다. 그러나 실제의 결함은 탐촉자가 결함의 끝단에 도달되기 전에 에코 높이가 최대 에코 높이의 1/2이 되어 과소 평가될 우려가 있으며, 이는 대부분의 긴 결함의 경우 끝으로 갈수록 결함의 폭이 작아져 반사음파의 양이 결함폭에 의해서도 점점 작아지기 때문이다.

14. 20Q10N인 탐촉자로 강(음속 5900m/s)을 탐상할 때 근거리 음장 한계 거리(Xo), 지향각(ϕ)의 값을 구하시오.(6점)

풀이 $Xo = \frac{D^2}{4\lambda} = \frac{D^2 f}{4V} = \frac{10^2 \times 20000000}{4 \times 5900000} = 84.75\text{mm}$

$\sin\theta = 1.22 \times \frac{\lambda}{d}$ 를 이용, $\theta = \sin^{-1} 1.22 \times \frac{\lambda}{d} = 2°$

15. 접촉매질을 쓰는 이유와 성질 4가지를 쓰시오.(15점)

풀이 (1) 이유 : 탐촉자와 시험체 사이에 공기층이 있을 경우 음파는 계면에서 전반사하여 재질 내로의 입사가 불가능하다. 이 때문에 탐촉자와 시험체 사이에 액체 물질을 채움으로써 공기층을 제거하여 음파의 전달 효율을 높일 수 있으며 탐촉자의 주사 시 부드럽게 탐상이 가능하게 해준다.

(2) 성질

① 음향 임피던스가 공기보다 높다.

② 액체이므로 종파만이 존재한다.

③ 액체이므로 공기층을 제거하기 좋으므로 감도의 저하를 막을 수 있다.

④ 탐상 시 탐촉자의 이동(주사)이 용이하다.

16. 결함이 시험체의 1/2 위치에 있고 결함의 에코가 50%, B_F 에코는 90%, B_G 에코는 100%일 때 다음을 구하여라.(10점)

풀이 (1) $F/B_G = 20\log(50/100) = -6\text{dB}$

(2) $F/B_F = 20\log(50/90) = -5\text{dB}$

17. Al 시편으로 공칭 굴절각 70°(실제 굴절각 71°)로 측정하였다. STB-A1으로 입사점과 측정범위를 조정하였으며, 특히 보정을 하지 않고 CRT상에 그림과 같이 나타났다. 결함의 위치를 구하여라.(단, 측정범위 : 100mm, 강의 횡파 속도 : 3230m/s, Al의 횡파 속도 : 3080m/s)이다)

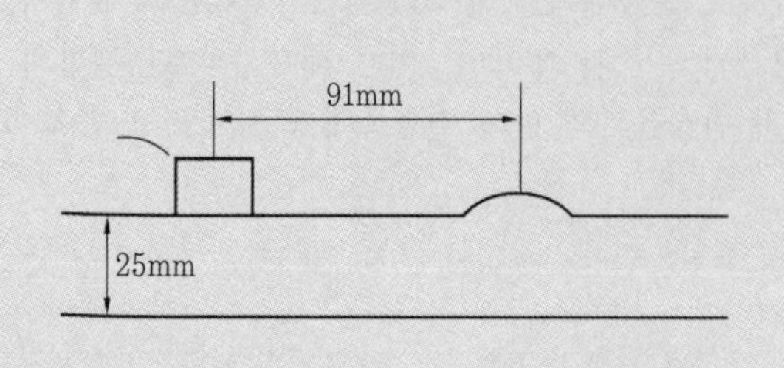

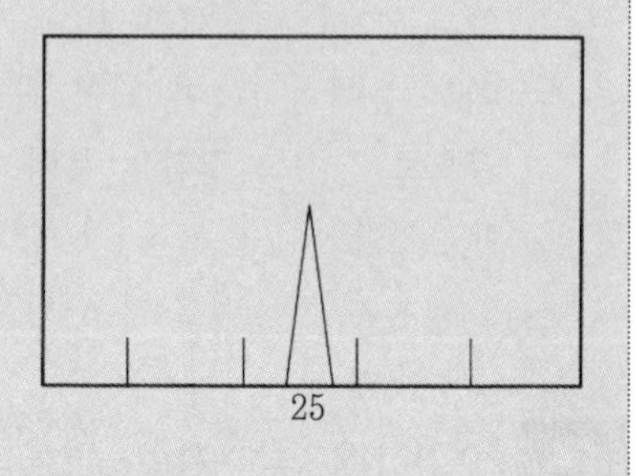

풀이 (1) 음속의 이론을 접목할 경우(100은 측정범위, 50은 아날로그 눈금의 개수이다)

① 시간축 1눈금 = (100/50) × (3080/3230) = 1.9mm

② 결함 깊이(d) = 빔노정(W_f) × $\cos\theta$ = 1.9mm × 25 × cos71° = 15.5mm

③ ($K = Y - y$)결함 위치(K) = 용접부 중심에서 입사점까지의 거리(Y) − 빔노정(W_f) × $\sin\theta$

= 91mm − 1.9mm × 25 × sin71° = 46.08mm

(2) KS 규격을 접목할 경우 : 측정 범위가 100mm 및 200mm인 경우에 STB-A1의 R 100mm를 사용하여 알루미늄 중에서 98mm에 상당하는 것으로 측정범위를 조정한다(49/50은 Steel의 Al 보정계수이다).

① 시간축 1눈금 = (100/50) × (49/50) = 1.96mm

② 결함 깊이(d) = 빔노정(W_f) × $\cos\theta$ = 1.96mm × 25 × cos71° = 15.95mm

③ 결함 위치(K) = 용접부 중심에서 입사점까지의 거리(Y) − 빔노정(W_f) × $\sin\theta$

= 91mm − 1.96mm × 25 × sin71° = 44.7mm

18. 수직 탐상 시 최적의 시험 조건 선정 시 고려할 2가지 사항을 쓰시오.(6점)

풀이 (1) 주파수 설정 : 목적 결함의 검출능, 시험체의 입도, 표면 거칠기, 시험체 두께 등을 고려하여 주파수를 설정한다.

(2) 진동자의 크기 : 진동자의 크기는 근거리 음장의 한계 거리와 탐상 시 탐촉자의 이동에 영향을 주고 지향성에 영향을 주므로 수직 탐상 시 고려해야 한다.

19. 결함의 영상화(B-scan, C-scan)의 목적을 쓰시오.(8점)

풀이 검사물의 단면 또는 평면을 한 눈에 볼 수 있는 표시법으로서 결함의 모양을 작업자의 기술력(판독)에 의존하지 않고 영상으로 볼 수 있어 탐상의 신뢰성을 높일 수 있고, 결함의 형상을 추정하는 것이 아니라 실제적인 보양을 관찰할 수 있다. A-scan의 경우 초음파와 결함과의 방향에 따라 그 오차가 발생할 수 있으나, 영상화를 한 시스템에서는 기공 등의 원형 결함의 판독 또한 유리하다. B-scan은 단면도를 볼 수 있으며 C-scan은 평면도를 볼 수 있다.

20. 음향이방성에 대하여 설명하시오.

풀이 시험체 속에서 초음파의 음속 등의 초음파 전파 특성이 탐상 방향에 따라 차이가 있는 경우의 재료 특성을 말한다.

21. 6dB drop법과 L-cut법을 비교하여 설명하시오.

풀이 (1) 6dB drop법 : 결함 에코 높이가 최고인 지점에서 탐촉자를 좌우로 이동하여 그 에코 높이가 최고 높이에 비해 6dB, 즉 1/2 이하가 되는 지점을 결함의 끝단으로 간주하는 방법이다. 즉 전체 빔 중 1/2만이 결함으로 입사됐을 때 반사 음파의 양도 절반으로 감소하는 것을 이용하는 것이다.
전이 손실이나 감쇠의 영향을 받지 않고 결함 에코 높이의 영향을 받지 않으나 측정값에 주관이 개재되기 쉽고 작업자가 장시간 작업 시 피로나 다른 요인에 의해 측정 실수가 유발되기 쉽다.

(2) L-cut법 : 최대 에코 높이에 관계없이 결함 에코 높이가 에코 높이 구분선의 L선 이상 되는 탐촉자 이동범위를 결함의 지시 길이로 측정하는 것이다.
피로에 의한 실수가 적으나, 결함 에코 높이의 영향을 받는다. 즉 결함이 클 경우 과대 평가, 작을 경우 과소 평가하게 된다. 결함이 클 경우 에코 높이는 높을 것이고 따라서 에코 높이를 L선까지 저하시키려면 탐촉자를 많이 이동시켜야 하므로 많이 이동한 만큼의 결함 지시 길이는 실제 결함의 길이보다 길게 측정되는 단점이 있다.

22. 탐촉자 선정 시 고려할 사항에 대하여 서술하시오.

풀이 (1) 굴절각 : 일반적으로 사각 탐상에는 35°~70° 범위의 굴절각

① 굴절각이 클수록 빔 거리가 길어지며, 판두께가 클 때는 굴절각이 작은 것을 사용해야 한다.
② 접근 한계 거리의 영향으로 인해 굴절각이 작을수록 용접부 탐상 시 직사법에 의한 탐상범위가 작아지게 된다.
③ 탐상면이 수직인 결함의 경우에는 굴절각이 클수록 결함 검출이 용이하다.
④ 탐상면에 평행인 결함의 경우에는 굴절각이 작을수록 결함 검출이 용이하다.
※ 위의 사항을 고려하여 굴절각을 선정해야 한다.

(2) 주파수
① 초음파의 파장이 짧을수록 결함에서의 반사와 산랑이 증대하므로 에코 높이가 증가하고 아주 작은 결함의 검출이 용이하게 된다.
② 주파수가 높을 경우 반사 지향성이 예민해지므로 음파 빔에 대해 기울어져 있는 면상 결함의 지시를 검출하기 어려워 결함을 놓칠 우려가 있다.
③ 주파수가 높을수록 지향성이 예민해져 중심 음파의 집중이 좋아지게 되기 때문에 탐촉자 주사에 따른 에코 높이 변화가 매우 현저해지므로 최대 에코 높이의 측정이 용이해진다.
④ 주파수가 높을 경우 파장이 짧아 미소 결함의 검출능이 좋은 것과 마찬가지로 결정립에서의 산란도 크게 된다. 탐상면이 거친 경우에는 주파수가 높으면 표면에서 산란이 많아져 탐상이 어렵게 된다.
⑤ 주파수가 높을수록 펄스폭을 작게 할 수 있어 분해능을 증대시킬 수 있다.

(3) 진동자 크기
① 진동자가 크면 근거리 음장 한계 거리가 길어지므로 근거리 결함의 검출에는 적합하지 않다.
② 진동자가 크면 작고 복잡한 형상의 시험체에서 탐촉자의 이동이 용이하지 못하다.
③ 진동자가 크면 지향성이 예민해지므로 결함 위치의 정밀도가 높아지게 된다.
진동자 크기도 주파수와 마찬가지로 지향성 및 근거리 음장 한계 거리에 영향을 미치게 된다. 따라서 주파수와 진동자 크기는 따로 선정되는 것이 아니라 상호 보완적으로 선정되어야 한다. 즉, 두께가 얇은 시험편은 고주파수의 소형 진동자를 사용하고, 두께가 두꺼운 시험편은 저주파수의 대형 진동자를 사용하여 감쇠되는 빔을 보정해 준다.

23. 탐촉자의 성능에서 감도에 대하여 논하시오.

풀이 감도(sensitivity) : 미세한 결함을 검출해낼 수 있는 능력이며 탐촉자마다 특정한 값을 갖고 있다. 이것은 주파수와 관계가 있다. 즉, 주파수가 높을수록 파장이 짧아지므로 결함 검출 한계가 작아지며, 분산이 적어져 음파가 중심으로 집중하므로 아주 작은 결함까지 검출하기 쉬워진다. 펄스폭이 클수록, 댐핑이 작을수록, 밴드폭이 작을수록 음파의 강도가 증가하여 감도가 증대된다.

24. 탐촉자의 성능에서 분해능에 대하여 논하시오.

풀이 분해능(Resolution) : 인접한 두 개의 결함을 분리해 구별해낼 수 있는 능력을 말한다. 펄스폭에 주로 관계되어 펄스폭이 클수록, 댐핑이 작을수록 분해능은 떨어지게 된다. 분해능은 탐촉자의 성능이면서 탐상기의 성능이기도 하다. 탐상기의 펄스 에너지가 증가할 경우 진동자의 진동은 커지고 그에 따라 진동의 지속 시간도 길어져 펄스폭이 커지게 되며, 분해능도 떨어진다.

25 KS B 0817에서 탐상도형의 표시기호 중 기본 기호와 부대 기호에 대해서 논하시오.

풀이 (1) 기본 기호

T : 송신 펄스 F : 흠집 에코 B : 바닥면 에코, 끝면 에코 S : 표면 에코(수침법 등), W : 측면 에코

(2) 부대 기호

① 고유 명칭 : 동일한 기본 기호로 표시하여야 하는 에코의 원인이 2개 이상 있는 경우 기본 기호의 오른쪽 아래에 작은 글씨로 a, b, c … 등을 붙여 구별한다.

② 다중 반사 : 다중 반사 도형에서 동일한 원인으로부터의 에코를 구별할 필요가 있는 경우에는 기본 기호의 오른쪽 아래에 작은 글씨로 1, 2, 3 … n의 기호를 붙인다.

③ 바닥면 에코 : 시험편의 건전부라고 생각되는 부분의 제1회 바닥면 에코 B_1을 B_G, 결함 등을 포함한 부분의 제1회 바닥면 에코 B_1을 B_F로 표시한다.

④ 지체 에코 : 동일한 원인으로부터의 에코 경로가 다르기 때문에 도중에 진동 양식의 변환 등에 의해 늦게 도착한 것에는 기본 기호의 오른쪽 위에 ‘, “, ”, ’를 붙여 구별한다. 송신 펄스의 지연에도 적용한다.

⑤ 쐐기 안 에코 : 경사각 탐촉자의 쐐기 안 에코군 등은 T‘으로 표시한다. 또 불감대를 측정할 때 쐐기 안 에코군 중의 특정 쐐기 안 에코를 T’으로 표시해도 좋다. 시간축에서 펄스 입사위치는 0으로 표시한다.

⑥ 판파의 기호 : 주파수와 판두께에 따라 정해지는 판파의 진동 양식 중 대칭모드는 S, 비대칭모드는 A로 표시하고, 각각의 치수에 따라 S_0, S_1, S_2 … 및 A_0, A_1, A_2 …로 표시한다.

26. 입사점(入射點)의 측정 방법을 쓰시오.(8점)

풀이 ① 탐촉자를 STB-A1 시험편의 입사점 표시 눈금 위에 위치시킨다.

② R100면에 탐촉자를 전후 주사할 때 화면상에서 에코의 높이가 최고로 되는 위치를 찾는다.

③ 탐촉자의 측면에 새겨진 눈금 중 STB-A1의 입사점 측정 위치, 즉 R100의 중심점과 일치하는 눈금을 1mm 단위로 읽는다. 이 눈금값이 입사점이 되며 기록하여 둔다.

27. 굴절각(屈折角)의 측정 방법을 쓰시오.

풀이 ① 탐촉자를 사용하는 탐촉자의 공칭 굴절각이 해당되는 시험편의 눈금 위에 올려놓는다.
② STB-A1의 $\phi 50$을 겨냥해 그 원에서 반사되는 에코의 최대 위치를 찾는다(전후 주사).
③ 탐촉자의 입사점과 일치하는 굴절각 눈금을 0.5° 단위로 읽는다. 예를 들어 70.4°의 경우 70.5°로 읽으면 된다.

28. 감도 보정에 관해서 다음 항목에 대해 간략히 기술하시오.(20점)

풀이 (1) 감도 보정의 필요성(어떠한 경우, 무슨 목적으로)
① 표준 시험편과 피검체의 표면 거칠기가 다른 경우 전달 계수(ΔG)가 생긴다.
② 표준 시험편과 피검체의 조직이 다른 경우 감쇠 계수($\Delta\alpha$)가 생긴다. 이를 보정하여야 표준 시험편의 결함 크기를 기준으로 시험체 내부의 결함 크기를 정확히 탐상할 수 있다.

(2) 감도 보정의 구체적인 방법(사각 탐상)
① STB-A2로 DAC 곡선 작성
- 1탐촉자법
  $W_{1s}=2T/\cos\theta$, $W_{2s}=4T/\cos\theta$
- 2탐촉자법
  $W_{1s}=4T/\cos\theta$, $W_{2s}=8T/\cos\theta$

② 피검체(시험체) 1s′, 2s′ 측정(t=피검체 두께)
- 1s′에코를 거리·진폭 곡선의 최상점에 닿도록 설정 감도를 변화시킨다.

③ 감도 조정
- 1s에서는 탐상 감도를 α점에 닿는 감도만큼 올린다.
- 2s에서는 b점에 닿는 감도만큼 올린다.
- 직사법(0.5s)에서는 탐상 감도를 $\Delta H_{0.5}=\Delta L_T+2\Delta\alpha X'$로 한다(이때 전달손실차 ΔL_T, 감쇠계수차 $\Delta\alpha$는 1탐촉자법에서 결산된 결과를 사용한다).

④ 전달손실차와 감쇠계수차 계산
- 1탐촉자법
  X: 표준시험체의 0.5skip 노정, X': 피검체의 0.5skip 노정, T: 표준시험편의 두께
  $\Delta H_1=\Delta L_T+2\Delta\alpha X'$
  $\Delta H_2=\Delta L_T+4\Delta\alpha X'$

$\Delta H_T = 2\Delta H_1 - \Delta H_2$　　　　$\alpha = (\Delta H_2 - \Delta H_1)/2X'$

- 2탐촉자법

$\Delta H_1 = \Delta L_T + 4\Delta\alpha X'$

$\Delta H_2 = \Delta L_T + 8\Delta\alpha X'$

$\Delta H_T = 2\Delta H_1 - \Delta H_2$　　　　$\alpha = (\Delta H_2 - \Delta H_1)/2X'$

직사법(0.5s)에서의 감도보정치로 $\Delta H_{0.5} = \Delta L_T + 2\Delta\alpha X'$로 계산한다.

2탐촉자법, 1탐촉자법 모두 $\Delta H_1, \Delta H_2$는 달라도 ΔL_T, $\Delta\alpha$는 같은 값이 나와야 이론적으로 맞다.

(3) (2)의 방법의 문제점 또는 특징 : 빔 노정이 다르면 계산이 달라진다. 즉 1탐촉자의 빔 노정은 2탐촉자 빔 노정의 2배가 된다. 그리고 실제 작업 시에는 ΔL_T와 $\Delta\alpha$의 계산이 필요 없이 표준시험편에서 작성된 DAC 곡선에 피검체의 peak를 맞추어 놓고 하면 된다.

29. 쐐기로 아크릴을 많이 사용하는 이유를 쓰시오.

풀이 ① 가공이 용이하며 감쇠가 적고 견고하다.

② 음향 임피던스가 크지 않다.

③ 아크릴 종파 음속이 강 중의 횡파 음속에 가깝다.

④ 아크릴 수지 중의 종파 입사각이 30°～55° 사이일 때 강재에 전파하는 횡파 굴절각은 약 38°～75°가 되어 사각 탐상에 적합한 굴절각이 얻어진다.

⑤ 또한 위의 굴절각의 범위에서 음향 왕복 통과율이 크기 때문에 능률이 좋고 탐상에 적합하다.

30. 잔향 에코가 나타나는 이유를 서술하시오.(5점)

풀이 잔향 에코는 잔류 에코, 고스트 에코라고도 하는데 수직 탐상시 펄스 반복 주파수가 높을수록, 재질의 감쇠가 적을수록 나타날 확률이 높다. 펄스 반복 주파수가 크다는 것은 짧은 시간 동안 발생하는 펄스의 수가 많다는 것을 의미한다. 일단 발생한 펄스가 물체 내부에서 감쇠되어 사라지기 전에 또 다른 펄스가 발생할 수 있다는 것을 의미한다. 이렇게 될 경우 보내진 펄스에 의한 영상이 생길 때 먼저 발생했던 펄스에 의한 음파가 수신되어 중첩되어서 화면에 나타날 수 있다. 이런 지시는 검사자로 하여금 결함으로 오인할 수 있으므로 주의해야 한다.

31. 초음파 탐상시험의 적용 한계에 대해 기술하시오.

풀이 재료의 결정입자 크기가 파장의 1/2~1/3 범위에서 산람감쇠가 최대가 되어 결정입자가 조대하면(파장의 1/2) 산란이 심해지기 때문에 탐상이 불가하다.

32. 쐐기 안 에코를 줄이는 방법을 서술하시오.

풀이 ① 흡음재 부착 : 쐐기와 시험체 접촉면에서 통과하지 않고 반사한 음파를 감쇠시킨다.
② 쐐기 전면에 V자 홈 가공 : V홈에서 계속 반사하다가 산란에 의해 음파를 소멸시키기 위해서이다.
③ 쐐기의 모서리를 둥글게 가공 : 표면파로 변환시켜 소멸시킨다.
④ 최소 5회 이상 반사시켜 음압이 낮은 상태로 수신되게 한다.
⑤ 모서리에 모이게 한다.

33. 강재 중에 횡파만 전파되게 하기 위해서는 쐐기의 각도를 어느 범위로 조정하면 좋은가? (단, 아크릴 수지의 종파 음속은 C_L=2,730m/s로 한다)

풀이 종파 임계각(제1임계각) $\alpha = \sin^{-1}\left(\frac{C_{1L}}{C_{2L}}\right)$

횡파 임계각(제2임계각) $\alpha = \sin^{-1}\left(\frac{C_{1L}}{C_{2S}}\right)$

$\sin^{-1}\left(\frac{2730}{5900}\right) < \alpha < \sin^{-1}\left(\frac{2730}{3240}\right)$, $27.5° < \alpha < 57.4°$

34. 체적 시험과 비체적 시험에 대해 서술하시오.

풀이 (1) 체적 시험 : 금속 전체를 시험하는 방법이다(초음파 탐상검사, 방사선 투과검사).
(2) 비체적 시험 : 탐상의 대상을 표면 또는 표층부로 하는 시험 방법이다(자기탐상검사, 침투탐상검사, 육안 검사, 전자 유도 시험).

35. 초음파 탐상과 음향 방출 시험의 원리상 차이점을 서술하시오.

풀이 음향 방출 시험이란 내압을 걸어 시험체가 소성이 일어나기 전에 발생되는 음파를 감지하여 결함의 위치를 알아내는 방법으로, 초음파의 경우 음파를 송신·수신 하나 음향 방출 시험은 수신만 하며, 결함이 탄성영역에서 내에서 방출하는 음파를 이용한다.

36. 파장과 결함 검출의 한계 치수에 대해 서술하시오.

풀이 반사된 초음파의 음압으로부터 치수 측정이 가능한 결함의 최소 크기는 보통 강(steel)에서 파장의 1/10 정도이다.

37. 광대역 수직탐촉자의 특성 및 적용 분야에 대해 서술하시오.

풀이 (1) 특성 : 대역폭을 매우 크게 한 탐촉자로서 대역폭이 크면 댐핑이 크고 펄스폭이 작아 분해능이 좋다.

(2) 적용분야 : 결정립이 조대한 조직(주철, stanless steel)에 광대역 탐촉자를 사용해서 펄스폭을 작게 하여 S/N비를 크게 한다.

38. 적산 효과에 대해 서술하시오.

풀이 강판의 수직 탐상에서 흔히 볼 수 있는 현상으로 판이 얇을수록, 결함이 시험체 중심에 존재할수록, 결함이 작을수록 많이 발생한다. 적산 효과란 동일 진행거리를 가지면서 여러 진행 경로를 갖는 음파들의 중복에 의해 결함 에코의 높이가 점점 높아지고 적층되는 현상을 말한다.

39. ϕ10의 사각탐촉자를 이용하여 입사각 50°, 시편 내부의 굴절각 70°인 초음파가 입사할 때 시험편 내에서의 빔 지름(겉보기 크기)을 구하시오.

풀이 $g = a(\cos\beta / \cos\alpha) = 10(\cos70/\cos50) = 5.32$mm

(여기서, g : 겉보기 크기, a : 탐촉자 직경, β : 굴절각, α : 입사각)

40. 2.25Q10N 탐촉자를 이용하여 부재의 첫 번째 저면 에코와 두 번째 저면 에코차가 20μs일 때 부재의 두께를 구하시오. (steel 5,900m/s)

풀이 $20\mu s \times 5,900 m/s = (20\times10^{6}) \times (5.9\times10^{6}) = 1/2 \times 118 = 59$mm

41. KS B 0896에서의 탐상 감도 조정법에 대하여 설명하시오.

풀이 (1) 1탐촉자법에 의한 탐상 감도

① STB-A2에 의한 경우 : 굴절각 60°, 70°를 이용할 경우는 $\phi 4\times4$mm 표준구멍의 에코 높이가 H선에 맞도록 게인을 조정하여 이를 탐상 감도로 한다. 굴절각

45°를 이용할 경우는 $\phi 4\times 4$mm 표준구멍의 에코 높이를 H선에 맞춘 후 6dB 높여 이것을 탐상 감도로 한다.

② RB-4에 의한 경우 : 지름 4.8인 표준구멍을 이용 최대 에코가 80%(H선)에 맞도록 게인을 조정하고 이것을 탐상 감도로 한다.

(2) 두 갈래 주사를 사용하는 경우의 탐상 감도 : RB-A5의 표준구멍에 2개의 탐촉자를 90°~60°가 되게 하여 그 에코 높이를 40%가 되게 게인을 조정하여 이것을 탐상 감도로 한다.

(3) 탠덤 주사를 사용하는 경우의 탐상 감도 : RB-A5의 표준구멍을 탠덤 탐상하여 그 에코 높이가 40%가 되도록 조정한다(표준 굴절각 45°).

42 **N5Q20N 탐촉자(실측주파수 4.8MHz)를 사용하여 양면이 평행한 두께 160mm의 단강품을 탐상한 결과 탐상면에서 깊이 80mm의 위치에서 결함 에코를 검출하였다. 저면 에코 높이를 80%가 되도록 조정하였을 때 게인조정기의 읽음이 다음과 같을 때 물음에 답하시오.** (단, 건전부의 B_1=26dB, 건전부의 B_2=38.5dB, F=36dB이다)

(1) 저면까지의 규준화 거리는?

(2) 저면 및 탐상면에서 반사 손실이 무시할 정도로 작다고 할 때 이 단강품의 감쇠 계수는 얼마인가?

(3) 감쇠 보정 후 F/B_G는?

(4) 결함의 규준화 지름은?

(5) 검출된 결함을 원형 평면 결함이라 할 때 그 지름은?

풀이 (1) $n_B = \dfrac{T}{X_0} = \dfrac{160}{81.4} = 1.97\left(X_0 = \dfrac{D^2 f}{4V} = \dfrac{20^2\times 4.8}{4\times 5.9} \fallingdotseq 81.4\text{mm}\right)$

규준화 거리$=\dfrac{\text{초음파의 이동 거리}}{\text{근거리 음장}}$, 근거리 음장 $X_0 = \dfrac{D^2}{4\lambda} = \dfrac{D^2 f}{4V}$

결함까지의 규준화 거리는 $n_f = \dfrac{X_F}{X_0} = \dfrac{80}{81.4} \fallingdotseq 0.98$

(2) $\alpha = \dfrac{\dfrac{B_1}{B_2} - \text{확산손실}}{2T} = \dfrac{12.5-4.5}{2\times 160} = 0.025$

$n_{B_1} = \dfrac{160}{81.4} = 1.97$, $n_{B_2} = \dfrac{320}{81.4} = 3.92$

(B_1/B_2=38.5−26이다. 로그의 계산이므로)

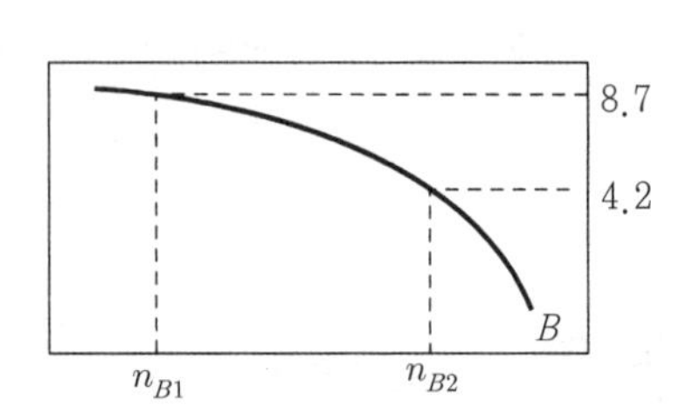

DGS 선도 중에서

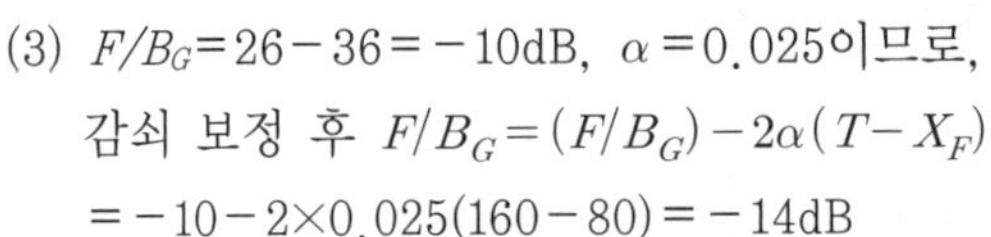

(3) F/B_G=26−36=−10dB, α=0.025이므로,

감쇠 보정 후 $F/B_G = (F/B_G) - 2\alpha(T - X_F)$

$= -10 - 2\times 0.025(160-80) = -14$dB

(4) n_B=1.97, n_F=0.98, F/B_G=−14dB, DGS 선도를 이용하면, S=0.2

(5) $S=\dfrac{d}{D}$이므로, $d=S\times D=0.2\times20=4$mm

(여기서, S=규준화 지름, d=원형평면 결함 시 지름, D=탐촉자 지름)

43. 수직 탐촉자를 사용하여 봉강(steel round bar)을 수침법으로 초음파 탐상 시 아래와 같은 탐상 결과가 나타났다.(9점)

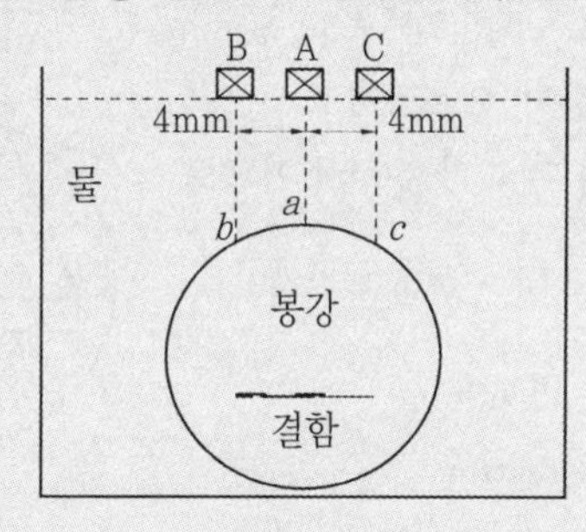

〈그림 1〉

250mm

〈그림 2〉

① 봉강의 직경은 80mm이다.

② 초음파의 속도는 물에서는 1,500m/sec, 봉강에서는 5,900m/sec이다.

③ 탐촉자 위치가 B와 C점에 위치하였을 때 초음파 beam이 봉강에 수직하게 입사된다. 이때, 다음에 대하여 답하시오.

(1) 〈그림 1〉에서 탐촉자가 A지점에 위치했을 때 CRT 화면에 〈그림 2〉와 같이 나타났다. 이때, 탐촉자 표면으로부터 봉강 표면(a지점) 사이의 물간 거리는 얼마인가?

(2) 〈그림 1〉에서 탐촉자가 A지점에 위치했을 때 봉강 표면(a지점)으로부터 결함까지의 수직거리는 얼마인가?

(3) 〈그림 1〉에서 탐촉자가 B지점에 위치하였을 때 b지점에서 초음파의 입사각 굴절각은 몇 도인가?(b지점에서 봉강의 법선 기준)

(4) 실제 결함의 길이는 얼마인가?

풀이

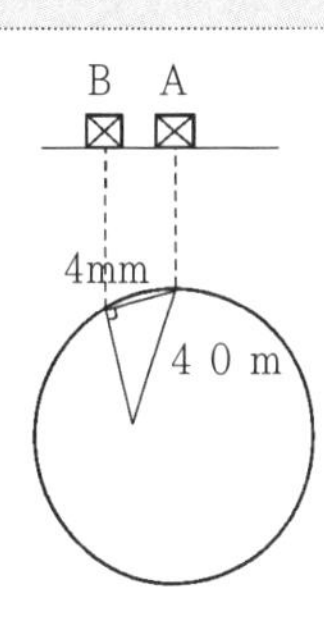

(1) STB-A1 시험편으로 보정된 CRT 화면에서 물간 거리가 100mm이므로 실제 물간 거리는 $100\text{mm}\times\dfrac{1500}{5900}=25.42$mm 가 된다(측정범위 250에서 1칸은 25이므로 25×4=100).

(2) 그림 2를 이용하면 50mm

(3) 입사각 θ_1은 $\sin\theta_1=\dfrac{4}{40}$, 그러므로 입사각 $\theta_1 \fallingdotseq 5.74°$

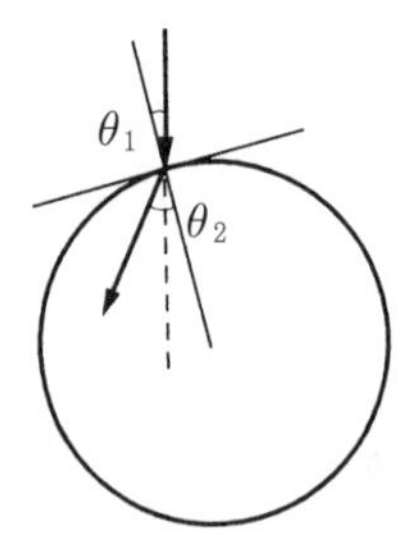

굴절각 θ_2는 $\dfrac{\sin\theta_1}{\sin\theta_2}=\dfrac{1500}{5900}$,

$\sin\theta_2=\dfrac{5900}{1500}\times\dfrac{4}{40}$이므로,

굴절각 $\theta_2 \fallingdotseq 23.16°$

(4) 결함 길이를 d라 하면, θ는 위의 (3)에서 굴절각과 입사각의 차이이므로, $\theta=23.16°-5.74°=17.42°$

a는 봉강의 반경과 입사각에서 $a=40\ \cos5.74°=39.80\text{mm}$

b는 위의 (2)에서 반경을 제하면 반경이 40mm이고 에코에 의한 표면에서의 결함까지 외 거리가 50mm이므로 50mm−40mm=10mm가 된다.

결국 $a+b=49.80\text{mm}$이고,

$c=49.80\times\tan\theta=49.80\times\tan17.42°=15.66\text{mm}$

그러므로, $d/2=15.66\text{mm}+4\text{mm}=19.66\text{mm}$

따라서 결함 길이 d는 $d=19.660\times2=39.32\text{mm}$

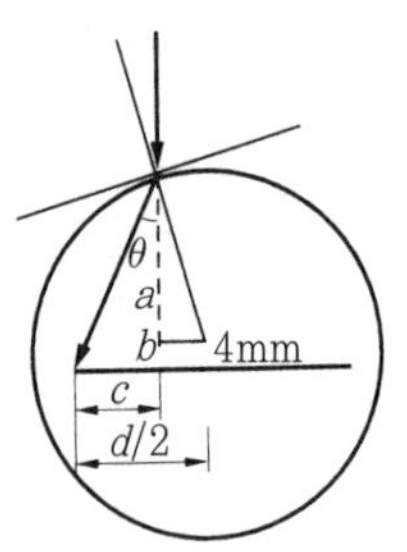

44. KS D 0248을 적용하여 100mm의 단강품 절차서를 작성하시오.

풀이 (1) 탐상 조건의 설정

① 시험체 형상의 확인　　② 탐상면, 탐상 방향의 확인

③ 탐상 부분의 두께 측정　　④ 사용 탐촉자의 선정

(2) 탐상 준비

① 측정 범위 조정　　② 탐상 방식 설정

③ 거리 진폭 특성 곡선의 작성　　④ 탐상 감도 조정

⑤ 탐상면의 손질과 접촉매질의 도포

(3) 탐상

① 탐상　　② 결함 데이터의 채취

③ 감쇠 계수의 측정

(4) 결과 정리

① 데이터의 정리　　② 등급 분류

③ 기록

45. A-scope, B-scope, C-scope에 대하여 간략히 설명하시오.

풀이 (1) A-scope : 시간과 증폭과의 비를 나타내는 표시 방법으로 펄스의 형태를 그대로 CRT상에 보여 주는 방식이다. 즉, 가로축을 음파의 진행시간, 세로축을 수신 음파

의 세기로 표현한다.

- 단점 : 결함의 형태를 알기 어렵다.

(2) B-scope : A-scope의 에코 높이 신호에 휘도 변조를 하여 탐촉자의 위치 또는 이동 거리와 탐촉자 전파시간 또는 반사원의 깊이, 위치를 표시하는 방법이다. 비파괴 시험에는 사용하지 않고 의료용으로 사용한다.

- 단점 : 결함의 깊이만을 나타내므로 반사면 뒤의 상황은 나타내지 못한다.

(3) C-scope : 탐상면 전체에 걸쳐 탐촉자를 주사시키고 결함 에코가 나타난 탐촉자 위치, 다시 말해 결함 위치를 평면도처럼 표시하는 것이다.

- 단점 : 대략적 형태만 나타나며 반사원(결함)의 뒤쪽 상황은 알 수 없다.
  B-scope와 C-scope을 사용하므로 결함의 형상을 볼 수 있다(scan=scope).

46. 근거리 음장 한계 거리 N, 면적 S, 탐촉자 지름 R, 거리 a에서의 음압을 구하시오. (12점)

풀이 거리 a만큼 진행 시 음압 P_a는 $P_a=2P_0\times\sin\dfrac{A}{2\lambda a}$

(A : 진동자 면적, P_0 : 진동자 전면 음압)

$A=\dfrac{\pi R^2}{4}$, 근거리 음장 $N=\dfrac{R^2}{4\lambda}$이므로, $\lambda=\dfrac{R^2}{4N}$

그러므로 $P_a=2P_0\times\sin\dfrac{\dfrac{\pi R^2}{4}}{2a\times\dfrac{R^2}{4N}}=2P_0\times\sin\dfrac{\pi}{\dfrac{2a}{N}}=2P_0\times\sin\dfrac{N\pi}{2a}$

47. 문제 46에서 완전 반사일 때의 음압을 구하시오.

풀이

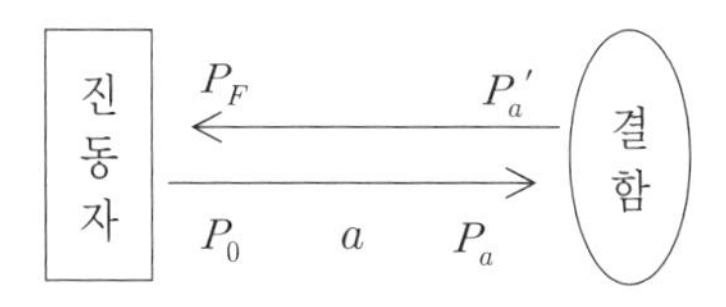

여기서, P_0 : 초기 음압

P_a : 거리 a만큼 진행 시 음압

P_a' : 결합(반사체)에서 반사된 직후의 음압

P_F : 반사되어 진동자에 되돌아온 음압

$P_a'=P_a\times\gamma_1$(γ_1 : 계면 반사율), 계면 반사율이 1이므로(완전 반사) 문제 46을 이용하면

① $a>1.6N$, $P_a=P_0\times\dfrac{N\pi}{a}$

② $a\le 1.6N$, $P_a=2P_0\times\sin\dfrac{N\pi}{2a}$

48. 푸아송의 비 ν, 전단 탄성 계수 G, 영률 E, 밀도 ρ일 때 각각을 나타내시오.(각 2점)

(1) C_L(종파 속도)을 ν, E, ρ로 나타내시오.

(2) C_S(횡파 속도)을 ν, E, ρ로 나타내시오.

(3) C_L과 C_S를 이용하여 ν를 나타내시오.

(4) C_S를 이용하여 E를 나타내시오.

(5) C_S를 이용하여 G를 나타내시오.

풀이 (1) $C_L=\sqrt{\frac{E}{\rho}\times\frac{1-\nu}{(1+\nu)(1-2\nu)}}$

(2) $C_S=\sqrt{\frac{E}{\rho}\times\frac{1}{2(1+\nu)}}$

(3) $\frac{C_L}{C_S}=\sqrt{\frac{2(1-\nu)}{1-2\nu}}$ 에서 $\nu=0.5\times\left(1-\frac{1}{\left(\frac{C_L}{C_S}\right)^2-1}\right)$, $\nu=\frac{\text{가로 변형률}}{\text{세로변형률}}$

(4) $E=2\times C_S^2\times(1+\nu)$

(5) $G=\rho\times C_S^2$

49. 초음파 탐상의 예비 탐상시험 중 기술자로부터 결함의 존재를 확인 받고 결함의 종류 판별과 결함의 정량적 평가법에 대해 기술하시오.(10점)

풀이 (1) 결함의 종류 판별

① 평면 결함 : 균열, 용입 불량 및 융합 불량이 이에 속하고, 일반적으로 펄스폭이 좁게 나타나며, 보통 결함 에코의 형태만으로 구별하기 어렵다.

② 균열 : 비교적 에코의 높이가 높고 가늘게 나타난다. 균열이 표면 상태에 따라서 단독적이 아닌 여러 에코가 동시에 나타나기도 한다.

③ 용입 불량 : 한 면 개선 용접부의 루트부 용입 불량은 높은 에코 높이를 갖는다. 그러나 K개선이나 X개선 용접부 내부에 있는 내부 용입 불량을 사각 1탐촉자법으로 탐상할 때 음파가 결함면에서 거울면 반사하여 에코 높이는 여러 가지 높이를 가질 수 있다.

④ 융합 불량 : 개선 형상이나 용접 방법에 의해 발생하는 방향이 각각 정해져 있기 때문에 결함면에 수직으로 음파가 입사하는 경우에는 나타나지 않는 경우도 있다.

⑤ 슬러그 개재 : 균열이나 융합 불량과 에코 높이는 큰 차가 없지만, 에코의 형태나 탐상 방향에 의해 에코 높이가 달라지는 것을 확인하여 판별할 수 있다.

⑥ 기공 : 독립 또는 산재된 기공은 결함으로 입사된 빔이 전부 탐촉자 방향으로 반사되지 않는다. 결함 크기가 작은 경우 에코 높이가 낮고 폭이 좁은 형태를 갖는 특징이 있다.

(2) 결함의 정량적 평가 방법

① 결함의 길이 측정

- dB drop법 : 최대점에서 탐촉자를 좌우로 이동하였을 때 에코의 크기 감소를 이용(6, 10, 12, 20dB drop법)
- 평가레벨법(문턱값 방식) : 특정 기준 높이까지의 탐촉자 이동

② 결함의 크기 측정

- 결함 에코와 저면 에코 높이비를 이용(F/B_G, F/B_F, B_F/B_G)
- DAC곡선 이용 : 표준 시험편의 인공 결함의 에코의 변화를 거리에 따라 결함 크기 측정
- DGS선도 이용 : 확산 손실만 고려, 등가 원형 평면 결함으로 음압에 의한 크기 측정

③ 결함의 높이 측정

- 탐촉자의 이동거리에 의한 방법
  - dB drop법 : 6, 10, 12, 20dB drop법
  - 평가레벨법 : 거리 진폭 특성 곡선(DAC)법, 소멸법
- 에코 높이를 이용하는 방법 : 높은 정밀도를 기대할 수 없다.
  - 에코 높이만에 의한 방법(고분해능 탐촉자 사용)
  - 산란파법(회절법) : 표면에서 3~4mm 이상 개구된 결함만 가능
  - 탠덤 탐상법 : 판면에 수직 방향으로 내재되어 있는 후판의 면상 결함에 대하여 사용
  - 단층 탐상법, DGS선법
- 진행 시간을 이용하는 방법
  - 단부 에코법 : 끝단부의 에코를 잡아 높이 측정
  - 산란파법(time of hight법) : 결함의 각 끝단부의 산란 에코의 시간차로 크기 측정(2탐법)
  - 표면파법 : 표면 개구된 결함(1탐법, 2탐법), 미리 시간축 조정
  - 모드변환법
- 화상법 : 개구 합성법(지향성이 큰 탐촉자), holography법(광학의 원리 이용), 전자 주사법(미소한 진동자로 된 다수의 펄스 신호의 시간 제어)
- 주파수를 이용하는 방법 : 주파수 해석법

50. 초음파 B scan, C scan 탐상 장치의 개발 목적을 간단히 설명하시오.

풀이 (1) B scan : 피검재의 단면을 보아서 결함의 깊이와 길이를 알기 위하여

(2) C scan : 고속의 자동 주사 시 평면상의 탐상 결과를 영구 기록하기 위하여

51. KS B 0896에서 1탐법 및 2탐법을 서술하시오.

풀이 (1) 1탐법 : 초음파의 송신 및 수신을 1개의 탐촉자로 하여 탐상하는 방법을 의미한다.
(2) 2탐법 : 초음파의 송신 및 수신을 각각 탐촉자로 하여 탐상하는 방법을 의미한다.

52. KS B 0817에서 초음파시험 실시 시기를 서술하시오.

풀이 ① 결함의 발생이 예상되는 시기(주조 후 등)
② 시험을 실시하기 쉽고, 빠른 시기(거칠기 다듬질 후)
③ 결함을 검출하기 쉬운 시기
④ 제품 완성 시
⑤ 정기 검사 시
⑥ 기타 시험 목적에 적합한 시기

53. 감도 보정에 대해 아는 대로 기술하시오.

풀이 탐상면이 거칠거나 곡률이 있으면 전달 손실이 크게 되고, 재료의 결정립이 조대하면 초음파의 감쇠가 크게 되므로 재료에 대해 표준시험편을 이용하여 탐상 감도를 조정하면 결함을 놓치거나 과소평가할 수 있다. 따라서 감도 보정에 사용한 시험편과 대상물이 되는 시험체와의 초음파 특성 차이를 미리 조사해 놓아 차후의 결과에 대하여 보정한다.

54. 초음파 탐상의 주사 방법 7가지를 설명하시오.

풀이 (1) 기본 주사
① 전후 주사 : 탐촉자를 음파의 진행 방향과 평행하게 이동
② 좌우 주사 : 탐촉자를 음파의 진행 방향과 수직으로 이동
③ 목돌림 주사 : 입사점을 중심으로 회전
④ 진자 주사 : 결함의 중심으로 시계추 모양으로 주사
(2) 응용 주사
① 지그재그 주사 : 전후 주사와 좌우 주사를 조합
② 종방향 주사 : 전후 주사를 연속으로 하며 전후 주사의 시작과 끝점에서 좌우 이동
③ 횡방향 주사 : 좌우 주사 연속, 시작과 끝점에서 전후 이동
④ 경사 평행 주사 : 용접선과 10° 이내
⑤ 용접선상 주사 : 목돌림을 병행

55. 지향각에 영향을 미치는 인자에는 어떤 것이 있는지 기술하시오.

풀이 지향각(ϕ)이란, 음이 분산되는 정도, 즉 가장 강한 음파세기를 1로 볼 때, 음압이 0이 되는 방향의 사이각을 말한다. 초음파는 물질 중에서 빔의 형태로 진행하는데, 초음파 빔은 진동자에서 $1.6X_0$에서는 진동자의 중심을 정점으로 원추형으로 분산된다. 이때의 빔중심축과 음압이 0이 되는 사이각을 지향각이라 한다.

ϕ원$=70\dfrac{\lambda}{D}=\dfrac{V}{Df}$(여기서 D : 진동자 직경, f : 주파수, V : 음속)

또는 $\phi=\sin^{-1}\left(1.22\times\dfrac{\lambda}{D}\right)$로써 진동자 크기가 클수록, 주파수가 클수록, 음속이 낮을수록 지향성이 예민해진다(지향각과 지향성은 반비례 관계이다).

56. 주철에 발생되는 결함에 대해 아는 대로 기술하시오.

풀이 (1) 기공 : 고상과 액상의 기체에 대한 용해도의 차와 온도에 따른 고체의 기체에 대한 용해도의 차에 의해 응고하면서 차이나는 만큼의 기체가 밖으로 빠져나옴으로 인해 발생한다.

(2) 모래 개재물 : 주형이 모래로 되어 있을 경우, 그 모래 입자가 떨어져 주조품에 개재된 것이다.

(3) 슬러그 개재 : 융체 내에 존재하고 있던 불순물 등이 개재된 것이다.

(4) 콜드셧 : 융체의 주입 온도가 너무 낮은 경우 발생하는 것으로, 융체가 서로 마주쳤을 때 완전히 융합하지 못하여 어떤 경계가 생기는 것이다.

(5) 균열 : 융체가 응고하면서 부피가 수축해 그 수축 응력에 의해 발생한다.

(6) 은점 : 수소 함량이 높을 때 발생하며 hair crack의 원인이 되기도 한다.

(7) 편석 : 불순물이 결정립계(grain boundary)에 모여 있는 것을 말한다.

57. 주파수 선택 시 주의해야 할 사항에 대해 쓰시오.

풀이 (1) 초음파의 파장이 짧을수록 미소 결함의 검출이 용이하고, 에코 높이가 증가하므로 주파수를 높이면 결함 검출능이 높아진다.

(2) 주파수가 높을수록 지향성이 예민해져 중심 음파의 집중이 좋아지기 때문에 에코 높이 변화가 매우 현저하여 최대 에코 높이 측정이 용이해진다.

(3) 주파수가 높을 경우 반사 지향성도 예민해지므로 빔에 대해 기울어져 있는 면상 결함을 놓칠 가능성이 있다.

(4) 주파수가 높을 경우 파장이 짧아 미소 결함의 검출이 좋은 것과 마찬가지 이유에서 거친 재질인 경우 결정립에서 산란이 커진다. 이런 경우 산란파의 높이는 증가하고 결함 에코의 높이는 감소하여 S/N비(신호대 잡음비)가 작아짐으로 인해 결함

의 검출이 곤란해진다. 또한 탐상면이 거친 경우에도 마찬가지로 주파수가 높으면 산란이 많아져 탐상이 어렵게 된다.

(5) 동일 재질, 동일 댐핑의 탐촉자라면 고주파수가 저주파수에 비해 펄스폭이 감소하므로 분해능이 증가한다.

58. **아크릴 수지로 쐐기를 붙여 C_L=6,250m/s, C_S=3,100m/s인 Al재에 대해 굴절각이 70°인 사각 탐촉자를 만들려고 한다. 쐐기를 설계하여 그 내용을 도시하고, 설계 근거의 명시와 제작상 유의해야 할 사항에 대해 서술하시오.** (단, 아크릴 수지 C_L=2,700m/s, C_S=1,450m/s이다)

(1) 쐐기의 입사각　　(2) 쐐기의 형상　　(3) 설계 근거

(4) 제작상 주의사항　　(5) 기타 사항

풀이 (1) $\frac{\sin\alpha}{\sin 70°}=\frac{2700}{3100}$, $\alpha=54.9°$

(2) a : 탐촉자의 크기보다 크게, 대체로 약간의 여유가 있게 한다. 즉, a, c는 1.1~1.2배가 적당하다.

b : 충분한 음의 분산, 산란, 감쇠가 일어날 수 있도록 한다. β는 10°~15°가 일반적이나 입사각이 클 경우 더 클 수도 있다. 표면 흠 각도는 대체로 약 60°가 되도록 가공한다.

c : 탐촉자의 크기보다 크게, 대체로 약간의 여유가 있게 한다.

(3) ① 입사각 계산 : $\alpha=55°$

② 형상을 채택한 이유

- 아크릴 내부에서 반사한 빔을 산란 소실시킬 수 있는 구조로 하기 위한 근거
- 접근 한계 거리를 고려한 l
- 주사의 평이성을 감안한 형상

③ 결합 방법의 설정 방법

- 균일한 결합 강도를 유지할 수 있는 방법의 선택
- 일정한 감도 이상의 결합력을 계속 유지할 수 있는 방법

(4) ① 진동자 결합면의 거칠기와 가공 방법의 지정 → 25μm 이하가 되도록 가공

② 입사각의 정밀도 유지

③ 내부 반사의 산란각의 정밀성 유지

④ 결합 시 내구성 유지 → Bolting(나사식 체결)

⑤ 재료의 균질성 검토 → 육안 검사, 5MHz 혹은 12MHz 탐촉자에 의한 수침 탐상 점검, 음의 이방성 검사

⑥ 가공 후 확인

(5) ① β는 밑면에서 반사한 빔이 탐상면에서 반사하여 진동자 부착면으로 들어오지 않게 한다.

② 음파의 각도는 빔의 산란 손실이 될 수 있도록 한다.

59. 다음에 대해 기술하시오.

(1) 밴드폭 (2) 스넬 법칙

(3) 음압 왕복 통과율 (4) 경사 입사 시의 음압 반사율(강→공기)

풀이 (1) 사용 가능한 주파수 구간을 밴드폭 또는 대역폭이라 한다. 즉, 주파수에 따른 음파의 세기 변화를 나타내는 주파수 분석 그래프에서 음파의 세기가 최고인 공진 주파수를 0dB로 할 때 −6dB 안에 포함되는 주파수폭을 말한다. 즉, 최대 감도의 50% 이상이 되는 주파수 범위를 말한다. 댐핑상수 δ가 클수록 밴드폭이 커지고 펄스폭이 작아져 분해능이 좋아지고 감도는 떨어진다. 따라서 감도 저하를 막기 위해 높은 주파수를 사용하는 것이 좋다.

(2) 스넬 법칙은 음파가 두 매질의 계면에 경사지게 입사할 때 굴절 현상이 일어나는데, 두 매질의 속도차에 의해 일어나는 입사각, 굴절각, 반사각 등과 음속과의 관계를 나타내는 것이다.

$\frac{\sin\alpha}{V_1}=\frac{\sin\beta}{V_2}=\frac{\sin\gamma}{V_3}$ (여기서 V_1, V_2, V_3 : 각 매질의 음속, α, β, γ : 각도)

(입사각과 반사각은 항상 동일하다)

(3) 음파가 계면을 한 번 통과하고 저면에서 반사하여 다시 계면으로 돌아와서 계면에 부딪치면 다시 반사파와 통과파로 나누어지는데, 이 통과파는 계면을 왕복해서 통과하는 파로써 이 파가 가지는 음압의 입사 음압에 대한 비율을 음압 왕복 통과율(T)이라 한다.

$$T=t_{12}\times t_{21}=\frac{2z_2}{z_1+z_2}\times\frac{2z_1}{z_1+z_2}=\frac{4z_1z_2}{(z_1+z_2)^2}=1-\gamma^2$$

(여기서 z_1 : 매질 1의 임피던스, z_2 : 매질 2의 임피던스, γ : 음압 반사율)

(4) $\gamma=\frac{z_2-z_1}{z_1+z_2}$

강이 제1매질이고 공기가 제2매질일 때, 종파의 음압 반사율은 입사각이 70° 근처에서 그 최소파인 13%를 나타낸다. 강→공기 계면에서는 입사파가 전반사하므로 입사파의 대부분이 횡파로 변환되어, 종파로 반사되는 비율은 13%에 불과하다. 종파의 이러한 손실을 모드 변환 손실이라 한다.

60. 강재 중에 횡파만 전파되게 하기 위해서는 쐐기의 각도를 어느 범위로 조정하면 좋은가? (단, 아크릴 수지의 종파 음속은 C_{1L}=2730m/s, 강의 종파 음속 C_{2L}=5900m/s, 강의 횡파 음속 C_{2S}=3240m/s)

풀이 종파 임계각(제1임계각) $\alpha = \sin^{-1}\left(\frac{C_{1L}}{C_{2L}}\right)$, 횡파 임계각(제2임계각) $\alpha = \sin^{-1}\left(\frac{C_{1L}}{C_{2S}}\right)$

$\sin^{-1}\left(\frac{2730}{5900}\right) < \alpha < \sin^{-1}\left(\frac{2730}{3240}\right)$, $27.6° < \alpha < 57.4°$

61. 수직 탐촉자를 사용하여 봉강(steel round bar)을 그림과 같이 접촉법으로 탐상시 아래와 같은 탐상 결과가 나타난다.

① 〈그림 2〉는 탐촉자가 A지점에 위치하였을 때 나타난 화면이고, 〈그림 3〉은 탐촉자가 C지점에 위치하였을 때 나타난 화면이다.

② 〈그림 1〉에서 탐촉자가 B지점에 위치하였을 때 초음파 빔이 봉강의 중심선을 향해 수직으로 입사한다.

③ 결함은 바닥면에 평행하게 위치하고 있으며, 빔의 분산 및 파형 변환은 고려하지 않는다. 이때 다음에 대하여 답하시오.

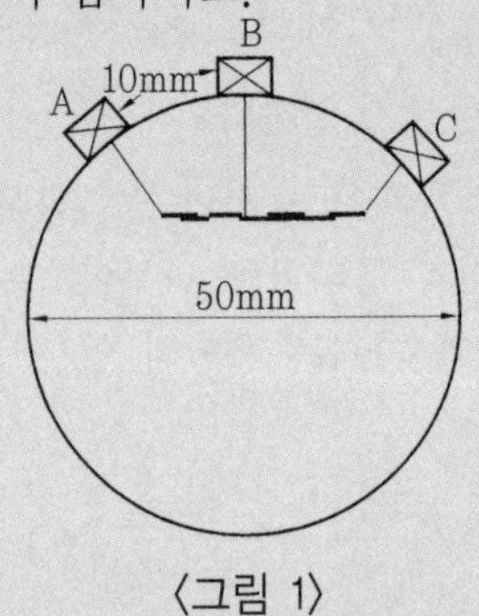

〈그림 1〉

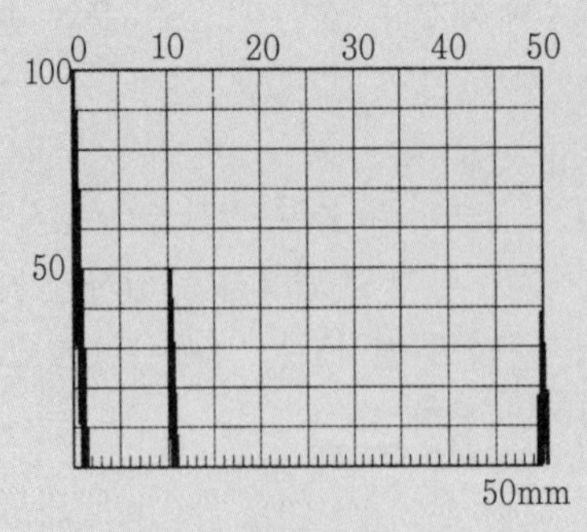

〈그림 2〉

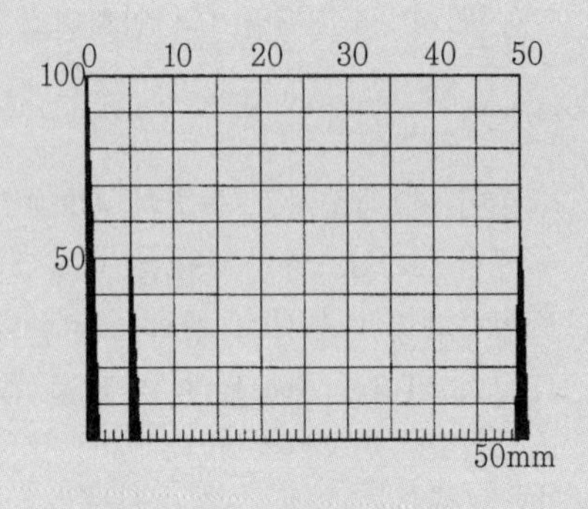

〈그림 3〉

(1) 그림에서 탐촉자가 B지점에 위치하였을 때 봉강 표면에서 결함까지의 수직거리는 얼마인가?

(2) 그림에서 탐촉자가 C지점에 위치하였을 때 B지점으로부터 탐촉자의 이동거리는 얼마인가?

(3) 실제 결함 길이는 얼마인가?

풀이 (1) 〈그림 2〉와 〈그림 3〉의 눈금을 계산했을 때

A지점에서 결함까지의 거리는 10mm이고

C지점에서 결함까지의 거리는 5mm이므로

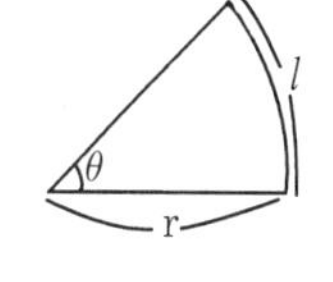

결함까지의 수직 거리 d는, $\theta_1 = \dfrac{10}{25} \times \dfrac{360°}{2\pi} = 22.92°$

그러므로, $d = 25 - 15\cos\theta_1 = 11.18\text{mm}$

(2) 탐촉자 이동거리 S는, $\cos\theta_2 = \dfrac{25-d}{20}$, $\theta_2 = 46.33°$

그러므로, $S = 50\pi \times \dfrac{46.33}{360} = 20.21\text{mm}$

(3) 결함 길이 D는 $D = 15\sin\theta_1 + 20\sin\theta_2 = 20.30\text{mm}$

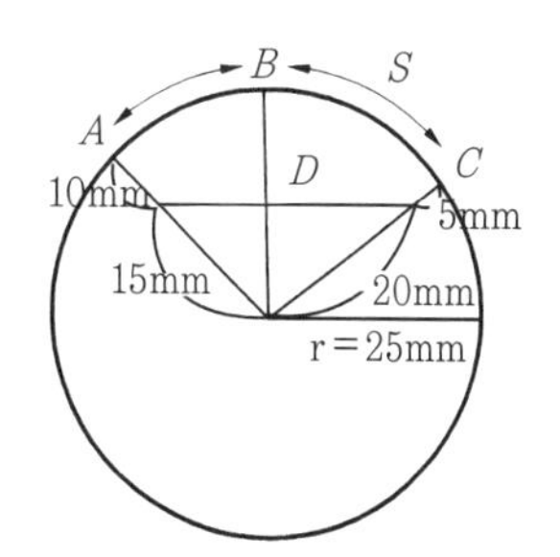

62 초음파 탐상 시 피검재의 표면 거칠기가 초음파 탐상에 미치는 영향을 설명하고, 이와 같은 영향을 줄이기 위한 방법을 서술하시오.

풀이 (1) 피검재의 표면 거칠기가 초음파 탐상에 미치는 영향

① 피검재의 표면에서 굴절과 저면에서 난반사로 인하여 산란이 발생되어 감도가 떨어지며 특히 표면 거칠음의 정도가 초음파의 파장과 같거나 그 이상이 되면 감도 저하가 극심해진다.

② 송신 펄스가 길어져 근거리 분해능이 저하된다. 송신 펄스가 길어지는 원인은 표면이 매끈할 때에는 side lobe 에너지가 탐촉자로 되돌아가지 않지만, 표면 거칠기가 심해지면 표면의 굴곡으로 인하여 side lobe가 탐촉자로 되돌아가 송신 펄스가 길어지며 스크린에서는 송신 펄스의 넓이가 넓어지게 된다.

(2) 감도와 분해능 저하를 줄이기 위한 수단

① 표면을 매끈하게 한다.

② 탐상기의 gain을 올린다.

③ 저주파수 탐촉자를 사용한다.

④ 초음파 출력이 높은 탐촉자를 사용한다.

⑤ 탐촉자의 표면에 보호막을 사용하여 피검체와의 접촉을 개선해 준다.

63. DGS선도 사용 시 재질에 의한 오차가 생기는 이유를 서술하시오.

풀이 DGS는 음속의 확산 손실과 원형 평면 결함으로만 간주하므로 산란에 의한 감쇠, 전이 손실차가 발생하여 오차를 수반하게 된다.

(1) 표면이 거칠거나 곡면일 경우 : 입사되는 음압이 줄기 때문에 반사되어 돌아오는 음압이 낮게 된다.

(2) 재질이 거칠 때 : 내부 산란이 커져 되돌아오는 음압이 낮게 되므로 결함의 과소평가 우려가 있다.

감쇠계수 $\alpha = \dfrac{B_1/B_2 - \text{확산손실}}{2T}$

64. 파장과 결함 검출의 한계 치수에 대해 서술하시오.

풀이 반사된 초음파의 음압으로부터 치수 측정 가능한 결함의 최소 크기는 보통 강에서 파장의 1/10 정도이다.

65. 한국산업규격과 ASME Section V에 의한 강용접부의 초음파 탐상검사에서 결함 크기의 평가 방법을 비교하여 서술하시오.

풀이

구 분	한국산업규격	ASME Section V
측정 범위	STB-A1을 사용하여 모재의 두께에 따라 직사법이나 1회 반사법까지의 범위를 결정한다.	기본 교정 시험편의 T/4, 2/4T, 3/4T 횡구멍을 사용하여 5/4T까지 교정한다.
거리진폭교정	STB-A2나 RB-4를 사용하여 DAC를 작성하고, 6dB 간격의 에코 높이 구분선을 작성한다.	기본 교정 시험편의 T/4, 2/4T, 3/4T 횡구멍의 최대 진폭을 나타내는 구멍을 80%로 감도 조정 후 T/4, 2/4T, 3/4T, 5/4T에 대해 최대 에코점을 표시 후, 각 점을 연결하여 100% DAC를 작성하고 50% 및 20%의 보조 DAC를 작성한다.
탐상 감도	사용 빔 행정에서 40% 이상이고 세 번째 이상인 선을 H선으로 하며 탐상 감도로 한다. H선 −6dB인 선을 M선, −12dB인 선을 L선으로 한다.	100% DAC가 기준 대비 레벨이 된다.

구 분	한국 산업 규격	ASME Section V
검출 레벨	탐상 목적에 따라 M검출레벨 또는 L검출레벨을 지정하며, 지정 검축 레벨을 초과하는 결함에 대하여 평가한다.	20% DAC를 넘는 지시의 원인이 되는 결함에 대해 평가한다.
조탐상	2배(6dB) 높여서 한다.	
결함 에코 높이	에코 높이 구분선에서의 영역으로 표시한다.	100%, 50%, 20% DAC에 따라 %로 표시한다. 영역이 설정되지 않는다.
지시 길이	L선 cut법을 사용하고, 경우에 따라 6dB drop법을 사용한다.	20% DAC를 넘는 범위의 탐촉자 이동 범위를 구하여 지시 길이로 한다.
판정 기준	에코 높이 영역, 지시 길이, 판두께에 따라 판정. 결함의 종 분류는 없다.	용입 부족, 융합 불량, 균열은 무조건 불합격. 그 외 선형 결함은 에코 높이, 판두께 지시 길이에 따라 판정한다.

66. KS B 0817의 탐촉자 표시 방법을 설명하시오.

풀이

표시순서	내 용	종별 기호
1	주파수 대역폭	일반 : N, 광대역 : B
2	공칭 주파수	? MHz
3	진동자 재료	수정 : Q, 지르콘티탄산납계 : Z 압전자기 : C, 압전소자 : M
4	진동자의 공칭 치수	원형 : 지름(단위 : mm), 2진동자인 것은 각각의 진동자 치수로 한다. 각형 : 높이 너비(단위 : mm)
5	형 식	수직 : N, 경사각 : A, 세로파 경사각 : LA 표면각 : S, 가변각 : VA, 수침 : I, 타이어 : W 2진동자형 : D를 더한다, 두께계용 : T를 더한다.
6	굴절각	저탄소강 중에의 굴절각으로 표시하고 단위는 도(°)로 한다. 알루미늄용인 것에는 굴절각 뒤에 AL을 붙인다.
7	공칭 집속 범위	집속형인 것에는 F를 붙이고 그 범위를 mm 단위로 표시한다.

67. KS B 0896에서의 탐상 준비 중 예비 조사에 들어가는 탐상 준비 5가지를 기술하시오.

풀이 ① 재질, 판두께

② 벌림 끝모양
③ 용접 시공법
④ 용접 보수의 상세
⑤ 검사에 관한 제작상의 특기사항

68. 초음파 탐상기의 성능 측정 항목 11가지 중 8가지 이상을 쓰시오.(KS B 0817)

풀이

① 표시기	② 송신부의 성능	③ 감도	④ 게인 조정기
⑤ 증폭 직선성	⑥ 시간축 직선성	⑦ 분해능	⑧ 몰아넣기 특성
⑨ 거리 진폭 보상	⑩ 안정성	⑪ 게이트 회로의 성능	

69. KS B 0535 초음파 탐촉자의 성능 측정 방법에서 공통 측정항목과 개별 측정항목을 기술하시오.

풀이

(1) 공통 측정항목
① 시험 주파수　② 전기 임피던스
③ 진동자의 유효 치수　④ 시간 응답 특성
⑤ 중심 감도 프로덕트 및 대역폭

(2) 개별 측정항목
① 직접 접촉용 1진동자 수직 탐촉자
- 빔 중심축의 편심과 편심각
- 송신펄스 폭

② 직접 접촉용 1진동자 집속 수직 탐촉자 : 집속 범위 및 빔 폭
③ 직접 접촉용 2진동자 경사각 탐촉자
- 표면 에코 레벨, 거리 진폭 특성 및 N1감도
- 빔 폭

④ 직접 접촉용 1진동자 경사각 탐촉자
- 빔 중심축의 편심과 편심각
- 입사점
- 굴절각
- 불감대

⑤ 직접 접촉용 1진동자 집속 경사각 탐촉자 및 직접 접촉용 2진동자 경사각 탐촉자
- 집속 범위 및 빔 폭
- 최대 감도

참고 시험 주파수 측정 방법 : 오실로스코프, 주파수 분석기 이용

70. Al 시험편으로 공칭 굴절각이 70°인 탐촉자로 굴절각을 측정했더니 71°가 나왔다. 측정범위를 100mm로 하고, 그림과 같이 탐상했을 때 24눈금에 에코가 나타났다. 그 에코의 반사된 위치를 구하시오.

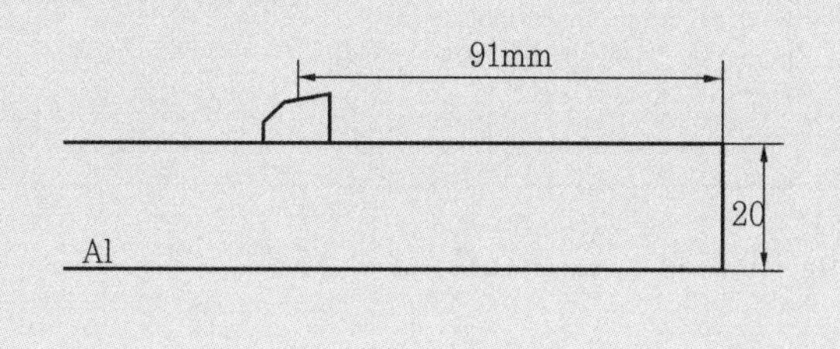

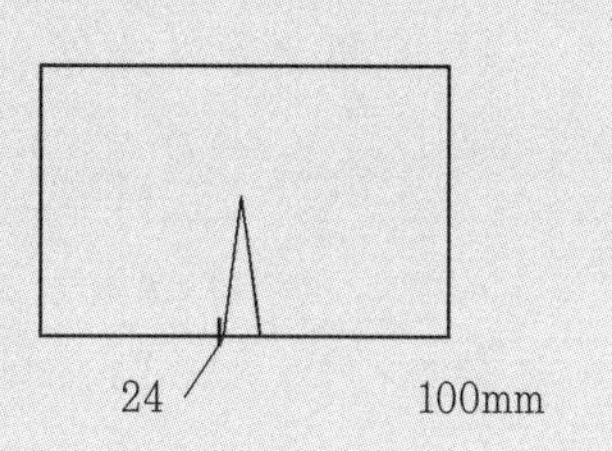

풀이 측정범위 100mm(24 눈금에 나타났고, 눈금 한 칸당 2mm이므로) : 24×2=48mm

알루미늄 치수로 환산 : $48\times\frac{49}{50}=47.04$mm

91－47.04×sin71°≒46.52mm

71. 다음 항목에 대해 설명하시오.

(1) Damping　　(2) Damping Coefficient　　(3) Q Factor

풀이 (1) 단속적인 전기 펄스→진동자→기계적 펄스파 발생→관성에 의해 계속 지속
만약, 시험체 내에 펄스폭이 크면 결함 검출감도는 상승하나, 분해능은 감소한다. 그러므로 진동자 뒷면에 부착된 damper로 진동을 억제시켜 펄스폭을 줄이는 것을 damping이라고 한다.

(2) Damping Coefficient(δ) : 진동 억제를 나타내는 상수이며, 최대 감도의 진폭을 A_0라 하고, 다음 A_1, A_2, A_3, ……으로 나타날 때, $\delta=\frac{A_0}{A_1}=\frac{A_1}{A_2}=\frac{A_2}{A_3}\cdots$

따라서, δ가 올라가면 $A_0 \gg A_1$이므로,

펄스폭이 낮아지면⇒분해능은 높아지고, 에코 높이는 낮아진다⇒감도는 낮아진다

(3) 압전소자(진동자) : 수축·팽창으로 초음파 발생

① 진동자 두께 변화 정도에 따라 : 음파의 세기, 감도 결정

② 두께에 따라 : 주파수 결정(진동자 $T=\frac{\lambda}{2}=\frac{V}{2f}$; 이때의 f가 공진 주파수이다)

주파수에 따른 음압(감도)의 관계→Plot

강도는 공진 주파수(f_r)에서 Max, 이 값은 f에 의해 결정된다.

공진 주파수(f_r)에서 주파수 변화에 따른 음파 감도의 변화 정도를 Q라 하면,

$$Q=\frac{\pi}{\ln\delta}=\frac{f_r}{B}=\frac{f_r}{f_2-f_1}$$

펄스폭이 작을수록, 진동 억제 상수 δ가 높을수록 Q값이 작아진다.

72. 실효 지향각에 대해 설명하시오.

풀이 반사파에 대한 지향계수 D_c^2을 실효 지향각 계수로 환산하여 실질적인 탐상에 적용한다. 이렇게 중심 음파의 반사 지시의 $\frac{1}{2}$이 되는 지향각을 실효 지향각이라 한다.

(1) 원형 진동자의 경우 : 에코가 $\frac{1}{2}$로 떨어질 때 $m=1.616$,

$$1.616 = \frac{\pi D}{\lambda}\sin\phi$$

$\phi = \sin^{-1}\left(\frac{1.616}{\pi}\times\frac{\lambda}{D}\right) = \sin^{-1}\left(0.5144\times\frac{\lambda}{D}\right)$이므로, $X \geq 1.6X_0$일 때

$\phi_{(실효)} = 29\times\frac{\lambda}{D}$가 된다.

(2) 각형 진동자 : 에코가 $\frac{1}{2}$로 떨어질 때 $m=1.39$,

$m = \frac{2\pi D}{\lambda}\sin\phi$, $X \geq 1.6X_0$일 때

$\phi = \sin^{-1}\left(\frac{0.443}{\pi}\times\frac{\lambda}{2a}\right)$, 그러므로 $\phi_{(실효)} = 25\times\frac{\lambda}{2a}$이다.

73. 탐상 감도에 대해 아는 대로 기술하시오.

풀이 탐상 감도란 시험체의 탐상에 알맞은 증폭 정도, 즉 화면상에 나타나는 종축의 범위를 gain조정기나 감쇠기로 조정하는 것이다.

<탐상 감도의 조정 방법>

(1) 저면 에코 방식 : 시험체 건전부의 에코 높이를 일정 높이가 되도록 조정해 주는 방식이다.

① 장점 : 시험체 자체의 에코를 사용하기 때문에 표면 거칠기, 곡률, 재질 감쇠차의 보정이 불필요하다.

② 단점

- 탐상면과 저면이 평행이 아닌 것이나 저면이 불규칙한 면일 경우는 에코가 나타나지 않거나 에코 높이가 낮아진다.
- 감쇠가 큰 재질에서는 근거리 결함의 경우 과대 평가할 우려가 있다. 즉, 산란량이 많은 저면 에코를 기준으로 증폭 정도를 조정했으므로 산란량이 적은 결함 에코에 대해 큰 결함으로 오인할 수가 있다.

(2) 시험편 방식 : 어떤 표준시험편의 인공결함을 이용하여 그 인공 결함의 에코 높이를 일정 높이로 조정하는 방식이다. 시험편과 시험체 사이에 재질이나 표면 거칠기가 많이 차이날 경우 감쇠차에 의해 동일 결함이라도 에코 높이차가 발생하므로 결함 평가가 부정확하게 된다.

74. 초음파 탐상시험법의 장·단점을 기술하시오.

풀이 시험체에 초음파를 전달하여 내부에 존재하는 불연속으로부터 반사한 초음파의 에너지량, 진행 시간 등을 분석하여 불연속의 위치 및 크기를 알아내는 방법이다.

(1) 장점

① 기계적 진동의 전달로 인해 두꺼운 시험체의 검사가 가능하다.

② 파장이 짧아 지향성이 예민해지므로 미세 결함 검출 가능, 균열과 같은 면상의 결함 검출 능력이 탁월하다.

③ 불연속 위치를 정확히 알 수 있고 검사 결과를 즉시 알 수 있다.

④ 검사자에 해가 없고 휴대가 간편하다.

(2) 단점

① 숙련을 요하고 결함 종류를 식별하기 어려우며 금속 조직의 영향을 받기 쉽다.

② 두께가 얇을 때 탐상이 곤란하고 정량 평가가 어렵다.

75. 근거리 음장과 원거리 음장에 대하여 비교 논술하시오.

풀이 (1) 근거리 음장 : 진동자의 여러 점원에서 발생되는 음파들의 간섭 현상으로 인해 음압 구배가 복잡해지는 영역으로, 근거리 음장에서는 거리가 증가되었을 경우 반사 음파의 세기가 세질 수도 약해질 수도 있다.

(근거리 음장 한계 거리 : 진동자 전면에서부터 근거리 음장의 한계점까지의 거리)

① 원형 진동자일 경우 $X_0 = \dfrac{D^2}{4\lambda} = \dfrac{fD^2}{4V}$

(여기서 X_0 : 근거리 음장 한계 거리, D : 진동자 지름, V : 음속)

② 각형 진동자일 경우 $X_0 = \dfrac{a^2}{\pi\lambda}$

(단, a는 진동자의 폭(W)과 높이(H) 중 긴쪽 변의 길이)

즉, 근거리 음장 이내에서는 정확한 탐상이 어렵기 때문에 지름이 작고 파장이 긴(주파수가 낮은) 진동자를 사용함으로써 근거리 음장을 줄일 수 있다. 근거리 음장에서는 음파의 간섭 현상에 의한 증폭과 소실로 인해 분산에 의한 음파 손실의 영향을 주지 못한다.

(2) 원거리 음장 : 근거리 음장 밖의 영역이며, 이 음장 내에서 반사파의 강도는 초음파의 진행 거리가 증가함에 따라 감쇠 및 분산으로 인해 지수 함수적으로 감소한다. 감쇠의 원인은 산란과 흡수이다.

빔의 분산은 근거리 음장에서는 고려하지 않고, 원거리 음장에서의 빔의 분산은,

① 원형 진동자 : $\sin\phi = 1.22 \times \dfrac{\lambda}{D}$이므로, $\phi = \sin^{-1}\left(1.22\dfrac{\lambda}{D}\right) - 70\dfrac{\lambda}{D} = 70\dfrac{V}{Df}$

(여기서 ϕ : 지향각, D : 진동자 직경, λ : 파장)

② 각형 진동자 : $\sin\phi = \frac{\lambda}{a}$($a$: 진동자의 폭과 높이 중 긴쪽 변의 길이)이므로,

$$\phi = \sin^{-1}\left(\frac{\lambda}{a}\right) = \frac{57\lambda}{a} = \frac{57V}{fa}$$

즉, 지향각 ϕ는 진동자 지름이 클수록, 파장이 작을수록(즉, 주파수가 클수록) 작아지므로 지향성이 예민해진다. 원거리 음장 중에서 중심축상의 음파 세기가 가장 강하며, 그 외곽 지역으로 갈수록 음파는 급격히 약해진다. 초음파 탐상은 일반적으로 원거리 음장에서 이루어진다.

76. 감도 보정에 관하여 기술하시오.(8점)

(1) 감도 보정의 필요성 (2) 감도 보정의 구체적 방법

풀이 (1) 표준시험편과 시험체 탐상면 사이에 곡률, 표면의 성상 및 거칠기, 감쇠 등이 초음파 특성에 차이를 미치는 경우

(2) 수직법에서는 바닥면 다중 에코, 경사법에서는 V주사 등에 의해 그 차이를 측정하여 그 값을 감도 보정치로 하여 필요에 따라 감도 보정을 한다.

77. 빔 행정을 구하시오.(5점)

[조건] 시험체 두께 : 15mm, 굴절각 : 70도

풀이 $W = t/\cos\theta$이므로 23.6mm

78. 음압 통과율을 측정하시오.

풀이 $t = 1 - r = 1 - \frac{Z_2 - Z_1}{Z_2 + Z_1} = \frac{2Z_1}{Z_2 + Z_1}$

Z_1 : 제1매질의 음향 임피던스

Z_2 : 제2매질의 음향 임피던스

79. 음압 왕복률을 측정하시오.

풀이 $T = t_1 \times t_2 = \frac{2Z_1}{Z_1 + Z_2} \times \frac{2Z_2}{Z_1 + Z_2} = \frac{4Z_1Z_2}{(Z_1 + Z_2)^2}$

(또는 $1 - r^2$ 이용)

80. KS B 0896 RB-A6 절차서를 쓰시오.(12점)

풀이 ① 예비 조정 : 수직 탐촉자를 사용하여 STB-A1의 91mm 또는 STB-A3의 45.5mm 길이부를 사용하여 필요한 횡파의 측정 범위로 시간축을 조정한다.

② 원점 수정 : 그림의 P와 R 또는 P와 Q의 위치에서 각각의 에코 높이가 최대가 되었을 때 겉보기 빔 진행거리 WP와 WR 또는 WP와 WQ를 읽은 후 탐촉자를 다시 P의 위치에 놓고, 에코 높이가 최대값을 나타내는 위치에서의 에코 발생 위치가 $WR-WP/2$ 또는 $WQ-WP$값에 일치하도록 "영점" 조정만을 행하여 원점을 수정한다.

③ 입사점의 측정 : P와 R 또는 P와 Q의 위치에서 각각의 에코 높이가 되도록 하여 단면으로부터 전면까지의 거리 p와 r 또는 p와 q를 측정한다. 탐촉자 전면으로부터 입사점까지의 거리 l을 다음 식에 의해 산출하여 입사점의 위치를 구한다.

$$L = g + f - 2p$$

④ 굴절각 측정 : 굴절각은 p와 r 또는 p와 q를 이용하여 다음 식에 의해 산출된다.

$$\theta = \tan^{-1}(r - p/2t)$$

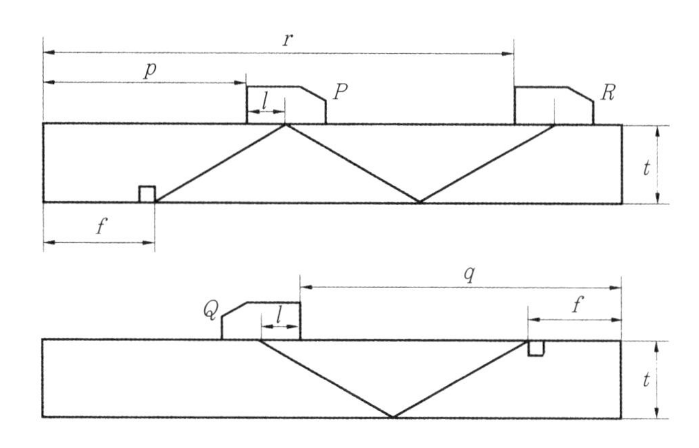

RB-A6에 의한 장치의 조정

81. 5Z20N 탐촉자 수직 탐상 시 측정범위를 100mm 조정한 길이가 70mm인 어떤 재료의 제1회 저면 에코가 89mm였다. 이때 재료의 음속은 얼마인가?
(단, 종파의 음속은 5900m/s)

풀이 5900 : 70 = x : 89

750lm/s

82. RB-4, RB-A5, STB-A2의 형상과 치수 기입을 하시오.

풀이

40 이상
40 이상
60 이상
d
l
T
L

(단위 : mm)

L : 대비시험편 길이(사용하는 빔 거리에 따라 정한다)
T : 대비시험편 두께(표 참조)
d : 표준구멍의 직경(표 참조)
l : 표준구멍의 위치(표 참조)

RB-4의 형상

RB-4의 치수

시험편의 명칭	시험재 두께(t)	대비시험편의 두께(T)	표준구멍의 위치(l)	표준구멍의 직경(d mm)
No.1	25mm 이하	19mm 또는 t	T/2	2.4
No.2	25mm 초과 50mm 이하	38mm 또는 t	T/4	3.2
No.3	50mm 초과 100mm 이하	75mm 또는 t	T/4	4.8
No.4	100mm 초과 150mm 이하	125mm 또는 t	T/4	6.4
No.5	150mm 초과 200mm 이하	175mm 또는 t	T/4	7.9
No.6	200mm 초과 250mm 이하	225mm 또는 t	T/4	9.5
No.7	250mm 초과	t	T/4	

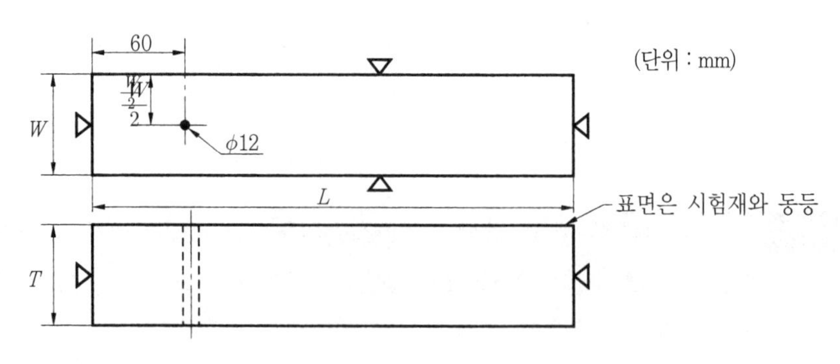

RB-A5의 형상 및 치수

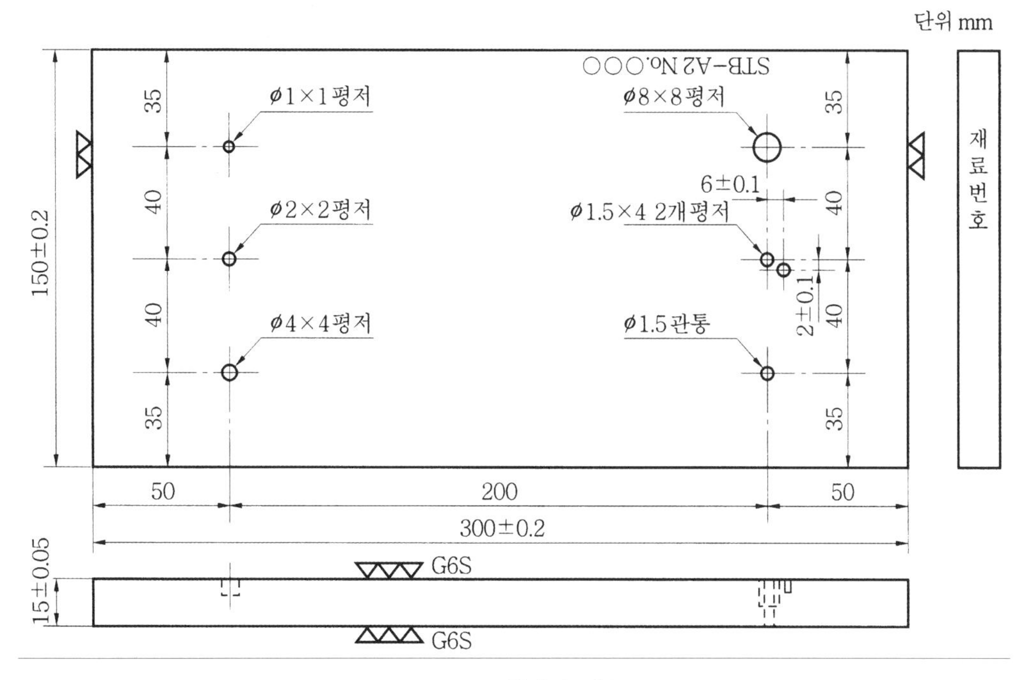

STB-A2 형상과 치수

83. 지향각을 ϕ라 할 때, 다음 두 항목 중 하나를 골라 쓰시오.

□ 커진다　　　　　　□ 작아진다

(1) 공진주파수는 일정하고 진동자 치수가 클 때 지향성은 (　　　　)

(2) 진동자 치수가 일정하고 주파수가 커질 때 지향성은 (　　　　)

풀이 (1) 커진다.

(2) 커진다.

※ 지향성 : 초음파가 진동자로부터 시험체로 진행할 때 한 방향을 집중하여 강하게 나오는 모양. 지향각 작을수록 지향성 증가

84. 탐상보고서를 작성하시오.(10점)

(1) 검사대상물

① 검사시간 및 일자 ② ( )

③ 사용규격 및 절차서 ④ 검사자

⑤ 고객 또는 거래선 ⑥ 검사대상물 : 재질, 번호, 탐상부위

(2) 장치

① 초음파 탐상기

② 탐촉자 : 주파수, 굴절각, 치수

③ 접촉매질

④ 교정방법과 ( )

(3) 교정

① 탐상감도 ② ( ) ③ 감쇠보정과 전이손실보정

(4) 검사기법

① 주사방법

② 결함길이 및 ( ) 측정방법

③ 기록준위

④ 탐상제한 : 피검체의 모양이나 기타 요인으로 탐상을 못한 부분

(5) 탐상결과

① 검사지시번호

② 결함의 ( )

③ 합부 판정

풀이 (1) ② 검사 장소 (2) ④ 교정 시험편

(3) ② 측정 범위 조정 (4) ② 결함 높이

(5) ② 위치와 치수

※ 괄호의 위치가 바뀌어서 출제된다. 전체를 암기하세요.

85. 두께가 80mm인 강을 측정범위 100mm로 수직 탐상하였을 때 CRT화면상의 표시는 75mm 지점에서 저면 에코가 나타났다면 이 재질에 대한 음속은 얼마인가?(4점) (단, 강의 종파음속은 5920m/s)

풀이 $80 : 5920 = 75 : x$

$x = 5550\text{m/s}$

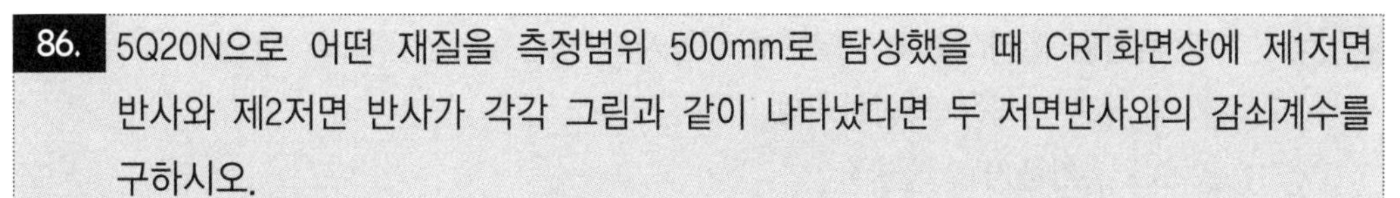

86. 5Q20N으로 어떤 재질을 측정범위 500mm로 탐상했을 때 CRT화면상에 제1저면 반사와 제2저면 반사가 각각 그림과 같이 나타났다면 두 저면반사와의 감쇠계수를 구하시오.

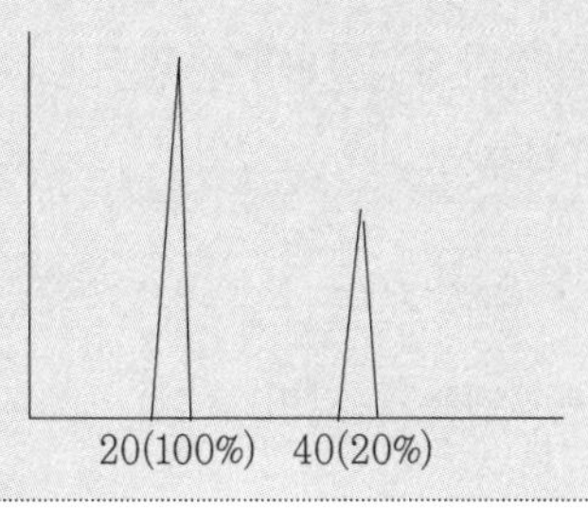

풀이 $P = P_0 e^{-x a_0}$의 식에서 $a_0 = \dfrac{20\log\left(\dfrac{P_0}{P}\right)}{2T}$(dB/mm)이다.

측정범위가 500mm이므로 그림으로 보면 거리 $x=(40-20\text{눈금})\times 10 = 200\text{mm}$이고,

$P=20$, $P_0=100$이므로,

$$a_0 = \frac{20\log\left(\frac{100}{20}\right)}{2\times 200} = 0.065\text{dB/mm}$$

87. 결함의 정량적 평가에서 아래의 내용들을 채우시오.

(1) 탐촉자 이동거리를 이용한 측정방법
- ( ) • ( )

(2) 에코 높이를 이용한 측정방법
- 에코 높이만에 의한 방법 • ( )
- ( ) • ( )
- (그외에)

(3) 음파진행시간을 이용한 측정방법
- 모드변환법 • ( ) • ( )

(4) 주파수와 영상을 이용하여 나타내는 방법
- ( ) • 전자 주사법

풀이 (1) dB drop법 평가레벨법
(2) 탠덤탐상법 단층탐상법 DGS선법 산란파법
(3) 단부에코법 표면파법
(4) 홀로그래피법

88. 근거리 음장을 X_0라 할 때 거리 X, 진동자의 직경 D, 면적을 S, 결함의 직경을 A라 할 때 아래 사항을 작성하시오.

(1) 근거리 음장에서의 음압은?

(2) 원거리 음장에서 완전반사일 때의 음압은?

(3) DGS선도를 설명하시오.

풀이 (1) 거리 X만큼 진행 시 음압 P_x는 $P_x = 2P_0 \times \sin\dfrac{A}{2\lambda X}$

(A : 진동자 면적, P_0 : 진동자 전면 음압)

$A = \dfrac{\pi D^2}{4}$, 근거리 음장 $X_0 = \dfrac{D^2}{4\lambda}$이므로, $\lambda = \dfrac{D^2}{4X_0}$

그러므로, $P_x = 2P_0 \times \sin\dfrac{\frac{\pi D^2}{4}}{2X\frac{D^2}{4X_0}} = 2P_0 \times \sin\dfrac{\pi}{\frac{2X}{X_0}} = 2P_0 \times \sin\dfrac{\pi X_0}{2X}$

(2) $P_a' = P_a \times \gamma_1$($\gamma_1$: 계면반사율), 계면반사율이 1(완전반사)이므로

$a > 1.6N$이면, $\sin\dfrac{\pi X_0}{2X} \fallingdotseq \dfrac{\pi X_0}{2X}$이므로 $P_x = P_0 \times \dfrac{\pi X_0}{X}$

$a \leqq 1.6N$이면, $P_x = 2P_0 \times \sin\dfrac{\pi X_0}{2X}$

(3) DGS diagram은 종축에 증폭(에코 높이), 횡축에 빔진행거리를 나타낸 것으로 초음파 빔의 중심축에 있는 수직인 원형 평면결함을 이용한 등가 결함이 크기(직경)를 추정하는 방법이다.

※ DGS 선도=AVG 선도이므로 가지고 계신 이론 교재의 그래프 및 선도 해설을 암기할 것

89. 물거리를 구하시오.

예) 강중의 종파 속도 : 5900m/s, 물속의 종파 속도 : 1500m/s, 두께 : 20mm

풀이 두께가 8인치 이하인 경우의 적용 식 : $\dfrac{1}{4} \times T + \dfrac{1}{4}''$

두께가 8인치보다 큰 경우 : $\dfrac{1}{4} \times T$

를 이용하면 두께가 20mm로 8″ 이하이므로 7.35mm이다.

90. KS B 0537의 송신펄스의 상승시간 측정순서를 작성하시오.

풀이 (1) 초음파 탐상기와 오실로스코프를 접속한다.
(2) 오실로스코프의 CRT 위의 1개 펄스만 표시한다.
(3) 송신펄스 앞 가장자리의 송신펄스 최고치 10~90% 사이의 시간 Tr을 측정한다.
(4) 펄스 에너지를 조정했을 때 그 시간이 변화하는 경우에는 펄스 에너지가 최소인 경우 및 최대인 경우에 대하여 측정한다.

91. KS D 0040에서 용접 보수를 한 후 합격으로 판정할 수 있는 기준 2가지를 작성하시오.

풀이 (1) 내부 결함의 제거 부분의 깊이는 공칭 판두께의 25% 이내로 하며, 그 면적은 인수·인도 당사자 간의 협의에 따른다.
(2) 결함의 제거 부분은 KS D 0213의 자분탐상시험 또는 KS B 0816의 침투탐상시험을 하여 결함의 제거를 확인해야 한다.
(3) 용접 보수한 부분은 이 규격에 규정하는 탐상조건에 따른 초음파 탐상시험 외에 필요에 따라서 KS B 0845의 방사선 투과시험 및 자분탐상시험 또는 침투탐상시험을 하여 보수 결과를 확인해야 한다.

참고 KS D 0233의 보수한도
① 내부 결함의 제거 부분 깊이는 공칭 두께의 25% 이내로 하고, 또한 그 면적은 인수·인도 당사자 간의 협정에 따른다.
② 단면 결함(단면 또는 그 부근에서 판의 내부를 향하여 전이를 가진 결함)의 제거 구분은 판의 단면으로부터의 거리가 50mm 이내로 하고, 또한 그 길이는 인수·인도 당사자 간의 협정에 따른다.

92. KS D 0233에서 수직 탐촉자에 의한 결함을 분류하시오.

풀이 가벼움(○) : $25\% < F_1 \le 50\%$. 다만 B_1이 100% 미만인 경우는 $25\% < \dfrac{F_1}{B_1} \le 50\%$

중간(△) : $50\% < F_1 \le 100\%$. 다만 B_1이 100% 미만인 경우는 $50\% < \dfrac{F_1}{B_1} \le 100\%$

큼(×) : $F_1 > 100\%$, $\dfrac{F_1}{B_1} > 100\%$ 또는 $B_1 \le 50\%$

참고 KS D 0040의 경우

중간(△) : $50\% < F_1 \leq 100\%(B_1 \geq 100\%$인 경우)

$50\% < \dfrac{F_1}{B_1} \leq 100\%(B_1 < 100\%$인 경우)

큼(×) : $F_1 > 100\%(B_1 \geq 100\%$인 경우), $\dfrac{F_1}{B_1} > 100\%(B_1 < 100\%$인 경우)

또는 $B_1 \leqq 50\%$

93. 5Z20N 탐촉자 수직 탐상 시 측정범위를 100mm 조정한 길이가 70mm인 어떤 재료의 제1회 저면에코가 89mm였다. 이때 재료의 음속은 얼마인가?
(단, 종파의 음속은 5920m/s)

풀이 5920 : 70 = x : 89　　　　x = 7526m/s

94. N3M10×10A45AL의 탐촉자 표시방법을 순서대로 설명하시오.

풀이 N : 일반, 3 : 공칭주파수 3MHz, M : 압전소자, 10×10 : 높이×너비,
A : 경사각 탐상, 45 : 굴절각 45°, AL : 재질 알루미늄

95. 종파음속을 5900m/s로 조정하고 아크릴쐐기의 종파음속이 2750m/s일 때, 재료의 두께는 25mm로 측정되었다. 이 재료의 실제 두께는?

풀이 5900 : x = 2750 : 25　　　　x = 53.64mm

96. KS B 0896에서 탐상면의 거칠기와 접촉매질의 표를 완성하여라.
A : 접촉매질은 임의로 한다.
B : 농도 75% 이상의 글리세린 수용액, 글리세린 페이스트 또는 음향결합이 이것과 동등 이상이라는 것이 확인된 것으로 한다.

탐상면의 거칠기 / 공칭주파수 MHz	(　)μm	(　)μm 초과 (　)μm 미만	(　)μm 이상
(　)	A	B	B
(　)	A	A	B

풀이

탐상면의 거칠기 / 공칭주파수 MHz	(30)μm	(30)μm 초과 (80)μm 미만	(80)μm 이상
(5)	A	B	B
(2)	A	A	B

97. 5Q20N 탐촉자의 근거리 음장과 분산각(ϕ)을 구하시오.

풀이 분산각 : $\phi = \sin^{-1} 1.22\lambda/D = \sin^{-1} 1.22 \times 5900 \times 10^3/20 \times 5 \times 10^6$ ∴ 4.13°

근거리 음장 : $X_0 = D^2/4\lambda = D^2 f/4V = 84.75$mm

98. KS B 0896에서 거리 진폭 보상회로에 사용되는 사용기재 4가지를 쓰시오.

풀이 ① 탐상기 : 적용 규격을 만족하는 성능을 가진 탐상기

② 탐촉자 : 주파수, 치수, 공칭 굴절각

③ 접촉매질 : 75% 이상의 글리세린 수용액

④ 표준시험편 및 대비 시험편 : STB-A2, RB-4

99. KS D 0040을 적용하여 괄호 안을 채우시오.

(1) 사용 탐촉자 : (　　　　　　　　　　)

(2) 5MH와 2MHz일 때의 불감대 : (　　　　　　　　　　)

(3) 탐상시기 : (　　　　　　　　　　)

(4) DM 선의 높이는 : (　　　　　　　　　　)

(5) 탐상 부위 : (　　　　　　　　　　)

풀이 (1) 2진동자 수직 탐촉자, 수직 탐촉자

(2) 10mm 이하, 15mm 이하

(3) 원칙적으로 강판 및 평강의 완성검사 때에 한다.

(4) 눈금판의 50%

(5) 원칙적으로 200mm 피치의 압연방향의 선을 탐상선으로 한다.
다만, 자동탐상장치의 탐촉자 이송기구가 강판 압연방향과 직각인 경우에는 200mm 피치의 판 너비 방향의 선을 탐상선으로 한다.

100. KS B 0896에 의한 탠덤 탐상의 감도 조정 방법을 쓰시오.

(1) 판두께가 20mm 이상 40mm 미만인 경우

(2) 판두께가 40mm 이상 75mm 미만인 경우

(3) 판두께가 75mm 이상인 경우

풀이 (1) 판두께가 20mm 이상 40mm 미만인 경우 : 시험체의 건전부에서 V 주사를 하여 그 최대 에코 높이가 M선에 일치하도록 게인을 조정한 후, 감도를 16dB 높여 탐상감도로 한다.

(2) 판두께가 40mm 이상 75mm 미만인 경우 : 시험체의 건전부에서 V 주사를 하여 그 최대 에코 높이가 M선에 일치하도록 게인을 조정한 후, 감도를 10dB 높여 탐상감도로 한다.

(3) 판두께가 75mm 이상인 경우 : 시험체의 건전부에서 V 주사를 하여 그 최대 에코 높이가 M선에 일치하도록 게인을 조정한 후, 감도를 14dB 높여 기준 감도로 한다. 탐상감도는 탐상하는 판두께 방향의 범위가 표면에서 $t/4$까지의 경우는 기준 감도보다 4dB 낮고, $t/4$를 넘어서 $t/2$까지 일 때는 기준 감도보다 2dB 낮고, $t/2$를 넘어 뒷면까지일 때는 기준 감도로 조정한다.

101. 2.25C10N 탐촉자를 이용하여 부재의 첫 번째와 두 번째 저면 에코 차가 20μm일 때 부재의 두께를 구하시오.(강의 종파는 5900m/s)

풀이 $20\mu m \times 5900 m/s = (20\times10^{6})\times(5.9\times10^{6}) = 118$

첫 번째 에코와 두 번째 에코의 차이이므로 1/2을 곱하면 59mm

102. 초음파 비파괴검사의 신뢰성을 얻기 위한 방법 3가지를 쓰시오.

풀이 (1) RT, PT, MT 등의 다른 비파괴 방법을 병행하여 사용한다.

(2) B-scan 또는 C-scan 등의 영상화

(3) 숙련된 작업자 확보

103. 점 집속형 탐촉자의 종류와 특성을 쓰시오

풀이 (1) 종류 : 음향렌즈에 의한 집속 탐촉자, 구면 진동자에 의한 집속 탐촉자

(2) 특성 :

① 초음파 빔을 집속하여 그 부분에서의 음압이 상승하고 빔의 단면적이 작게 되어 미세한 결함 검출이나 결함위치 및 길이를 정확히 측정할 때 사용

② 수침법에 이용
③ 곡면의 음향 렌지 및 곡면 진동자를 직접 이용
④ 조대한 금속 조직일 경우라도 집속 되는 지점에서의 결함 에코가 높아져 S/N비가 개선된다.

104. 수침법으로 두께 30mm의 강판을 수직탐상하고 표면에코높이를 100%에 조정하였을 때 제1회 저면에코는 몇 %인가? (단, 재료 중의 감쇠 및 음장의 확산은 고려하지 않는 것으로 한다. 또 강의 밀도는 7.8g/cm³, 종파음속은 5920m/sec, 밀도는 1g/cm³, 음속은 1480m/sec이다)

풀이 반사율 $\gamma = \dfrac{Z_1 - Z_2}{Z_1 + Z_2} = \dfrac{5920 \times 7.8 - 1480 \times 1}{5920 \times 7.8 + 1480 \times 1} = 0.93 = 93\%$

왕복통과율 $T = \dfrac{4Z_1Z_2}{(Z_1 + Z_2)^2} = \dfrac{4 \times 5920 \times 7.8 \times 1480 \times 1}{(5920 \times 7.8 + 1480 \times 1)^2} = 0.12 = 12\%$

$93 : 100 = 12 : x$

$x = 12.9\%$

105. 탐촉자 내의 결정체(crystal) 크기가 ϕ10mm이며 입사각이 50°인 시험체 내부에서 초음파 빔의 직경을 구하여라.(단, 확산은 없고 굴절각은 70°이다) (3점)

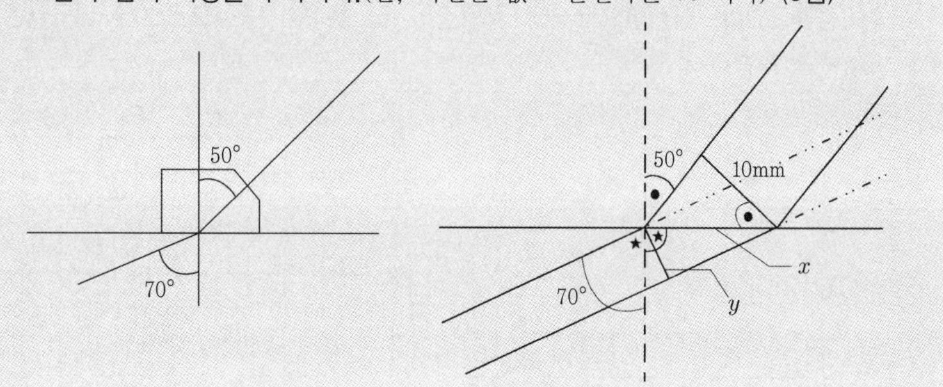

풀이 $x \cos 50° = 10 \qquad \therefore x = \dfrac{10}{\cos 50°}$

$x \cos 70° = y \qquad \therefore y = 10\dfrac{\cos 70°}{\cos 50°} = 5.32\text{mm} \qquad \therefore$ 빔의 직경 : 5.32mm

106. KS B 0534에 따른 초음파 탐상장치의 성능 측정에서 수직 탐상의 감도 여유값을 측정하는 방법을 기술하여라.(3점)

풀이 (1) 탐촉자를 시험편에 접촉시키지 않은 상태에서 표시기 상의 잡음레벨이 눈금의 10% 이하가 되도록 초음파 탐상기의 게인 조정기를 조정하고 이때 게인 조정값(S_0)을 읽는다.

(2) 접촉매질을 바른 후 탐촉자를 시험편에 접촉시키고 표준구멍 또는 인공홈으로부터의 에코 높이가 최대가 되도록 탐촉자 위치를 조정하고 측정이 끝날 때까지 이 상태를 유지한다.

(3) 이 에코의 높이가 눈금의 50%가 되도록 초음파 탐상기의 게인 조정기를 조정하고, 이때 게인 조정기의 값(S_i)을 읽는다.

(4) 수직 탐상의 감도 여유값(S)은 다음 식에 의해 구한다.

$$S = S_0 - S_i \text{ (dB)}$$

표준 시험편 이외의 시험편 사용 시

$$S = S_0 - S_i \pm A \text{(dB)}$$

(A : V15-5.6의 표준구멍으로부터의 에코 높이와 사용한 시험편의 인공홈으로부터 에코 높이의 비)

107. 모재 두께가 20mm인 강판의 V개선 맞대기 용접부를 5Z10×10A70(실측 굴절각 70.5°)을 탐상하였을 때 아래 그림의 탐촉자 위치에서 결함에코(측정범위 125mm)가 검출되었다. 탐상면으로부터 결함깊이 및 용접부 중심으로부터 어긋남은 몇 mm인가?(8점)

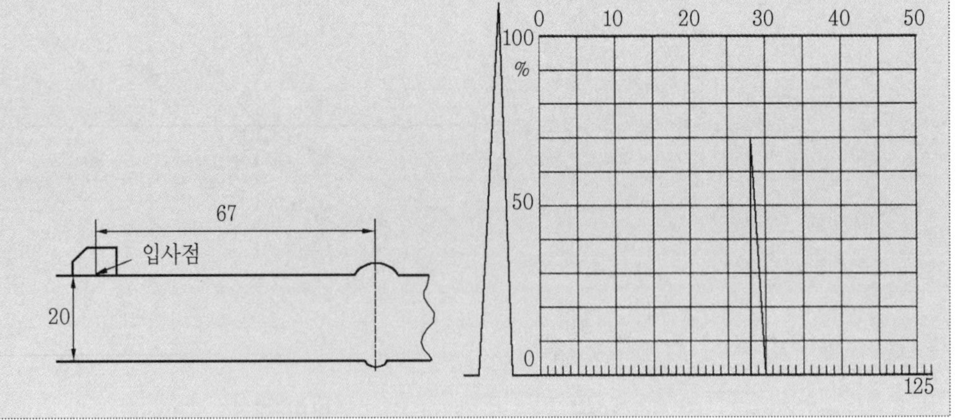

풀이 $W_{0.5s} = \dfrac{t}{\cos\theta} = \dfrac{20}{\cos 70.5°} = 59.9\text{mm}$

(1) 결함깊이 : CRT 한 칸의 길이 = 125/50 = 2.5mm

W_f=2.5×28=70mm이므로 1회 반사법을 이용하면

d=2×20(t)－70cos70.5=16.6mm

(2) 용접부 중심으로부터의 어긋남 :

y=67－ W_f sin70.5=67－70sin70.5=1.0mm

108. KS B 0896에 근거한 음향이방성이 있는 재료의 탐상방법에 대해 다음 물음에 답하여라.(8점)

(1) 음향이방성의 정의 :

(2) 음향이방성의 측정방법 중 2가지 :

(3) 음향이방성의 검정 :

풀이 (1) 시험체 속에서 초음파 음속 등의 초음파 전파 특성이 탐상 방향에 따라 차이가 있는 경우의 재료 특성을 말한다.

(2) 음향이방성의 측정방법 중 2가지 :

① 굴절각도 차의 측정

탐상에 사용하는 경사각 탐촉자와 같은 형식의 공칭굴절각 60°의 탐촉자를 사용하여 L방향(주 압연 방향) 또는 C방향(판면 평행으로 L방향과 수직인 방향)으로 V주사의 배치에서 표시기 위의 투과된 펄스가 가장 높아지도록 탐촉자의 위치를 조정한다. 탐상 굴절각 θ_L 또는 θ_C는 투과 펄스가 가장 높아지는 위치에서의 입사점 사이의 거리 Y 및 실측 판두께 t에서 다음 식에 따라 0.5°의 단위로 구한다.

$\theta_L(\theta_C) = \tan^{-1}(Y/2t)$

θ_L과 θ_C의 측정값의 차를 굴절 각도차로 한다.

② 횡파 음속비의 측정

- 음속계에 의한 경우 : 진동 방향을 L방향 및 C방향으로 하여 얻어진 횡파 음속값의 비 C_L/C_C을 소수점 이하 2자리까지 구하고, 횡파의 음속비로 한다.
- 초음파 두께계에 의한 경우 : 진동 방향을 L방향 및 C방향으로 하여 얻어진 두께 t_L 및 t_C의 비 t_C/t_L를 소수점 이하 2자리까지 구하여 횡파의 음속비로 한다.
- 초음파 탐상기에 의한 경우 : 진동 방향을 L방향 및 C방향으로 하여 측정하였을 때 시간축 위의 시험체의 두께 차가 1% 이하에서 판독되는 경우에만 적용한다.

  진동 방향을 L방향 및 C방향으로 하였을 때의 시험편의 제1회 바닥면 에코의 빔노정을 읽어서 그 값을 각각 W_L, W_C로 정의하며, 이 비 W_C/W_L을 소수점 이하 2자리까지 구하고, 횡파 음속비로 한다.

(3) 음향이방성의 검정 :

① 공칭굴절각 60°의 경사각 탐촉자에 의한 굴절 각도차의 측정에서 굴절각의 차가 2°를 넘는 경우 이방성을 가진다.

② 횡파 음속비의 측정에서 횡파 음속비가 1.02를 넘는 경우 이방성을 가진다.

109. KS B 0535 표시방법에 의하여 B5Z14I－F15～25 탐촉자의 기호를 자세히 설명하시오.(12점)

풀이 B : 광대역(주파수 대역폭)
5 : 5MHz(공칭 주파수)
Z : 지르콘 티탄산납계(진동자 재료)
14 : 14mm(진동자의 공칭 치수)
I : 수침법(국부 포함)(형식)
F15～25 : 집속형으로 집속 범위 15～25mm

110. 두께 50mm의 강판을 5C20N탐촉자로 수직 탐상하였을 때, 건전부에서 $B_1=75\%$, $B_2=15\%$의 저면 에코를 얻었다. 확산손실 0.4dB, 탐상면에서의 반사손실을 1.9dB, 저면에서의 반사손실을 0.2dB이라 하면 이 강판의 감쇠계수는? (단, 소수점 아래 넷째자리에서 반올림하여 셋째자리까지 구하여라)

풀이
$$\alpha=\frac{\frac{B_1}{B_2}-\text{확산손실}-\text{반사손실}}{2T}=\frac{20\log\frac{75}{15}-0.4-(1.9+0.2)}{2\times 50}$$
$$=\frac{20\log 5-2.5}{100}=\frac{13.97-2.5}{100}=0.115\text{dB/mm}$$

111. 초음파 탐상시험의 주사방법 중 5가지를 기술하시오.

풀이 ① 전후 주사 : 탐촉자를 음파의 진행방향과 평행하게 이동
② 좌우 주사 : 탐촉자를 음파의 진행방향과 수직하게 이동
③ 목돌림 주사 : 입사점을 중심으로 회전
④ 진자 주사 : 결함을 중심으로 시계추 모양으로 회전
⑤ 지그재그 주사 : 전후 주사를 연속으로 하여 시작과 끝점에서 좌우 이동

112. KS B 0817의 탐상기 성능 측정 항목 중 5가지를 기술하시오.

풀이 ① 표시기 ② 송신부의 성능 ③ 감도 ④ 분해능 ⑤ 게인 조정기 ⑥ 증폭직선성
⑦ 몰아넣기 특성 ⑧ 안정성 ⑨ 거리진폭보상 ⑩ 시간축 직선성

⑪ 게이트 회로의 성능 중 5가지 기술

113. 빔행정거리 W는?
굴절각 70°, 판두께 20mm

풀이 $W = t/\cos\theta$, $W = 20/\cos 70° = 58.5\text{mm}$

114. 협대역 탐촉자를 '주파수 성분'이란 용어를 사용하여 설명하시오.

풀이 대역폭을 크게 한 탐촉자로서, 내부 댐핑이 큰 니오비움산납이나 황산리튬 진동자를 사용하고 댐핑재를 더한 구조를 갖는다. 대역폭과 댐핑이 크므로 펄스폭이 작아 분해능이 작아져서 산란파의 높이가 크게 높아지지 않으므로 S/N비가 커져서 탐상이 용이해진다. 주로 박판의 탐상이나 두께 측정, 근거리 결함의 분리를 목적으로 사용되며, 조직이 조대한 재료의 탐상에도 사용된다.

115. 점 집속형 탐촉자의 특성에 대하여 설명하시오.

풀이 ① 초음파 빔을 집속하여 그 부분에서의 음압이 상승하고 빔의 단면적이 작게 되어 미세한 결함 검출이나 결함위치 및 길이를 정확히 측정할 때 사용
② 수침법에 이용
③ 곡면의 음향렌지 및 곡면 진동자를 직접 이용
④ 조대한 금속 조직일 경우라도 집속되는 지점에서의 결함 에코가 높아져 S/N비가 개선된다.

116. 2진동자 수직 탐촉자를 그림으로 그려서 원리를 설명하시오.

풀이 2진동자 탐촉자는 송신용 및 수신용 진동자 각각을 1개의 탐촉자에 경사지게 동시에 배치하여 조립한 것이다. 양 진동자는 음향 분할면에 의해 분리되기 때문에 수침법에서와 같이 표면 에코를 수신하지 않는다(즉, 표면에코는 거의 나타나지 않는다).
불감대가 없기 때문에(또는 매우 적기 때문에) 근거리 결함의 검출이나 두께 측정에 주로 사용된다. 즉 송신, 수신의 진동자를 조금씩 경사시키고 있기 때문에 교축점(송·수신 진동자의 중심)이 생기며, 교축점에서 에코 높이가 최대가 되고 이곳을 벗어나면 에코높이는 급격히 감소한다.

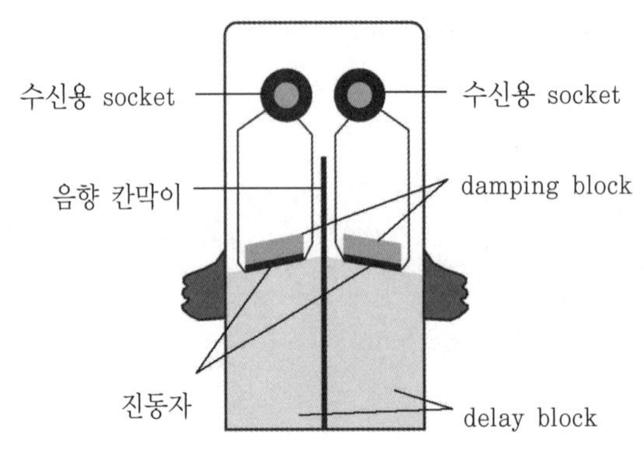

T/R 탐촉자의 구조

117. 수침법으로 두께 30mm의 강판을 수직 탐상하고 표면에코높이를 100%에 조정하였 을때 제1회 저면에코는 몇 %인가? (단, 재료 중의 감쇠 및 음장의 확산은 고려하지 않는 것으로 한다. 또 강의 밀도는 7.9g/cm³, 종파음속은 5900m/sec, 밀도는 1.0g/cm³, 음속은 1482m/sec이다)

풀이 반사율 $\gamma = \dfrac{Z_1 - Z_2}{Z_1 + Z_2} = \dfrac{5900 \times 7.9 - 1482 \times 1}{5900 \times 7.9 + 1482 \times 1} = 0.93 = 93\%$ $= 0.93 = 93\%$

왕복통과율 $T = \dfrac{4Z_1Z_2}{(Z_1 + Z_2)^2} = \dfrac{4 \times 5900 \times 7.9 \times 1482 \times 1}{(5900 \times 7.9 + 1482 \times 1)^2} = 0.11 = 11\%$

$93 : 100 = 11 : x$

$x = 11.8\%$

118. 초음파는 매질을 전파할 때, 여러 요인으로 인해 손실 및 감쇠가 일어나게 된다. 시험체중을 진행하는 초음파의 손실 및 감쇠의 원인과 시험체가 변하지 않는 상황을 고려할 때 이러한 손실 및 감쇠를 줄일 수 있는 방법을 각각 두 가지씩 기술하시오.(12점)

풀이 (1) 원인

① 전이 손실 : 표면의 거칠기나 표면의 형상이 곡면일 경우, 탐촉자의 불완전 접촉이나 접촉매질의 두께 등에 의해 발생하는 손실이다.

② 산란 감쇠 : 재질이 완전하게 균일하지 않기 때문에 생기는 현상으로, 개재물이나 기공과 같이 음향 임피던스 값이 다른 계면이 존재할 경우나 재질을 구성하고 있는 임계면으로 인해서 발생된다.

(2) 방법

① 전이 손실을 줄이는 방법은 표면을 매끄럽게 하고, 저주파수 탐촉자를 사용하고, 표면의 형상이 곡면일 경우 탐촉자의 표면에 보호막(슈우)을 사용하여 피검체와의 접촉을 개선해 주는 방법이 있으며, 또한 점성이 뛰어난 글리세린(75%)을 사용함으로써 전이 손실을 줄일 수 있다.

② 결정립이 조대한 시험체를 초음파 탐상하는 경우에는 펄스폭이 좁은 광대역(고분 해능) 탐촉자를 사용함으로써 임상에코를 저감시켜 S/N비를 높일 수 있고, 시험체를 열처리 후 탐상하는 것도 산란 감쇠를 줄일 수 있는 방법이다.

119. 음속조정을 5400m/sec로 한 초음파 두께계로 음속이 2730m/sec인 아크릴 수지의 두께를 측정하였을 때 표시값이 43.4mm였다. 이 측정물의 실제 두께는?(4점)

풀이 5900m/s : 43.4 = 2730m/s : x $x = 20.1$mm

120. 5Q20N 탐촉자를 사용하여 강재를 수직 탐상할 때, 오실로스코프상에서 첫 번째 저 면 신호와 두 번째 저면신호의 시간차가 10μm였다. 그렇다면 이 강재의 두께는 얼마인가? (단, 강재음속은 5900m/sec) (5점)

풀이 10μm×5900m/s, (10×0.000001)×(5900×1000) = 59, 59×1/2 = 29.5mm

121. 종파속도 V=5900m/sec인 재료에서 직경이 20mm, 공진 주파수가 5MHz인 초음파 탐촉자의 Near field X_0와 angle of divergence ϕ를 계산하시오.(6점)

풀이 근거리 음장 : λ = 5900000÷5000000, λ = 1.18

X_0 = D²÷4λ, 400÷(4×1.18), $\theta = 4.13°$

122. 탠덤 탐상법의 원리를 설명하시오.(4점)

풀이 2개의 경사각 탐촉자를 사용하여 용접부 한쪽 면에서 전후로 배열하고 하나는 송신용, 나머지 하나는 수신용으로 사용한다.

123. 강의 종파속도가 5900m/s이고, 강의 횡파속도가 3430m/s이다. 알루미늄의 종파속도가 6100m/s이고 알루미늄의 횡파속도가 3600m/s일 때 N5Z20A70AL 탐촉자로 알루미늄 재질을 탐상할 때 굴절각이 70(실측 굴절각 70°)인 탐촉자를 사용했을 때의 굴절각과 굴절각이 45(실측 굴절각 45°)인 탐촉자를 사용했을 때의 굴절각을 구하시오.(6점)

풀이 70°일 때 : $\sin^{-1}(3430/3600\times\sin70°)=63.54°$
45°일 때 : $\sin^{-1}(3430/3600\times\sin45°)=42.35°$

124. 5Z20N 탐촉자수직 탐상시 측정범위를 100mm로 조정하였을 때 길이가 70mm인 어떤 재료의 제1회 저면에코가 89mm였다면 이 재료의 음속은 얼마인가? (강에서의 음속 5900m/s) (4점)

풀이 $5900 : 70 = x : 89 \rightarrow 70x = 5900\times89,\ x = 7501\text{m/s}$

125. KS B 0817 탐상도형의 표시 중 기본 기호와 부대 기호 3가지를 들어 설명하시오.(8점)

풀이 (1) 기본 기호
① T : 송신펄스 ② F : 흠집 에코 ③ B : 밑면 에코 ④ S : 표면 에코
⑤ W : 측면 에코
(2) 부대 기호
① 고유 명칭 : 동일한 기본 기호로 표시하여야 하는 에코가 2개 이상일 경우 기본 기호 오른쪽 아래에 a, b, c…을 붙여 구별한다.
② 지연 에코 : 동일한 원인으로부터의 에코 경로가 다르기 때문에 진동 양식의 변환 등으로 늦게 도착한 에코의 경우 기본 기호 위에 ', ", ", '로 표시하여 기록한다.
③ 밑면 에코 : 시험편의 건전부라고 생각되는 첫 번째 밑면 에코 B_1을 B_G로 표시하고 결함 등을 포함한 첫 번째 밑면 에코는 B_F로 표시한다.

126. 종파사각 탐촉자 선택 시 고려해야 할 사항 4가지만 쓰시오.

풀이 (1) 동일 주파수라도 횡파는 종파보다 파장이 짧아 산란이 커진다.
(2) 결정립이 조대한 조직일 때 종파사각 탐촉자를 사용한다.

(3) 사용시에는 횡파가 동시에 존재하므로 여러 개의 지시가 한꺼번에 나타나 탐상에 지장을 줄 수 있으므로 유의해야 한다.

(4) 오스테나이트계 스텐레스강 용접부검사 등에 이용된다.

127. KS B 0896에서 탠덤탐상의 원리와 적용 영역을 서술하시오.

풀이 (1) 원리 : 2개의 경사각 탐촉자를 이용 용접부 한쪽면에서 전후로 배열하여, 하나는 송신용으로 하나는 수신용으로 사용한다.

(2) 적용 : 탐상면에 수직의 그루브면 또는 루트면을 가진 판두께 20mm 이상의 완전 용입부에서 그루브면의 용입 불량 및 루트면의 용입 불량 시 적용된다.

128. 판두께 20mm의 강판 맞대기 용접부를 5Z10×10A70(실측굴절각 70.5°)를 사용하여 KS B 0896에 따라 STB-A2로 탐상감도를 조정하고, 검출레벨을 L검출 레벨로 선정하여 탐상하였을 때 결함에코를 검출하였다. 최대에코높이는 80%, 빔 진행거리는 50mm였다. 결함지시길이를 측정하기 위해 작성한 좌우 주사그래프(scaning graph)는 아래 좌측 그림과 같다. 결함지시길이는 얼마인지 설명하시오.
(단, 에코높이 구분선은 아래 우측 그림과 같고, 측정범위는 125mm이다)

풀이 $W_{0.5s}=\dfrac{T}{\cos\theta}=\dfrac{20}{\cos 70.5°}=59.91$(∵0.5 skip 빔 진행거리)이고

$W_f=50\text{mm}$ 이므로 $W_f < W_{0.5s}$

아래 그림을 이용하면 결함지시길이는 191－141＝50mm

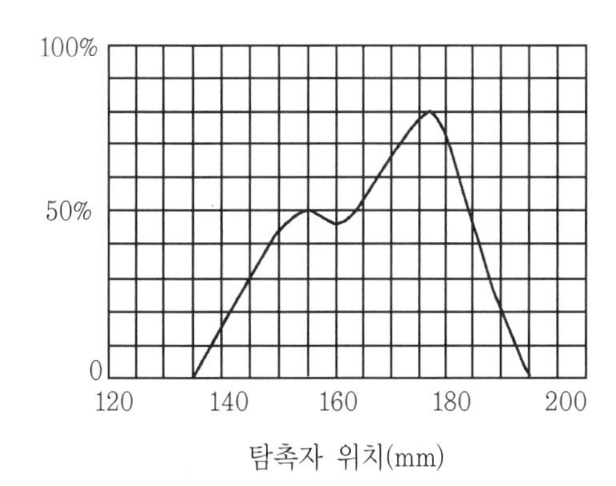

탐촉자 위치(mm)

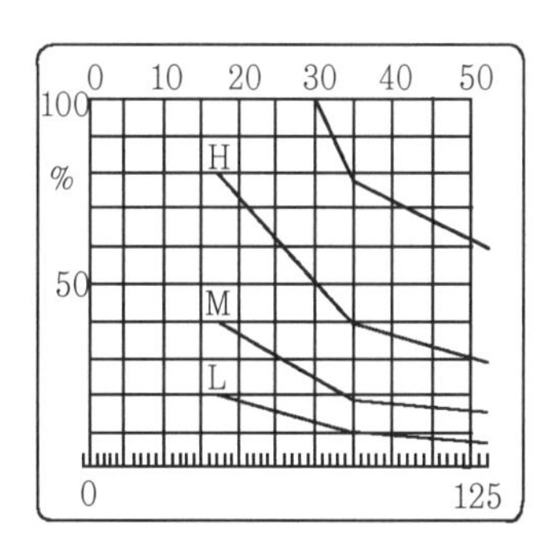

129. 초음파탐상시험의 예비 탐상시험 중 산업기사 기술자로부터 결함의 존재를 확인받은 후 결함의 정량적 평가에 접근하여 한다. 아래 사항에 맞게 결함의 정량적 평가 방법 명칭을 쓰시오.

(1) 탐촉자의 이동거리에 의한 방법 명칭(2가지만 쓸 것)

(2) 에코높이를 이용하는 방법 명칭(4가지만 쓸 것)

(3) 에코의 전파시간차를 이용하는 방법 명칭(3가지만 쓸 것)

(4) 주파수를 이용하는 방법명 및 영상을 이용하는 방법 명칭(1가지만 쓸 것)

풀이 (1) ① dB drop법 : 6dB법, 10dB법, 20dB법
② 평가레벨법(문턱값법) : 거리진폭 특성 곡선법, 소멸법

(2) ① 에코높이만에 의한 방법 ② 산란파법(회절법)
③ 탠덤 탐상법 ④ 단층 탐상법
⑤ DGS법

(3) ① 단부에코법(수직, 사각) ② 산란파법(time of hight법)
③ 표면파법
④ 모드변환법
- 횡파, 표면파 모드변환법
- 표면파, 횡파(종파) 모드변환법
- 횡파, 종파 모드변환법

(4) 영상법 : ① 홀로그래피법, ② 전자주사, ③ 개구합성법

※ 위와 같이 몇 가지만 쓰라고 할 때는 가장 확실하다고 생각하는 답을 순차적으로 쓴다.

130. 초음파가 매질을 통과할 때 산란과 흡수로 인한 감쇠로 음압이 감소하는 것으로 알려져 있다. 아래 내용을 이용하여, 통과거리(P_x)에 따른 음압(P_0)과 감쇠계수(a)와의 상관 관계식을 쓰시오. (단, a : 감쇠계수, x : 매질 내에서의 통과거리, λ : 파장, f : 주파수, P_0 : 초기음압, P_X : 거리 x만큼 진행한 후 음압, D : 결정립 또는 조직의 직경)

풀이
$$P_x = 2P_o\sin\left[\frac{ka}{2}\times\frac{x}{a}\left(1+\frac{1}{2}\left(\frac{a}{x}\right)^2-1\right)\right]$$
$$= 2P_o\sin\left[\frac{ka}{4}\times\frac{a}{x}\right] = 2P_o\sin\frac{\pi}{2n}$$
$$= 2P_o\sin\left[\frac{\pi a^2}{2\lambda x}\right] \fallingdotseq 2P_o\frac{\pi a^2}{\lambda x} = P_o\frac{\pi D^2}{4\lambda x} = P_o\frac{A}{\lambda x}$$

근거리 음장 거리 : $X_o = \frac{D^2}{4\lambda} = \frac{D^2 \times f}{4V}$

131. 초음파탐상시험 시 검사체의 표면 거칠기에 따라 감도와 분해능에 많은 영향을 미친다. 이때 감도와 분해능을 줄이기 위한 수단을 4가지만 쓰시오.

풀이
(1) 표면을 매끈하게 한다.
(2) 탐상기의 게인(gain)을 올린다.
(3) 초음파 출력이 높은 탐촉자를 사용한다.
(4) 저주파수 탐촉자를 사용한다.
(5) 탐촉자의 표면에 보호막을 사용하여 피검체와의 접촉을 개선해준다.

132. 그림은 경사각 탐촉자의 단면도이다. 강재 중에 횡파만 전파되게 하기 위해서는 쐐기의 각도를 어느 범위로 조정하면 좋은지 계산하여 답하시오.
(단, 아크릴 수지의 종파속도 : C_L=2730m/s, 강재의 종파속도(C_L)=5900m/s, 강재의 횡파속도 C_s=3230m/s)

풀이

$\frac{\sin i_L}{\sin\theta_L} = \frac{C_i}{C_L}$

$\frac{\sin i_L}{\sin\theta_S} = \frac{C_i}{C_S}$

$\frac{\sin i_{LC}}{\sin\theta_L} = \frac{C_i}{C_L}$, $i_{LC} = \sin^{-1}\frac{C_i}{C_L}\sin 90° ≒ 27.6°$

$\frac{\sin i_{LC}}{\sin\theta_S} = \frac{C_i}{C_S}$, $i_{SC} = \sin^{-1}\frac{C_i}{C_S}\sin 90° ≒ 57.7°$

$\frac{\sin i_{LC}}{\sin\theta_S} = \frac{C_i}{C_S}$, $\theta_S = \sin^{-1}\left(\frac{C_i}{C_S} \times \sin i_{LC}\right)$

i_{LC}=28°일 때, $\theta_S = \sin^{-1}\left(\frac{3230}{2730} \times \sin 28°\right) ≒ 33.7°$

i_{LC}=57°일 때, $\theta_S = \sin^{-1}\left(\frac{3230}{2730} \times \sin 57°\right) ≒ 82.9°$

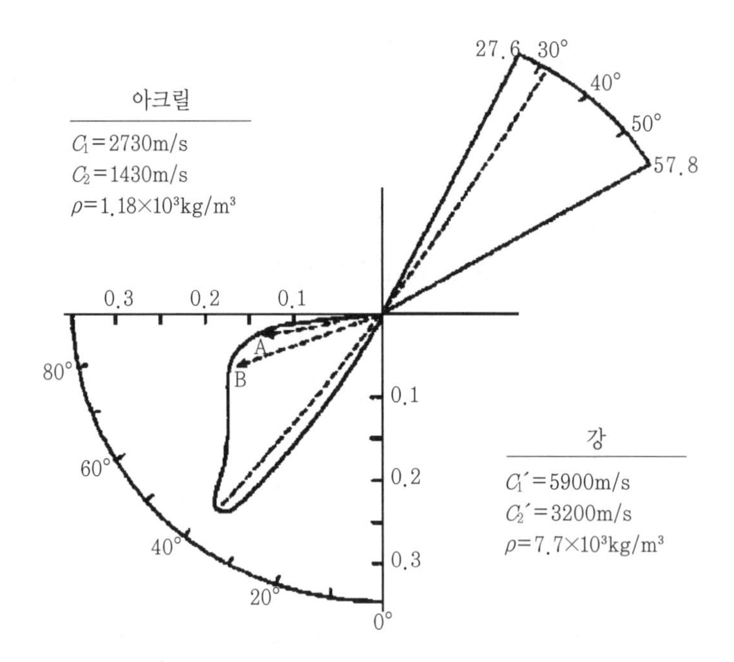

133. 수침법으로 두께 30mm의 강판을 수직탐상하고 표면에코높이를 100%에 조정하였을 때 제1회 저면에코는 몇 %인가? (단, 재료중의 감쇠 및 음장의 확산은 고려하지 않는 것으로 한다. 강의 밀도는 7.8g/cm², 종파음속은 5920m/sec, 밀도는 1g/cm², 음속은 1480m/sec이다)

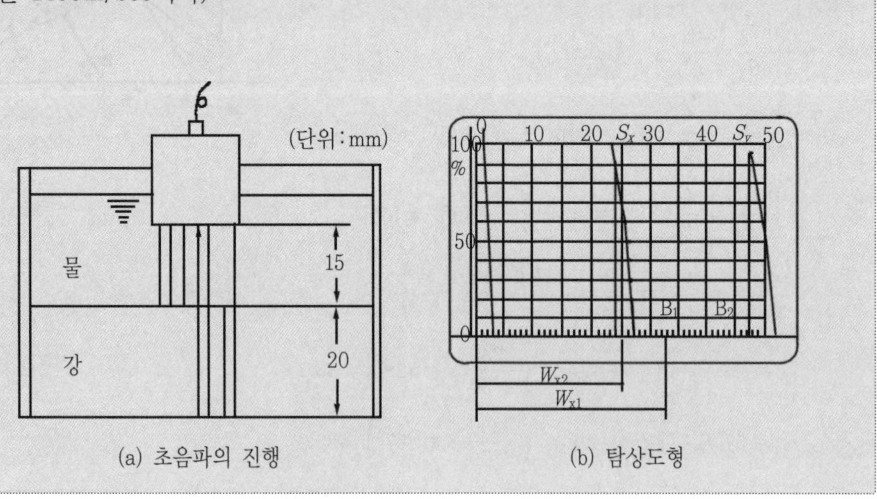

(a) 초음파의 진행 (b) 탐상도형

풀이 반사율 $r = \dfrac{Z_1 - Z_2}{Z_1 + Z_2} = \dfrac{5920 \times 7.8 - 1480 \times 1}{5920 \times 7.8 + 1480 \times 1} = 0.93 = 93\%$

왕복통과율 $T = \dfrac{4Z_1Z_2}{(Z_1 + Z_2)^2} = \dfrac{4 \times 5920 \times 7.8 \times 1480 \times 1}{(5920 \times 7.8 + 1480 \times 1)^2} = 0.12 = 12\%$

$93 : 100 = 12 : x$

거리 x만큼 진행한 후 음압, D : 결정립 또는 조직의 직경)

$$P_x = 2P_o \sin\left[\frac{ka}{2}\frac{x}{a}\left(1+\frac{1}{2}\left(\frac{a}{x^2}\right)-1\right]$$

$$= 2P_o \sin\left[\frac{ka}{4}\frac{a}{x}\right] = 2P_o \sin\frac{\pi}{2n}$$

$$= 2P_o \sin\left[\frac{\pi a^2}{2\lambda\pi}\right] \fallingdotseq 2P_o \frac{\pi a^2}{\lambda x}$$

$$= P_o \frac{\pi D^2}{4\lambda x} = P_o \frac{A}{\lambda x}$$

근거리 음장

$$x_o = \frac{D^2}{4\lambda} = \frac{D^2 \cdot f}{4V}$$

134. 점 접속형 수직탐촉자에 대하여 물음에 답하시오.

(1) 집속방법을 2가지만 쓰시오.

(2) 특징을 2가지만 쓰시오

풀이 (1) ① 음향렌즈에 의한 집속 탐촉자

② 구면 진동자에 의한 집속탐촉자

(2) ① 초음파 빔을 집속하여 그 부분에서의 음압이 상승하고 빔의 단면적이 작게 되어 미세한 결함 검출이나 결함위치 및 길이를 정확히 측정할 때 사용

② 수침법에 이용

③ 곡면의 음향렌즈 및 곡면 진동자를 직접 이용

④ 조대한 금속 조직일 경우에 이용

135. 초음파 탐상으로 시험체 내부의 결함을 검출할 때 검출 가능함 내부결함 4가지를 쓰시오.(8점)

풀이 ① 기공

② 크랙

③ 라미네이션

④ 슬래그 섞임

136. KS B 0896에 따른 탐상장비 절차서에서 탐상장비 교정시 교정순서 작성하시오.(5점)

풀이 (1) 측정범위 조정
(2) 거리진폭특성곡선의 작성
(3) 탐상감도의 조정

137. 시험편 방식에 대해 설명하시오.(5점)

풀이 시험편을 이용하므로 기준을 정할 수 있으며, 여러 시험체와 비교가 가능하다. 그러나 시험편과 시험체 사이의 재질 차와 표면 거칠기 등을 보정해야 한다.

138. KS B 0896에 따른 탐상보고서 작성하시오.(6점)

풀이 (1) 적용규격 및 시방서
(2) 굴절각 치수
(3) 측정범위 조정
(4) 탐상면 및 탐상방법의 선정
(5) 결함 위치와 크기

139. KS B 0535에 따른 굴절각 45°, 60°, 70° 빔 치우침과 편심 측정하는 방법을 작성하시오.(6점)

풀이 ① STB-A1의 25mm 판 두께 방향으로 그 끝면을 굴절각 45°에서는 1스킵으로 하고 60° 및 70°의 탐촉자 에서는 0.5스킵으로 겨냥하여 안정한 에코가 얻어질 수 있는 위치에 탐촉자를 놓고 목 흔듦 이외의 주사방법에 의해 에코가 최대가 되도록 한다. 이때 탐촉자의 측면과 시험편 끝면의 법선과 이루는 각 δ를 분도기로 측정하여 1° 단위로 읽는다.

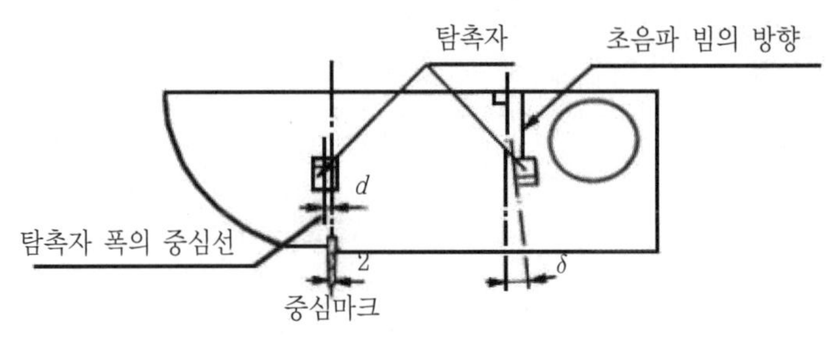

빔 중심축의 편심과 편심각의 측정

② STB-A1의 폭 2mm 슬릿을 1)과 마찬 가지 방법으로 겨냥하여 에코가 최대가 되도록 한다. 이 때 탐촉자 폭의 중심선 또는 중심마크가 있을 때는 그 마크와 2mm 폭 슬릿면의 중심을 통과하는 법선의 간격 (d)를 측정한다.

140. 6db drop 방법을 간략히 설명하시오.(5점)

풀이 결함에 대한 최대에코가 나타나는 지점에서 탐촉자를 좌우로 움직여 최대에코의 1/2 즉 6db 낮아지는 지점을 결함의 양 끝단으로 간주하는 방법으로 에코가 절반만 입사했을 경우 수신되는 에코도 절반만 수신되는 것을 이용한 방법이다.

141. 접촉매질을 이용하는 이유 3가지 쓰시오.(5점)

풀이 (1) 탐촉자와 시험체 사이의 공기층 제거하여 음판의 반사를 방지한다.
(2) 탐촉자와 시험체 사이의 음향임피던스 차를 낮게 하여 음파의 반사를 방지한다.
(3) 액체이므로 탐촉자의 주사시 부드럽게 해준다.

142. 시험체 재질입자의 크기와 주파수에 따른 접촉매질 사용표를 작성하시오.
(A는 모든 것을 사용 B는 75% 이상의 글리세린 수용액 사용)

	30μmm 이하	30μmm 초과 80μmm 미만	80μmm 이상
5MHz	((1))	((2))	((3))
2MHz	((4))	((5))	((6))

풀이 (1) A (2) B (3) B (4) A (5) A (6) B

143. 진동자의 직경이 ϕ10mm이고 입사각 50°, 굴절각 70°일 때 시험편 내부에서의 빔 직경은? (단, 빔의 확산은 없다.) (5점)

풀이 (1) $H_2 = \dfrac{\cos 70°}{\cos 50°} \times \phi 10\text{mm} = 5.32\text{mm}$

빔의 직경은 ϕ10mm×5.32mm의 타원형 형태가 된다.

(2)

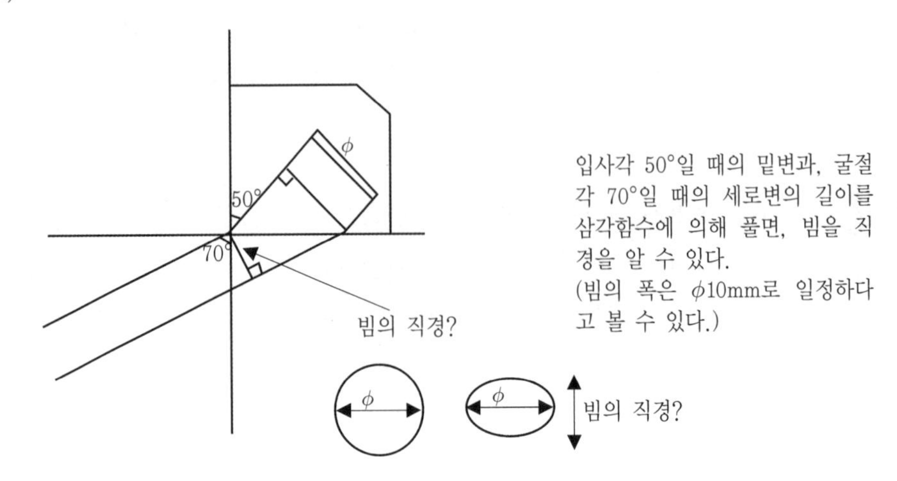

① 우선, 입사각 50°의 밑변의 길이를 구하면, $\sin 40° = \frac{\phi 10\text{mm}}{\text{밑변}}$이므로,

$\text{밑변} = \frac{\phi 10\text{mm}}{\sin 40°} = \frac{\phi 10\text{mm}}{0.643} = 15.557\text{mm} = 15.56\text{mm}$

② 굴절각 70°일 때의 세로변의 길이를 구하면, $\cos 70° = \frac{\text{빔의 직경}}{15.56\text{mm}}$이므로,

빔의 직경 $= 15.56\text{mm} \times \cos 70° = 5.321\text{mm} \simeq 5.32\text{mm}$

∴ 빔의 폭이 $\phi 10$mm이고, 빔의 직경은 5.32mm의 타원형 형태가 된다.

144. 저면에코방식에 대해 간단히 서술하시오.(5점)

풀이 탐상감도의 조정방식에는 감도조정용 시험편의 표준결함 에코높이를 이용하여 탐상감도를 조정하는 시험편방식과 시험체의 건전부의 저면에코높이를 이용하여 탐상감도를 조정하는 저면에코방식이 있다.

저면에코방식은 시험체 자체의 에코를 사용하기 때문에 표면 거칠기, 곡률, 감쇠차의 보정이 필요 없다. 밑면이 불규칙한 시험체를 사용할 경우에는 에코가 나타나지 않거나 에코높이가 낮아지므로 이 방식의 사용이 곤란하다. 또한 감쇠가 큰 재질에서는 근거리 결함의 경우 과대평가 될 우려가 있다.

145. KS D 0248을 적용하여 100mm의 단강품 절차서를 작성하시오. (5점)

풀이 ※ KS D 0248 : 탄소강 및 저합금강 단강품의 초음파 탐상 시험 방법

① 시험체 형상의 확인 ② 탐상면, 탐상방향의 확인 ③ 시험체 두께측정
④ (사용탐촉자의 선정) ⑤ 측정범위조정 ⑥ (탐상방식의 설정)
⑦ 거리진폭특성곡선의 작성 ⑧ (탐상감도의 조정) ⑨ 탐상면 손질 및 접촉매질 도포
⑩ (탐상) ⑪ 결함 데이터의 체취 ⑫ (감쇠계수의 측정)
⑬ 데이터의 정리 ⑭ (등급분류) ⑮ 기록

146. KS D 0233에 따르면 결함의 종류는 가벼운 결함(○결함), 중간 결함(△결함), 큰 결함(×결함)으로 분류되어 있다. 이때의 결함 기록방법을 서술하시오.(4점)

풀이 ※ KS D 0233 : 압력 용기용 강판의 초음파 탐상 검사 방법

〈결함의 기록〉

(1) 강판 내부 : 특별히 지정이 없는 한 △및 ×결함의 표시 기호, 위치 및 그 치수를 기록한다. 다만, 지시 길이가 50mm 미만인 △결함 및 지시 길이가 25mm 미만인 결함은 점 결함으로 취급하여 치수를 기록할 필요는 없다.

(2) 원주변 및 그루브 예정선

① 결함 지시 길이가 10mm이하의 ○결함은 결함으로 취급하지 않고 기록할 필요도 없다.

② ○(10mm 이하는 제외한다.), △ 및 ×결함의 표시 기호, 위치 및 그 치수를 기록한다. 다만, 지시 길이가 50mm 미만의 ○ 및 결함과 지시 길이가 25mm 미만의 ×결함은 점 결함으로 취급하고, 치수를 기록할 필요는 없다.

147. 결함의 길이를 측정하는 방법 4가지를 쓰시오.(8점)

풀이 (1) 6dB drop법 : 최대 에코높이의 6dB 저하된 에코높이 레벨을 초과하는 탐촉자의 이동거리를 결함지시 길이로 하는 방법

(2) 최대 진폭법 : 결함표면에 굴곡이 있는 경우 각 면에서는 결함에코가 최대가 되었다가 낮아지게 되는데 이 최대가 되는 지점들의 빔 거리 등을 종합하여 결함의 길이를 추정하는 방법

(3) 20dB drop법 : 결함의 끝을 빔 축보다 20dB 작은 강도를 갖는 빔의 모서리와 만나는 점을 이용하여 결함크기를 측정하는 방법

(4) DGS 선도법 : 결함의 크기를 알고 있는 표준시험편을 이용하여 DGS(Distance Gain Size) 선도를 작성하고 이를 바탕으로 결함의 크기를 측정하는 방법

148. N5Z10×10A60에 대하여 자세히 설명하시오.

풀이

N5	보통의 주파수 대역으로 공칭주파수가 5MHz
Z	지르콘 티탄산계 자기
10×10	진동자의 치수는 높이×폭 10×10(mm)
A60	굴절각이 60인 경사각 탐촉자

※ 보기

(1) B5M3×20NID : 넓은 주파수 대역으로 공칭 주파수가 5MHz, 압전 소자의 치수는 높이×폭 2×20(mm)인 수직 침수용 2진동자 탐촉자
(2) B2M10×10A45F25-35 : 넓은 주파수 대역으로 공칭 주파수가 2MHz, 압전 소자의 치수는 높이×폭 10×10(mm), 굴절각이 45도, 집속 범위가 깊이 방향 25mm~35mm인 집속 경사각 탐촉자
(3) N5Q20N : 보통의 주파수 대역으로 공칭 주파수가 5MHz, 수정 진동자의 지름이 20mm인 직접 접촉용 수직 탐촉자
(4) N3M10×10A45AL : 보통의 주파수 대역으로 공치 주파수가 3MHz, 압전 소자의 치수는 높이×폭 10×10(mm), 굴절각이 45도인 알루미늄용 경사가 탐촉자
(5) B5Z14I-F15-25 : 넓은 주파수 대역으로 공칭주파수가 5MHz, 지로콘티탄산납계 자기 진동자의 지름이 14mm, 집속 범위가 물 속 15~25mm인 집속 침수용 수직 탐촉자

149. 평가감도 및 주사감도에 대해 설명하시오.(9점)

풀이 (1) 평가감도(Evaluation Sensitivity) : 흠집 에코 높이를 평가할 때 기준이 되는 감도를 말한다. 또는, 탐상된 결함지시와 비교하기 위하여 인공결함을 이용하여 설정한 감도를 말한다. 이를 초기대비에코(Primary Reference Echo)라 부른다.
(2) 주사감도(Scanning Sensitivity) : 주사를 위해 펄스 폭, 게인 등을 적절하게 조정한 감도를 말한다. 또는, 피검체의 표면 거칠기, 표면 접촉 조건이나 주사속도 등으로 탐상에 방해를 받을 수 있는 요소를 감안하여 작은 결함도 빠뜨리지 않도록 평가감도에서 2~4배(6~12dB) 등으로 높여준 감도를 말한다.

150. 굴절각 45°인 탐촉자를 사용하여 강관(steel pipe)을 관의 외부에서 탐상하려 할 때 100% 검사가 가능한 관의 최대두께는 얼마인가?(5점)
(단, 강관의 외경은 100mm이다.)

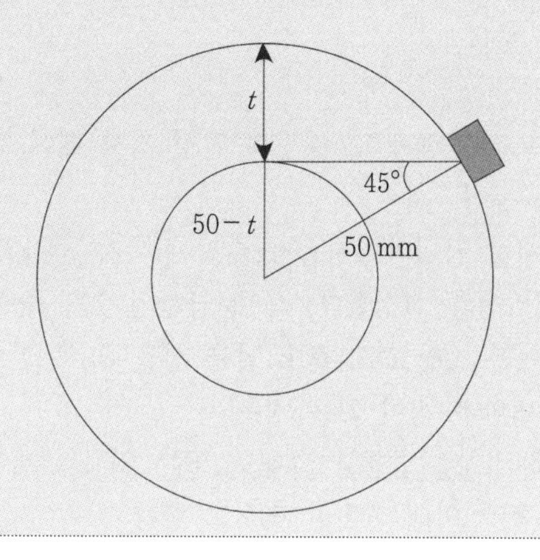

공식 $t = \dfrac{D(1-\sin\theta)}{2}$

t : 탐상 가능한 최대두께
D : 관의 외경
θ : 탐촉자의 굴절각

풀이 $t = \dfrac{D(1-\sin\theta)}{2} = \dfrac{100\text{mm}(1-\sin\theta)}{2} = \dfrac{100\text{mm}(1-0.707)}{2} = 14.65\text{mm}$

∴ 탐상 가능한 최대 두께는 14.65mm

151. KS B 0040의 100mm 강판 탐상을 할 때 다음을 기재하시오.(5점)

풀이 ※ KS B 0040 : 건축용 강판 및 평강의 초음파 탐상 시험에 따른 등급 분류와 판정기준

(1) 사용 탐촉자

시험체의 두께(mm)	사용 탐촉자의 종류
13 이상 60 이하	2 진동자 수직 탐촉자 또는 수직 탐촉자
60 초과	수직 탐촉자

(2) 불감대
탐상기의 불감대는 5MHz인 경우에는 10mm 이하, 2MHz인 경우에는 15mm 이하이어야 한다.

※ 불감대는 다음 방법에 따라서 측정한다.

시간축의 측정 범위를 50mm로 조정하고, KS B 0831의 STB-N1을 탐상하여 그 표준 구멍의 에코 높이를 눈금판의 20%로 조정한다. 다음에 감도를 14dB 높이고, 눈금판의 0점에서 송신 펄스가 마지막에 20%가 되는 점까지의 길이를 강 중거리에서 읽고 이를 불감대라 한다.

(3) 탐상시기

탐상은 원칙적으로 강판 및 평강의 완성 검사 때에 한다.

(4) 대비선 DM의 높이

A 스코프 표시형 장치와 2진동자 수직 탐촉자를 사용하는 경우에는 탐상기의 눈금판에 미리 대비선을 설정한다. 즉 눈금판의 50% 높이를 대비선 DM으로 하고, 그것보다 6dB 높은 선을 DH, 6dB 낮은 선을 DL로 한다.

(5) 탐상 부위(특별한 지정이 없는 경우)

탐상면은 원칙적으로 압연한 그대로 또는 열처리한 그대로의 면으로 하고, 필요에 따라서 연마 등에 의해 평활한 면으로 한다.

152. 아날로그 탐상기의 기본구조 5가지를 쓰시오.(5점)

풀이 ※ KS B 0040 : 건축용 강판 및 평강의 초음파 탐상 시험에 따른 등급 분류와 판정기준

(1) 동기부 : 전기 펄스파를 초음파로 변형시키고 또는 결함 등의 에코 음압을 수신하여 전압으로 변환시킨다.

(2) 송신부 : 전기 펄스를 발생시킨다.

(3) 수신부 : 별함이 검출된 전압을 증폭시킨다.

(4) 시간축부 : 결함의 위치를 나타내준다.

(5) CRT 화면(브라운관) : 검출된 신호를 육안으로 확인할 수 있도록 나타내준다.

153. 아래 그림과 같이 굴절각이 70°인 사각 탐촉자로 탐상하였을 때, 슬릿(slit)까지의 빔진행거리(W)를 계산하시오.(3점)

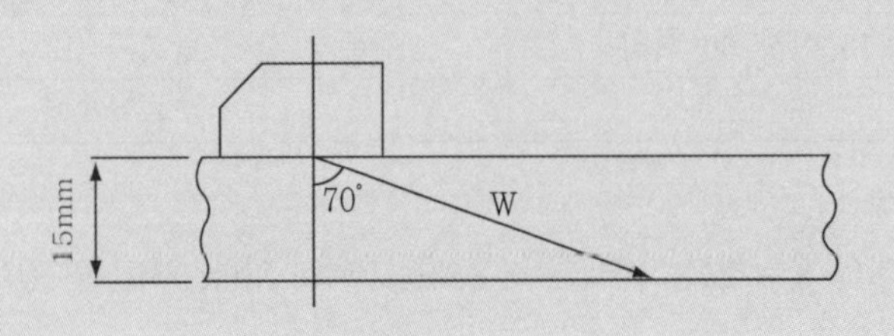

공식 결함의 깊이(~0.5스킵) d는, $\cos\theta = \frac{d}{W}$이므로, $d = W \times \cos\theta$

결함의 깊이(0.5~1스킵) d는, $\cos\theta = \frac{2t-d}{W}$이므로, $d = 2t - W \times \cos\theta$

빔행정거리(0.5스킵) $W_{0.5s}$는, $\cos\theta = \frac{t}{W_{0.5s}}$이므로, $W_{0.5S} = \frac{t}{\cos\theta}$

빔행정거리(1.0스킵) $W_{1.0s}$는, $\cos\theta = \frac{2t}{W_{1.0s}}$이므로, $W_{1.0S} = \frac{2t}{\cos\theta}$

탐촉자-결함의 길이 y(W 기준)는, $\sin\theta = \frac{y}{W}$이므로, $y = W \times \sin\theta$

탐촉자-결함의 길이 $y_{0.5s}$(0.5스킵 기준)는, $\tan\theta = \frac{y_{0.5s}}{t}$이므로, $y_{0.5s} = t \times \tan\theta (= W_{0.5s} \times \sin\theta)$

탐촉자-결함의 길이 $y_{1.0s}$(1.0스킵 기준)는, $\tan\theta = \frac{y_{1.0s}}{2t}$이므로, $y_{1.0s} = 2t \times \tan\theta$

풀이 빔진행거리 $W_{0.5s}$는, $\cos\theta = \frac{t}{W_{0.5s}}$ (t는 모재의 두께)

즉, $W_{0.5s} = \frac{t}{\cos\theta} = \frac{15\text{mm}}{\cos 70°} = \frac{15\text{mm}}{0.342} = 43.8596 \simeq 43.86\text{mm}$

∴ 빔진행거리 W는 43.86mm이다.

154. 굴절각 30°를 이용하여 결함이 없는 봉강을 측정하였더니 CRT화면에 아래쪽 그림과 같이 나타났다. 이때 검사한 환봉의 직경은 얼마인가? (4점)

[단, (1) 초음파 빔의 분산 및 파형변환은 고려하지 않는다.

(2) 시간축은 측정범위 100mm로 보정되었다.

(3) 검사 후, STB-A1 시편을 사용하여 시간축을 보정한 결과는 아래와 같았다.]

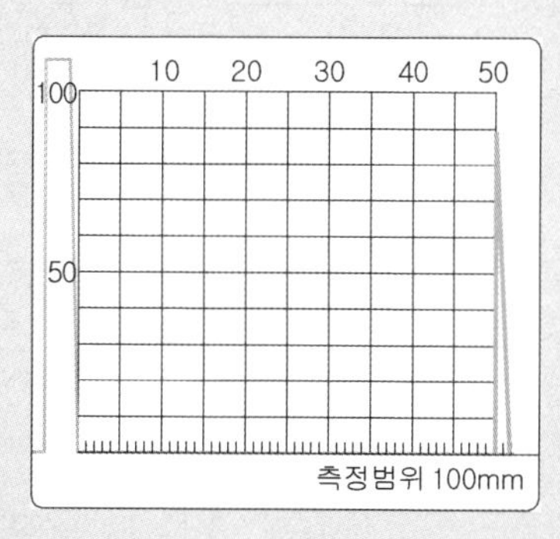

〈그림 1〉 굴절각 30°를 이용하여 결함이 없는 봉강을 측정하였을 때 CRT

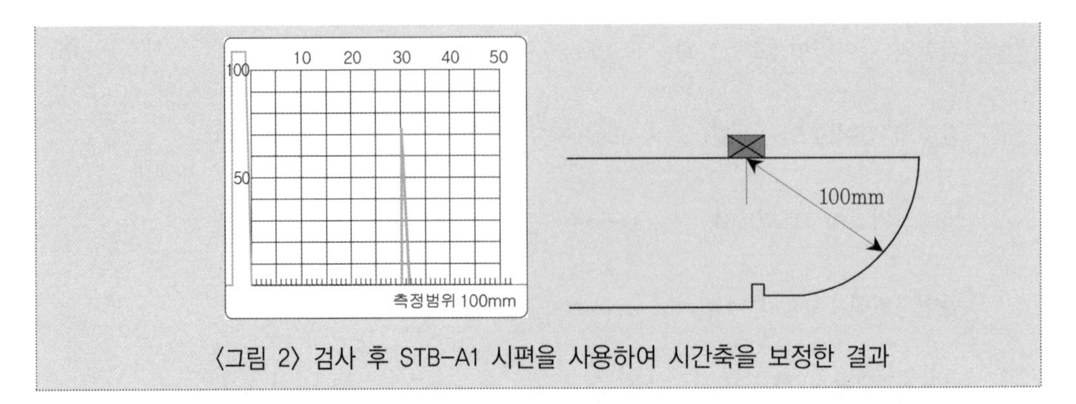

〈그림 2〉 검사 후 STB-A1 시편을 사용하여 시간축을 보정한 결과

풀이 (1) 굴절각 30°로 봉강에 입사한 초음파는 그림과 같은 경로를 지나 되돌아와 (즉, 정삼각형의 경로) CRT 화면에 60mm로 나타났으므로 실제 빔의 행정거리가 120mm가 되므로, a=20mm가 된다.

따라서, $d=\dfrac{20}{\cos 30}=23.09\text{mm}$, ∴ 직경은 46.18mm

(2) 굴절각 30°로 봉강에 입사한 초음파는 옆의 그림과 같은 경로를 경유하여 (즉, 내각이 60°인 정삼각형의 경로) CRT 화면에 60mm로 나타난다. STB-A1 시편을 사용하여 시간축을 보정한 결과 100mm가 200mm(왕복거리)를 나타내므로, 실제 빔의 행정거리는 60mm의 두 배가 되는 120mm가 되며, 그 한 변의 길이는 120mm의 1/3인 40mm, 또, 그 한 변의 길이의 반은 20mm가 된다. 즉,

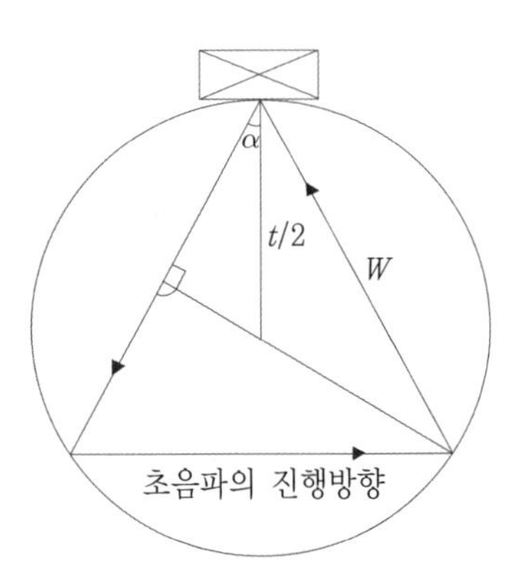

환봉의 직경 t는, $\cos\alpha=\dfrac{(\text{빔행정거리}\div 3)\div 2}{\text{지름}\div 2}=\dfrac{(W\div 3)\div 2}{t\div 2}$ 이므로,

$$t=\frac{(W\div 3)\div 2}{\cos\alpha}\times 2=\frac{(120\text{mm}\div 3)\div 2}{\cos 30°}\times 2=\frac{20\text{mm}}{0.866}\times 2=46.189\simeq 46.19\text{mm}$$

∴ 환봉의 직경은 46.19mm이다.

155. 실측 판 두께가 25mm의 알루미늄 합금 맞대기 용접부를 5Z10×10A70(실측굴절각 71°)를 이용하여 탐상한 경우 그림의 탐촉자 위치에서 탐상도형을 얻었다. 측정범위의 조정 및 굴절각의 측정은 STB-A1을 이용한다. 특히 보정은 하지 않으며, 알루미늄 합금의 종파음속은 6350m/s, 횡파음속은 3150m/s로 한다. 이때, 반사원의 위치를 구하라. (단, 탐상도형의 측정범위는 125mm이다.) (4점)

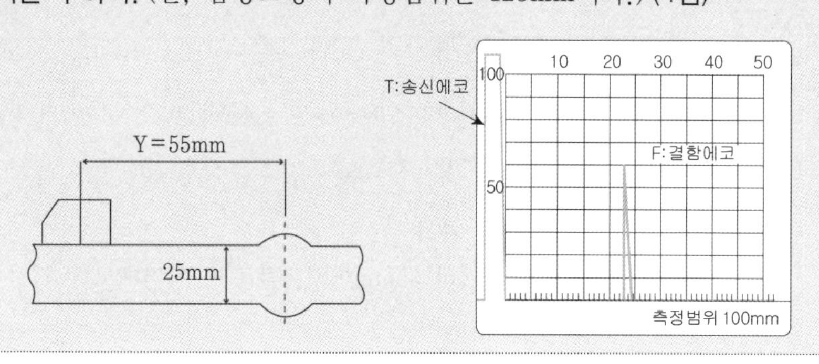

풀이 (1) 알루미늄 합금에서의 굴절각 계산 : 스넬의 법칙에 의해, $\frac{\sin\alpha}{\sin\beta}=\frac{V_1}{V_2}$

여기서, α는 입사각, β는 반사 또는 굴절각, V_1은 입사파의 속도, V_2는 반사 또는 굴절각 파의 속도.

강재(STB-A1)에서의 횡파 굴절각(실측 굴절각)이 71°, 횡파속도는 3230m/s이므로, 알루미늄 합금에서의 횡파 굴절각을 구하면,

$$\frac{\sin 71°}{\sin\beta}=\frac{3230\text{m/s}}{3150\text{m/s}}$$

$$\beta=\sin^{-1}\left(\sin 71° \div \frac{3230\text{m/s}}{3150\text{m/s}}\right)=67.235° \simeq 67.24°$$

∴ 알루미늄 합금에서의 굴절각은 67.24°

(2) 알루미늄 합금에서의 초음파 빔진행거리 계산 : CRT상의 에코위치가 60mm(탐상도형의 측정범위가 125mm이므로, CRT 화면상의 한 눈금 당 측정범위는 2.5mm, 눈금은 24칸이므로, ∴2.5mm×24칸=60mm)이므로, 아래 식을 이용하여 알루미늄 합금 중의 초음파 전파거리를 구하면,

속도교정 관련 공식 "$\text{피검체의 두께}=\text{측정두께}\times\frac{\text{피검체의 종파속도}}{\text{대비시험편의 종파속도}}$" 을 응용하여,

$$X_2=X_1\times\frac{C_2}{C_1}=60\text{mm}\times\frac{3150\text{m/s}}{3230\text{m/s}}=58.513\simeq 58.51\text{mm}$$

또는, KS-B-0897(알루미늄 맞대기 용접부의 초음파 경사각 탐상 시험 방법-1999) P.15에 의한 음속의 양자의 비(약 0.975)를 적용하면,

$$W_{Al}=W_{steel}\times 0.975=60\text{mm}\times 0.975=58.5\text{mm}$$

∴ 알루미늄 합금에서의 초음파 전파거리는 58.51mm]

① 결함의 깊이

빔행정거리(0.5스킵) $W_{0.5S}$는, $\cos\theta = \dfrac{t}{W_{0.5s}}$이므로,

$$W_{0.5S} = \frac{t}{\cos\theta} = \frac{25\text{mm}}{\cos 67.24°} = 64.62\text{mm}$$

CRT 화면상에 나타난 결함까지의 빔행정거리는 60mm이므로 결함은 0.5스킵 내에 존재한다.

따라서, 결함의 깊이(~0.5스킵) d는, $\cos\theta = \dfrac{d}{W_{0.5s}}$이므로, $d = W_{0.5s} \times \cos\theta$을 적용하면,

$\therefore\ d = W_{0.5s} \times \cos\theta = 58.51\text{mm} \times \cos 67.24° = 22.635\text{mm} \simeq 22.64\text{mm}$

∴ 결함의 깊이는 22.64mm

② 용접 중심부와의 어긋난 거리

탐촉자-용접 중심부간 거리 55mm에서, 탐촉자-저면에코간 직선거리를 보상해 주면 되므로,

$$Y - Y_{Al} = Y - (W \times \sin\theta) = 55\text{mm} - (58.51\text{mm} \times \sin 67.24°) = 1.045\text{mm} \simeq 1.05\text{mm}°$$

∴ 용접 중심부에서 어긋난 거리는 1.05mm

156. KS B 0535에 따른 직접접촉용 1진동자 경사각 탐촉자의 성능측정에서 다음을 기술하시오. (4점)

풀이 ※ KS B 0535 : 초음파 탐촉자의 성능 측정 방법

(1) 개별 측정 항목 4가지

빔 중심축의 편심과 편심각, 입사점, 굴절각, 불감대

(2) 공통 측정 항목 5가지

시험주파수, 전기임피던스, 진동자의 유효 치수, 시간 응답 특성, 중심 감도 프로덕트 및 대역폭

※ KS B 0535

(1) 공통 측정 항목

1) 시험 주파수

2) 전기 임피던스

3) 진동자의 유효 치수

4) 시간 응답 특성

5) 중심 감도 프로덕트 및 대역폭

(2) 개별 측정 항목

1) 직접 접촉용 1진동자 수직 탐촉자

① 빔 중심축의 편심과 편심각

② 송신 펄스 폭

2) 직접 접촉용 1진동자 수직 탐촉자

① 집속 범위 및 빔 폭

3) 직접 접촉용 2진동자 수직 탐촉자

① 표면 에코레벨(L_s), 거리진폭 특성 및 N1감도

② 빔 폭

4) 직접 접촉용 1진동자 경사각 탐촉자

① 빔 중심축의 편심과 편심각

② 입사점

③ 굴절각

④ 불감대

5) 직접 접촉용 1진동자 집속 경사각 탐촉자 및 직접 접촉용 2진동자 경사각 탐촉자

① 집속 범위 및 빔 폭

② 최대 감도

157. 2.25C10N 탐촉자를 강재 표면에 대고 초음파탐상을 하였을 때 오실로스코프상에서 첫번째 저면신호와 두번째 저면신호와의 전파시간차(Time of Flight : TOF)가 10μs였다면, 피검체의 두께는 몇 mm인가? (단, 강재의 종파속도는 5900m/s이다.) (3점)

풀이 (1) $C=\dfrac{2L}{\Delta t}$에서, $L=\dfrac{1}{2}\times C\times\Delta t=\dfrac{1}{2}\times 5900\text{m/s}\times 10\times 10^{-6}\text{s}=0.0295\text{m}=29.5\text{mm}$

(2) "거리=속도×시간"의 공식에서, 강재의 종파속도에서 소요시간을 계산하면 피검체 두께의 왕복 거리가 되므로 이 값을 2로 나눠주면 피검체의 두께를 구할 수 있다.

∵ 거리$=5900\text{m/s}\times\dfrac{10\mu\text{s}}{2}=0.0295\text{m}=29.5\text{mm}$

∴ 피검체의 두께는 29.5mm

158. KS B 0534 초음파 탐상절차의 성능측정에서 수직 탐상의 감도 여유값 측정방법을 서술하시오. (5점)

풀이 ※ KS B 0534 : 초음파 탐상 장치의 성능 측정 방법

측정방법

(1) (a)에 표시하는 사용 기재의 접속에 의하여, 탐촉자를 시험편에 접촉시키지 않은 상태에서 표시기상의 잡음 레벨이, 눈금의 10% 이하가 되도록 초음파 탐상기의 게인 조정기를 조정하고, 이때 게인 조정기의 값(S_o)을 읽는다.

(2) (b)에 표시하는 사용 기재의 접속에 의하여 탐촉자를, 접촉 매질을 사이에 끼워서 시험편에 접촉시키고, 표준 구멍 또는 인공 홈으로부터의 에코 높이가 최대가 되도록 탐촉자의 위치를 조정하고, 측정이 끝날 때까지 이 상태를 유지한다.

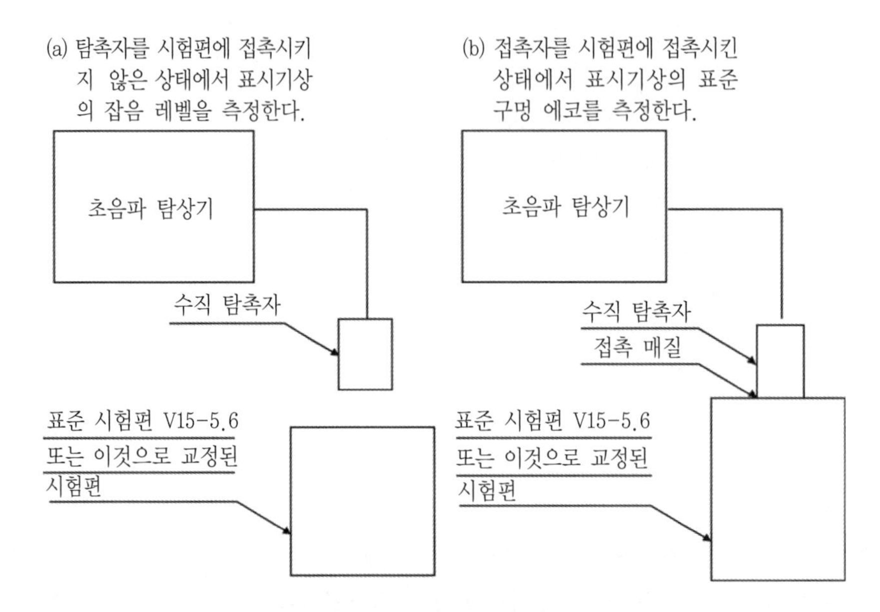

수직탐상의 감도 여유값 측정을 위한 사용 기재의 접속

(3) 이 에코의 높이가 눈금의 50%가 되도록 초음파 탐상기의 게인 조정기를 조정하고, 이때의 게인 조정기의 값(S_i)을 읽는다.

(4) 수직 탐상의 감도 여유값(S)은 다음 식으로 구한다.

$$S = S_o - S_i\,(\mathrm{dB})$$

또한, 표준 시험편 이외의 시험편을 사용하여 측정한 경우에 (S)는 다음 식으로 구한다.

$$S = S_o - S_i \pm A\,(\mathrm{dB})$$

여기에서 A : $V15-5.6$의 표준 구멍으로부터의 에코 높이와 사용한 시험편의 인공 홈으로부터 에코 높이의 비(dB값). 다만, +의 경우는 인공 흠으로부터의 에코 높이가 $V15-5.6$의 에코 높이보다 높을 때.

159. 강으로부터 물로 초음파가 입사하는 경우의 음압반사율(r)과 음압통과율(t)을 구하시오. (단, 각 매질의 음향 임피던스는 $Z_1 = 45$, $Z_2 = 1.5$) (3점)

공식 음압반사율 $r = \dfrac{P_r}{P_i} = \dfrac{Z_2 - Z_1}{Z_2 + Z_1}$, 음압통과율 $t = \dfrac{P_t}{P_i} = \dfrac{2Z_1}{Z_2 + Z_1}(t = 1 - r)$

여기서, P_i : 매질 1에서 매질 2의 경계면으로 음파가 수직으로 진행할 때 입사되는 음압 (=입사파)

P_r : 매질 1과 매질 2의 경계면에서 반사되는 음압(=반사파)

P_t : 매질 1과 매질 2의 경계면을 통과하는 음압(=통과파)

Z_1 : 매질 1에서의 음향 임피던스

Z_2 : 매질 2에서의 음향 임피던스

풀이 (1) 음압반사율(r)

음압반사율 $r = \dfrac{Z_2 - Z_1}{Z_2 + Z_1} = \dfrac{1.5 - 45}{1.5 + 45} = -0.935 \simeq -0.94$ ∴ 약 −94%

여기서,

※ 음압반사율의 부호가 (+) : 입사파와 위상이 같다.

음압반사율의 부호가 (−) : 입사파와 위상이 반대이다. 즉 어느 순간에 음압이 양의 최대값으로 경계면에 입사할 때 동일 순간의 반사파의 음압은 음의 최대값이 되는 것을 나타낸다.

(2) 음압통과율(T)

음압통과율 $t = \dfrac{2Z_1}{Z_2 + Z_1} = \dfrac{2 \times 45}{1.5 + 45} = 1.935 \simeq 1.94$ ∴ 약 1.94%

160. 초음파 탐상시험의 적용한계는 일반적으로 파장의 1/2로 한다. 4MHz 경사각 탐촉자로 강재 탐상시 검출할 수 있는 최소 결함의 길이는 얼마인가? (단, 강의 종파속도는 5900m/s, 횡파속도는 3260m/s이다.) (3점)

풀이 주파수와 파장의 공식 $\lambda = \dfrac{V}{f}$이므로, 이 파장에서의 1/2 값을 계산하여 $\dfrac{\lambda}{2} = \dfrac{1}{2} \times \dfrac{V}{f}$을 풀면, $\dfrac{\lambda}{2} = \dfrac{1}{2} \times \dfrac{V}{f} = \dfrac{1}{2} \times \dfrac{3260\text{m/s}}{4 \times 10^6\text{Hz}} = 0.0004075\text{m} \simeq 0.4075\text{mm}$

∴ 최소 결함 길이는 0.41mm

161. 초음파탐상시험 결과를 영상화(C-SCAN 또는 B-SCAN)하는 목적을 간략히 설명하시오.(5점)

풀이 (1) 피검재의 단면 또는 평면을 한 눈에 볼 수 있는 표시법으로써, 결함의 모양을 작업자의 기술력(판독)에 의존하지 않고 영상출력으로 탐상의 신뢰를 높일 수 있고 결함의 형상을 추정하는 것이 아니라 실제적인 모양을 관찰할 수 있다. A-SCAN의 경우 초음파와 결함과의 방향에 따라 그 오차가 발생할 수 있으나 영상화를 한 시스템에서는 기공 등의 원형 결함의 판독에도 유리하다.

(2) 객관적인 시험결과를 보존할 수 있으며, 시험결과를 1차원적인 기본 표시로부터 2차원적인 단면표시(B-SCAN), 평면표시(C-SCAN) 또는 3차원적 표시로 가능하기 때문에 결함검출의 누락 우려가 적고, 결함위치, 형상, 경사 등으로부터 결함의 종류를 추정할 수 있다. 또한, 홀로그라피(Holography)나 개구합성에 의한 신호처리를 함으로써 S/N비를 향상시키고 결함 검출률을 향상시키며, 신호처리에 의해 분해능이 향상되기 때문에 결함크기 측정을 보다 정확하게 할 수 있다.

162. 초음파탐상시험의 광대역 탐촉자(=고분해능 탐촉자)에 대하여 쓰시오.(4점)

풀이 (1) 진동의 지속횟수가 매우 작은 초음파펄스를 송·수신하는 탐촉자로써 그 진동성분의 주파수 범위가 매우 넓기 때문에 광대역이라 한다.

(2) 대역폭이 크기 때문에 댐핑(Damping)이 크며, 펄스폭이 작아 분해능이 좋다.

(3) 이 탐촉자는 박판의 탐상이나 두께측정, 표면직하 결함분리, 감쇠가 큰 금속재료나 복합재의 탐상에 유리하다.

163. 초음파 탐상기의 직선성과 분해능에 대하여 쓰시오.(4점)

풀이 직선성에는 두 종류가 있으며

- 수신된 초음파펄스의 음압과 브라운관에 나타난 에코높이의 비례관계의 정도를 증폭직선성(Amplitude Linearity)이라 한다.
- 초음파펄스가 송·수신될 때까지의 시간에 정확히 비례하는 횡축위치에 에코를 표시하는 성능 또는 초음파 진행시간에 따른 거리의 표시가 탐상기 CRT 화면의 가로축에 일정 비율로 정확히 나타나는 성능을 시간축 직선성(Horizontal Linearity) 말한다.

분해능

- 근접된 2개의 결함을 브라운관싱에 2개의 지시로 분리할 수 있는 능력을 말한다.
- 탐상기의 펄스에너지, 탐촉자의 댐핑 성능, 탐촉자와 검사체의 접촉상태, 탐촉자의 주파수 등에 의해 분해능을 결정한다.

- 펄스에너지가 증가하거나 탐촉자의 댐핑이 작을수록 펄스폭이 커져 분해능이 떨어지다.

※ 분해능의 종류

(1) 원거리분해능 : 탐상면으로 부터 떨어진 위치에 있는 2개의 반사원으로부터 에코를 식별할 수 있는 능력

(2) 근거리분해능 : 수직탐상에서 탐상면에 근접한 반사원으로부터의 에코를 식별할 수 있는 능력

(3) 방위분해능 : 탐상면으로부터 동일거리에 있는 2개의 반사원을 2개의 에코로 식별할 수 있는 능력

164. 강 용접부의 초음파 탐상 시험방법(KS B 0896)에서 경사각 탐상으로 흠의 지시 길이는 어떻게 측정하는지 설명하시오.(4점)

풀이 ※ KS B 0896 : 강 용접부의 초음파 탐상 시험 방법

- 흠의 지시 길이 : 흠의 지시 길이는 최대 에코 높이를 타나내는 탐촉자 용접부 거리에서 좌우 주사하여 에코 높이가 L선을 넘는 탐촉자의 이동 거리로 한다. 이 경우, 약간의 전후 주사를 하지만 목돌림 주사는 하지 않는다. 다만, 탐촉자를 접촉시키는 부분의 판 두께가 75mm 이상으로 주파수 2MHz, 진동자 치수 20×20mm의 탐촉자를 사용하는 경우에는 최대 에코 높이의 1/2(-6dB)을 넘는 탐촉자의 이동 거리로 한다. 이 길이는 1mm의 단위로 측정한다.

165. 두께가 60mm인 평판 맞대기 용접부를 60도 굴절각을 사용하여 1스킵법으로 경사각 탐상할 때, 빔진행거리를 계산하시오.(4점)

공식 결함의 깊이(~0.5스킵) d는, $\cos\theta = \dfrac{d}{W}$ 이므로, $d = W \times \cos\theta$

결함의 깊이(0.5~1스킵) d는, $\cos\theta = \dfrac{2t-d}{W}$ 이므로, $d = 2t - W \times \cos\theta$

빔행정거리(0.5스킵) $W_{0.5s}$는, $\cos\theta = \dfrac{t}{W_{0.5s}}$ 이므로, $W_{0.5s} = \dfrac{t}{\cos\theta}$

빔행정거리(1.0스킵) $W_{1.0s}$는, $\cos\theta = \dfrac{2t}{W_{1.0s}}$ 이므로, $W_{1.0s} = \dfrac{2t}{\cos\theta}$

탐촉자-결함의 길이 y(W 기준)는, $\sin\theta = \dfrac{y}{W}$ 이므로, $y = W \times \sin\theta$

탐촉자-결함의 길이 $y_{0.5s}$(0.5스킵 기준)는, $\tan\theta = \dfrac{y_{0.5s}}{t}$ 이므로,
$y_{0.5s} = t \times \tan\theta (= W_{0.5s} \times \sin\theta)$

탐촉자-결함의 길이 $y_{1.0s}$(1.0스킵 기준)는, $\tan\theta = \dfrac{y_{1.0s}}{2t}$ 이므로, $y_{1.0s} = 2t \times \tan\theta$

풀이 1스킵에서 빔진행거리 $W_{1.0s}$는, $\cos\theta = \frac{2t}{W_{1.0s}}$ (t는 모재의 두께) 즉, $W_{1.0s} = \frac{2t}{\cos\theta}$

∴ 1스킵에서 빔진행거리 $W_{1.0s} = \frac{2t}{\cos\theta} = \frac{2 \times 60\text{mm}}{\cos 60^\circ} = \frac{120\text{mm}}{0.5} = 240\text{mm}$

∴ 1스킵에서 빔진행거리는 240mm이다.

166. 단조품 초음파 탐상할 때의 내용으로 다음을 설명하시오.(4점)

풀이 (1) 주강품과 비교하여 입자의 크기가 작기 때문에 어떤 대역주파수를 사용하는가?

단조품은 주강품과 달리 결정립의 크기가 크지 않기 때문에 높은 주파수 대역을 사용할 수 있으며, 주로 탐상 주파수는 4~6MHz를 많이 사용하나 경우에 따라서는 10MHz의 높은 주파수를 사용하는 경우도 있다.

(2) 검사체의 결함이 주로 입자성형 방법으로 직선형일 때 유리한 탐상법은?

단조품의 결함은 단조로 인한 입자의 흐름(Metal flow)과 같은 방향이므로 초음파 빔의 방향을 입자흐름방향에 수직방향으로 하여 수직탐상을 한다.

(3) 근거리 음장을 보정하기 위하여 사용하는 탐촉자는?

단조품의 탐상에는 수직탐촉자가 흔히 사용되며, 근거리 음장을 보정하기 위하여 분할형 수직탐촉자를 사용한다. 사각탐상은 수직탐상으로 확인된 결함의 모양이나 깊이 등을 확인하기 위한 특수한 경우에 사용되며, 피검체의 모양으로 인하여 수직탐상이 불가능할 때 사용된다.

분할형 수직탐촉자는 하나의 케이스 안에 송신 및 수신진동자가 음향벽을 사이에 두고 경사지게 들어 있는 탐촉자로써 펄스에코탐상법의 단점인 근거리분해능과 박판의 두께 측정을 향상시킨 탐촉자이다.

167. 초음파 탐상시험에서 결함의 정량적 평가방법에 대해 문제에 답하시오.(4점)

풀이 (1) 탐촉자 이동거리에 의한 방법 2가지

dB drop법, 평가레벨법, 유효빔넓이법

(2) 에코높이를 이용하는 방법 3가지

에코높이법, AVG 선도법, 산란파법, 탬덤탐상법, Tomography법, Transmission and Reflection법

탐촉자의 이동 거리를 사용법	dB drop법	6dB drop법
		10dB drop법
		20dB drop법
	Reference Level법(=평가레벨법)	DAC 이용법(=거리진폭특성곡선법)
		에코소멸법
	유효빔넓이법	20dB drop법
		에코소멸법
에코의 이용법	에코높이법	
	AVG 선도법	
	Tomography법	
	Scattering(Diffraction) Wave법(=산란(회절)파법)	
	Tandem법(=탠덤탐상법)	
	Transmission and Reflection법	
경과시간을 이용법	Peak echo법	
	산란된 종파를 이용하는 방법	
	파형변화된 표면파를 이용하는 방법	
	산란파법	
	표면파법	
	표면파-종파 또는 횡파 파형변화법	
	횡파-종파 파형변화법	
주파수 이용법	주파수 분석법	
	Cepstrum법	
Imaging법 (=영상법)	B Scope법	
	Synthetic Aperture법	
	Holography법	

168. 강용접부의 초음파 탐상 시험방법(KS B 0896)에 따른 45도 굴절각을 사용한 경사각 탐상의 에코높이 구분선(DAC)을 작성하는 방법을 설명하시오.(4점)

풀이

(1) 사용하게 되는 스킵에 따라 탐상범위를 설정한다.

(2) STB A2 $\phi(4\times4)$mm 표준구멍을 0.5skip으로 잡고 최대에코를 얻은 다음 CRT의 약 50%선이 되게 한다.

(3) 이 지점에 최대 에코에 점을 찍는다. 이 감도가 기준 감도가 된다.

(4) 위의 감도에서 다른 지점(1skip, 1.5skip)에서도 동일하게(최대)에코를 얻고 점을 찍는다.

(5) 위의 기준점에서 +6dB, -6dB씩 증가 또는 감소시켜서 각 지점을 표시한다.

(6) 이렇게 같은 dB의 점을 서로 연결하여 구분선을 작성한다.

169. 초음파 탐상기의 전기적 성능측정방법(KS B 0537)에 대해 송신부의 특성 측정 중 송신펄스의 상승시간 측정방법을 설명하시오.(5점)

풀이 (1) 초음파 탐상기와 사용기재의 접속은 그림과 같이한다.

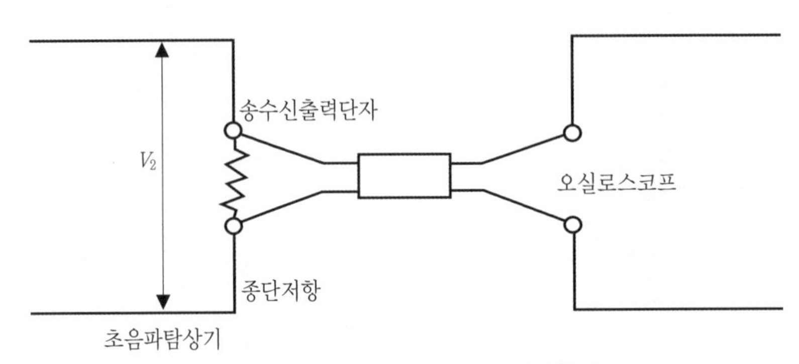

출력단자 종단시의 송신철스 전압측정

(2) 오실로스코프의 CRT상의 송신펄스를 표시한다.

(3) 아래 그림과 같이 송신펄스 앞쪽 가장자리에서 송신펄스의 최고치 10%~90% 사이의 시간 T_s를 측정한다.

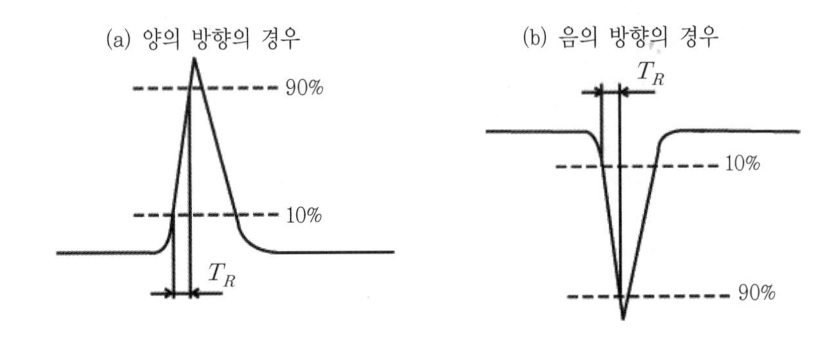

송신펄스 상승 시간의 측정

(4) 펄스에너지를 조정했을 때 이 시간이 변화하는 경우에는 펄스에너지의 최소 및 최대에 대해서 측정을 한다.

170. 초음파탐상시험시 검사체의 표면 거칠기에 따라 감도 분해능에 많은 영향을 미친다. 이러한 영향을 줄이기 위한 기술적인 방법 4가지를 쓰시오.(4점)

풀이 (1) 탐촉자의 주파수가 높을수록
(2) 댐피(Damping)이 양호할수록
(3) 파장이 짧을수록
(4) 탐상기 수신장치에 증폭하는 주파수 대역이 넓을수록 분해능이 좋아진다.

171. 초음파 검사 방법 중 진행 시간을 이용하여 결함높이를 측정하는 방법 3가지를 쓰시오. (4점)

풀이

Peak Echo법
산란된 종파를 이용하는 방법
파형변화된 표면파를 이용하는 방법
산란파법
표면파법
표면파-종파 또는 횡파 파형변화법
횡파-종파 파형변화법

172. 철과 알루미늄이 아주 균일하게 접합된 시험체가 있다. 알루미늄에서 발생한 초음파가 철로 수직 입사할 때 음압 반사율을 구하시오. (알루미늄 밀도 2.7g/cm³, 음속 6400m/s, 철의 밀도 7.8g/cm³, 음속 5900m/s 단, 감쇠는 무시한다.)

공식 음압반사율 $r = \frac{P_r}{P_i} = \frac{Z_2 - Z_1}{Z_2 + Z_1}$, 음압통과율 $t = \frac{P_t}{P_i} = \frac{2Z_1}{Z_2 + Z_1}(t = 1 - r)$

여기서, P_i : 매질 1에서 매질 2의 경계면으로 음파가 수직으로 진행할 때 입사되는 음압 (=입사파)
P_r : 매질 1과 매질 2의 경계면에서 반사되는 음압(=반사파)
P_t : 매질 1과 매질 2의 경계면을 통과하는 음압(=통과파)
Z_1 : 매질 1에서의 음향 임피던스
Z_2 : 매질 2에서의 음향 임피던스

풀이 알루미늄에서의 음향 임피던스

$Z_1 = 2.7g/cm^3 \times 6{,}400m/s = 2.7g/cm^3 \times 640{,}000cm/s = 1{,}728{,}000g/cm^2 \cdot s$

철에서의 음향 임피던스

$Z_2 = 7.8g/cm^3 \times 5{,}900m/s = 7.8g/cm^3 \times 590{,}000cm/s = 4{,}602{,}000g/cm^2 \cdot s$

음압반사율 $r = \dfrac{Z_2 - Z_1}{Z_2 + Z_1} = \dfrac{4{,}602{,}000 - 1{,}728{,}000}{4{,}602{,}000 + 1{,}728{,}000} = 0.454$

∴ 알루미늄과 철의 경계면에서 반사하는 초음파의 음압은 입사하는 초음파 음압의 약 45%가 된다.

173. KS B 0896 강 용접부의 초음파 탐상 시험 방법에서, 경사각 탐상시험의 장치 조정 중, 다음을 설명하시오.(4점)

풀이 (1) 입사점 측정 시험편

입사점의 측정은 A1형 표준 시험편 또는 A3형계 표준 시험편을 사용하여 실시한다. 입사점은 1mm 단위로 읽는다.

(2) 측정범위 조정에 대해 설명하시오

측정 범위는 사용하는 빔 노정 이상에서 필요 최소한으로 한다. 조정은 STB-A1 또는 A3 표준 시험편을 사용하여 ±1%의 정밀도로 실시한다. 다만, 시험체가 음향 이방성을 가진 경우에는 0.5스킵에 상당하는 빔 노정을 더한 값 이상에서, 필요 최소한으로 한다.

(3) STB 측정 굴절각

STB 굴절각의 측정은 A1형 표준 시험편 또는 A3형계 표준 시험편을 사용하여 실시한다. STB 굴절각은 0.5° 단위로 읽는다.

(4) 65°(또는 60) 투과법

시험체가 음향 이방성을 가지며 공칭 굴절각 65° 또는 60°를 사용하는 경우의 탐상 굴절각의 측정은 V투과법에 따라 실시한다.

174. 시험체의 표면이 거칠 때의 영향과 개선책을 나열하시오.(5점)

풀이 (1) 영향(2가지)

① 송신펄스가 길어져 근거리 분해능이 저하된다.

② 시험체의 표면에서의 굴절과 저면에서의 난반사로 인해 산란이 발생되어 감도가 떨어진다. 특히, 표면 거칠기의 정도가 초음파의 파장과 같거나 그 이상 되면 감도가 극히 저하된다.

(2) 개선책(3가지. 단, 표면을 매끄럽게 한다는 제외)

① 저주파수 탐촉자를 사용

② 출력이 높은 탐촉자를 사용

③ 탐상기의 게인 올림

175. KS B 0535 초음파 탐촉자의 성능 측정 방법에서, 직접접촉용 1진동자 45도 탐촉자의 불감대 측정방법을 3단계로 쓰시오.(4점)

풀이 (1) 초음파 탐상기 표시기의 시간축 풀 스케일을 횡파 125mm에 상당하는 범위로 조정한다.
(2) STB-A2의 $\phi 4 \times 4$를 굴절각 45°의 탐촉자에서는 2스킵으로 겨냥하고, 굴절각 60° 및 70°에서는 1스킵으로 겨냥하여 최대가 되는 에코높이를 나타내는 피크가 눈금판의 20%가 되도록 감도를 조정한 후 다시 14dB 감도를 높인다.
(3) 송신 펄스의 파행이 마지막으로 20%가 되는 점을 시간축 상으로부터 읽어 불감대로 한다.

176. KS D 0040 건축용 강판 및 평강의 초음파 탐상 시험에 따른 등급 분류와 판정 기준 중에서, 다음의 물음에 설명하시오.(4점)

풀이 (1) 적용범위
두께 13mm 이상인 강판 및 두께 13mm 이상, 나비 180mm 이상 평강
(2) 탐상방식 및 두께에 따른 탐촉자의 종류
탐상 방식은 수직법에 따르는 펄스 반사법으로 하고, 강판 및 평강의 두께에 따라 표 1의 탐촉자를 사용한다.

표 1 시험체의 두께와 사용 탐촉자의 종류

시험체의 두께(mm)	사용 탐촉자의 종류
13 이상 60 이하	2 진동자 수직 탐촉자 또는 수직 탐촉자
60 초과	수직 탐촉자

(3) 자동탐상기의 성능 검정 주기
2 진동자 수직 탐촉자를 사용한 자동 탐상기는 3년 이내에 1회 검정
(4) 수동탐상기의 성능 검정 주기
수동 탐상기는 1년 이내에 1회 검정

177. 다음의 결함 깊이를 계산하시오. (단, 탐촉자의 입사각은 60°, CRT 상의 측정범위는 125mm) (4점)

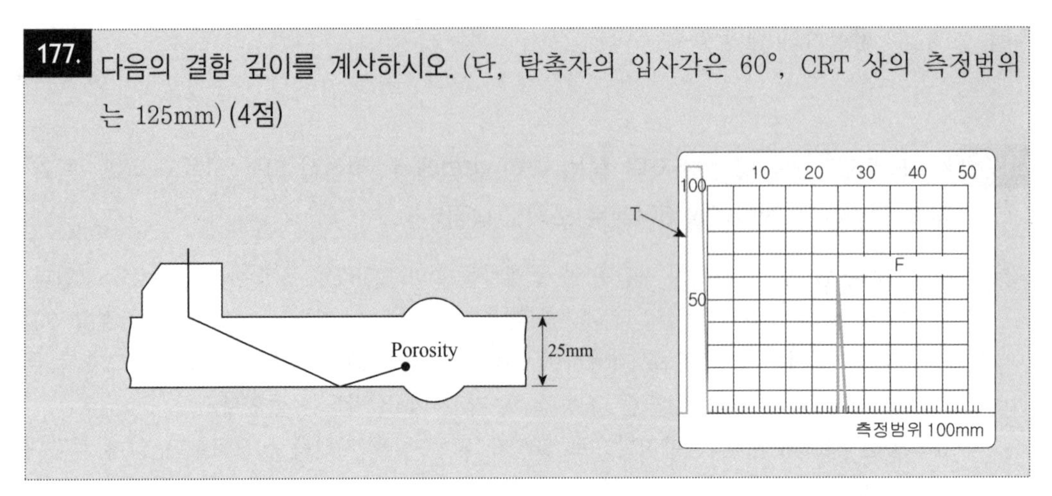

공식 결함의 깊이(0.5~1스킵) d는, $\cos\theta = \frac{2t-d}{W}$ 이므로, $d = 2t - W \times \cos\theta$

여기서,

d : 결함의 깊이

θ : 빔의 입사각

t : 시험체의 두께

W : 빔행정거리

풀이 빔행정거리 W는, CRT상에서 측정범위 125mm의 중간 값을 나타내고 있으므로 62.5mm가 된다. 따라서,

$d = 2t - W \times \cos\theta = 2 \times 25\text{mm} - (62.5\text{mm} \times \cos 60°) = 18.75\text{mm}$

∴ 결함의 깊이는 18.75

178. ASME Sec.V Art.4 스크린높이 직선성에 관한 설명이다. (　　) 안을 채우시오. (4점)

풀이 (1) 기본 교정시험편 (1/2T) 및 (3/4T) 양쪽 구멍으로부터의 지시가 두 지시사이의 진폭 비가 (2:1)이 되도록 사각 탐촉자를 교정시험편 위에 놓는다.

(2) 한쪽 보다 지시가 높은 신호를 전체 스크린 높이의 (80%)가 되도록 감도를 조정한다.

(3) 탐촉자를 움직이지 않은 상태에서, 높은 쪽의 에코높이가 전체 스크린 높이의 (20%)~(100%)까지 (10%)씩 또는 (2dB)씩 감도를 조절하고, 연속적으로 설정하여 각 설정 값에서 낮은 쪽의 에코높이를 읽는다.

(4) 낮은 쪽의 에코높이는 높은 쪽 에코높이의 (50%)이고 진 스크린 높이의 5% 이내이어야 한다. 설정값 및 읽은값은 전체 스크린 높이의 최대한 1%에 가깝게 추정해야 한다.

179. 2MHz 탐촉자의 진동자 직경이 26mm이고, 수직 탐촉자의 주강품에서의 속도가 $V_L = 5{,}900\text{m/s}$일 때, 빔의 분산각을 구하시오.(4점)

풀이 빔의 분산각 $\theta = 70\dfrac{\lambda}{D}$에서, $\lambda = \dfrac{v}{f}$이므로, $\theta = 70\dfrac{\lambda}{D} = 70\dfrac{v}{Df}$

여기서,

D : 진동자의 직경

f : 탐촉자의 주파수

v : 속도

$$\theta = 70\frac{v}{Df} = 70 \times \frac{5900 \times 10^3 \text{mm/s}}{26\text{mm} \times 2 \times 10^6 \text{Hz}} = 7.9423 \simeq 7.94$$

∴ 빔의 분산각은 7.94°

180. 다음 표에 따라 에너지 반사율 및 에너지 통과율을 구하시오.
(단, 매질에서의 감쇠나 영향은 고려하지 않는다.) (4점)

풀이

	V_L	V_s	Z
아크릴	2,730	1,430	3.2
수정	5,800	2,200	15.2

음압반사율 $r = \dfrac{P_r}{P_i} = \dfrac{Z_2 - Z_1}{Z_2 + Z_1}$

음압통과율 $t = \dfrac{P_t}{P_i} = \dfrac{2Z_1}{Z_2 + Z_1} (t = 1 - r)$

여기서, P_i : 매질 1에서 매질 2의 경계면으로 음파가 수직으로 진행할 때 입사되는 음압(=입사파)

P_r : 매질 1과 매질 2의 경계면에서 반사되는 음압(=반사파)

P_t : 매질 1과 매질 2의 경계면을 통과하는 음압(=통과파)

Z_1 : 매질 1에서의 음향 임피던스

Z_2 : 매질 2에서의 음향 임피던스

음압과 에너지의 상관관계에서, CRT 스크린에 나타나는 에코의 높이는 음압에 비례하고 에너지는 음압의 제곱에 비례하므로,

에너지반사율 $r^2 = \left(\dfrac{P_r}{P_i}\right)^2 = \dfrac{(Z_2 - Z_1)^2}{(Z_2 + Z_1)^2}$

에너지통과율 $t^2 = \left(\dfrac{P_t}{P_i}\right) = \dfrac{4Z_1Z_2}{(Z_2 + Z_1)^2}$

따라서,

$$\text{에너지반사율 } r^2 = \left(\frac{P_r}{P_i}\right)^2 = \frac{(Z_2 - Z_1)^2}{(Z_2 + Z_1)^2} = \frac{(3.2 - 15.2)^2}{(3.2 + 15.2)^2} = 0.4253 \simeq 0.43$$

$$\text{에너지통과율 } t^2 = \left(\frac{P_t}{P_i}\right) = \frac{4Z_1Z_2}{(Z_2 + Z_1)^2} = \frac{4 \times 15.2 \times 3.2}{(3.2 + 15.2)^2} = 0.5746 \simeq 0.57$$

∴ 에너지반사율은 43%, 에너지통과율은 57%

181. 밀도를 알고 있는 재질의 초음파 속도 측정으로 얻을 수 있는 재료 물성 3가지.(4점)

풀이 (1) 푸아송비
(2) 음향임피던스
(3) 탄성계수

182. KS B 0896 강 용접부의 초음파 탐상 시험 방법에서, RB-A6, RB-A7 시험편에 대하여 치수 및 문자기호를 (　)에 채워 쓰시오.(4점)

풀이 (1) RB-A6

단위 : mm

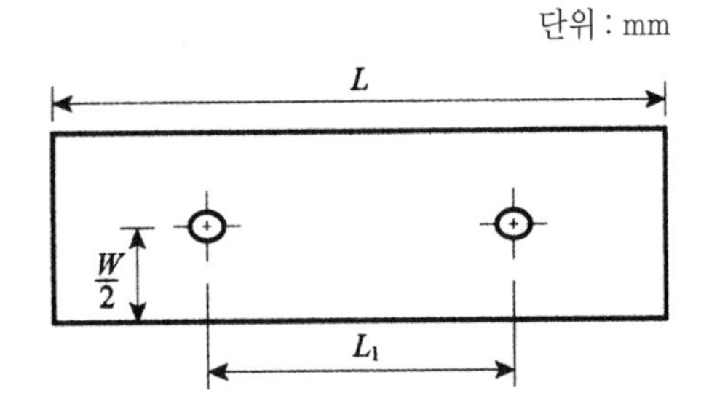

여기서 L : 대비 시험편의 길이
L_1 : 1.5 스킵 이상의 길이
W : 대비 시험편의 나비, 60mm 이상으로 한다.
t : 대비 시험편의 두께
구멍의 수직도는 0.5° 이하로 한다.
구멍의 앞끝 각도는 118°로 한다.
구멍의 작은 모떼기를 하지 않는다.

RB-A6

(2) RB-A7

(단위 : mm)

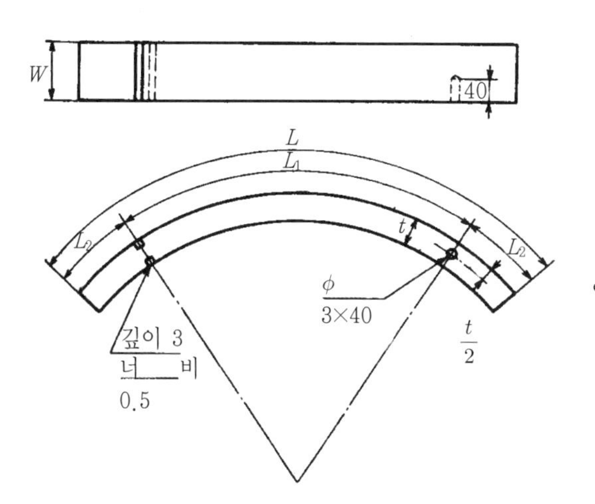

여기서, L : 대비 시험편의 길이
L_1 : 2스킵 이상의 길이
L_2 : 1스킵 이상의 길이
W : 대비 시험편의 나비, 60mm 이상으로 한다.
t : 대비 시험편의 두께

183. 다음 그림과 같이 수침법으로 탐촉자 입사시 횡파의 굴절각 θ는? (4점)
(단, 직경 D는 400mm, 이동거리는 70mm, 물에서의 종파속도는 1,500m/s, 강에서의 횡파속도는 3,230m/s)

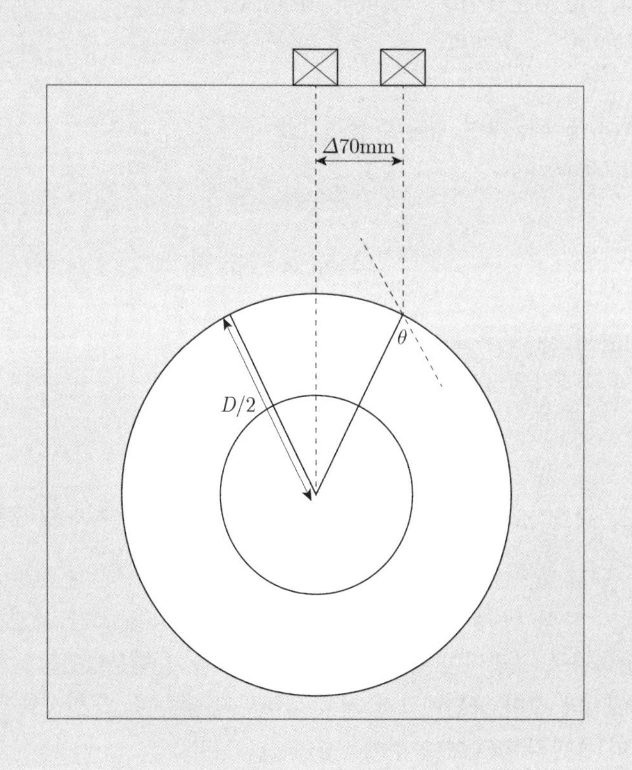

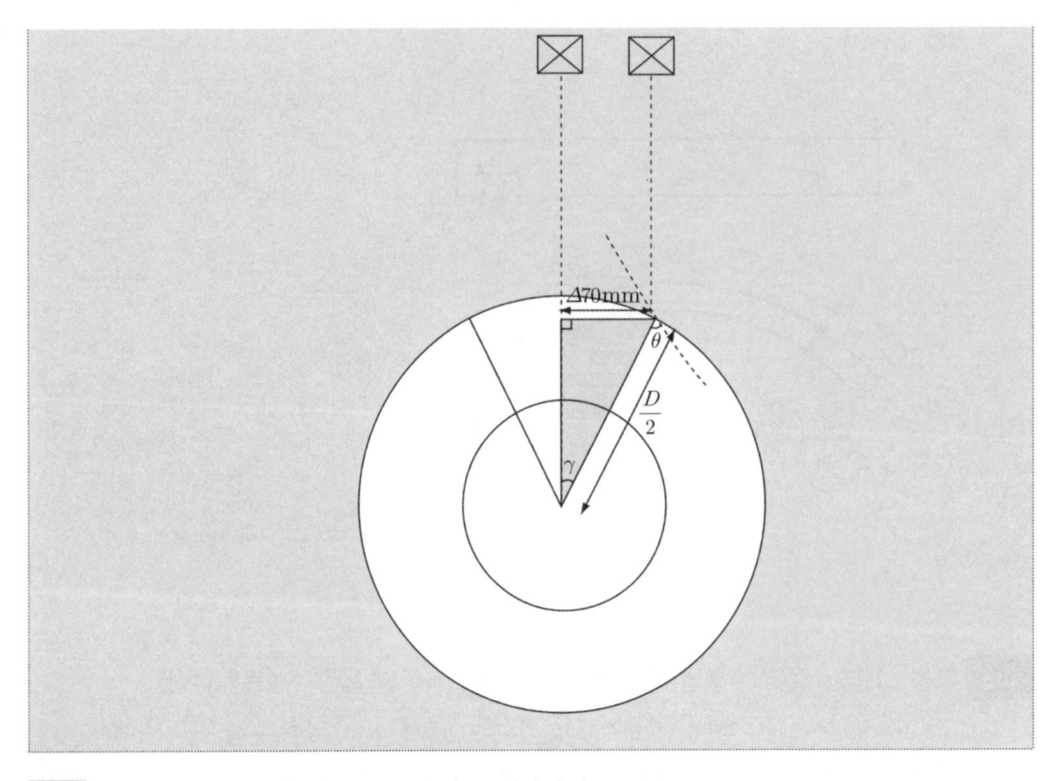

풀이 그림의 도형을 삼각함수를 이용하여 계산하면,

$$\sin\gamma = \frac{70mm}{D/2} = \frac{70mm}{400mm \div 2} = 0.35$$

스넬의 법칙을 적용하여 횡파의 굴절각을 구하고

$$\frac{\sin\gamma}{\sin\theta} = \frac{1500m/s}{3230m/s}$$

$$\sin\theta = \frac{3230m/s}{1500m/s} \times \sin\gamma = \frac{3230m/s}{1500m/s} \times 0.35 = 0.7536$$

$\therefore\ \theta = \sin^{-1}0.7536 = 48.909 \simeq 48.91$

∴ 횡파의 굴절각은 48.91°이다.

184. 일반 수직 탐촉자와 비교하여 2진동자(분할형) 수직 탐촉자의 특징 2가지를 쓰시오. (4점)

풀이 (1) 2진동자 수직 탐촉자는 송신용 및 수신용 진동자를 조금씩 경사지게 배치하여 1개의 탐촉자로 조립되어 있다. 2개의 진동자를 음향분할면으로 분리하기 때문에 수침법에서와 같이 표면에코가 거의 나타나지 않는다. 또한, 불감대가 매우 적으므로 근거리 결함의 검출이나 두께측정에 사용된다.

(2) 송·수신의 진동자가 약간 기울어져 있어 송·수신의 초점이 일정 깊이에 오도록 만들어져 있어서, 이 초점의 위치에서는 에코높이가 최대가 되며 이보다 멀거나 가까울 경우 에코높이는 현저하게 저하된다. 따라서, RB-D와 같은 계단형 시험편이나 횡구멍 시험편 등을 이용하여 집속 범위가 최대에코높이의 $\frac{1}{2}$이상의 에코가 얻어지는 범위로 설정하여야 한다.

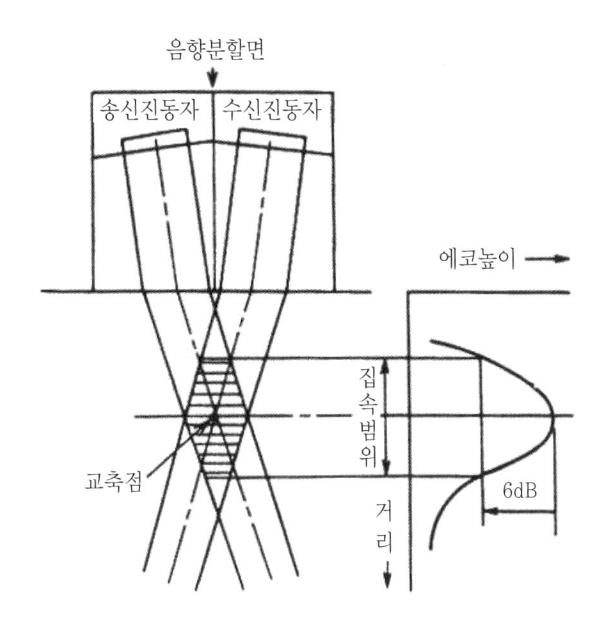

185. ASME Section V, Article 5. 재료에 대한 초음파탐상시험 방법에서 오염물 관리에 관한 설명이다. 다음 물음에 답하시오.(4점)

(1) 니켈 합금에 사용되는 접촉매질은 황 함량이 몇 ppm을 초과하면 안 되는가?

(2) 티타늄에 사용되는 접촉매질은 할로겐화합물의 함량이 몇 ppm을 초과하면 안 되는가?

풀이 (1) 250ppm

(2) 250ppm

186. 비파괴검사법과 비교하여 초음파탐상검사를 적용할 수 있는 초음파의 특징 4가지는?(4점)

풀이 (1) 파장이 짧고 지향성이 예리하며 빛과 비슷하여 직진성을 갖는다.

(2) 탄성적으로 기체·액체·고체의 성질이 음향적으로 현저히 다르기 때문에 초음파는

액체와 고체의 경계면에서 반사, 굴절, 회절하는 성질을 가지므로 결함과 같은 불연속부에서 잘 반사하고 결함검출이 가능하게 한다.

(3) 고체 내에서 잘 전파한다. 물질 내에서 초음파의 전파속도는 초음파가 전달되는 물질의 종류와 초음파의 종류에 의해 결정된다.

(4) 원거리에서 초음파빔은 확산에 의해 약해진다.

(5) 재료에 따라서 결정 입계면에서 초음파가 산란에 의해 약해진다.

(6) 고체 내에서는 종파 및 횡파의 2종류의 초음파가 존재하며 이들은 서로 모드변환을 일으킨다.

187. KS B 0896 강 용접부의 초음파 탐상 시험 방법에 의해 경사각 탐촉자로 80mm 두께의 완전 용입부 루트 결함을 초음파탐상검사로 측정하려고 한다. 다음을 작성하시오.(4점)

풀이 (1) 검사법

1탐촉자 경사각법에 의한 직접접촉법

(2) 공칭 주파수

2MHz

(3) 시험편

RB-4 No.3

(4) 검출 레벨

M검출 레벨 또는 L검출 레벨 중 선택

188. 주파수 4MHz, 진동자의 직경이 9mm인 탐촉자의 근거리 음장한계 거리는 얼마인가? (단, 음속은 3250m/s) (4점)

풀이

$$\chi_0 = \frac{D^2}{4\lambda} = \frac{D^2 f}{4v}$$

여기서, D : 진동자직경, λ : 파장, f : 주파수, v : 음속(속도)

$$\therefore \ \chi_0 = \frac{D^2 f}{4v} = \frac{9\text{mm}^2 \times 4 \times 10^6\text{Hz}}{4 \times 3250 \times 10^3\text{mm/s}} = 24.923\text{mm} \simeq 24.92\text{mm}$$

약 24.92mm

189. 일반적인 초음파탐상방법과 비교하여 비접촉식의 전자식 초음파 탐촉자(Electro Magnetic Acoustic Transducer, EMAT)의 특징 3가지를 쓰시오.(4점)

풀이 (1) 탐촉자 표면 자체가 진동발생원 및 수신원이 되기 때문에 접촉매질이 불필요하다.
(2) 전자석에 의한 정자계의 방향 또는 코일의 구조를 변화시켜 여러 모드의 초음파(횡파 EMAT, 종파 EAMT, 표편파 EMAT)를 발생시킬 수 있다.
(3) 고온, 방사능 구역 등 접근 한계지역에서 탐상이 가능하다.

190. KS B 0831 초음파 탐상 시험용 표준 시험편에서 STB-A2를 Non-scale로 도식화하시오. [단, (1) 단위 및 허용오차는 기재하지 않는다. (조건이 3가지 정도 있음)] (5점)

풀이

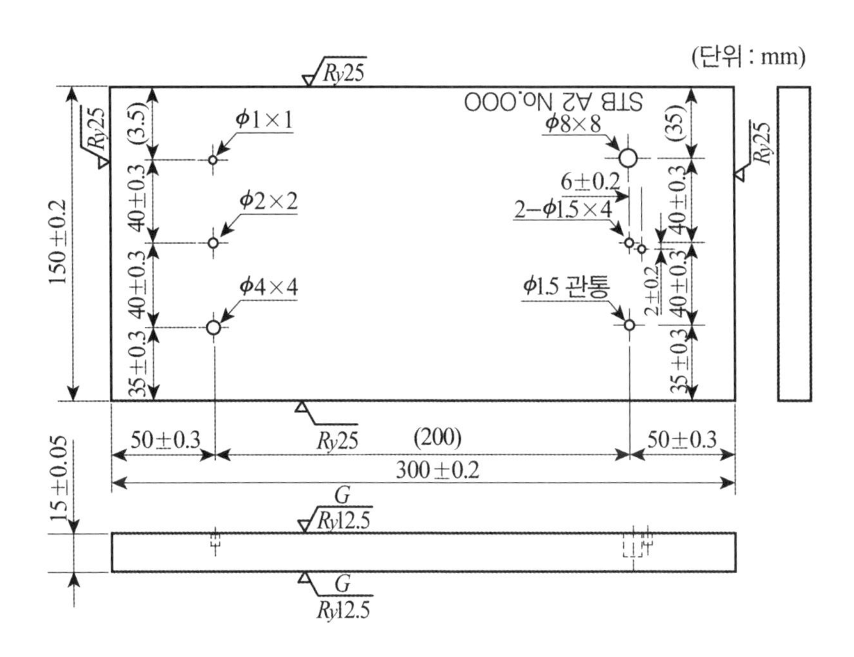

191. 두께가 100mm이고 음속이 5900m/s인 탐촉자가 1차 저면에코까지 걸리는 시간은 얼마인가?(4점)

풀이 $V = \dfrac{2T}{\Delta t}$ 에서,

$$\Delta t = \frac{2T}{V} = \frac{2 \times 100 \times 10^{-3}\text{m}}{5900\text{m/s}} = 0.000033898\text{s} = 33.898\mu\text{s} \, (\mu = 10^{-6})$$

약 33.9μs

192. 굴절각 30°를 이용하여 결함이 없는 봉강을 측정하였더니 CRT 화면에 아래쪽 그림과 같이 나타났다. 이때 검사한 환봉의 직경은 얼마인가? (4점)

[단, (1) 초음파빔의 분산 및 파형변환은 고려하지 않는다.

(2) 시간축은 측정범위 100mm로 보정되었다.

(3) 검사 후, STB-A1 시편을 사용하여 시간축을 보정한 결과는 아래와 같았다.]

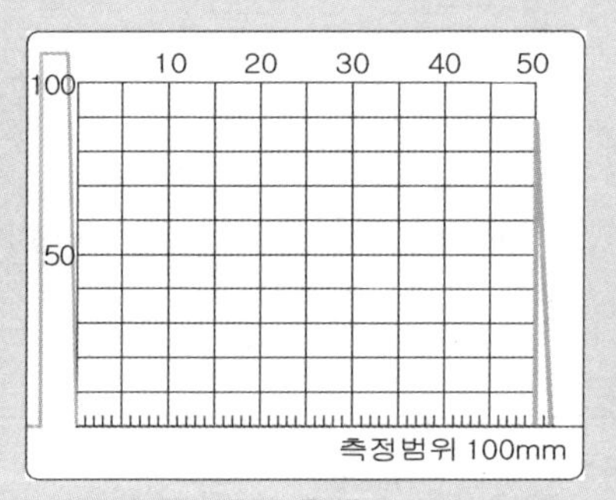

〈그림 1〉 봉강 측정시 CRT 화면

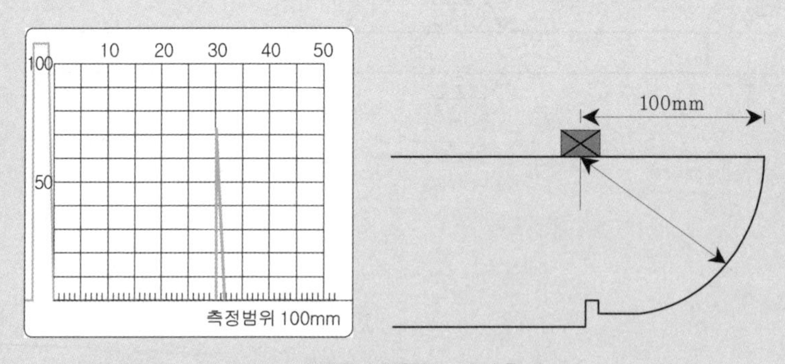

〈그림 2〉 STB-A1 시편을 사용한 시간축 보정 CRT 화면

풀이 굴절각 30°로 봉강에 입사한 초음파는 옆의 그림과 같은 경로를 경유하여 (즉, 내각이 60°인 정삼각형의 경로) CRT 화면에 60mm로 나타난다.

STB-A1 시편을 사용하여 시간축을 보정한 결과 100mm가 200mm(왕복거리)를 나타내므로, 실제 빔의 행정거리는 60mm의 두 배가 되는 120mm가 되며, 그 한 변의 길이는 120mm의 1/3인 40mm, 또, 그 한 변의 길이의 반은 20mm가 된다. 즉, 환봉의 직경 t는,

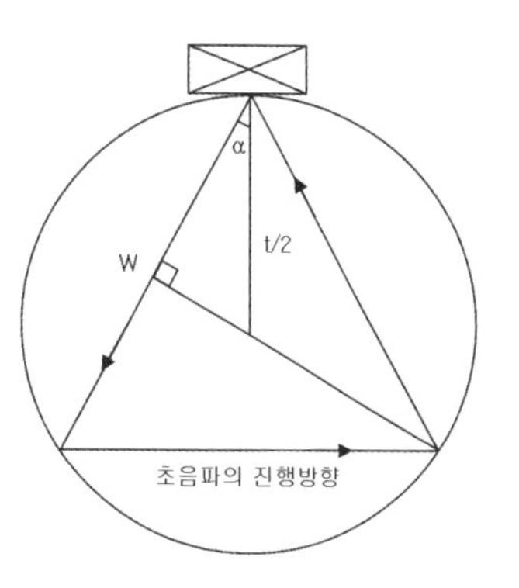

$$\cos\alpha = \frac{(\text{빔행정거리} \div 3) \div 2}{\text{지름} \div 2} = \frac{(W \div 3) \div 2}{t \div 2} \text{ 이므로,}$$

$$t = \frac{(W \div 3) \div 2}{\cos\alpha} \times 2 = \frac{(120\text{mm} \div 3) \div 2}{\cos 30^\circ} \times 2$$

$$= \frac{20\text{mm}}{0.866} \times 2 = 46.189 \simeq 46.19\text{mm}$$

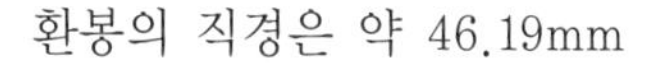

환봉의 직경은 약 46.19mm

193. KS B 0896 강 용접부의 초음파 탐상 시험 방법에서 원둘레 이음 용접부의 탐상 방법에서 RB-A8를 사용하여 탐상 장치를 조정하는 경우(4점)

풀이 (1) 시간축의 예비 조정

1) 시간축의 예비 조정 시간축은 미리 수직 탐촉자를 사용하여 A1형 표준 시험편의 91mm 또는 A3형계 표준 시험편의 45.5mm의 길이 부분을 사용하여 필요한 횡파의 측정 범위로 예비 조정한다.

(2) 원점의 수정

1) RB-A8을 사용하는 경우 : 부속서 그림의 G와 H의 위치에서 각각의 에코 높이가 최대가 될 때의 겉보기 빔 노정(W_G)와 (W_H)를 읽는다. 탐촉자를 다시 부속서 그림의 G의 위치에 놓고, 최대 에코를 나타내는 위치가 다음 조건에 일치하도록 제로점 조정만을 하여 원점을 수정한다.

최대 에코의 위치$= \dfrac{W_H - W_G}{2} - 1.5$

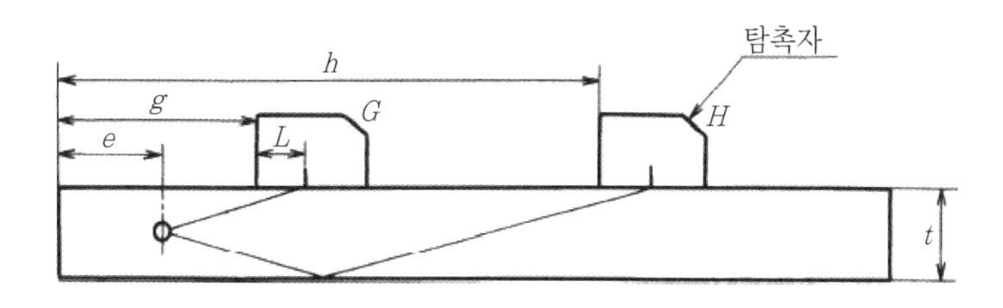

부속서 그림 RB-A8에 따른 장치의 조정

(3) 입사점 측정

1) RB－A8 사용하는 경우 : 부속서 그림의 G와 H의 위치에서 각각의 RB－A8의 끝면에서 탐촉자까지의 거리 g 및 h를 측정한다. 접근 한계 길이 l을 다음 식에 따라 산출하여 입사점의 위치를 결정한다.

$$l = e - \frac{3g - h}{2}$$

(4) 굴절각 측정

탐상 굴절각 θ는 g 및 h를 사용하여 다음 식에 따라 산출한다.

$$\theta = \tan^{-1}\left(\frac{h-g}{t}\right)$$

194. KS B 0535 초음파 탐촉자의 성능 측정 방법에서, 다음 항목을 각각 4가지씩 쓰시오.(4점)

풀이 (1) 공통 측정 항목

시험주파수, 전기임피던스, 진동자의 유효 치수, 시간 응답 특성, 중심 감도 프로덕트 및 대역폭

(2) 개별 측정 항목(직접접촉용 1진동자 경사각 탐촉자)

빔 중심축의 편심과 편심각, 입사점, 굴절각, 불감대

195. 판파에 대하여 설명하고 2가지 종류를 쓰시오.

풀이 Lamb파라고도 한다. 재질의 두께가 파장의 3배 이하인 경우의 판재에 표면파가 입사할 경우 발생하며 파가 재질 전체두께를 통하여 진행하게 된다. 판파의 속도는 재질뿐만 아니라 재질두께, 주파수, 파의 형태 등에 따라 영향을 많이 받아 일정치 않으며 입자의 운동양상도 다양하고 복잡하다.

파의 형태는 입자의 운동이 피검체의 축방향에 대하여 대칭인가 또는 배대칭인가에 따라서 분류된다. 대칭형은 판의 중심축을 따라 입자가 수직운동을 하며 표면에서는 타원운동을 한다. 즉 판전체가 두꺼워졌다 얇아졌다 하면서 진행한다. 비대칭형은 입자의 운동방향이 횡방향으로 이동하며 표면에서는 다원운동을 한다.

196. 초음파 탐상검사의 분류에 대한 설명으로 아래에 답하시오.

풀이 (1) 초음파 탐상법에서 원리에 의한 분류 2가지 이상 쓰시오.

1) 펄스반사법 : 재료 내의 펄스의 반사를 이용 피크를 분석

2) 투과법 : 송신탐촉자와 수신탐촉자를 각각 사용

3) 공진법 : 공진현상을 이용하며 주로 재료의 두께 측정에 사용

(2) 표시 방법에 의한 분류 2가지 이상 쓰시오.

1) A-Scan : 화면에 가로축(음파의 진행시간)과 세로축(수신음파의 세기)로 표시
2) B-Scan : 시험체의 단면을 표시
3) C-Scan : 내부를 평면으로 표시(단, 깊이는 알기 어렵다)

(3) 초음파의 진행방향과 진동방식에 의한 따른 분류 2가지 이상 쓰시오.

1) 종파 : 파의 진행방향에 평행하게 진동
2) 횡파 : 파의 진행방향에 수직으로 진동
3) 표면파 : 고체 표면을 따라 약1파장 깊이로 투과하여 표면을 따라 진행하는 파로 종 파와 횡파의 혼합형태로 진동하며 타원형이다.

(4) 접촉방식에 의한 분류

1) 직접접촉법 : 탐촉자를 시험체 표면에 접촉하여 검사
2) 수침법 : 시험체를 물 속에 넣고, 초음파가 액체를 통과하여 시험체에 도달하는 방식

(5) 탐촉자 수에 의한 분류

1) 1탐촉자법 : 송신과 수신을 하나로 이용
2) 2탐촉자법 : 송신과 수신의 기능을 나누어서 함(분할형탐촉자가 해당됨)
3) 다탐촉자법 : 탠덤법과 같이 2개 이상의 탐촉자 사용

197. 적산효과에 대하여 기술하시오.

풀이 강판의 수직탐상에서 흔히 볼 수 있는 현상으로 동일한 진행거리를 가지면서 여러 진행 경로를 갖는 초음파들의 중복에 의하여 결함 에코의 높이가 점점 높아지고 적층되는 현상. 반사파의 중복이 끝난 후에는 진폭이 점점 작아지게 된다. 이 효과는 판이 얇을수록, 결함이 시험체의 중심에 있을수록, 결함이 작을수록 많이 발생한다.

198. 용접부 초음파 탐상시 CRT상에 결함에코가 나타났을 때 정확한 위치를 구하기 위한 필요사항 3가지를 쓰시오.

풀이 1) 교정의 정확도 : 입사점, 굴절각, 기준감도, 표준시험편 등.
2) 탐촉자의 정확 : 사각탐촉자의 진동자 경사각, 주파수 등
3) 탐상기의 정확 : 시간축 직선성, 증폭 직선성, 분해능 등
4) 조작자의 기술(능숙도)

199. 용접부 초음파 탐상시 CRT상에 결함에코가 나타났을 때 정확한 위치를 구하기 위한 필요사항 3가지를 쓰시오.

풀이 1) 교정의 정확도 : 입사점, 굴절각, 기준감도, 표준시험편 등.
2) 탐촉자의 정확 : 사각탐촉자의 진동자 경사각, 주파수 등
3) 탐상기의 정확 : 시간축 직선성, 증폭 직선성, 분해능 등
4) 조작자의 기술(능숙도)

200. 두께 50mm의 강판을 5C20N탐촉자로 수직 탐상하였을 때, 건전부에서 $B_1=75\%$, $B_2=15\%$의 저면 에코를 얻었다. 확산손실 0.4dB, 탐상면에서의 반사손실을 1.9dB, 저면에서의 반사손실을 0.2dB이라 하면 이 강판의 감쇠계수는?(단, 소수점 아래 넷째자리에서 반올림하여 셋째자리까지 구하여라)

풀이
$$\alpha=\frac{\frac{B_1}{B_2}-\text{확산손실}-\text{반사손실}}{2T}=\frac{20\log\frac{75}{15}-0.4-(1.9+0.2)}{2\times50}$$
$$=\frac{20\log5-2.5}{100}=\frac{13.97-2.5}{100}=0.115\text{dB/mm}$$

201. 굴절각문제($\sin\alpha/\sin\beta=V_1/V_2$)

풀이 매질1 : 철, 매질2 : 알루미늄, 입사각 45°, $V_1=3250\text{m/s}$, $V_2=3100\text{m/s}$
따라서 $\sin\beta=0.674$, $\beta=42.4°$

202. 표준시험편 및 대비시험편의 인공결함 3가지를 쓰시오.

풀이 V홈, 각홈, 드릴구멍

203. 고주파수와 저주파수 비교하고 ( )안에 답하시오.

풀이

구 분	감 도	투과력	근거리음장	분해능
고주파수	(낮다)	(깊다)	(길다)	(좋다)
저주파수	(높다)	(얕다)	(짧다)	(나쁘다)

204. 접촉매질이 가져야 할 요건 (일반적인 것 제외)

풀이
- 초음파 전달효율이 좋아야 한다.(왕복통과율)
- 검사체와 임피던스 차가 작아야 한다.(감쇠가 적어야 함)
- 어느 정도 점성이 있어야 한다.
- 고체입자 또는 기포 등이 없어야 한다.

205. 초음파 탐상장치의 기능 및 성능 관련(빈칸 넣기) (KS B0896)

풀이
- 주파수 : 적어도 2(2.25)MHz 및 5(4)MHz의 2주파수로 작동할 것.
- 게인 조정기는 1스텝 2dB 이하에서 합계 조정량은 적어도 50dB 이상인 것
- 게이트 범위는 10~250mm(횡파)의 범위에서 경보 레벨은 표시기의 세로축 눈금 위 20~80%의 범위에서 임의로 설정.
- 증폭 직선성은 ±3% 이내
- 시간축 직선성은 ±1% 이내
- 감도 여유값은 수직탐상의 감도 여유값에서 40dB 이상으로 한다.

206. 분해능에 대해서 서술하시오.

풀이
1) 탐촉자로부터의 거리 또는 방향이 다른 근접한 2개의 반사원을 표시기 상에 2개의 에코로 식별할 수 있는 성능
2) 분해능의 종류
   1) 원거리분해능 : 탐상면으로부터 떨어진 위치에 있는 2개의 반사원으로부터 에코를 식별할 수 있는 능력
   2) 근거리분해능 : 수직탐상에서 근접한 반사원으로부터 에코를 식별할 수 있는 능력
   3) 방위분해능 : 탐상면으로부터 동일 거리에 있는 2개의 반사원을 2개의 에코로 식별할 수 있는 능력

207. KS B 0248에 의거 탄소강 및 저합금강, 단강품의 초음파 시험 방법 중 두께 100mm 이상일 때 감쇠계수 구하는 공식을 쓰시오. (만약 공식에 문자가 포함되면 문자에 대해서도 설명하시오.)

풀이
1) 규격집이 아닌 일반 감쇠계수를 구할 때 적용

$P_x = P_0 \times e^{-\alpha\chi}$

(P_x : x거리에서의 음압, P_0 : 초기음압, α : 감쇠계수, χ : 빔 진행거리)

$\ln \ln P_x = \ln (P_0 \times e^{-\alpha\chi})$

$\ln\left(\frac{Px}{P_0}\right) = -\alpha\chi$

$\alpha = -\frac{1}{x} \times \ln\left(\frac{P_x}{P_0}\right) = \frac{1}{x} 20 \log \frac{P_0}{Px}$

∴ 감쇠계수: $\frac{1}{x} 20 \log \frac{P_0}{Px}$

2) KS B 0248에 의한 100mm 이상일 때

$\alpha = 500 \frac{\left(\frac{B_1}{B_2}\right) - Q}{T}$

(Q : B_1이 원거리음장 이내이면 6dB, T : 단강품의 두께)

∴ 감쇠계수 : $\alpha = 500 \frac{\left(\frac{B_1}{B_2}\right) - Q}{T}$

208. 용접부 내부 결함 3가지를 쓰시오.

풀이 1) 기공
2) 균열-횡균열, 종균열, 크리에이터 균열
3) 융합 불량
4) 용입 부족

209. 초음파 CRT상에 표시에코 중 비관련(의사지시) 에코의 종류를 3가지 쓰시오.

풀이 1) 잔류에코(잔향에코)
2) 임상에코
3) 지연에코

210. KS B 0535 탐촉자 성능 측정에서, 직접접촉용 1진동자 경사각탐촉자 측정에서 불감대 측정방법을 쓰시오.

풀이 1) 시간 축 풀 스케일을 횡파 125mm에 상당하는 범위로 조정한다.
2) STB-A2 $\phi 4 * 4$를 겨냥한다.
3) 굴절각 45° 탐촉자에서 2skip으로 겨냥한다.
4) 굴절각 60° 및 70°에서는 1skip으로 겨냥한다.
5) 최대에코 피크가 눈금판의 20%가 되게 감도를 조정한다.

6) 감도를 14dB를 높인다.
7) 송신펄스의 마지막 파형이 20%가 되는 점을 시간축 상으로부터 읽어 불감대로 한다.

211. 용접부 초음파 탐상시 CRT상에 결함에코가 나타났을 때 정확한 위치를 구하기 위한 필요사항 3가지 쓰시오.

풀이 1) 실제 굴절각
2) 결함부의 빔 진행거리(W_f)
3) 용접중앙부에서 탐촉자 입사점까지의 거리
4) 탐촉자의 입사점

212. 두께가 100mm이고 음속이 5900m/s인 탐촉자가 1차 저면에코까지 걸리는 시간은?

풀이 $vT = V/2$ (T: 시험체의 두께, V: 음속)
v100mm＝(5900m×1000mm/m/s)/2＝33.9×10^{-6} sec
∴ 저면에코까지 걸리는 시간 : 33.9×10^{-6}sec

213. ASME Section V, Article 5. 재료에 대한 초음파 탐상시험 방법에서 오염물 관리 중에서 아래에 답하시오.

풀이 (1) 니켈 합금에 사용되는 접촉매질은 황 함량이 몇 ppm을 초과하면 안 되는가?
250ppm
(2) 티타늄에 사용되는 접촉매질은 할로겐화합물의 함량이 몇 ppm을 초과하면 안 되는가?
250ppm

214. 접촉매질에 관하여 (　　) 안에 써 넣으시오.

풀이 탐촉자와 시험체 사이에 액체 물질을 채움으로써 (공기)을 제거하여 탐촉자와 시험체 간의 (임피던스)를 조화시킨다.

215. 시험체 표면이 거칠 때의 영향과 개선책을 2가지씩 쓰시오.

풀이 〈영향〉

1) 시험체의 표면거칠기 때문에 굴절과 저면에서의 난반사로 인하여 산란이 발생하여 감도가 떨어진다.
2) 송신펄스가 길어져 근거리 분해능이 저하된다.

〈개선책〉

1) 탐상기의 게인을 올린다.
2) 저주파수 탐촉자를 사용한다.
3) 탐촉자의 진동자부분에 보호막을 사용하여 접촉부분에 대해 개선한다.
4) 표면거칠기에 따른 접촉매질을 선정한다.(① 30㎛ ② 30~80㎛ ③ 80㎛ 이상일 때 A, B Type을 주파수에 따라 선정할 수 있음)
5) 초음파 출력이 높은 탐촉자를 선정한다.
6) 탐상면을 매끄럽게 가공한다.

216. 초음파 검사 방법 중 진행 시간을 이용하여 결함 높이를 측정하는 방법 3가지 쓰시오.

풀이

1) TOFD법 - 전파시간차법
2) 표면파법
3) 산란파법

217. 물거리를 구하시오. (강중의 종파속도 : 5900m/s, 물속의 종파속도 : 1500m/s, 두께 : 20mm)

풀이

1) 수침법에서 물거리는 시험체 두께의 3배 이상을 주는 것이 통상적임
2) 강중의 종파속도가 물의 종파속도보다 빠르다는 것을 알 수 있으므로

$$\frac{\text{강중의 종파속도}(5900\text{m/s})}{\text{물 속의 종파속도}(1500\text{m/s})} = 3.93$$

시험체 두께×3.93 = 20mm×3.93 = 78.666mm

∴ 물거리 : 78.67mm

218. RB-4, STB-A2의 형상과 치수를 그리고 쓰시오. (그림문제에 치수기입과 위치표시)

풀이 1) RB-4(단위 : mm)

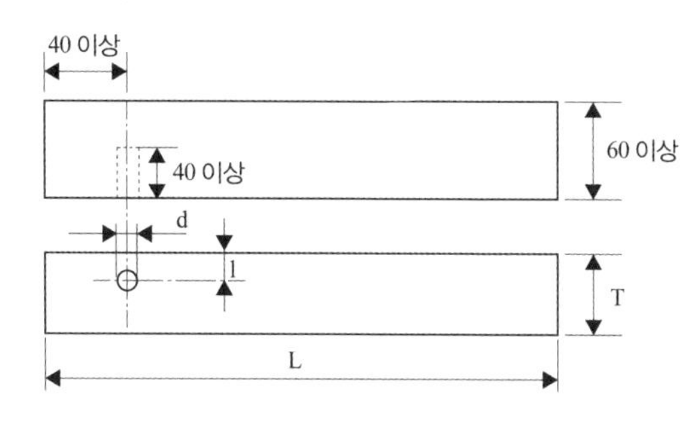

2) STB-A2(단위 : mm)

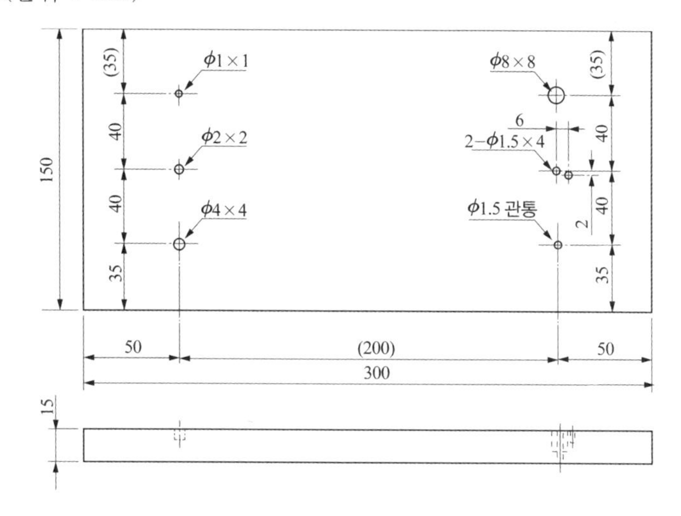

219. 초음파 탐상과 음향 방출 시험을 비교했을 때 초음파 탐상의 장점 2가지 쓰시오.

풀이 1) 간편한 측정
2) 높은 측정 정밀도
3) 시험결과 도출의 신속성
4) 검사비용의 절감으로 경제적

220. 2탐촉자 경사각법의 종류 4가지와 그 용도를 쓰시오.

풀이 1) 텐덤탐상법: 용접부내 융합불량, 용입불량
2) V주사법: 탐상면에 평행인 결함, 음향이방성이 있는 탐상굴절각의 측정
3) K주사법: 탐상면에 수직인 결함
4) 갈래주사: 긴 시험체의 탐상, 자동화 탐상시 적용

221. 초음파탐상검사를 적용할 수 있는 초음파의 특징 4가지를 쓰시오.

풀이 1) 파장이 짧다.
2) 지향성이 예리하며 빛과 같은 직진성을 갖는다.
3) 액체와 고체의 경계면에서 반사, 굴절, 회절하는 성질이 있다.
4) 원거리에서 초음파빔은 확산에 의해 약해진다.
5) 재료에 따라 결정 입계면에서 초음파가 산란에 의해 약해진다.
6) 고체 내에서 종파 및 횡파가 존재하며 이들은 서로 모드 변환한다.

222. KS B 0897에 의거하여 알루미늄 용접부 탐상시 특별한 지침이 없을 시 두께를 고려하여 탐상면의 주사범위와 주사법에 대해 설명하시오.

풀이 1) 모재의 두께가 40mm 이하인 경우 : 한쪽 면에서 직사법 및 1회반사법
2) 모재의 두께가 40mm를 넘고 80mm 이하인 경우 : 양면 양쪽에서 직사법
(다만, 용접부의 모양에 따라, 특히 1회반사법이 필요한 경우는 대상으로 하는 홈의 존재가 예상되는 위치에 초음파가 충분히 전반사하는 것을 확인한 후에 한쪽 면 양쪽에서 직사법 및 1회 반사법으로 탐상)
3) 모재의 두께가 80mm 이상인 경우 : 양면 양쪽에서 직사법

223. 초음파 탐상에서 전달손실의 원인과 대책을 쓰시오.

풀이 1) 전달손실의 원인
① 표면거칠기 ② 탐상면이 곡률인 경우 ③ 탐상면과 이면이 평행하지 않을 경우
2) 대책
① 시험체의 탐상면을 평활하게 가공한 후 탐상한다.
② 탐촉자를 선정시 저주파수 탐촉자를 선정한다.
③ 탐상면의 곡률에 맞게 shoe를 제작하여 사용하거나, 작은 탐촉자를 선정한다.
④ 수직탐상시 초음파의 진행이 이면과 수직이 되도록 탐촉자 위치를 선정한다.

224. KS 0896의 원둘레 용접부의 대비시험편(RB-A8, A6) 제작 시 ( )를 채우시오.

풀이 대비시험편의 곡률의 반지름은 시험체의 곡률의 반지름의 (0.9)배 이상 (1.5)배 이하로 하고, 그 살 두께는 시험체의 살 두께의 (2/3)배 이상 (1.5)배 이하로 한다. 다만, 대비 시험편의 살 두께가 19mm 이하가 되는 경우는 (19)mm로 한다.

225. A-scope에 대해 설명하시오.

풀이 1) 초음파의 ① 진행시간을 횡축에 ② 반사량은 종축에 표시하여 ③ 결함의 위치 및 형태, 크기 등을 나타내는 표시방법으로 결함의 방향에 따라 오차가 발생할 수 있다.
2) 시험체의 어느 한 곳에서 얻어지는 정보를 정량적으로 나타내는 일반적인 방법이다.

226. 강의 음속 5800m/s이고, 아크릴의 음속이 2730m/s일 때 두께가 25mm가 CRT 상에 보였다. 이럴 때 실제 아크릴의 두께는?

풀이

$$\frac{\text{아크릴의 음속}}{t} = \frac{\text{강의 음속}}{25\text{mm}}$$

$$\frac{2730\text{m/s}}{t} = \frac{5800\text{m/s}}{25\text{mm}}$$

$$t = \frac{2730\text{m/s}}{1} \times \frac{25\text{mm}}{5800\text{m/s}} = 11.767\text{mm}$$

∴ 실제 아크릴 두께 : 11.77mm

227. 증폭의 직선성에 대해 설명하고 증폭의 직선성이 나쁠 때 어떤 영향이 있는지 쓰시오.

풀이 1) 증폭 직진성 :
입력에 대한 출력의 관계가 어느 정도 비례관계가 있는 가를 나타내는 성능이다. 즉 데시벨 조정기의 조절에 따라 신호의 크기가 일정한 비율로 커지거나 또는 작아지는 것을 말한다.
2) 영향 :
① 정확한 에코높이가 얻어지지 않고
② 결함을 빠뜨리기도 하고
③ 결함을 과소, 과대하게 평가된다.

228. 집속형 탐촉자의 특징을 일반 수직 탐촉자와 비교하여 2가지 쓰시오.

풀이 1) 일반 탐촉자의 경우 집속거리가 길어지는 반면에 집속 탐촉자는 집속거리가 짧아 초점을 모아주는 역할을 하므로 지향성을 극대화 할 수 있다.
2) 결함의 위치를 고려한 집속범위를 고려할 때 일반 탐촉자는 빔의 확산이 시간축부가 길어질수록 커지므로 빔 진행거리가 길어져 빔의 손실이 발생한다, 반면 집속형 탐촉자는 일정거리에 초점(집속범위)을 설정하면 초점 근방에서 초음파빔이 가늘게 교축되므로 미소결함의 검출과 방위분해능이 높다.

229. POD의 신뢰도에 영향을 미치는 인자를 3가지 쓰시오.

풀이 ① 검사자의 기량 ② 검사장비 ③ 검출해야 할 결함의 크기
(비파괴검사 방법, 검사환경, 비파괴시험결과의 판정 중에서 위의 3가지를 포함하여 써도 되는 문제)

230. 6dB-drop 탐상시 불연속부가 탐촉자의 진동자 사이즈보다 작을 때 결함의 실제 평가는 어떻게 되는지 쓰시오.

풀이 dB-drop은 결함에코의 높이가 최고인 지점에서 탐촉자를 좌우로 이동하여 에코높이가 최고 높이에 비해 6De(dB) 떨어지는 지점과의 사이간격을 결함 길이로 보는 방법인데, 이때 구해진 결함의 길이를 결함 지시길이라 한다.
길이가 있는 결함의 경우 끝으로 갈 수 록 결함의 폭이 좁아지고 반사음파의 양이 좁아진 부분에서 에코의 높이가 작아지므로 결국 결함이 작게 평가되는 경우로 불연속부(결함)가 탐촉자의 진동자 사이즈보다 작다면 더욱 현저하게 양이 감소해서 결함의 사이즈 역시도 작게 평가된다.

231. 실측 판 두께가 25mm인 알루미늄 합금 맞대기 용접부를 5Z10×10A70(실측굴절각 71°)을 이용하여 탐상한 경우 그림의 탐촉자 위치에서 탐상도형을 얻었다. 측정범위의 조정 및 굴절각의 측정은 STB-A1을 이용한다. 특히 보정은 하지 않으며, 알루미늄 합금의 종파음속은 6350m/s, 횡파음속은 3150m/s로 한다. 이때, 반사원의 위치를 구하라. (단, 탐상도형의 측정범위는 125mm이다. F : 60mm)

풀이

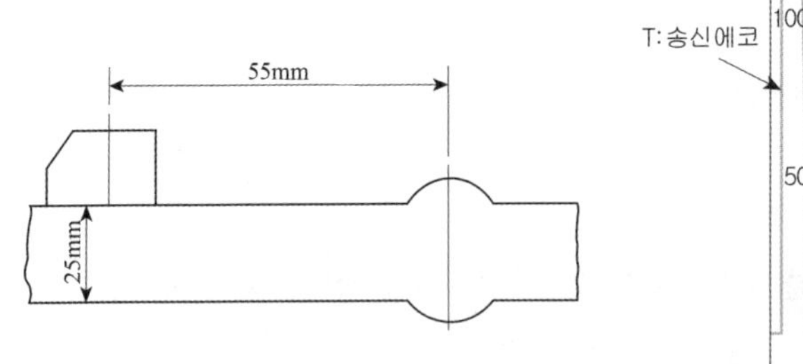

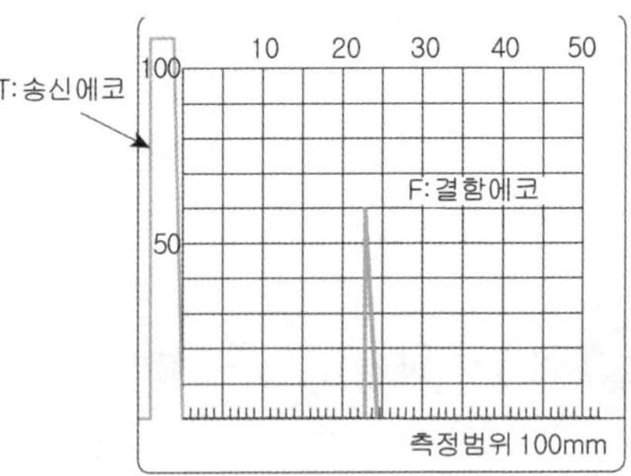

(1) 결함의 깊이

Snell's law를 이용하여$\left(\frac{\sin\alpha}{v_1}=\frac{\sin\beta}{v_2}\right)$

1) 알루미늄합금의 굴절각을 계산하면

$$\frac{\sin 71°}{3230\text{m/s}}=\frac{\sin\beta}{3150\text{m/s}}$$

$$\beta=\sin^{-1}\sin 71°\left(\frac{3150\text{m/s}}{3230\text{m/s}}\right)=67.24°(\text{Al의 굴절각})$$

2) 알루미늄합금에서의 빔진행거리(W_f)는

$3230\text{m/s}:60\text{mm}=3150\text{m/s}:x$

$$x=60\times\left(\frac{3150\text{m/s}}{3230\text{m/s}}\right)=58.51\text{mm}$$

결함의 깊이를 계산하면 $58.51\text{mm}\times\cos 67.24°=22.64\text{mm}$

∴ 결함의 깊이: 22.64mm

(2) 용접 중심부와의 어긋난 거리

1) 결함까지의 빔진행거리(W_f)$\times\sin 67.24°=58.51\text{mm}\times\sin 67.24°=53.95\text{mm}$

2) 주어진 용접 중심부에서 탐촉자 입사점까지의 거리 : 55mm

$55\text{mm}-53.95\text{mm}=1.05\text{mm}$

∴ 용접 중심부와 어긋난 거리 : 1.05mm(좌측으로)

232. KS B 0535에 따른 직접접촉용 1진동자 경사각 탐촉자의 성능측정에서 다음을 기술하시오.

풀이 1) 개별 측정 항목 4가지

① 입사점 ② 굴절각 ③ 불감대 ④ 빔 중심축의 편심과 편심각

2) 공통 측정 항목 4가지

① 시험주파수 ② 전기임피던스 ③ 진동자유효치수 ④ 시간의 응답특성
⑤ 중심감도 프로덕트 및 대역폭

233. 2.25C10N탐촉자를 강재 표면에 대고 초음파탐상을 하였을 때 오실로스코프상에서 첫 번째 저면신호와 두번째 저면신호와의 전파시간차(Time of Flight, TOF)가 20μs였다면, 피검체의 두께는 몇 mm인가? (단, 강재의 종파속도는 5900m/s이다.)

풀이 $vT=V/2$ (T: 시험체의 두께, V: 음속)

$20\mu\text{s}\times T=V/2=\{(5900\text{m}\times1000\text{mm/m/s})/2\}\ /\ 20\mu\text{s}=59\text{mm}$

∴ 피검체의 두께 : 59mm

234. 주파수에 관련 다음의 칸을 채우시오. (예: 같다 – 다르다)

풀이

구분	감도	투과력	근거리음장	분해능
고주파수	높다	나쁘다	길다	좋다
저주파수	낮다	좋다	짧다	나쁘다

235. 주강품의 결함 5가지를 쓰시오.

풀이 ① 블로우홀 ② 모래박힘 및 개재물 ③ 슈링키지(수축관) ④ 균열 ⑤ 콜드셧
(mis – runs, 편석 등도 포함할 수 있음)

236. KS B 0534의 탐상장치의 성능 중 탐상기의 성능 측정 항목 4가지를 쓰시오.

풀이 ① 감도 ② 증폭직진성 ③ 시간축의 직진성 ④ 분해능
(표시기(CRT), 송신부 성능, 게인 조정기, 몰아넣기 특성, 거리진폭보상, 안정성, 게이트 회로의 성능 등도 포함하여 11가지의 측정항목이 있음)

237. 위상배열(Phaser array) 탐촉자의 특징에 대해 2가지 쓰시오.

풀이

1) 다수의 진동자를 배열하고, 각 진동자는 독립적으로 빔의 집속거리와 각도를 가지는 탐촉자
2) 표시형식은 복합적(A, B, C – scope)으로 나타내주므로 1진동자 탐촉자에 비해 신뢰성이 있다.
3) 검사자의 피로도와 시험환경의 영향을 최소화시킬 수 있고 결함검출에 대한 신뢰도를 높일 수 있다.

238. 지연에코에 대해 설명하시오.

풀이

1) 얇은 판재 또는 축의 길이 방향으로 수직탐상 할 때 초음파의 분산에 의해 종파와 횡파로 나뉘고 이때 횡파가 반대쪽 측면에 부딪치고 반사되면서 다시 종파와 횡파로 나뉜다.

   이때 종파는 저면으로 진행하여 진동자로 되돌아오고 횡파는 다시 반대쪽 측면에 부딪쳐 종파와 횡파로 되풀이 된다.

   이때 1번 횡단은 B_1', 2번 횡단은 B_2''로 나타내고 B_1 에코 이후 나타나는 지연에코이다.

발생은 진행경로의 증가와 종파의 횡파로의 파형변화로 인해 나타난다.

2) 간단하게 작성하면 가늘고 긴 재료의 끝단부에서 탐상하였을 때 탐촉자로부터 경사로 송신한 종파가 측면에 부딪쳐 모드변환을 일으킨 상태이다.

참고 : 1)과 2) 중 하나만 작성하여도 지연에코의 설명은 됨

239. +2.5dB, FSH 80%가 기준일 때 실제 FSH는?

풀이 여기서 FSH(Full Screen Height)

$$20\log\left(\frac{F_x}{80\%}\right) = +2.5\text{dB}$$

실제 FSH(F_x)를 구하면

$$\log\left(\frac{F_x}{80\%}\right) = \frac{2.5}{20}$$

$$\left(\frac{F_x}{80\%}\right) = 10^{\frac{2.5}{20}}$$

$$F_x = 80\% \times 10^{\frac{2.5}{20}} = 106.681\%$$

∴ 실제 FSH : 106.68%

240. 초음파 CRT상에 표시되는 에코 중 용접부 결함탐상의 방해를 주는 신호 3가지를 쓰시오.

풀이 ① 루트부에서의 방해 에코 ② 용입부족을 갖는 방해 에코
③ 이면 보강판에 의한 방해 에코 ④ 파형변이에 의한 에코

241. KS B 0896 초음파 탐상시 아래의 물음에 답하시오.

풀이 1) 입사점 측정에 사용되는 시험편

① STB - A1 ② STB - A3

2) 굴절각 측정에 사용되는 시험편

① STB - A1 ② STB - A3

3) 측정범위 정밀도

측정값의 ±1%

4) 굴절각의 측정 단위

STB - A1, A3를 사용하여 0.5° 단위

242. 주파수 2MHz 진동자 직경 26mm인 수직탐촉자의 근거리음장 한계거리를 구하시오. (단, 종파속도 : 5900m/s)

풀이 $X_0 = \frac{D^2}{4\lambda} = \frac{fD^2}{4C} \quad (C = f \times \lambda)$

$= \frac{2 \times 10^6 \times 26^2}{4 \times 5900 \times 10^3}\left(\frac{1/\mathrm{sec}}{\mathrm{mm/sec}}\right)$

$= 57.29\mathrm{mm}$

(X_0 : 근거리음장 한계거리, D : 진동자 직경, λ : 파장, f : 주파수)

∴ 근거리음장 한계거리 : 57.29mm

243. KS B 0896에 의거하여 음향의 이방성에 대하여 설명하시오.

풀이 〈음향의 이방성〉

1) 음파가 방향에 따라서 달리 측정되는 성질이다.
   대체적으로, ① 70°의 굴절각을 사용시 각도의 차가 3°를 초과하는 경우, ② 60°의 경우 각도의 차가 2°를 초과하는 경우 음향의 이방성이 있다고 한다.
2) 탐상굴절각과 공칭굴절각의 각도의 차이를 설명하는 것이다.

244. TOFD의 법에 대해서 설명하시오.

풀이 1) 전파의 시간차를 이용하는 방법이다.
2) 결함의 끝에서 시간에 따른 초음파의 회절하는 성질을 이용하여 결함의 높이를 측정하는 방식이다.
3) 결함에 대한 정량적 평가법이다.

245. KS B 0896에서 흠의 지시길이를 어떻게 측정하는지 쓰시오.

풀이 탐촉자의 이동거리에 의해 측정한 흠의 겉보기 길이를 말한다.

측정방법 :

1) 흠의 지시 길이는 최대 에코 높이를 나타내는 탐촉자 용접부 거리에서 좌우 주사하여 에코 높이가 L선을 넘는 탐촉자의 이동거리로 한다.
2) 이 경우 약간의 전후 주사는 하지만 목회전 주사는 하지 않는다.
3) 측정하는 판 두께가 75mm 이상으로 주파수 2MHz 진동자 치수 20×20mm의 탐촉자를 사용하는 경우 최대 에코 높이의 1/2(−6dB)을 넘는 탐촉자의 이동거리로 한다.
4) 길이는 1mm의 단위로 측정한다.

246. 모드변환에 대해 설명하시오.

풀이 초음파가 경계면에 경사 입사하였을 때 종파의 일부가 횡파로 변환되는 경우

247. 회절에 대하여 설명하시오.

풀이 초음파가 파장 정도의 크기가 되는 물질. 즉, 금속 내의 작은 기포나 개재물에 부딪치게 되면 그 물질을 피하여 그 주위로 돌아가는 이른바 파의 간섭현상

248. 초음파 탐상에서 dB에 대해 설명하시오.

풀이 초음파탐상에서 어떤 두 개의 에코의 높이의 비를 나타내는 것

249. 초음파비파괴평가기법에 활용되고 있는 초음파의 정보 3가지를 기술하시오.

풀이 ① 초음파의 RF 신호
② 초음파 스펙트럼 정보
③ 초음파의 화상 정보

250. 압전효과에 대하여 설명하시오.

풀이
- 정압전효과 : 압전물질에 기계적 압력을 주면 그 물질에 전압이 발생하는 것
- 역압전효과 : 압전물질에 전압을 걸어주면 그 물질이 팽창 및 축소하며 기계적 진동이 발생하는 것

251. 체적 시험과 비체적 시험에 대하여 설명하시오.

풀이 ① 체적시험 : 시험체의 전체를 시험하는 방법이다.
② 비체적시험 : 시험체의 표면 또는 표층부를 시험하는 방법이다.

252. 초음파탐상시험과 음향방출시험의 원리상 차이에 대하여 설명하시오.

풀이 음향방출시험이란 내압을 걸어 시험체에 소성이 일어나기 전에 발생되는 음파를 감지하여 결함의 위치를 알아내는 방법으로 ① 초음파의 경우 음파를 송신, 수신하지만 ② 음향방출시험은 수신만 하며, 결함이 탐상영역 내에서 방출하는 음파를 이용한다(사용 중에만 검사가 가능하고 결함 발생이 아닌 다른 잡음을 구별하는 것이 어렵다).

253. 초음파의 장점에 대하여 3가지만 쓰시오.

풀이 ① 음향방출시험에 비해 값이 일정하게 나타난다.
② 한 번의 검사로 비교적 정확한 결함유무 확인 가능하다.
③ 사용 전·중·후 시험이 가능하다.
④ 표면결함 검출이 가능하다.

254. 감쇠에 대하여 설명하시오.

풀이 초음파가 매질 속을 통과할 때 에너지 또는 진폭이 감소하는 현상. 즉, 단위거리당 에너지의 손실, 흡수와 산란 등이 감쇠의 원인

255. 감쇠계수(attenuation coefficient)에 대하여 설명하시오.

풀이 초음파의 평면파가 재료속을 진행할 때 초음파가 재료에 따라서 어느 정도 감쇠하는가를 나타내는 재료상수이다.

256. 잔류에코에 대하여 설명하시오.

풀이 결함에코가 아니면서 결함에코로 보이는 에코.

- 고스트에코, 잔향에코 : 감쇠가 적은 시험체 속을 전파하고 있는 초음파가 다음 펄스가 송신된 후에도 남아 있기 때문에 수신되어 탐상도형 위에 나타나는 에코. 펄스반복주파수가 높고 또한 감쇠가 적은 재료의 탐상시험 중에 나타남

257. 지연에코(Delay Echo)에 대하여 설명하시오.

풀이 초음파 빔의 퍼짐에 비해 폭이 좁은 시험체. 즉, 환봉 등의 시험체에서는 초음파 빔이 측면에 닿게 되어 모드변환을 일으켜 저면에코 보다 지연되어 수신되는 에코

258. 임상에코에 대하여 설명하시오.

풀이 시험체 내부의 결정입계에 의한 초음파의 산란에 의해 발생한다.
단, 분명히 결함에코라고 알 수 있는 것은 포함하지 않는다.
결정립이 조대한 시험체를 탐상시 많이 나타난다.
이때 펄스폭이 좁은 광대역탐촉자를 사용함으로써 임상에코를 감소시킬 수 있다.

259. 끝면에코에 대하여 설명하시오.

풀이 경사각 및 판파법에서 판의 끝 면에 초음파가 닿아서 돌아오는 에코.
수직탐상법에서는 저면에코에 해당한다. B로 표시

260. 근거리음장 영역에 대하여 설명하시오.

풀이 간섭으로 인하여 음압을 거리와 직접적으로 관계 지을 수 없는 초음파 빔의 영역

261. 펄스반복주파수에 대하여 설명하시오.

풀이 탐상기에서 1초 동안에 나오는 초음파 펄스의 수
- 소인횟수가 많아지면 표시화면이 밝아지고 자동탐상의 속도를 높일 수 있다
- 수직탐상의 경우 잔향에코(잔류에코, 고스트에코)가 나타나기 쉽다.

262. 감도의 종류 중 평가감도와 주사감도에 대하여 쓰시오.

풀이 ① 평가감도 : 탐상된 결함지시와 비교하기 위하여 인공결함을 이용하여 설정한 감도. 초기대비에코
② 주사감도 : 시험체의 표면거칠기 등 탐상에 방해를 받을 수 있는 요소를 감안하여 작은 결함도 빠지지 않고 탐상이 될 수 있도록 탐상감도에서 2배, 4배 등으로 높여 준 감도

263. 적산효과에 대하여 설명하시오.

풀이 ① 강판의 수직탐상에서 흔히 볼 수 있는 현상으로 동일한 진행거리를 가지면서 여러 진행 경로를 갖는 초음파들의 중복에 의하여 결함 에코의 높이가 점점 높아지고 적층되는 현상
② 결함이 작고 판 두께가 얇으며(20mm 이하) 감쇠가 적은 경우에 발생

264. 거리진폭보상에 대하여 설명하시오.

풀이 에코높이의 변화를 거리진폭특성곡선을 이용하여 보정하는 것
- 동일한 반사체로부터의 에코 높이가 탐상면에서 반사체까지의 거리에 따라 달라지는 것을 보상해 주는 것

265. 등가결함지름에 대하여 설명하시오.

풀이 DGS선도에 의해서 계산된 원형평면결함

266. 음압(acoustic pressure)에 대하여 설명하시오.

풀이 초음파가 물질 내를 진행할 때 물질에 가하는 힘의 크기

267. 음향이방성에 대하여 설명하시오.

풀이 초음파의 전파특성이 압연방향이나 탐상방향의 차이에 의해 시험체 내에서 다르게 나타나는 특성

268. 음향 임피던스에 대하여 설명하시오.

풀이 초음파가 물질 내에 진행하는 것을 방해하는 저항

269. 초음파의 정의를 쓰시오.

풀이 초음파란 가청주파수(20Hz~20KHz)보다 높은 주파수의 음파를 말한다.

270. 초음파의 특성 4가지만 쓰시오.

풀이 ① 음파에 비해 주파수가 높고 파장이 짧다.
② 지향성 예민하다. 좋다.(빔의 퍼짐이 작다)
③ 동일매질에서 속도가 일정하다.
④ 진행거리가 비교적 길다.
⑤ 진행거리에 따라 빔의 감쇠가 나타난다.
⑥ 조건에 따라 파형변이가 일어난다.
⑦ X선에 비해 물질 내부전달이 쉽다.

※ 초음파의 특성
① 보통 음파에 비해 주파수 높고 파장 짧다.
② 지향성 예민하다, 우수하다. (빔의 퍼짐이 매우 작다.)
③ 동일 매질에서는 속도 일정하다 ; 매질에 따라 속도 다르며, 온도 변화에 대하여 속도 거의 일정
④ 재질이 다른 계면(불연속)에서 반사한다.
⑤ 진행거리가 비교적 길다.
⑥ 진행거리에 따라 빔의 감쇠가 발생한다.

⑦ 조건에 따라 파형변이가 일어난다.
⑧ X선에 비해 물질 내부전달이 쉽다.

271. 초음파의 종류에 대하여 쓰시오.

풀이

<table>
<tr><td>종파</td><td colspan="3">• longitudinal wave
• 입자의 진동방향이 파를 전달하는 입자의 진행방향과 일치하는 파
• 고체, 기체, 액체에 존재. X-Cut 수정</td></tr>
<tr><td rowspan="2">횡파</td><td>SV파</td><td>• Vertically shear wave
• 일반적으로 횡파라 한다.
• 고체에서만 진행
• 탐상면에 대해 초음파가 수직으로 진동
• Y-Cut 수정
• 수직방향의 특성평가에 적합</td><td>고체 계면에서 반사시 모드변환을 일으키고 다중에코의 멀티모드파가 되기 때문에 시험체가 얇은 경우는 파의 판정이 곤란.</td></tr>
<tr><td>SH파</td><td>• Horizontally shear wave
• 굴절각을 90°에 가깝도록 하면 탐상면에 대해 초음파가 수평으로 진동하며 표면부 탐상 가능</td><td>반사면에서 모드변환이 없고 탐상도형이 간단하여 판정이 용이함. 특수한 탐촉자 필요</td></tr>
<tr><td rowspan="3">표면파</td><td colspan="3">• Rayleigh wave, Surface wave. 음속은 횡파의 약 90%
• 표면으로부터 1파장 정도의 깊이에서 표면을 따라 진행하는 파
• 반도체의 박막 측정. 입자의 운동방향은 타원형</td></tr>
<tr><td colspan="3">• 크리핑파(creeping wave, head wave, lateral wave)
• 시험체에 종파 임계각으로 입사한 경우에 발생
• 표면직하의 탐상에 유리
• 탐상도형이 복잡해져 결함에코의 해석이 어렵고, 결함에서 에너지의 일부가 연속적으로 SV파로 모드변환하여 전파하기 때문에 감쇠가 커서 탐상범위는 짧다.</td></tr>
<tr><td colspan="3">• 누설탄성표면파(leaky surface acoustic wave)
• 경계면이 물인 경우 크리핑파가 표면에서 발생하여 수중에 누설되는 파</td></tr>
<tr><td>판파</td><td colspan="3">• plate wave, 유도초음파(guided ultrasonic wave)의 종류로 램파(lamb wave)
• 재질의 두께가 파장의 3배 이하인 경우의 판재에 표면파가 입사할 경우 발생
• 탐촉자 이동없이 대형설비 전체를 한 번에 탐상 가능
• 박판의 결함 검출</td></tr>
</table>

272. 초음파 탐상검사의 장·단점에 대하여 쓰시오.

풀이

장점	단점
① 투과능력이 커서 (수 미터 정도의) 두꺼운 부분도 검사 가능 ② 미세한 결함에 대해서도 감도가 높다. ③ 내부균열의 위치, 크기를 정확히 측정할 수 있다. ④ 검사결과를 신속히 알 수 있고 자동탐상이 가능하다. ⑤ 검사자 또는 주변 사람에 안전하다. ⑥ 이동성이 좋다. ⑦ 시험체의 한 면으로도 검사가 가능하다.	① 수동검사시 검사자의 경험 및 지식에 의존 ② 접촉매질이 필요(전달효율을 높이기 위해) ③ 표준시험편 또는 대비시험편이 필요 ④ 재료의 내부조직에 따른 영향이 크다. ⑤ 결함의 검출능력은 결함과 초음파 빔의 방향에 따는 영향이 크다. (불감대 존재)

273. 횡파가 종파보다 미세결함검출에 유리한 이유를 쓰시오.

풀이 횡파는 동일한 주파수에서 종파에 비해 짧은 파장을 가지게 되므로 미세 결함 검출에 유리하다. (속도가 종파의 1/2)

274. 주파수에 따른 초음파 특성을 비교하시오.

풀이

구분	고주파	저주파
	광대역	협대역
파장	짧다(작은 결함검출 용이)	길다
분해능	좋다	
펄스 폭	짧다	
펄스 수	많다	
침투력(투과력)	저하	
근거리 음장	길다	
지향각	좋다. 작아진다	
전달손실	표면이 거칠면 크다	표면이 거칠어도 작다
주파수 대역폭	커진다. 70% 밴드폭	
Q값	작아진다	
댐핑	크다(양호)	

275. 초음파탐상시 검사체의 표면거칠기에 따라 감도 분해능에 많은 영향을 미친다. 이러한 영향을 줄이기 위한 기술적인 방법을 쓰시오.

풀이 ① 탐촉자의 주파수가 높을수록
② 파장이 짧을수록
③ 댐핑이 양호할수록
④ 주파수 대역이 넓을수록 분해능은 좋아진다.

276. 초음파 탐상검사의 신뢰성을 얻기 위한 방법을 설명하시오.

풀이 ① RT, PT, MT 등 다른 비파괴검사방법과 병행하여 시험한다.
② B-scan, C-scan 등의 영상화
③ 숙련된 작업자 확보
④ 탐상 전 장비의 교정 진행/확인
⑤ 탐상장비의 주기에 따른 정확한 검교정 상태 확인

277. 초음파 파장과 결함 검출의 한계치수를 설명하시오.

풀이 초음파가 반사되는 반사원의 크기는 파장의 1/10 정도이지만 측정 가능한 결함의 최소 크기는 파장의 1/2 정도이다.

278. 초음파 탐상시험의 적용한계에 대해 기술하시오.

풀이 재료의 결정입자 크기가 조대하면(파장의 1/2~1/3 범위) 산란감쇠가 최대가 되어 탐상이 불가하다.

279. 밀도를 알고 있는 재질의 초음파 속도 측정으로 얻을 수 있는 재료 물성 3가지는?

풀이 ① 푸아송비
② 음향임피던스
③ 탄성계수

280. 진동자의 재질, 장단점과 용도에 대하여 쓰시오.

풀이

재질	장점	단점	용도
수정	전기, 화학, 기계, 열적 안정성 좋음	송신효율 나쁘다.	기준 탐촉자
황산리튬	수신효율이 가장 우수 음향임피던스가 낮아 수침용으로 적당	깨지기 쉽다. 물에 잘 녹아 방수처리 필요	고감도 탐촉자
티탄산바륨	송신효율이 가장 우수 불용성, 화학적 안정	내마모성이 낮아 수명 낮음	
니오비움산 리튬	고온에서 사용 가능. 1210℃(큐리점)		고주파수 탐촉자
니오비움산 납		깨지기 쉽다	고분해능 탐촉자

281. 탐상기의 직선성과 분해능에 대하여 쓰시오.

풀이

시간축직선성		초음파의 진행시간에 따른 거리의 표시가 CRT 가로축에 일정비율로 정확히 나타나는 성능
증폭직선성		수신된 초음파 펄스의 음압과 CRT에 나타난 에코높이의 비례관계의 정도
분해능		서로 근접해 있는 두 결함을 분리하여 에코로 나타내는 능력
	원거리분해능	탐상면으로부터 원거리에 있는 반사원으로부터의 에코를 식별할 수 있는 능력
	근거리분해능	탐상면에 근접한 반사원으로부터의 에코를 식별할 수 있는 능력
	방위분해능	탐상면으로부터 동일거리에 있는 2개의 반사원을 2개의 에코로 식별할 수 있는 능력
감도		어느 정도의 작은 결함을 탐상할 수 있는 가의 능력

282. 특수탐촉자의 종류에 대하여 설명하시오.

풀이

점집속형 탐촉자 Line Focus Type	• 초음파 빔을 집속함으로써 미소결함으로부터 높은 에코를 얻을 수 있고 지향성을 최대한 향상시킬 수 있다. • 방위분해능이 높아 작은 결함의 검출이나 결함위치, 크기의 정밀측정에 적합 • 조대한 금속조직에 사용. 주로 수침법에 사용 • 음향렌즈식, 구면진동자식

<table>
<tr><td rowspan="3">광대역형 탐촉자
(고분해능탐촉자)</td><td colspan="2">진동의 지속횟수가 매우 적은 초음파펄스를 송·수신하는 탐촉자
① 얇은 판의 탐상, ② 두께 측정, ③ 근거리 결함의 분리,
④ 조직이 조대한 재료의 탐상에 사용</td></tr>
<tr><td rowspan="2">초음파진동횟수가 적으면</td><td>표시되는 에코의 폭이 좁고 분해능 높아 고분해능 탐촉자라 불린다.</td></tr>
<tr><td>주파수범위가 넓어 광대역이라 불린다.</td></tr>
<tr><td>2진동자 탐촉자</td><td colspan="2">• 1개의 탐촉자 안에 음향격리면을 사이로 하여 송신과 수신용 진동자를 분리해서 배치한 탐촉자로, 수직용과 경사각용이 있다. 불감대 영역이 없다.
• 표면 직하의 결함 검출이나 박판의 두께측정용 탐촉자로 사용된다.</td></tr>
<tr><td>횡파수직 탐촉자</td><td colspan="2">횡파탐촉자 중 탐상면에 대하여 수직방향으로 초음파 발생, 수신할 수 있는 탐촉자. 초음파의 전달효율은 좋지 않다. 음향이방성 측정</td></tr>
<tr><td>종파경사각탐촉자</td><td colspan="2">• 시험체에 종파가 굴절 전파되도록 제작한 탐촉자이다. 특수한 목적으로만 사용되며, 횡파도 동시에 전파되기 때문에 횡파에 의한 에코도 탐상도형 상에 나타나 탐상이 어렵다.
• 뒷면에서 반사하면 거의 횡파로 모드 변환하기 때문에 직사법으로만 사용해야 한다. 오스테나이트계 스테인리스 강용접부에 사용.
cf) TOFD탐상법</td></tr>
<tr><td>위상배열탐촉자</td><td colspan="2">• 하나의 탐촉자에 다수의 진동자를 배열하여 각 진동자의 발진 시간을 전자적으로 조절함으로써, 초음파의 진행방향을 자유롭게 바꿀 수 있고, 시험체내부의 특정 지점에 초음파의 집속이 가능함.
• 표시형시는 복합적(A,B,C-scan)으로 나타내므로 1탐촉자에 비해 신뢰성이 있다.</td></tr>
</table>

283. 이진동자 수직탐촉자 주사방법을 쓰시오.

풀이 ① X주사법 : 탐촉자의 음향격리면을 주압연방향에 평행 배치하여 압연방향과 직각주사
② Y주사법 : 탐촉자의 음향격리면을 주압연방향에 직각 배치하여 압연방향으로 주사

284. 종파사각탐촉자 선택시 고려해야 할 사항을 쓰시오.

풀이 ① 동일 주파수라도 종파는 횡파보다 파장이 길어 감도가 떨어진다.
② 결정립이 조대한 조직일 때 종파사각탐촉자를 사용한다.
③ 사용시에 횡파가 동시에 존재하므로 여러 개의 지시가 동시에 나타나 탐상에 지장을 줄 수 있으므로 유의해야 한다.
④ 이중재질 경계면이나 클래드 용접부, 오스테나이트계 스테인리스강 용접부 검사등에 이용한다.

285. 오스테나이트 스테인리스강 용접부의 초음파 탐상에 사용하는 탐촉자를 쓰시오.

풀이 ① 종파 사각탐촉자, ② 점집속 사각탐촉자, ③ 고분해능 탐촉자, ④ 저주파수 탐촉자

286. 쐐기로 아크릴을 많이 사용하는 이유를 쓰시오.

풀이 ① 가공이 용이하며 감쇠가 적고 견고하다.
② 음향임피던스가 크지 않다.
③ 아크릴 종파 음속이 강·중의 횡파 음속에 가깝다.
④ 아크릴 수지 중의 종파 입사각이 30~55°일 때 강재에 전파하는 횡파 굴절각은 약 38~75°가 되어 사각탐상에 적합한 굴절각이 얻어진다.
⑤ 또한 위의 굴절각의 범위에서 음향 왕복 통과율이 크기 때문에 능률이 좋고 탐상에 적합하다.

287. 수직탐촉자를 사용하여 경사각탐상을 하기 위해 플라스틱 wedge를 붙여 60°의 경사각을 만들려고 한다. 이때 주의 사항은?

풀이 ① 쐐기의 접근한계길이를 고려한다.
② 탐촉자와 쐐기와의 접촉상태를 고려한다.
③ 탐촉자와 쐐기와의 음향임피던스를 고려한다.
④ 쐐기 내에 결함이 없어야 한다.
⑤ 쐐기의 재질은 초음파의 감쇠 및 손실이 없어야 한다.
⑥ 접촉매질에 의한 부식이나 오염이 없어야 한다.

288. 탐촉자 선정시 고려할 사항에 대하여 쓰시오.

풀이

① 초음파 빔의 방향 ③ 진동자의 크기	② 탐촉자의 주파수 ④ 시험체 두께와 형상에 따른 굴절각
굴절각	결함 이외 시험체 형상에 의해 반사지시가 생기지 않도록 한다. 반사에코나 저면에코가 나올 수 있도록 굴절각 선택 판 두께가 두꺼울 때는 굴절각이 작은 것을 사용
주파수	탐상하고자 하는 최소결함의 크기 시험체의 입자구조와 크기 시험체의 표면거칠기 상태 시험체의 초음파 흡수. 시험체의 두께
진동자	근거리음장의 거리를 최대한 짧게 하여 직경이 작은 탐촉자를 사용 두께가 얇은 시험편은 고주파수 소형진동자를 사용하고, 두께가 두꺼운 시험편은 저주파수 대형 진동자를 사용하여 감쇠되는 빔을 보정해 준다.

289. 수직탐상시 최적의 시험조건 선정을 위해 고려해야할 사항을 쓰시오.

풀이 ① 주파수 선정 : 목적결함의 검출능력, 시험체의 표면거칠기, 두께 등을 고려하여 선정
② 진동자의 크기 : 근거리음장의 한계거리와 지향성에 영향을 주므로 고려해야 한다.

290. 초음파의 손실 및 감쇠에 대하여 설명하시오.

풀이

확산손실	근거리음장 한계거리를 넘으면 확산하고 거리가 증가함에 따라 에코 높이는 낮아진다.
전달손실	음파가 물체의 표면으로 입사할 때 생겨나는 것
	표면의 거칠기, 표면의 형상(곡률의 영향), 접촉매질의 두께
반사손실	저면 밑 탐상면에서의 반사손실, 파장이 짧을수록, 반사면이 거칠수록 커진다.
산란(scattering) 감쇠	결정립에 의한 산란 및 금속의 내부 마찰 때문에 초음파의 에너지가 감쇠
	① 결정입자 및 조직에 의한 산란 ② 점성 감쇠 ③ 전위 운동에 의한 감쇠 ④ 강자성재료에서 자벽의 운동에 의한 감쇠 ⑤ 잔류응력으로 인한 음장의 산란에 의한 겉보기 감쇠
흡수(absorption) 감쇠	비정질의 경우 결정립이 없어 산란보다 흡수가 더 크다.

291. 에코높이에 영향을 미치는 인자를 쓰시오.

풀이 ① 결함의 크기
② 결함의 형상
③ 결함의 기울기
④ 전달손실
⑤ 확산손실
⑥ 초음파의 감쇠
⑦ 주파수

292. 결함이 아닌 에코의 종류를 쓰시오.

풀이 ① 초기에코
② 저면에코
③ 임상에코

293. 초음파탐상검사 시 반드시 주의해야 할 현상 3가지 이상을 기술하시오.

풀이 ① 지연에코
② 잔향에코
③ 원주면에코

294. 시험체의 표면거칠기에 따른 초음파 탐상시험의 영향을 설명하시오.

풀이 1) 표면이 거칠 때 탐상 시험에 미치는 영향
① 시험체 표면에서의 굴절과 저면에서의 난반사로 인하여 산란이 발생되어 감도가 저하
② 송신펄스가 길어져 근거리분해능이 저하된다.
③ 탐상면의 주사가 원활하지 않아 탐상감도가 저하된다.
2) 위의 영향을 줄이기 위한 방법
① 표면을 매끄럽게 한다.
② 탐상기의 gain을 올린다.
③ 저주파수 탐촉자를 사용한다.
④ 초음파 출력이 높은 탐촉자를 사용한다.
⑤ 탐촉자의 표면에 보호막을 사용하여 시험체와 접촉을 개선해 준다.

295. 초음파탐상방법의 분류 중 원리에 의한 분류 방법에 대하여 쓰시오.

풀이

<table>
<tr><td rowspan="5">원리에 의한 분류</td><td>펄스반사법</td><td>초음파펄스를 보낸 시간부터 초음파 펄스를 수신한 시간까지의 경과시간을 측정함으로써 결함이나 저면 반사원까지의 거리를 알 수 있다.
가장 일반적 방법</td></tr>
<tr><td rowspan="2">투과법
(투과반사법)</td><td>연속파, 펄스파 모두 사용 가능하나 대부분 펄스파 이용
수침법에 이용</td></tr>
<tr><td>2개의 송, 수신 탐촉자를 사용하여 송신된 초음파가 시험체를 투과하면서 수신되는 과정에서 시험체내 결함 및 기타 요인에 의해 감쇠하는 정도로부터 시험체 내부의 결함 크기를 아는 방법</td></tr>
<tr><td rowspan="2">공진법</td><td>연속파, 핵 연료봉관과 같은 얇은 시험편의 두께 측정</td></tr>
<tr><td>시험편의 두께가 초음파의 반파장 또는 반파장의 정수배에서 공진이 일어나는 원리를 이용
초음파를 송신할 때 주파수를 변화시켜 검사하고자 하는 시험편의 두께에 맞춰 공진이 일어나도록 함</td></tr>
</table>

접촉방식	직접 접촉법	접촉매질을 사용하여 탐촉자를 직접 접촉시켜 탐상하는 방법
	수침법	탐촉자와 시험체 사이에 물을 넣고 탐상. 에코높이가 시험체 표면상태의 영향을 거의 받지 않는다.
		갭법, 국부수침법, 전몰수침법
	비접촉법	탐촉자와 시험체 사이에 접촉매질을 사용하지 않고 탐상하는 방법 초고온영역 등 접근 한계지역에서 탐상이 가능
		전자기음향탐상(EMAT), 공기결합탐상(Air Coupled Transducer), 레이저초음파(Laser Based Ultrasonic), Dry Couplant
전파방향	수직법	탐상면에 수직으로 초음파를 전파시키는 방법
	사각법	탐상면에 대해 경사방향으로 초음파를 전파시키는 방법. 횡파만 전달
	표면파법	표면파를 이용, 시험체 표층부의 결함을 검출하는 방법

296. 탠덤 탐상법에 대하여 쓰시오.

풀이

탠덤탐상법	내부 용입부족이나 융합불량 등 탐상면에 수직인 면상결함을 효과적으로 검출
TOFD (time of flight diffraction)	송신 및 수신용 종파사각탐촉자를 시험체 표면에 두고 초음파를 송수신 결함 단부에서 회절에코를 이용하여 결함 깊이 측정 횡방향 주사만으로 전체 용접부 검사가 가능하며 결함의 형상이나 경사에 그다지 영향을 받지 않지만 표면 또는 저면 근처에 있는 결함의 측정이 어렵다.
유도초음파법	Guide ultrasonic wave : GUW
전자기음향탐상. EMAT	탐촉자와 시험체가 전자기적으로 결합하여 기계적인 접촉이 필요 없다. 압전소자 탐촉자에 비해 일반적으로 감도가 낮다. 비자성은 불가 송수신 코일 형식 및 자석의 배열등을 적절히 바꿈에 따라 여러 종류의 초음파를 송수신 할 수 있다.
레이저-초음파 탐상	레이저를 이용 비접촉으로 초음파 진동을 발생시키고 검출하는 기술. 고온에서 사용 가능
초음파현미경	SAM(Scanning Acoustic Microscopy) 물질 내부의 관찰이나 탄성표면파의 음속을 측정 가능 비파괴검사나 재료(반도체 웨이퍼 등)의 특성평가에 이용
위상배열 초음파탐상 Phase Array	고속탐상이 가능. 탐촉자 전, 후로 스캔하지 않고 체적 이미지를 얻을 수 있다. 접근하기 어려운 시험부에 사용할 수 있다. 검사 이미지를 바로 확인할 수 있다.

297. 주사방법 중 3가지를 설명하시오.

풀이

목돌림주사	탐촉자의 입사점을 중심으로 하여 탐촉자를 좌우로 회전 결함을 빠뜨리는 것을 방지하고, 결함의 종류를 추정하기 위하여 실시한다.
진자주사	내부결함을 중심으로 탐촉자를 시계의 추와 같이 이동. 결함의 방향성 확인 구형, 원주형결함 : 에코높이가 거의변하지 않는다. 평면형(용입부족, 균열 등) : 에코높이가 급격히 변한다.
좌우주사	탐촉자를 용접선과 평행한 방향으로 하고 좌우로 주사 결함 위치와 길이 추정
전후주사	초음파빔이 시험체의 두께 방향 전체를 통과하도록 탐촉자를 용접선에 수직방향으로 하여 전후로 이동. 결함 깊이와 높이 추정
경사평형주사	두갈래 주사의 간편한 방법으로 1개의 탐촉자를 사용, 횡방향 균열 탐상 용접부에 대하여 경사지게 탐촉자를 놓고 용접선에 평행하게 이동시키는 주사방법
용접선상주사	용접 덧붙임을 제거한 상태에서 용접부의 가로터짐(횡균열) 등의 결함을 검출하기 위하여 탐촉자를 용접부 및 열 영향부 위에 놓고 용접선 방향으로 이동
탠덤주사	탐상면에 수직인 면상결함을 검출
K주사	탐상면에 수직방향으로 있는 평면형 내부결함을 검출하는 데 사용 탠덤의 변형
두갈래 주사	횡방향균열과 같은 용접선에 직각인 결함을 검출하는데 사용 용접선의 양쪽에 각각 한 개씩의 탐촉자를 놓고 동시에 이동시키는 방법
V주사	송·수신 탐촉자를 1skip 떨어져 마주보게 배치 탐상감도의 저하를 보정하는 경우 사용

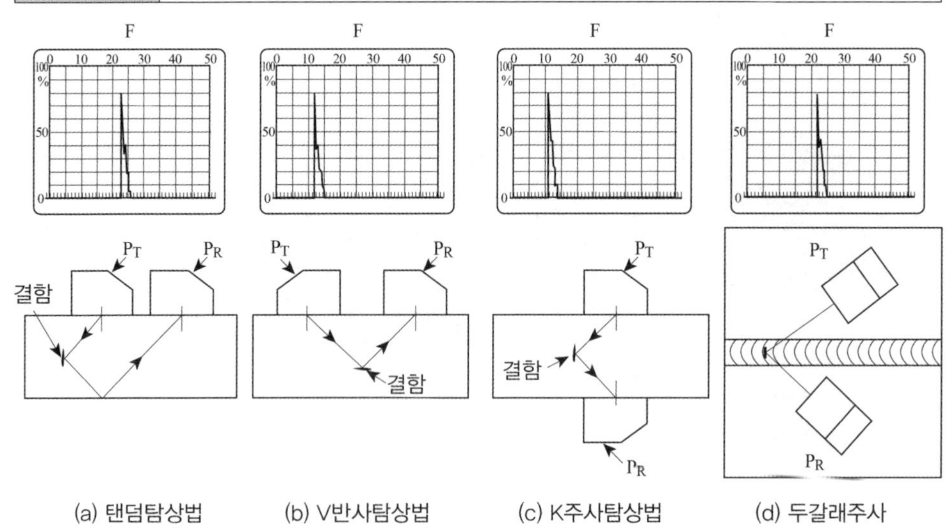

(a) 탠덤탐상법 (b) V반사탐상법 (c) K주사탐상법 (d) 두갈래주사

298. 탐상장치의 구성 5가지를 쓰시오.

풀이

CRT	검출된 신호를 육안으로 확인
시간축발생기	
송신기	고전압의 전기펄스를 생성하고 진동자에 인가하여 초음파를 발생
수신기	반사하여 되돌아온 에코를 수신하고 그 음압을 전압으로 바꿈과 동시에 증폭(증폭기, 정류기, 감쇠기)
동기부(전원부)	시간축발생기와 송신기에 동시에 전기펄스를 발생시켜 주는 장치

299. 자동탐상장치에 필요한 추가 기능을 쓰시오.

풀이 ① 탐촉자 주사 또는 시험체 반송의 자동기구
② 결함에코를 자동 검출할 수 있는 게이트 회로
③ 탐촉자의 추종장치
④ 자동경보장치
⑤ 결과의 자동기록장치나 마킹장치

300. 용접부 탐상시 스크린에서 얻을 수 있는 정보를 설명하시오.

풀이 ① 에코의 위치
② 에코의 높이
③ 에코의 높이가 미리 설정된 높이를 초과하는 지역

301. 주사표시방법을 설명하시오.

풀이

A-Scan 기본표시	스크린의 수평축은 경과시간, 수직축은 에코의 높이를 나타내도록 하여 결함의 깊이와 크기를 알 수 있다. 결함의 방향에 따라 오차가 나타날 수 있다.
B-Scan 단면표시	A-scan의 에코높이의 신호에 휘도 변조를 하여 나타낸다. 피검체의 단면을 볼 수 있는 표시법으로 결함의 깊이와 길이를 알 수 있다. 저면측 결함이 표면측 결함보다 길게 나타난다.
C-Scan 평면표시	탐상면 전체에 걸쳐 탐촉자를 주사시키고 결함위치를 평면도처럼 표시한 것 고속의 자동 주사시 탐상결과를 기록하기 위하여 사용 결함 깊이, 방향 등을 알 수 없다.

302. 초음파탐상시험 결과를 영상화하는 목적을 간략히 서술하시오.

풀이 ① 객관적인 시험결과를 보존가능.

② 시험결과를 2차원적인 단면표시(B-SCAN), 평면표시(C-SCAN) 또는 3차원적 표시로 가능하기 때문에 결함검출의 누락이 적다.

③ 결함위치, 형상, 경사(기울기) 등으로부터 결함 종류 추정 가능하며 결함 검출률을 향상시킨다.

303. 접촉매질에 대하여 쓰시오.

풀이 ① 목적 : 시험체와 탐촉자 사이에 있는 공기층을 제거하여 초음파의 전달효율을 높이기 위하여

② 종류 : 물, 글리세린, 기름, 그리스

③ 선정시 고려사항 : 시험체의 표면조건, 표면온도, 접촉매질간의 화학반응, 탐상 후 제거 용이성 등

④ 요구 특성

- 작은 틈새에도 잘 적용되어야 한다.
- 기포등의 이물질의 혼입이 없어야 한다.
- 초음파 전달 효과가 우수해야 한다.
- 적당한 점성이 필요
- 탐촉자와 검사물의 중간정도 음향임피던스를 갖는 것이 좋다.

304. 탐상감도의 설정에 대하여 설명하시오.

풀이

저면에코법	시험체 건전부의 저면 에코높이를 이용하여 탐상감도를 조정한다.
	표면거칠기, 곡률, 재질에 따른 보정이 불필요하다. 저면이 불규칙한 경우 에코가 나타나지 않거나 에코높이가 낮아진다. 감쇠가 큰 재질에서는 근거리결함의 경우 과대평가될 수 있다.
대비시험편법	감도조정용 시험편의 표준결함 에코높이를 이용하여 탐상감도를 조정한다.
	감도설정의 기준을 정할 수 있다. 시험편과 대비시험편의 차이(표면거칠기, 재질등)에 따른 에코높이의 보정이 필요하다.

305. 감도보정의 필요성과 방법을 설명하시오.

풀이 ① 감도보정의 필요성 : 시험체의 형상(곡률, 표면의 형상), 표면 거칠기, 감쇠등이 표준시험편에 의한 감도와 차이가 있어 초음파 탐상시 영향을 미치는 경우 감도보정

이 필요하다.

② 감도보정의 방법 : 수직탐상시 바닥면 다중에코, 경사각 탐상시 V주사 등에 의해 그 차이를 측정하여 그 값을 이용하여 감도를 보정

306. 초음파 탐상검사시 검출 가능한 강용접부 결함과 주강품, 단강품에 발생되는 결함을 쓰시오.

풀이 ① 용접부 내부결함 : 균열, 기공, 용입부족, 융합불량, 슬래그 혼입,

② 주강품에 발생되는 결함 : 기공, 균열, 모래 개재물, 편석, 콜드셧, 수축공

③ 단강품 : 겹침, 단조 터짐, 균열, seam(이음매), 열처리균열, stinger

307. 맞대기 용접부 경사각 탐상시 탐상장치 조정항목을 쓰시오.

풀이 ① 입사점

② 굴절각

③ 측정범위

④ 탐상감도

⑤ 시간축교정

308. 결함검출능력과 관계된 인자를 쓰시오.

풀이 ① 주사방향

② 접촉매질

③ 표면거칠기

④ 사용할 탐촉자

309. 용접부 탐상시 CRT상에 결함에코가 나타났을 때 정확한 위치를 구하기 위한 필요사항 3가지를 쓰시오.

풀이 ① 교정의 정확도 : 입사점, 굴절각, 기준감도, 표준시험편 등

② 탐촉자의 정확 : 수직 및 사각탐촉자의 진동자, 경사각, 주파수 등

③ 탐상기의 정확 : 시간축 직선성, 증폭직선성, 분해능 등

310. 결함의 크기 측정방법을 설명하시오.

풀이 1) 초음파 빔의 크기보다 작은 결함의 평가

① 대비시험편을 이용하는 방법 : DAC를 이용하여 결함의 크기 산정
② DGS 선도법 : 결함의 크기를 알고 있는 표준시험편을 이용하여 DGS선도를 작성 후 이를 바탕으로 결함의 크기를 측정하는 방법

2) 초음파 빔의 크기보다 큰 결함의 평가
① 6dB drop법 : 최대 에코가 나오는 결함 위치에서 탐촉자를 좌우로 이동시켜 에코 높이가 50%만큼 감소하는 탐촉자의 이동거리를 결함지시길이로 산정
② 20dB drop법 : 최대 에코가 나오는 결함 위치에서 탐촉자를 좌우로 이동시켜 에코 높이가 10%만큼 감소하는 탐촉자의 이동거리를 결함지시길이로 산정
기타) L-Cut법 : 최대 에코가 나오는 결함 위치에서 탐촉자를 좌우로 이동시켜 에코 높이가 DAC곡선의 L선까지 줄어드는 탐촉자의 이동거리를 결함지시길이로 산정

3) 최대진폭법 : 결함표면에 굴곡이 있는 경우 각 면에서의 결함에코가 최대가 되었다가 낮아지게 되는데 최대가 되는 지점들의 빔거리 등을 종합 후 결함길이 측정

311. 사각탐상에서 거리진폭특성곡선에 의한 에코높이구분선을 작성할 때 감도조정기준선이 되는 것을 쓰시오.

풀이 STB-A2의 표준구멍을 0.5스킵(skip)으로 탐상하고 그 에코높이를 80%로 조정한다.

312. 6dB-drop법 탐상시 불연속부가 탐촉자의 진동자 사이즈보다 작을 때 결함의 실제평가는 어떻게 되는지 쓰시오.

풀이 더욱 현저하게 양이 감소하여 결함의 사이즈 역시 작게 평가된다.

313. DGS선도 사용시 재질에 의한 오차가 생기는 이유를 서술하시오.

풀이 ① DGS는 음속의 확산 손실과 원형평면결함으로만 간주하므로 산란에 의한 감쇠, 전이손실차가 발생하여 오차를 수반한다.
② 표면이 거칠거나 곡면일 경우 입사되는 음압이 줄기 때문에 반사되어 돌아오는 음압이 낮게 된다.
③ 재질이 거칠 때 내부산란이 커져 되돌아오는 음압이 낮게 되므로 결함이 과소평가 될 우려가 있다.

314. 결함의 정량적 평가방법을 쓰시오.

풀이 1) 탐촉자 이동거리에 의한 방법

① dB drop법
② 평가레벨법 : DAC 이용법, 에코소멸법
③ 유효빔 넓이법 : 20dB drop법, 에코소멸법

2) 에코 높이를 이용하는 방법
① 에코높이법
② DGS선도법
③ 산란(회절)파법
④ 탠덤탐상법
⑤ 투과반사법

3) 경과(진행)시간 이용법(에코의 전파시간차를 이용)
① Peak echo법(결함끝단 에코법)
② 산란된 종파 이용법
③ 파형 변화된 표면파 이용법
④ 산란파법
⑤ 표면파법

4) 주파수 이용법
① 주파수 분석법
② cepstrum법

5) 영상법(imaging법)
① B-scope법
② synthetic aperture법
③ holography법

315. 표준시험편과 대비시험편의 사용목적을 쓰시오.

풀이 ① 탐상장비의 시간축직선성 교정과 탐촉자의 실제 굴절각 및 입사점 확인
② 탐상전 기준감도를 설정하기 위해
③ 탐촉자의 성능점검을 위해 사용

316. 대비시험편을 제작할 때 주의할 점을 기술하시오.

풀이
- 재료의 선택 : 시험체와 동등한 초음파특성을 갖는 재료를 선택
- 인공결함의 형상, 치수 : 탐상목적으로부터 결정함. 인공결함의 종류로는 평저공, 측면공, 노치, 슬릿 등이 사용됨.
- 가공정밀도의 관리 : 반사원이 되는 부분은 정밀도가 요구됨.

317. 초음파 탐상검사에 사용되는 STB-A2와 RB-4 시험편의 장단점을 비교 설명하시오.

풀이

- STB-A2, RB-4 둘다 사각 탐상에서 탐상감도의 조정, 거리진폭특성곡선의 작성에 사용됨.
- STB-A2의 경우 비교적 얇은 판재에서 사용되고, 두꺼운 판재에서는 RB-4를 사용하는 것이 적당함.

시험편 명칭	주용도						관계규격
	수직탐상			사각탐상			
	측정범위 교정	탐상감도 교정	성능특성 교정	측정범위 교정	탐상감도 교정	성능특성 교정	
STB-G		○○	○○				KS B 0831
STB-N1	○○	○○	○○				KS B 0831 수침법, 갭법
STB-A1	○○		○○	○○	○○	○○	KS B 0831
STB-A2					○○	○○	KS B 0831
STB-A3				○○	○○	○○	KS B 0831
STB-A21					○○	○○	KS B 0831 현장체크용
RB-4		○○	○○		○○	○○	KS B 0896 용접부탐상

318. KS D 0040 건축용 강판 및 평강의 초음파 탐상 시험에서 탐촉자의 종류를 쓰시오.

풀이

시험체의 두께(mm)	사용 탐촉자
13 이상 60 이하	2 진동자 수직 탐촉자 또는 수직 탐촉자
60 초과	수직 탐촉자

319. 크리링파 발생 조건과 사용시 유의사항을 설명하시오.

풀이 1) 크리링파 발생 조건

종파 굴절각을 90°가 되도록 입사각(제 1임계각)을 조정하여 종파가 표면을 따라 진행하는 파를 말한나. 크리링파는 송·수신은 비교적용이 하나 횡파에 의한 반사파도 동시에 전파하기 때문에 탐상 도형이 복잡하다.

2) 사용시 유의사항

표면파의 전파로 경로에 액체가 존재하면 반사 및 감쇠가 발생하여 결함검출을 놓칠 수가 있으므로 표면파의 전파 경로로 접촉 매질이 흘러나가지 않도록 하는 것과 탐상을 하는 부분의 액체를 완전히 제거하도록 하는 것이 필요하다.

320. 유도 초음파 분산 곡선을 설명하시오.

풀이 유도 초음파의 각 모드는 해당 주파수×두께($f \cdot d$) 범위에 따라 차이는 있으나 일반적으로 위상속도가 주파수에 따라 변화하는 분산성을 갖고 있으며, 그 분산적 특성이 주파수나 구조물의 두께에 대해 매우 민감하게 변화하게 된다.

321. 기공의 초음파 특정 3가지

풀이 1) 독립 또는 산재된 기공은 결함으로 입사된 빔이 전부 탐촉자 방향으로 반사되지 않는다.

2) 결함 크기가 작은 경우 에코 높이가 낮고 폭이 좁은 형태를 갖는 특징이 있다.

3) 에코 높이는 진자 주사하거나 반대쪽에서 주사하여도 거의 일정한 강도를 나타낸다.

4) CO_2 용접이나 피복 아크용접의 경우에는 밀집된 기공이 발생하기 쉬우며, 기공의 수나 분포상태에 따라서 아래 그림과 같이 각각 다른 빔 거리의 에코가 스크린 상에 동시에 나타나며, 에코 높이는 비교적 높게 나타난다.

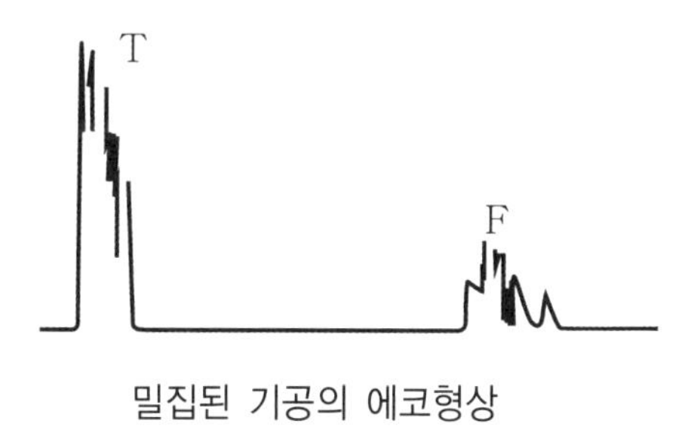

밀집된 기공의 에코형상

322. 근거리 음장을 짧게 하는 방법 2가지

풀이 1) 진동자를 작은 것을 사용한다.

2) 저주파수를 사용한다.

323. 지름 20mm 샤프트를 축 방향으로 탐상시 50mm 위치에서 원주 결함 발견. 이때 제1회 지연에코를 구하시오.

풀이 $\Delta W = 0.76nd = 0.76 \times 1 \times 20 = 15.2\text{mm}$
여기서, n : 횟수에 저면 에코, d : 시험체 폭

324. 경사각 초음파 탐상시 탐상 방향에 대한 고려사항 4가지

풀이 1) 탐촉자 선정 : 주파수의 선정, 진동자 크기의 선정, 굴절각의 선정
2) 측정범위 선정
3) 시험편의 준비 : STB－A1, STB－A2
4) 탐상감도의 선정 : 사각 탐상에서는 저면 에코가 없으므로 탐상감도 조정은 시험편 방식에 의한다.

325. 초음파 탐상시 탐상 방향에 대한 고려사항 4가지

풀이 1) 검출하고자 하는 예상되는 결함의 위치
2) 두께 및 형상에 따른 굴절각
3) 사용 주파수 및 진동자 유효치수
4) 탐상면의 손질 및 접촉 매질의 도포

326. 주강품을 초음파로 탐상시 예상 가능한 결함 5가지

풀이 1) 기공 2) 모래개재물
3) 콜트셧 4) Slag개재물
5) 균열

327. 전자초음파에 대해 설명하시오.

풀이 초음파탐상법은 탐촉자와 시험체가 전자기적으로 결합하기 때문에 기계적으로 접촉할 필요가 없어 접촉매질이 필요 없는 것이 종래 초음파탐촉자와 가장 크게 다른 점이다. 압전진동자를 이용하는 탐상법에 비해 전기, 음향변환 능률이 떨어지고 탐상감도가 약간 저하되지만 비접촉이라는 장점이 있어 이러한 특징을 살려 열간압연재나 표면이 거친 시험체의 탐상이나 두께 측정 등이 가능하다. 그리고 접촉매질의 두께의 영향을 받지 않기 때문에 정밀한 두께 측정이나 음속 측정에 적합하다.

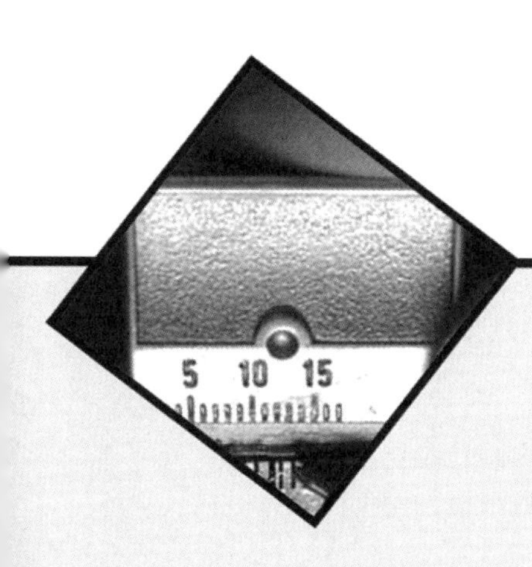

제 3 장

한국산업규격(KS B 0896)

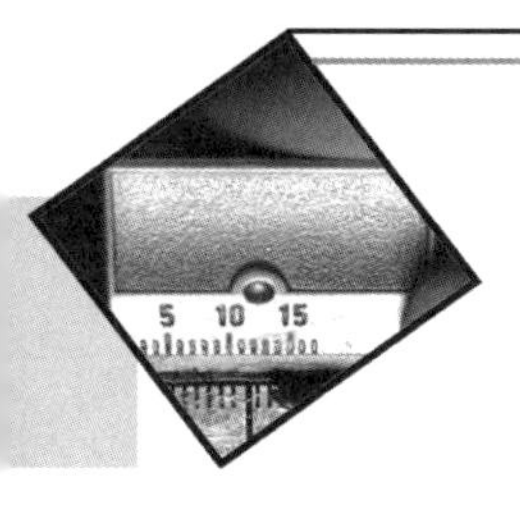

한 국 산 업 규 격

강 용접부의 초음파 탐상시험 방법

Method for Ultrasonic Examination for Welds of Ferritic Steel

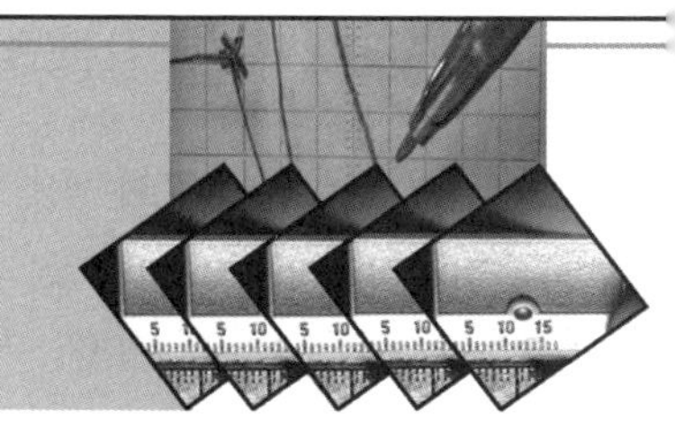

KS B 0896 : 최종 개정일 2014.10.20

1. 적용 범위 이 규격은 두께 6mm 이상의 페라이트계 강의 완전 용접부를 펄스 반사법을 사용한 기본 표시의 초음파 탐상기(이하, 탐상기라 한다)에서 초음파 탐상시험(이하, 탐상이라 한다)을 수동으로 실시하는 경우의 흠의 검출방법, 위치 및 치수의 측정방법에 대하여 규정한다. 다만, 강관의 제조 공정 중의 이음 용접부에는 적용하지 않는다.

비고 부속서 1~6 의 적용은 다음에 따른다.

a) 부속서 1 은 탐상면이 평면인 용접부, 탐상면의 곡률 반지름이 1,000mm 이상인 원둘레 이음 용접부 및 탐상면의 곡률 반지름이 1,500mm 이상인 길이 이음 용접부의 시험에 적용한다.

b) 부속서 2 는 탐상면의 곡률 반지름이 50mm 이상 1,000mm 미만인 원둘레 이음 용접부의 시험에 적용한다.

c) 부속서 3 은 탐상면의 곡률 반지름이 50mm 이상 1,500mm 미만으로, 살두께 대 바깥지름 비가 13% 이하인 길이 이음 용접부의 시험에 적용한다.

d) 부속서 4 는 탐상면의 곡률 반지름이 150mm 이상 1,500mm 미만으로, 살두께 대 바깥지름 비가 13% 이하인 강관 분기 이음 용접부의 시험에 적용한다.

e) 부속서 5 는 탐상면의 곡률 반지름이 250mm 이상 1,500mm 미만으로, 살두께 대 바깥지름 비가 13% 이하인 노즐 이음 용접부의 시험에 적용한다.

f) 부속서 6 은 흠 에코 높이의 영역과 흠의 지시길이에 따라 시험 결과를 분류하는 경우에 적용한다.

2. 인용 규격 다음에 나타내는 규격은 이 규격에 인용됨으로써 이 규격의 규정 일부를 구성한다. 이러한 인용 규격은 그 최신판을 적용한다.

KS B 0534 초음파 탐상장치의 성능 측정 방법

KS B 0535 초음파 탐촉자의 성능 측정 방법

KS B 0550 비파괴 시험 용어

KS B 0831 초음파 탐상시험용 표준시험편

3. 정의 이 규격에서 사용하는 주요 용어의 정의는 KS B 0550에 따르거나 다음에 따른다.

(1) **페이스트** 풀 상태의 접촉 매질

(2) **글리세린 페이스트** 글리세린에 소량의 계면 활성재 및 증점제(增粘劑)를 첨가한 접촉매질

(3) **접촉자 흠 거리** 경사각 탐촉자의 입사점에서 흠까지의 탐상면 위에서의 거리

(4) **DAC 회로** DAC를 하기 위한 회로

(5) **DAC의 기점** DAC를 적용하는 최소의 빔 노정

(6) **DAC의 기점 마크** DAC의 기점을 시간축 위에 표시하는 마크

(7) **DAC 범위** DAC의 기점에서 주어져 있는 최대 보상량의 한계의 빔 노정까지의 범위

(8) **DAC의 경사값** 거리 진폭 특성 곡선의 에코 높이(dB 표시)와 빔 노정과의 관계를 직선에 가까운 것으로 가정하여 그 경사를 나타낸 것. 횡파냐 종파냐에 따라 dB/mm(횡파) 또는 dB/mm(종파)로 나타낸다.

(9) **DAC의 조정점** DAC를 조정할 때의 스킵점

(10) **횡파 음속비** 판두께 방향으로 전반(傳搬)시킨 경우에 횡파의 진동 방향을 주압연 방향(L방향)으로 한 경우의 음속(C_{SL})과 주압연 방향에 직각인 방향(C방향)으로 한 경우의 음속(C_{SC})과의 비($\frac{C_{SL}}{C_{SC}}$)

(11) **흠의 지시 길이** 탐촉자의 이동거리에 의해 추정한 흠의 겉보기 길이

4. 시험 기술자 용접부의 탐상에 종사하는 기술자는 탐상의 원리 및 페라이트계 강의 용접부에 관한 지식을 가지며, 그 탐상에 대한 충분한 지식과 경험을 가진 자로 한다.

5. 초음파 탐상장치의 기능 및 성능

5.1 탐상기

5.1.1 탐상기에 필요한 기능 탐상기에 필요한 기능은 다음에 따른다.

(1) 탐상기는 1탐촉자법, 2탐촉자법 중 어느 것이나 사용할 수 있는 것으로 한다.

(2) 탐상기는 적어도 2MHz 및 5MHz의 주파수로 동작하는 것으로 한다.

(3) 게인 조정기는 1스텝 2dB 이하에서, 합계 조정량은 50dB 이상 가진 것으로 한다.

(4) 표시기는 표시기 위에 표시된 탐상 도형이 옥외의 탐상 작업에서도 지장이 없도록 선명하고, 에코의 상승과 머리부는 특히 선명하고 잘 보기 쉬운 것으로 한다.

(5) 보조 눈금판은 에코 높이 구분선 등을 쓸 수 있으며 쉽게 착탈할 수 있고, 시차에 의한 측정 오차가 작은 것으로 한다.

(6) 게이트 범위는 10~250mm(횡파)의 범위에서 경보 레벨은 표시기의 세로축 눈금 위 20~80%의 범위에서 임의로 설정할 수 있고, 소리 또는 빛에 의해 경보를 발하는 기능을 부속하고 있는 것으로 한다.

(7) 연속적으로 조정할 수 있는 손잡이에서 세로축과 시간축에 관계가 있고, 사용 중에 움직일 가능성이 있는 것은 로크 기능이 부속되어 있는 것으로 한다.

(8) DAC 회로를 내장하는 탐상기에는 DAC 회로의 스위치, DAC의 기점 및 경사를 조정하는 기능을 가진 것으로 한다.

(a) DAC 회로의 스위치는 DAC 회로를 필요에 따라 쉽게 온·오프할 수 있는 기능을 가진 것으로 한다. 또한 이 스위치를 독립적으로 조작할 수 있는 것이 바람직하다.

(b) 기점 및 경사를 조정하는 기능은 기점 및 경사값을 연속적으로 조정할 수 있고, 로크 기구가 부속되어 있는 것으로 한다.

(9) DAC 회로를 내장하는 탐상기에는 기점 마크, DAC 사용 중의 표시 및 경사값의 표시 기능을 갖고 있는 것으로 한다.

(a) 기점 마크가 탐상 도형 중에 표시되는 것으로 한다. 다만, 기점 마크가 에코 높이에 영향을 주는 방식의 것은 DAC 조정 후 그 마크를 소거할 수 있는 것이 바람직하다. 이 경우, 기점 마크를 소거하였을 때에 램프 또는 어떤 방법으로 DAC 회로를 사용하고 있다는 것을 알 수 있는 표시기구로 되어 있는 것으로 한다.

(b) 경사 손잡이에는 거리 진폭 특성 곡선의 경사에 대응하는 눈금을 붙이고, dB/mm(횡파) 또는 dB/cm(횡파) 중 어느 쪽으로 표시한다.
또한 다른 수치로 표시하는 경우는 그 값을 dB/mm(횡파) 또는 dB/cm(횡파)로 환산할 수 있는 표를 첨부한다.

5.1.2 탐상기에 필요한 성능 탐상기에 필요한 성능은 다음에 따른다.

(1) 증폭 직선성은 KS B 0534의 4.1(증폭 직선성)에서 측정하여 ±3%의 범위 내로 한다.

(2) 시간축의 직선성은 KS B 0534의 4.2(시간축 직선성)에서 측정하여 ±1%의 범위 내로 한다.

(3) 감도 여유값은 KS B 0534의 4.3(수직 탐상의 감도 여유값)에서 측정하여 40dB 이상으로 한다.

(4) 특별히 지정이 없는 경우, 탐촉자 케이블의 길이는 2m로 한다.

(5) 전원 전압의 변동에 대한 안정도는 사용 전압 범위 내에서 감도 변화는 ±1dB의 범위 내, 세로축, 시간축 및 DAC 기점의 이동량은 풀 스케일의 ±2%의 범위 내로 한다.

(6) 주위 온도에 대한 안정도는 기준 주위 온도(15~20℃)에서 20℃ 상승시킨 경우와 20℃ 하강시킨 경우의 탐상 도형의 변화를 관측하여 에코 높이의 변동 및 시간축의 이동량을 10℃당으로 평가하여 에코 높이의 변동은 ±2dB의 범위 내, 시간축 및 DAC 기점의 이동량은 풀 스케일의 ±2%의 범위 내로 한다.

(7) DAC 회로를 내장하는 탐상기는 다음 성능을 가진 것으로 한다.

(a) DAC 회로는 30dB 이상 보상할 수 있는 성능을 갖고 있는 것으로 한다.

(b) DAC의 기점의 강(鋼) 중의 횡파 환산의 빔 노정에서 적어도 0~15mm까지의 범위에서 임의의 위치로 조정할 수 있는 것으로 한다.

(c) 경사값의 조정은 적어도 0.048~0.48dB/mm(횡파)의 범위에서 할 수 있는 것으로 한다.

(d) 탐상기의 게인은 DAC 범위 및 그 전후에서 그 연속성을 가진 것으로 한다.
또한 DAC의 기점에서 왼쪽의 증폭 특성은 DAC 회로를 사용하고 있지 않을 때의 상태와 동등하게 한다.

5.1.3 탐상기의 성능 점검 탐상기는 5.1.2에 나타내는 (1)~(3)의 사항에 대하여 KS B 0534의 5.(정기 점검)에 따라, 장치의 구입 시 및 12개월 이내마다 점검하여 소정의 성능이 유지되고 있다는 것을 확인한다.

5.2 탐촉자

5.2.1 탐촉자에 필요한 기능 탐촉자에 필요한 기능은 다음에 따른다.

(1) 탐촉자는 사용하는 탐상기에 적합한 것으로 한다.

(2) 시험 주파수는 공칭 주파수의 90~110%의 범위 내로 한다.

(3) 입사점의 측정을 쉽게 하기 위하여 경사각 탐촉자의 양쪽에서는 1mm 간격으로 가이드 눈금이 붙어 있는 것으로 한다.

(4) 경사각 탐촉자의 진동자의 공칭 치수는 원칙적으로 **표 1**과 같이 한다. 다만, 탠덤 탐상에 사

용하는 탐촉자의 진동자 공칭 치수는 특별히 규정하지 않는다.

(5) 수직 탐촉자의 진동자는 원형으로 하고, 그 공칭 지름은 표 2와 같이 한다.

표 1 경사각 탐촉자의 공칭 주파수와 진동자의 공칭 치수

공칭 주파수 MHz	진동자의 공칭 치수 mm
2	10×10, 14×14, 20×20
5	10×10, 14×14

표 2 수직 탐촉자의 공칭 주파수와 진동자의 공칭 치수

공칭 주파수 MHz	진동자의 공칭 지름 mm
2	20, 28
5	10, 20

5.2.2. 경사각 탐촉자에 필요한 성능 경사각 탐촉자에 필요한 성능은 다음에 따른다.

(1) 접근 한계 길이는 표 3에 나타내는 값 이내로 한다. 다만, 탠덤 탐상에 사용하는 탐촉자의 최소 입사점간 거리는 공칭 주파수 5MHz, 공칭 굴절각 45°의 탐촉자에서 20mm 이하, 70°의 경우에 27mm 이하, 2MHz, 45°의 경우는 25mm 이하로 한다.

표 3 접근 한계 길이

진동자의 공칭 치수 mm	공칭 굴절각 °	접근 한계 길이 mm
20×20	35	25
	45	25
	60	30
	65	30
	70	30
14×14	35	15
	45	15
	60	20
	65	20
	70	20
10×10	35	15
	45	15
	60	18
	65	18
	70	18

(2) 공칭 굴절각의 값은 35°, 45°, 65° 또는 70° 중 어느 것으로 한다. 공칭 굴절각과 STB 굴절각과의 차이는 상온(10~30℃)에서 ±2°의 범위 내로 한다. 다만, 공칭 굴절각 35°의 경우는

0°～+4°의 범위 내로 한다.

탠덤 탐상에서는 판두께 20mm 이상 40mm 미만의 경우에는 공칭 굴절각 70°, 판두께 40mm 이상의 경우에는 공칭 굴절각 45°로 하고, 송신용 및 수신용의 탐촉자 각각의 STB 굴절각의 차이는 2° 이하로 한다.

(3) A1 감도 또는 A2 감도는 사용하는 탐상기와 조합하여 KS B 0534의 4.7(경사각 탐상의 A1 감도 및 A2 감도)에 따라 측정하여 표 4에 나타내는 값 이상으로 한다.

표 4 경사각 탐촉자의 A1 감도·A2 감도

공칭 굴절각°	A1 감도 dB	A2 감도 dB
35	40	40
45	40	40
60	40	20
65	40	20
70	40	20

(4) 원거리 분해능은 사용하는 탐상기와 조합하였을 때, KS B 0534의 4.8(경사각 탐상의 분해능)에 따라 측정하여 공칭 주파수 2MHz의 경우 9mm 이하, 5MHz의 경우는 5mm 이하로 한다.

(5) 불감대는 사용하는 탐상기와 조합하였을 때, KS B 0535의 13.4(불감대)에 따라 측정하여 표 5에 나타내는 값 이하로 한다. 탠덤 탐상에 사용하는 탐촉자의 불감대는 특별히 규정하지 않는다.

표 5 경사각 탐촉자의 불감대

공칭 주파수 MHz	진동자의 공칭 치수 mm	불감대 mm
2	10×10	25
	14×14	25
	20×20	15
5	10×10	15
	14×14	15

(6) 빔 중심축의 치우침은 KS B 0535의 13.1(빔 중심축의 치우침과 치우침 각)의 측정 방법으로 측정하여 1° 단위로 읽고 이 각도가 2°를 넘지 않는 것으로 한다.

5.2.3 수직 탐촉자에 필요한 기능 수직 탐촉자에 필요한 성능은 다음에 따른다.

(1) 사용하는 탐상기와 조합하여 STB V15-5.6의 에코 높이를 눈금판의 50%로 설정하고, 다시 감도를 30dB 올렸을 때 노이즈 등의 에코 높이는 표시기 눈금의 10% 이하로 한다.

(2) 원거리 분해능은 사용하는 탐상기와 조합하였을 때 KS B 0534의 4.4(수직 탐상의 원거리 분해능)에 따라 측정하여 표 6에 나타내는 값 이하로 한다.

표 6 수직 탐촉자의 원거리 분해능

공칭 주파수 MHz	분해능 mm
2	9 이하
5	6 이하

(3) 불감대는 사용하는 탐상 감도에서 송신 펄스 또는 표면 에코의 상승점에서 그 뒤 가장자리의 높이가 마지막으로 20%가 되는 점까지의 길이로 하고, 강 중 거리에서 읽는다. **불감대의 값**은 공칭 주파수가 5MHz에서는 8mm 이하, 2MHz에서는 15mm 이하로 한다. 사용하는 빔 노정이 50mm 이상인 경우에는 불감대를 특별히 **규정하지 않는다**.

5.2.4 경사각 탐촉자의 성능 점검 사용하는 탐촉자는 5.2.2에 나타내는 사항에 대하여 구입 시 및 표 7에 규정한 기간 내에 점검하여 소정의 성능이 유지되어 있다는 것을 확인한다.

표 7 경사각 탐촉자의 성능 점검 시기

점검 항목	점검 시기
빔 중심축의 치우침	작업 개시 시 및 작업 시간 8시간 이내마다
A1 감도 A2 감도 접근 한계 길이 원거리 분해능 불감대	구입 시 및 보수를 한 직후

5.2.5 수직 탐촉자의 성능 점검 사용하는 수직 탐촉자는 5.2.3에 나타내는 사항에 대하여 구입 시 및 적어도 1개월에 1회 점검하고, 소정의 성능이 유지되고 있다는 것을 확인한다.

5.3 표준시험편 및 대비 시험편

5.3.1 표준시험편 이 규격에서 사용하는 표준시험편(STB)은 KS B 0831에 규정하는 A1형 표준시험편 및 A2형계 표준시험편 또는 A3형계 표준시험편으로 한다.

5.3.2 대비 시험편 대비 시험편(RB)은 필요에 따라 감도 조정을 위하여 사용한다.

(1) RB-4

(a) RB-4는 **그림 1** 및 **표 8**에 나타내는 모양과 치수로, 시험체 또는 시험체와 초음파 특성이 비슷한 강재로 제작한다.

(b) RB-4의 표면·상태는 시험체의 탐상면과 동등하게 한다.

(c) 표준구멍은 탐상면과 평행하게 가공한다.

그리고 **그림 1**에 규정하는 이외의 위치에 표준구멍을 추가하여도 좋다.

(2) 기타 대비 시험편

(a) RB-A8은 **부속서 2**에 따른다.

(b) RB-A6은 **부속서 2**에 따른다.

(c) RB-A7은 **부속서 3**에 따른다.

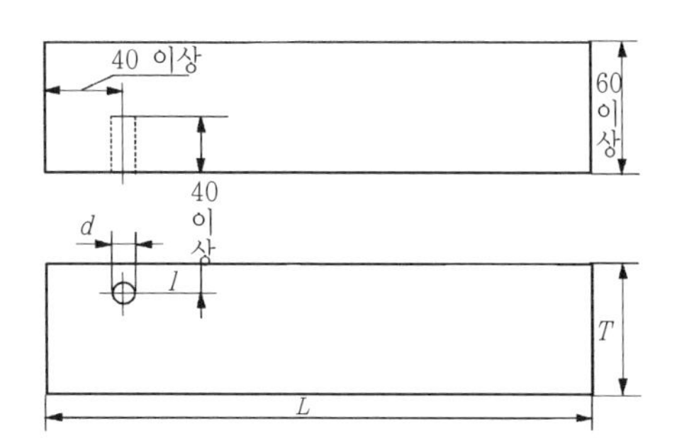

단위 : mm

여기에서 L : 대비 시험편의 길이. 대비 시험편의 길이는 사용하는 빔 노정에 따라 정한다.
T : 대비 시험편의 두께(표 8 참조)
d : 표준구멍의 지름(표 8 참조)
l : 표준구멍의 위치(표 8 참조)

그림 1 RB-4

표 8 RB-4의 치수

단위 : mm

시험편의 명칭	시험체의 두께 t	대비 시험편의 두께 T	표준구멍의 위치 l	표준구멍의 지름 d
No. 1	25 이하	19 또는 t(1)	T/2	2.4
No. 2	25 초과 50 이하	38 또는 t	T/4	3.2
No. 3	50 초과 100 이하	75 또는 t	T/4	4.8
No. 4	100 초과 150 이하	125 또는 t	T/4	6.4
No. 5	150 초과 200 이하	175 또는 t	T/4	7.9
No. 6	200 초과 250 이하	225 또는 t	T/4	9.5
No. 7	250을 넘는 것	t	T/4	(2)

주(1) 시험체의 두께(t)와 대비 시험편의 두께(T)가 같은 경우에는 대비 시험편의 탐상면의 거칠기는 시험체 그대로 한다.
(2) 시험체의 두께가 250mm를 넘는 경우는 두께가 50mm 또는 그 끝수를 늘릴 때마다 대비 시험편의 표준구멍의 지름을 1.6mm 늘린다.

5.4 접촉매질 접촉매질은 탐상면의 거칠기와 탐상에 사용하는 공칭 주파수에 따라 표 9에 따른다.

표 9 탐상면의 거칠기와 접촉매질

탐상면의 거칠기 R_{max} / 공칭 주파수 MHz	30㎛ 이하	30㎛ 초과 80㎛ 미만	80㎛ 이상(3)
5	A	B	B
2	A	A	B

주(3) 탐상면은 80㎛ 미만으로 다듬질하거나 또는 감도를 보정한다.

비고 A : 접촉매질은 임의로 한다.
B : 농도 75% 이상의 글리세린 수용액, 글리세린 페이스트 또는 음향 결합이 이것과 동등 이상이라는 것이 확인된 것으로 한다.

5.5 탠덤 탐상의 지그 탠덤 탐상을 위한 지그는 송신 및 수신용의 2개의 탐촉자를 적절하게 배치할 수 있고, 횡방형 탠덤 주사 또는 종방형 주사를 할 수 있는 것으로 한다.

6. 탐상시험의 준비

6.1 탐상 방법의 선정 용접부의 탐상은 특별한 지정이 없는 한 초음파 빔을 용접선 방향에 대하여 수직으로 향한 1탐촉자 경사각법으로 하고, 직접 접촉법으로 실시한다. 수직법, 탠덤 탐상법, 경사 평행 주사, 용접선 위 주사 또는 분기 주사는 1탐촉자 경사각법의 적용이 곤란한 곳이나 1탐촉자 경사각법으로 탐상하는 것보다 흠의 검출에 적합한 곳에서 특별히 지정된 개소에 적용한다.

탠덤 탐상법은 탐상면에 수직의 그루브면 또는 루트면을 가진 판두께가 20mm 이상의 완전 용입 용접부에서 그루브면의 융합 불량 및 루트면의 용입 불량을 탐상하는 경우에 적용한다.

6.2 표준시험편 또는 대비 시험편의 선정 탐상감도의 조정에는 탐상 목적에 따라 A2형계 표준시험편 또는 RB-4 중 어느 쪽을 미리 지정한다. 다만, 탐상면이 되는 시험체의 판두께가 75mm 이상인 경우, 또는 음향 이방성을 가진 시험체의 경우는 RB-4를 선정한다.

또한, 필요에 따라 각 부속서에 나타내는 대비 시험편을 선정한다.

6.3 수직 탐상에서의 시험편의 선정 표 10과 같이 사용하는 최대 빔 노정에 따라 RB-4의 No. 3에서 No. 7 중 어느 쪽을 선정한다.

표 10 탐상감도의 조정 및 에코 높이 구분선 작성을 위한 시험편의 선정기준

사용하는 최대 빔 노정 mm	적용하는 시험편
50 이하	RB-4의 No. 3(4)
50 초과 100 이하	RB-4의 No. 3(4) 또는 4
100 초과 150 이하	RB-4의 No. 4 또는 5
150 초과 200 이하	RB-4의 No. 5 또는 6
200 초과 250 이하	RB-4의 No. 6 또는 7
250을 넘는 것	RB-4의 No. 7

주(4) RB-4의 No. 3은 두께 75mm인 것을 사용할 것

6.4 주파수의 선정 경사각 탐상에 사용하는 주파수는 원칙적으로 표 11에 따른다.

또한 수직 탐상의 경우는 원칙적으로 표 12에 따른다. 다만, 초음파의 감쇠가 뚜렷한 시험체를 탐상하는 경우에는 표에 규정하는 것보다 낮은 주파수를 사용할 수 있다.

그리고 음향 이방성을 가지며, 모재의 판두께가 75mm 이하인 시험체를 탐상하는 경우에는 2MHz는 사용하지 않는다.

표 11 경사각 탐상에 사용하는 공칭 주파수

모재의 판두께 t mm	공칭 주파수 MHz
75 이하	5 또는 2
75를 넘는 것	2

표 12 수직 탐상에 사용하는 공칭 주파수

사용하는 최대 빔 노정 mm	공칭 주파수 MHz
40 이하	5
40을 넘는 것	5 또는 2

6.5 검출 레벨의 선정 검출 레벨은 탐상 목적에 따라 M검출 레벨 또는 L검출 레벨 중 어느 쪽으로 한다.

6.6 탐상의 시기 용접부에 용접 후 열처리 등의 지정이 있는 경우의 탐상의 시기는 원칙적으로 최종 열처리 후로 한다.

6.7 용접부 표면의 손질 덧살의 모양이 탐상 결과에 영향을 주는 경우에는 그 부분을 적절하게 다듬질한다.

6.8 탐상면의 손질 탐상면은 스패터, 나타난 스케일 및 초음파의 전달을 막는 뚜렷한 녹, 도료 등이 존재하지 않는 것으로 한다. 만약 이것들이 존재하는 경우는 제거한다.

6.9 모재의 탐상 경사각 탐상 시에 초음파가 통과하는 부분의 모재는 필요에 따라 미리 수직 탐상을 하여 탐상의 방해가 되는 흠을 검출하여 기록한다. 이 경우, 탐상감도는 건전부의 제2회 바닥면 에코 높이가 80%가 되도록 한다. 사용하는 탐촉자는 판두께가 60mm 이하의 경우는 공칭 주파수 5MHz, ø20mm로 하고, 판두께가 60mm를 넘는 경우는 2MHz, ø28mm로 한다.

6.10 음향 이방성의 검정

6.10.1 음향 이방성의 측정장치 음향 이방성의 측정장치는 다음에 따른다.

(1) 탐상 굴절각 및 굴절 각도차를 구하는 장치의 성능은 5.2 및 5.3에 준한다.

(2) 탐상 굴절각 및 굴절 각도차를 구할 때 사용하는 송신 및 수신용의 2개의 경사각 탐촉자는 탐상에 사용하는 경사각 탐촉자와 같은 형식의 것으로 하고, 각각의 STB 굴절각의 차이는 2° 이내로 한다.

(3) 횡파 음속비의 측정에 사용하는 장치는 시험체 안에 횡파를 수직으로 전반시키는 횡파 수직 탐촉자를 사용할 수 있고, 유효 숫자가 3자리 이상이며, 음속, 횡파 음속비, 판두께 또는 빔 노정을 측정할 수 있는 장치로 한다. 횡파 수직 탐촉자 대신에 횡파 전자 초음파 탐촉자를 사용할 수 있다.

(4) 횡파 수직 탐촉자는 횡파의 진동 방향이 표시된 것으로 한다.

(5) 횡파 수직 탐촉자를 사용하는 경우의 접촉매질은 횡파용의 것으로 한다.

6.10.2 사용하는 시험편 음향 이방성의 측정에 사용하는 시험편은 다음 중 어느 것으로 한다.

(1) 시험체

(2) 시험체와 동일 강판에서 채취된 평판 모양 시험편

6.10.3 음향 이방성의 추정 공칭 굴절각 70° 또는 65°의 탐촉자를 사용하여 탐상하는 것이 규정되어 있는 경우에, 용접부의 모재에서의 음향 이방성의 유무가 분명하지 않은 경우에는 탐상면이 되는 모재의 음향 이방성을 추정한다.

(1) 탐상에 사용하는 탐촉자 및 그것과 같은 공칭 굴절각의 탐촉자를 사용하여 6.10.4에 규정하는 굴절 각도차를 측정하여 측정값이 3°를 넘는 경우는 음향 이방성이 있다고 추정한다.

(2) 횡파 수직 탐촉자를 사용하여 탐상면 위에서 탐촉자를 회전시키면서 바닥면의 다중 에코를 관찰하여 B_1~B_5 사이에서 L방향(주압연 방향) 진동의 횡파와 C방향(판면 평행으로 L방향과

수직인 방향) 진동의 횡파에 의한 바닥면 에코가 분리되는 경우는 음향 이방성이 있다고 추정한다.

음향 이방성이 있다고 추정된 경우는 공칭 굴절각 60°의 탐촉자를 사용하여 6.10.4, 6.10.5 및 6.10.6에 따라 음향 이방성의 검정을 실시한다.

그리고 이 음향 이방성의 추정을 생략하고 즉시 음향 이방성을 검정하여도 좋다.

6.10.4 굴절 각도차의 측정 탐상에 사용하는 경사각 탐촉자와 같은 형식의 공칭 굴절각 60°의 탐촉자를 사용하여 L방향 또는 C방향으로 **그림 2**와 같은 V주사의 배치에서 표시기 위의 투과 펄스가 가장 높아지도록 탐촉자의 위치를 조정한다. 탐상 굴절각 θ_L 또는 θ_C는 투과 펄스가 가장 높아지는 위치에서의 입사점간 거리 Y 및 실측 판두께 t에서 다음 식에 따라 0.5°의 단위로 구한다.

$$\theta_L(\theta_C) = \tan^{-1}\frac{Y}{2t}$$

θ_L과 θ_C의 측정값의 차를 굴절 각도차로 한다.

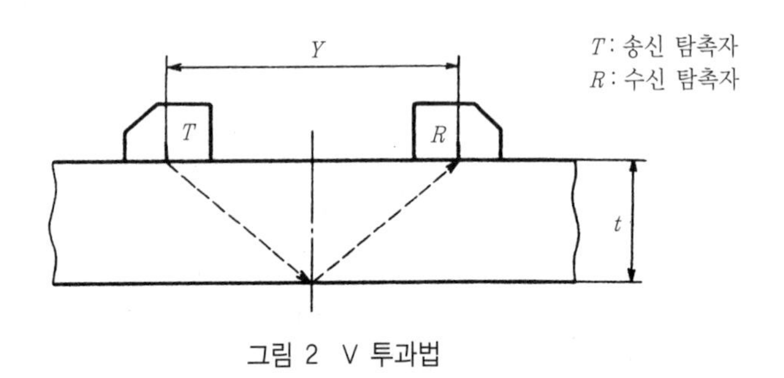

그림 2 V 투과법

6.10.5 횡파 음속비의 측정

(1) **시험편의 L, C 방향의 확인** 시험편의 주압연 방향이 불명확한 경우에는 다음과 같이 하여 L, C 방향을 확인한다. 횡파 수직 탐촉자를 시험편 표면에 눌러 대면서 회전시키고, 바닥면 에코의 위치에서 판독된 횡파의 음속의 측정값이 최대가 되고, 바닥면 에코 높이가 최대가 될 때의 탐촉자의 진동 방향과 일치하는 방향을 L방향으로 한다. L방향에 직각인 방향이 C 방향이 된다.

(2) **측정 방법** 횡파 음속비의 측정은 시험편 표면의 동일 개소에서 L방향 및 C방향으로 횡파 수직 탐촉자의 진동 방향을 맞추고, 이하의 어느 방법에 따라 실시한다.

(a) 음속계에 의한 경우

진동 방향을 L방향 및 C방향으로 하여 얻어진 횡파 음속값 C_{SL}(m/s) 및 C_{SC}(m/s)의 비 $\frac{C_{SL}}{C_{SC}}$을 소수점 이하 2자리까지 구하고, 횡파 음속비로 한다.

(b) 초음파 두께계에 의한 경우

진동 방향을 L방향 및 C방향으로 하여 얻어진 두께 t_L(mm) 및 t_C(mm)의 비 $\frac{t_C}{t_L}$를 소수점 이하 2자리까지 구하여 횡파 음속비로 한다.

(c) 초음파 탐상기에 의한 경우

진동 방향을 L방향 및 C방향으로 하여 측정하였을 때 시간축 위의 시험체의 두께 차가 1% 이하에서 판독되는 경우에만 적용한다.

진동 방향을 L방향 및 C방향으로 하였을 때의 시험편의 제1회 바닥면 에코의 빔 노정을 읽어서 그 값을 각각 W_{SL}, W_{SC}로 한다. 이 비 $\frac{W_{SC}}{W_{SL}}$을 소수점 이하 2자리까지 구하고, 횡파 음속비로 한다.

6.10.6 음향 이방성의 검정 음향 이방성의 검정은 6.10.4 또는 6.10.5 중 어느 쪽 방법에 의해 측정한 값을 기초로 하여 실시하되, 다음의 (1) 또는 (2)에 해당하는 것은 음향 이방성이 있다고 판정한다.

(1) 공칭 굴절각 60°의 경사각 탐촉자에 의한 굴절 각도차의 측정에서 굴절 각도차가 2°를 넘는 경우

(2) 횡파 음속비의 측정에서 횡파 음속비가 1.02를 넘는 경우

6.11 검정 결과의 처치 검정의 결과 음향 이방성이 있다고 판정된 경우, 탐상에는 공칭 굴절각 65° 또는 60°의 탐촉자를 사용한다.

7. 초음파 탐상장치의 조정 및 점검

7.1 경사각 탐상

7.1.1 입사점의 측정 입사점의 측정은 A1형 표준시험편 또는 A3형계 표준시험편을 사용하여 실시한다. 입사점은 1mm 단위로 읽는다.

7.1.2 측정범위의 조정 측정범위는 사용하는 빔 노정 이상에서 필요 최소한으로 한다. 조정은 A1형 표준 시험편 또는 A3형계 표준시험편을 사용하여 ±1%의 정밀도로 실시한다. 다만, 시험체가 음향 이방성을 가진 경우에는 0.5스킵에 상당하는 빔 노정을 더한 값 이상에서 필요 최소한으로 한다.

7.1.3 STB 굴절각 및 탐상 굴절각의 측정

(1) STB 굴절각의 측정 STB 굴절각의 측정은 A1형 표준시험편 또는 A3형계 표준시험편을 사용하여 실시한다. STB 굴절각 0.5° 단위로 읽는다.

(2) 탐상 굴절각의 측정 시험체가 음향 이방성을 가지며 공칭 굴절각 65° 또는 60°를 사용하는 경우의 탐상 굴절각의 측정은 6.10.2의 시험편을 사용하여 그림 2에 나타내는 V투과법에 따라 실시한다.

7.1.4 에코 높이 구분선의 작성

(1) 에코 높이 구분선은 원칙적으로 실제로 사용하는 탐촉자를 사용하여 작성한다. 작성된 에코 높이 구분선은 눈금판에 기입한다.

(2) A2형계 표준시험편을 사용하여 에코 높이 구분선을 작성하는 경우는 $\phi 4 \times 4$mm의 표준구멍을 사용한다. RB-4를 사용하여 에코 높이 구분선을 작성하는 경우는 RB-4의 표준구멍을 사용한다.

(3) 에코 높이 구분선의 작성에 있어서는 그림 3에 나타내는 위치에 탐촉자를 놓고, 각각의 가장 높은 에코(이하, 최대 에코라 한다)의 피크 위치를 눈금판에 플롯한다. 그것들의 각 점을 이어서 하나의 에코 높이 구분선으로 한다(그림 4 참조).

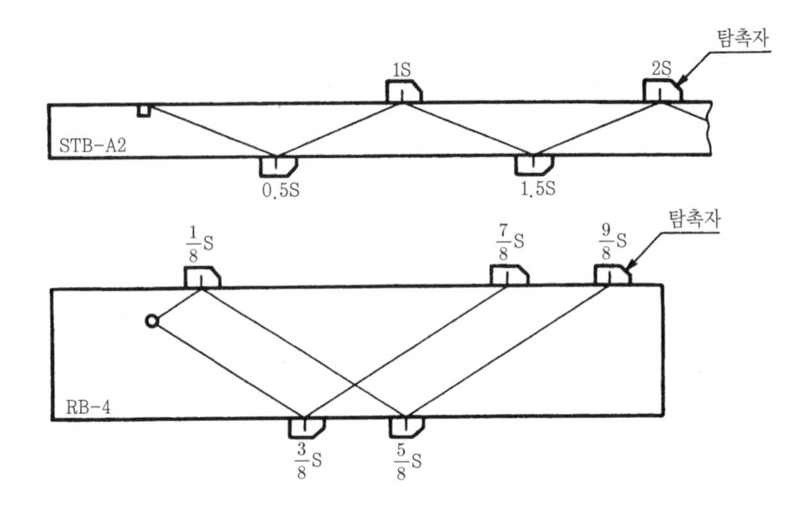

그림 3 에코 높이 구분선 작성을 위한 탐촉자 위치

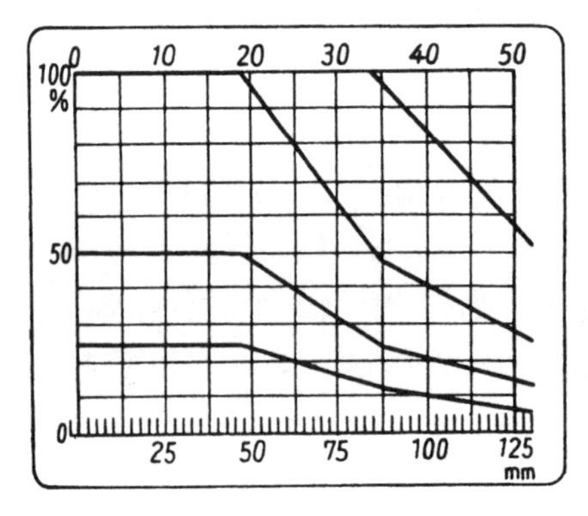

① 5Z10×10A70, 측정범위 125mm, STB-A2에 따른다.

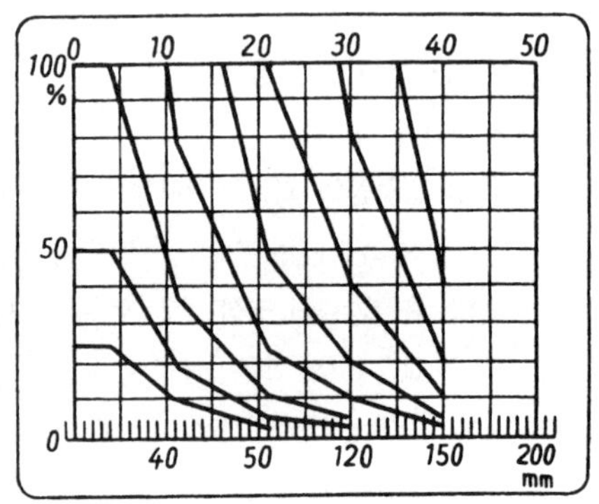

② 5Z10×10A45, 측정범위 200mm, RB-4(T=50mm)에 따른다.

그림 4 에코 높이 구분선의 작성 보기

(4) A2형계 표준시험편을 사용하는 경우, 0.5스킵 거리 이내의 범위는 0.5스킵의 에코 높이로 한다. 다만, 진동자 치수가 20×20mm의 45°인 탐촉자의 경우에는 1스킵 거리 이내의 범위는 1스킵의 에코 높이로 한다.

(5) 이 에코 높이 구분선과 6dB씩 다른 에코 높이 구분선을 3개 이상 작성한다.

7.1.5 영역 구분의 결정

(1) **H선, M선 및 L선의 결정** 전 항에서 작성한 에코 높이 구분선 중, 적어도 하위에서 3번째 이상의 선을 골라서 H선으로 하고, 이것을 탐상감도를 조정하기 위한 기준선으로 한다. H선은 원칙적으로 흠에코의 평가에 사용되는 빔 노정의 범위에서 그 높이가 40% 이하가 되지 않는 선으로 한다.

H선보다 6dB 낮은 에코 높이 구분선을 M선으로 하고, 12dB 낮은 에코 높이 구분선을 L선으

로 한다(그림 5 참조).

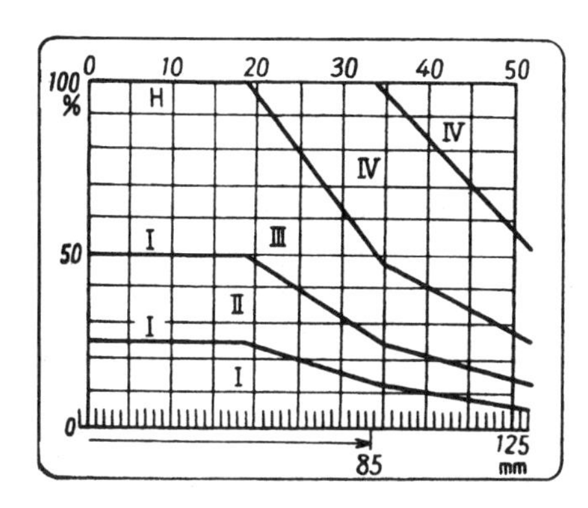

① 측정범위가 125mm이며 평가하는 빔 노정이 85mm까지인 경우에 밑에서 3번째의 구분선을 H선으로 한 보기
사용 탐촉자 : 5Z10×10A70

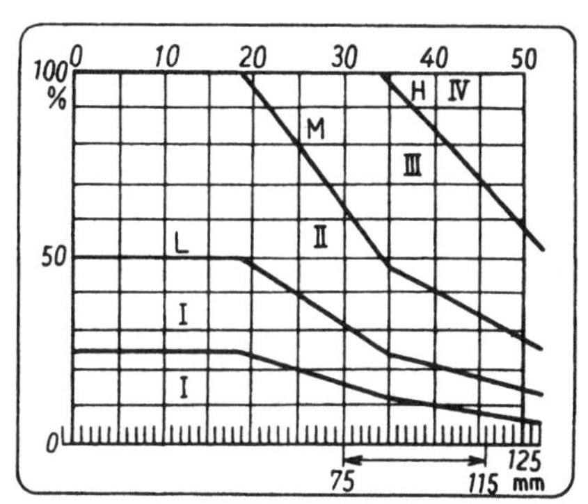

② 측정범위가 125mm이며 평가하는 빔 노정 범위가 75~115mm 정도인 경우에 1번 위의 구분선을 H선으로 한 보기
사용 탐촉자 : 5Z10×10A70

그림 5 H선의 선택과 영역 구분의 보기

(2) 에코 높이의 영역 구분 H선, M선 및 L선으로 나뉜 각각의 영역을 표 13과 같이 구분한다.

표 13 에코 높이의 영역 구분

에코 높이의 범위	에코 높이의 영역
L선 이하	Ⅰ
L선 초과 M선 이하	Ⅱ
M선 초과 H선 이하	Ⅲ
H선을 넘는 것	Ⅳ

7.1.6 탐상감도의 조정 탐상감도의 조정은 다음에 따른다.

(1) **A2형계 표준시험편에 따른 경우** 공칭 굴절각 60° 또는 70°를 사용하는 경우는 $\phi 4 \times 4$mm의 표준구멍의 에코 높이가 H선에 일치하도록 게인을 조정하여, 필요에 따라 감도 보정량을 더하여 탐상감도로 한다.

공칭 굴절각 45°를 사용하는 경우는 $\phi 4 \times 4$mm의 표준구멍의 에코 높이가 H선에 일치하도록 게인을 조정한 후 감도를 6dB 높이고, 필요에 따라 감도 보정량을 더하여 탐상감도로 한다.

감도 보정량을 구하는 방법은 부속서에 따른다.

(2) **RB-4에 따를 경우** 표준구멍의 에코 높이가 H선에 일치하도록 게인을 조정하고 탐상 감도로 한다.

(3) 경사 평행 주사, 분기 주사 및 용접선 위 주사의 탐상감도는 인수·인도 당사자 간의 협정에 따른다.

7.1.7 탐상장치의 조정 및 점검 시기 입사점, STB 굴절각, 탐상 굴절각, 측정범위 및 탐상감도는 작업 개시 시에 조정한다. 또한 이것들은 작업시간 4시간 이내마다 점검하여 조정 시의 조건이 유지되고 있는 것을 확인한다.

7.2 수직 탐상

7.2.1 측정범위의 조정 측정범위는 사용하는 빔 노정 이상에서 필요 최소한으로 한다. 조정은 A1형 표준 시험편 등을 사용하여 ±1%의 정밀도로 실시한다.

7.2.2 에코 높이 구분선의 작성

(1) 에코 높이 구분선은 원칙적으로 실제로 사용하는 탐촉자를 사용하여 작성한다. 작성된 에코 높이 구분선은 눈금판에 기입한다. 사용하는 빔 노정이 50mm 이하나 진동자의 공칭 지름이 10mm이며, 사용하는 빔 노정이 20mm 이하인 경우에는 에코 높이 구분선은 작성하지 않는다.

(2) 에코 높이 구분선의 작성에 있어서는 **그림 6**과 같이 $\frac{T}{4}$, $\frac{3T}{4}$, $\frac{5T}{4}$의 위치에 탐촉자를 놓고, 각각의 최대 에코의 피크 위치를 눈금판에 플롯한다.

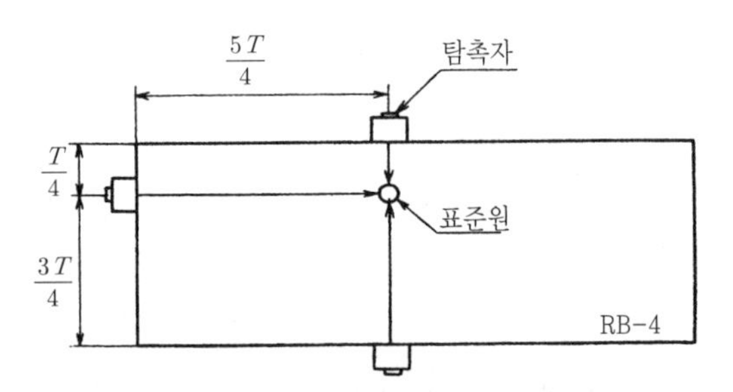

그림 6 에코 높이 구분선 작성을 위한 탐촉자 위치

(3) 이 에코 높이 구분선과 높이가 6dB씩 다른 에코 높이 구분선을 3개 이상 작성한다.

(4) **그림 7** ①과 같이 각각 일정 탐상감도로 눈금판에 플롯된 3점을 직선으로 이어서, 하나의 에코 높이 구분선으로 한다.

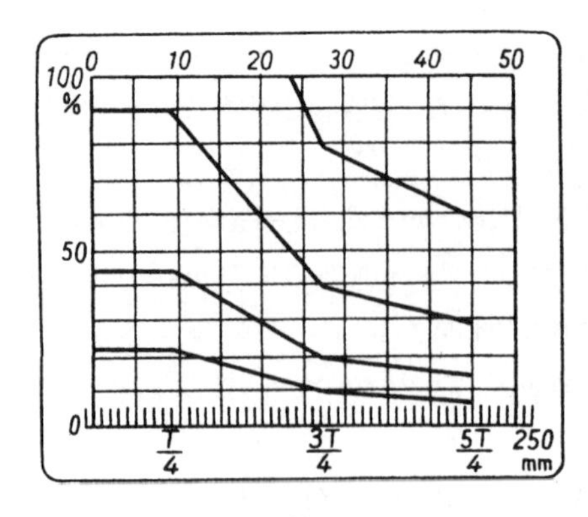

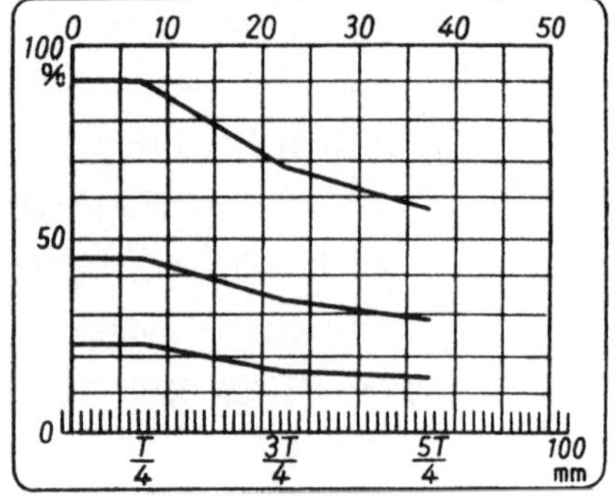

①

그림 7 에코 높이 구분선의 작성 보기(사용 탐촉자 : 5Z20N)

7.2.3 영역 구분의 결정 영역 구분은 7.1.5에 따라 그림 8과 같이 결정한다.

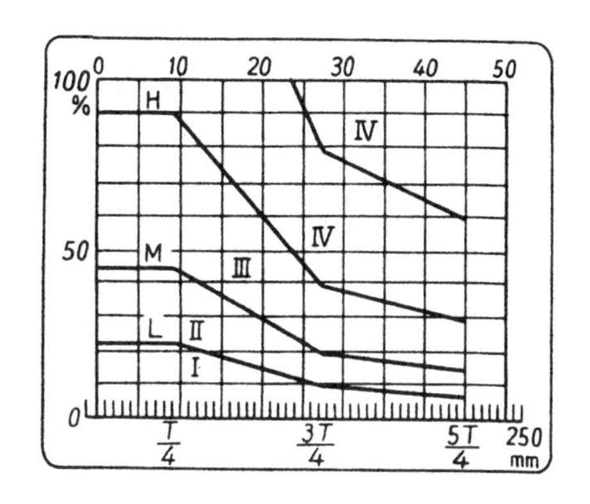

① 빔 노정 75mm 부근을 주된 탐상 범위로 하는 경우

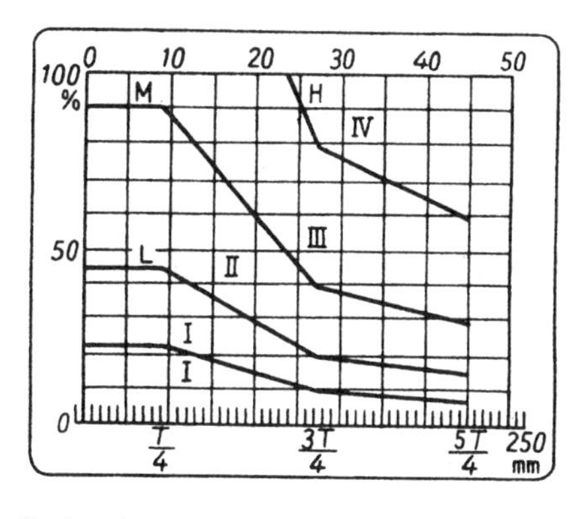

② 빔 노정 150mm 부근을 주된 탐상 범위로 하는 경우

그림 8 영역 구분의 보기

7.2.4 탐상감도의 조정 RB-4의 표준구멍의 에코 높이가 H선에 일치하도록 게인을 조정한다.

7.2.5 탐상장치의 조정 및 점검 시기 측정범위 및 탐상감도는 작업 개시 시에 조정한다.

또한, 이것들은 작업시간 4시간 이내마다 점검하고, 조정 시의 조건이 유지되고 있다는 것을 확인한다.

7.3 탠덤 탐상

7.3.1 측정범위의 조정 A1형 표준시험편 또는 A3형 표준시험편을 사용하여 1탐촉자법에 따라 측정범위를 시험체의 거의 1스킵에 상당하는 빔 노정이 되도록 조정한 후 시험체를 V주사하여, 최대 에코가 얻어진 빔 노정을 마커 등으로 표시한다.

7.3.2 에코 높이 구분선의 작성 탐상기의 눈금판 위에 미리 그림 9의 에코 높이 구분선을 만들어 둔다. 눈금판의 40% 높이의 선을 M선으로 하고, 그것보다 6dB 낮은 선을 L선으로 하고, 6dB 높은 선을 H선으로 한다.

7.3.3 영역 구분의 결정 영역 구분은 7.1.5에 따라 그림 9와 같이 결정한다.

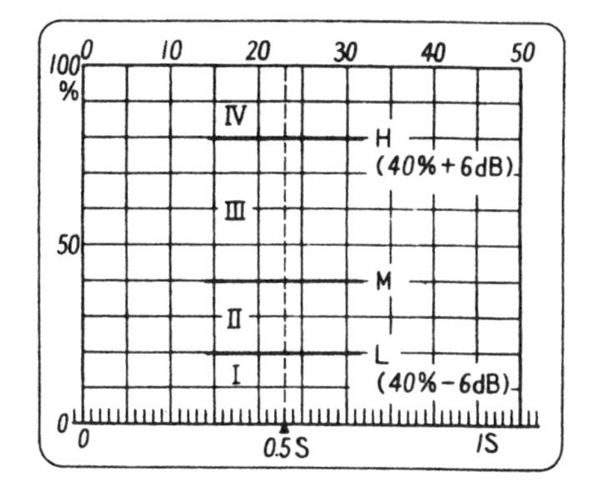

그림 9 에코 높이 구분선과 영역 구분의 보기

7.3.4 탐상감도의 조정

(1) **판두께가 20mm 이상 40mm 미만인 경우** 시험체의 건전부에서 V주사를 하여 그 최대 에코 높이가 M선에 일치하도록 게인을 조정한 후, 감도를 16dB 높여서 탐상감도로 한다.

(2) **판두께가 40mm 이상 75mm 미만인 경우** 시험체의 건전부에서 V주사를 하여 그 최대 에코 높이가 M선에 일치하도록 게인을 조정한 후, 감도를 10dB 높여서 탐상감도로 한다.

(3) **판두께가 75mm 이상인 경우** 시험체의 건전부에서 V주사를 하여 그 최대 에코 높이가 M선에 일치하도록 게인을 조정한 후, 감도를 14dB 높여서 기준의 감도로 한다. 탐상감도는 탐상하는 판두께 방향의 범위가 표면에서 $t/4$까지의 경우는 기준 감도보다 4dB 낮고, $t/4$를 넘어서 $t/2$까지일 때는 기준 감도보다 2dB 낮고, $t/2$를 넘어 뒷면까지일 때는 기준 감도로 조정한다.

7.3.5 탐상장치의 조정 및 점검 시기 입사점, STB 굴절각, 탐상 굴절각, 측정범위 및 탐상감도는 작업 개시 시에 조정한다.

또한, 이것들은 작업시간 4시간 이내마다 점검하여 조정 시의 조건이 유지되고 있는 것을 확인한다.

7.4 DAC 회로의 조정

7.4.1 측정범위의 예비 조정 DAC 회로를 사용하지 않을 때의 상태에서 사용하는 탐촉자를 사용하여 A1형 표준시험편 또는 A3형계 표준시험편에 의해 정해진 측정범위 시간축을 조정한다.

7.4.2 DAC의 조정점의 선택 DAC의 조정은 DAC의 기점 및 DAC의 조정점에 따라 실시한다.

(1) DAC의 기점은 DAC 회로를 사용하지 않을 때의 상태에서 작성한 거리 진폭 특성 곡선 위에서 최대 에코 높이가 얻어지는 점의 빔 노정 또는 그것보다 오른쪽 위치로 고른다.

(2) DAC의 조정점은 DAC의 기점보다 오른쪽 스킵점 중에서 고른다. 이 위치는 사용하는 표준시험편 또는 대비 시험편의 표준구멍을 탐상하여 측정범위를 고려하여 적절한 스킵점에서 고른다.

7.4.3 DAC의 기점의 조정

(1) A2형계 표준시험편 또는 RB-4(또는 같은 목적의 시험편)의 표준구멍을 7.4.2 (2)에서 고른 1스킵점에서 겨냥하여 그 에코 높이가 거리 진폭 특성 곡선에 일치하도록 게인을 조정한다. 그 위치에 탐촉자를 멈추고, DAC 회로를 작동시킨다. 이것에서 DAC의 기점보다 앞의 에코 높이가 변화할 때는 DAC 회로를 사용하지 않을 때의 상태의 에코 높이가 되도록 다시 게인을 조정한다.

(2) DAC의 기점의 마크를 7.4.2 (1)에서 고른 빔 노정에 맞춘다.

7.4.4 경사값의 조정 DAC의 기점을 조정한 상태에서 DAC의 조정점의 에코 높이가 거리 진폭 특성 곡선의 DAC의 기점에 상당하는 빔 노정의 에코 높이와 같아지도록 DAC 경사 손잡이에 의해 조정한다. 다음으로 다소의 전후 주사를 실시하여 최대 에코가 얻어지도록 재조정하고, 그때의 경사값을 읽어서 기록한다.

7.4.5 입사점의 측정, 측정범위의 조정 및 STB 굴절각의 측정 7.4.4의 상태에서 7.4.1에서 사용한 A1형 표준 시험편 또는 A3형계 표준시험편 중 어느 쪽에 따라 입사점을 측정하여 측정범위를 조정한 후 STB 굴절각을 측정한다.

7.4.6 DAC 회로 사용 시의 에코 높이 구분선의 작성

(1) 에코 높이 구분선은 원칙적으로 실제로 사용하는 탐촉자를 사용하여 작성한다. 작성된 에코 높이 구분선은 눈금판에 기입한다.

(2) A2형계 표준시험편을 사용하여 에코 높이 구분선을 작성하는 경우는 $\phi 4 \times 4$mm의 표준구멍을 사용한다. RB-4를 사용하여 에코 높이 구분선을 작성하는 경우는 RB-4의 표준구멍을 사용한다.

(3) 7.4.2 (1)에서의 최대 에코를 나타내는 스킵점에 탐촉자를 놓고, 그 에코 높이가 100%를 넘지 않도록 게인을 조정하고, 그 에코 높이를 눈금판 위에 플롯한다.

(4) (3)의 상태에서 각 스킵점의 에코 높이를 플롯한다.

(5) DAC의 기점의 에코 높이는 DAC의 조정점의 에코 높이와 같도록 하여 플롯한다.

(6) 그것들의 각 점을 이어서 하나의 에코 높이 구분선으로 한다.

(7) STB-A2를 사용하는 경우, 0.5스킵 거리 이내의 범위는 0.5스킵의 에코 높이로 한다. 다만, 진동자 치수가 20×20mm의 45°의 탐촉자인 경우에는 1스킵 거리 이내의 범위는 1스킵의 에코 높이로 한다.

RB-4를 사용하는 경우, 플롯할 수 있는 최소 스킵 거리 이내의 범위는 그 최소 스킵 거리의 에코 높이로 한다.

(8) 이 에코 높이 구분선과 6dB씩 다른 에코 높이 구분선을 3개 이상 작성한다.

8. 탐상시험

8.1 경사각 탐상

(1) **평가의 대상으로 하는 흠** 평가의 대상으로 하는 흠은 각 부속서에 규정하는 탐상감도로 조정하여, M검출 레벨의 경우에는 최대 에코 높이가 M선을 넘는 흠으로 하고, L검출 레벨의 경우에는 최대 에코 높이가 L선을 넘는 흠으로 한다.

(2) **탐상감도** 탐상감도는 흠을 빠뜨리는 것을 막기 위하여 각 부속서에 규정되는 탐상감도보다 높게 할 수 있다. 다만, 에코 높이의 측정 및 흠의 지시 길이를 측정할 때는 규정의 탐상감도로 한다.

(3) **에코 높이의 영역** 최대 에코 높이를 나타내는 위치 및 방향으로 탐촉자를 놓고, 그 최대 에코의 피크가 어느 영역에 있는지를 읽는다.

(4) **흠의 지시길이** 흠의 지시길이는 최대 에코 높이를 나타내는 탐촉자 용접부 거리에서 좌우 주사하여 에코 높이가 L선을 넘는 탐촉자의 이동거리로 한다. 이 경우, 약간의 전후 주사를 하지만 목회전 주사는 하지 않는다. 다만, 탐촉자를 접촉시키는 부분의 판두께가 75mm 이상으로 주파수 2MHz, 진동자 치수 20×20mm의 탐촉자를 사용하는 경우에는 최대 에코 높이의 1/2(−6dB)을 넘는 탐촉자의 이동거리로 한다. 이 길이는 1mm의 단위로 측정한다.

(5) **흠 위치의 표시** 표 10과 같이 흠의 횡단면 위치[(깊이(d), 용접선에 직각 방향의 위치(k)]는 최대 에코가 얻어지는 탐촉자의 위치(X_P)에서, 또한 평면 위치는 흠의 지시길이(l)의 시단(X_S) 및 종단(X_E)으로 표시한다.

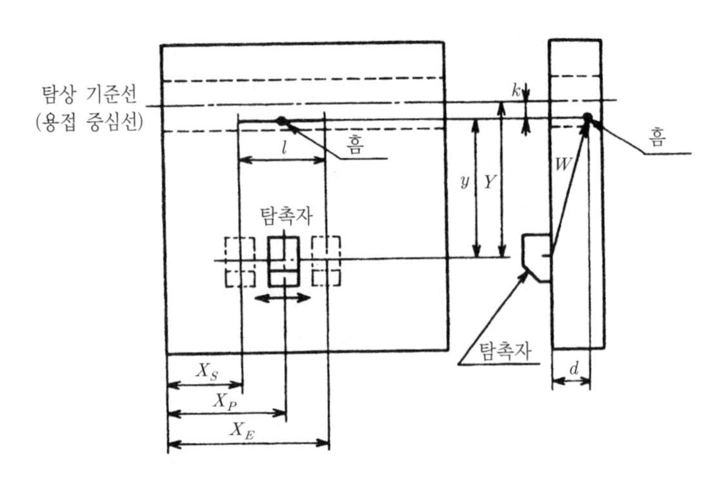

그림 10 흠 위치의 표시

8.2 수직 탐상

(1) **평가의 대상으로 하는 흠** 평가의 대상으로 하는 흠은 7.2.5에 규정하는 탐상감도로 조정하여 M검출 레벨의 경우는 최대 에코 높이가 M선을 넘는 흠으로 하고, L검출 레벨의 경우에는 최대 에코 높이가 L선을 넘는 흠으로 한다.

(2) **탐상감도** 탐상감도는 흠을 빠뜨리는 것을 막기 위하여 규정의 탐상감도보다 높게 할 수 있다. 다만, 에코 높이의 측정 및 흠의 지시길이를 측정할 때는 규정의 탐상감도로 한다.

(3) **에코 높이의 영역** 최대 에코 높이를 나타내는 위치 및 방향으로 탐촉자를 놓고, 그 최대 에코의 피크가 어느 영역에 있는지를 읽는다.

(4) **흠의 지시길이** 흠의 지시길이는 최대 에코 높이를 나타내는 위치를 중심으로 하여, 그 주위를 주사하여 에코 높이가 L선을 넘는 탐촉자의 이동거리(긴 지름)로 한다. 이 길이는 1mm의 단위로 측정한다. 다만, 탐촉자를 접촉시키는 부분의 판두께가 75mm 이상이며, 주파수 2MHz의 탐촉자를 사용하는 경우의 흠의 지시길이는 최대 에코 높이의 1/2(−6dB)을 넘는 탐촉자의 이동거리로 한다.

(5) **흠의 위치 표시** 흠의 횡단면 위치(깊이)는 최대 에코 높이가 얻어지는 탐촉자의 위치에서, 또한 평면 위치는 흠의 지시길이의 시단 및 종단에서 표시한다.

8.3 탠덤 탐상

(1) **탠덤 탐상의 적용 범위** 탠덤 탐상의 적용 판두께 범위는 20mm 이상으로 한다.

(2) **탐상의 방법**

(a) **참조선의 표시** 탠덤 탐상을 실시하는 용접선 위에는 용접에 앞서, 그루브면에서 일정한 거리에 참조선을 마크한다.

(b) **탠덤 기준선의 결정** 시험체의 탐상면이 되는 쪽의 판두께(t) 및 송수 2탐촉자의 각각의 STB 굴절각 θ_r, θ_R에서 다음 식에 따라 l을 구하고, 그림 11과 같이 참조선에서 $(l'-l)$의 위치에 탠덤 기준선을 표시한다.

$$l = t \times \tan\left(\frac{\theta_r + \theta_R}{2}\right)$$

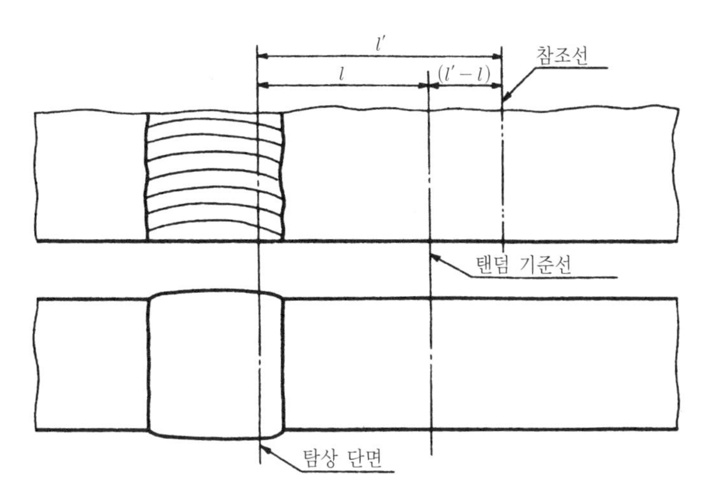

그림 11 탠덤 기준선의 결정

(c) **탐상 지그의 설치** 탐상 지그는 탬점 기준선에 대하여 정확히 설치한다.

(d) **탐상을 하는 면과 방향** 탐상을 하는 면과 방향은 맞대기 이음의 경우는 한면 양쪽으로 하고, T 이음 및 각 이음의 경우에는 한면 한쪽으로 한다.

(e) **주사 방법** 탐촉자의 주사는 탠덤 기준선에 대하여 탐상 지그를 정확히 설치하고, 1탐상 단면마다 실시하는 횡방형 주사 또는 종방형 주사로 한다.

(f) **탐상 불능 영역 및 용접 금속 내의 탐상 방법** 탐상 불능 영역이 되는 탐상 단면의 시험체 뒷면 부근 및 용접 금속 내는 8.1의 경사각 탐상시험을 실시한다.

(3) **평가의 대상으로 하는 흠** 평가의 대상으로 하는 흠은 7.3.4에 규정하는 탐상감도로 조정하고, M검출 레벨의 경우에는 최대 에코 높이가 M선을 넘는 흠으로 하고, L검출 레벨의 경우에는 최대 에코 높이가 L선을 넘는 흠으로 한다.

(4) **탐상감도** 탐상감도는 흠을 빠뜨리는 것을 막기 위하여 규정의 탐상감도보다 높게 할 수 있다. 다만, 에코 높이의 측정 및 흠의 지시길이를 측정할 때는 규정의 탐상감도로 한다.

(5) **에코 높이의 영역** 최대 에코 높이를 나타내는 위치 및 방향으로 탐촉자를 놓고, 그 최대 에코의 피코가 어느 영역에 있는지를 읽는다.

(6) **흠의 지시길이** 흠의 지시길이는 최대 에코 높이를 나타내는 위치를 중심으로 하여 좌우 주사(약간의 전후 주사를 한다)를 하며, M검출 레벨의 경우에는 에코 높이가 M선을, L검출 레벨의 경우에는 에코 높이가 L선을 넘는 범위의 탐촉자의 이동거리로 한다. 이 길이는 1mm 단위로 측정한다.

(7) **흠 위치의 표시** 흠의 횡단면 위치(깊이, 용접선에 직각 방향의 위치)는 최대 에코 높이가 얻어지는 탐촉자의 위치에서, 또한 평면 위치는 흠의 지시길이의 시단 및 종단에서 표시한다.

9. 기록 탐상을 한 후의 기록은 다음에 따른다.

(1) 시험 연월일

(2) 시공업자 또는 제조자 명

(3) 공사 또는 제품명

(4) 시험 번호 또는 기호
(5) 시험 기술자의 서명 및 자격
(6) 재질 및 치수
(7) 용접 방법 및 그루브 모양
(8) 사용한 탐상기 몇, 성능 및 점검 일시
(9) 사용한 탐촉자, 성능 및 점검 일시
(10) 사용한 표준시험편 또는 대비 시험편
(11) 탐상 부분의 상태 및 손질 방법
(12) 탐상 범위
(13) 접촉매질
(14) 감도 보정량
(15) 검출 레벨
(16) 탐상 데이터(용접선 방향의 탐촉자 위치, 탐촉자 용접부 거리, 빔 노정, 최대 에코 높이(영역), 흠의 지시길이)
(17) 흠의 횡단면 위치(깊이, 용접선에 직각 방향의 위치) 및 평면 위치(흠의 지시길이의 시단 또는 종단)
(18) 합격 여부와 그 기준
(19) DAC 회로를 사용하였을 때는 다음 기록을 한다.
  (a) 탐상기 명 및 DAC 사용 시의 성능
  (b) 탐촉자의 제조번호 및 DAC 사용 시의 성능
  (c) DAC의 기점 조정 거리
  (d) DAC의 경사값
  (e) DAC 사용 시의 에코 높이 구분선
(20) 검정의 결과, 음향 이방성을 가진다고 검정된 경우, 다음 기록을 한다.
  (a) 공칭 굴절각
  (b) STB 굴절각
  (c) L, C, (Q)방향 및 흠을 검출한 방향의 탐상 굴절각
  (d) 굴절 각도차($\Delta\theta$)
  (e) 횡파 음속비 및 그 측정 방법
(21) 탠덤 탐상법을 적용한 경우는 다음 기록을 한다.
  (a) 탐상 불능 영역
  (b) 탐상 지그의 시방
  (c) 탠덤 기준선의 위치
  (d) 흠의 판두께 방향의 위치(깊이)
(22) 기타 사항(지정 사항, 협의 사항, 입회, 샘플링 방법 등)

관련 규격 **KS B 0161** 표면 거칠기 정의 및 표시
KS B 0537 초음파 탐상기의 전기적 성능 측정 방법
KS B 0817 금속 재료의 펄스 반사법에 따른 초음파 탐상시험 방법 통칙

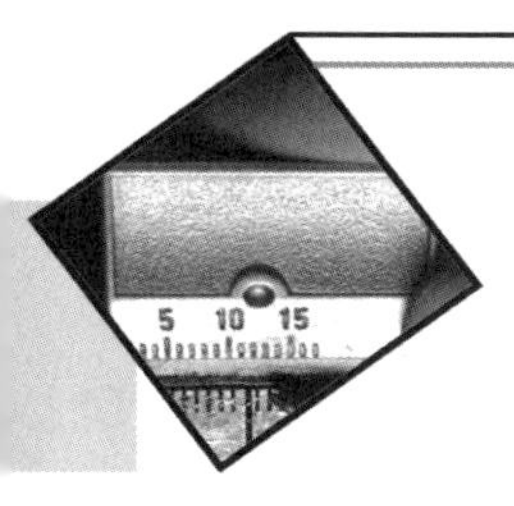

부속서 1 평판 이음 용접부의 탐상 방법

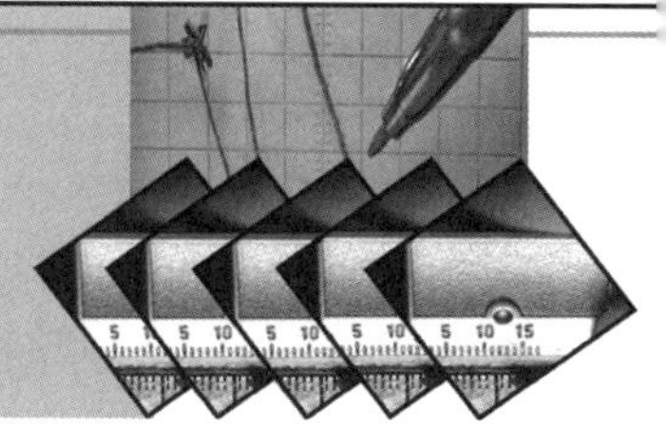

1. 적용 범위 이 부속서는 평판 맞대기 이음 용접부, T이음 용접부, 각이음 용접부, 탐상면의 곡률 반지름이 1,000mm 이상인 원둘레 이음 용접부 및 1,500mm 이상의 길이 이음 용접부의 초음파 탐상시험 방법에 대하여 규정한다.

2. 사용하는 표준시험편 및 대비 시험편 사용하는 표준시험편 및 대비 시험편은 원칙적으로 본체 5.3에 나타내는 STB 또는 RB-4로 한다. 다만, 음향 이방성을 가진 시험체를 탐상하는 경우의 탐상감도의 조정에는 RB-4를 사용한다.

3. 사용하는 탐촉자 사용하는 탐촉자는 원칙적으로 부속서 1 표 1에 따른다.

부속서 1 표 1 사용하는 탐촉자의 공칭 굴절각

판두께 mm	사용하는 탐촉자의 공칭 굴절각(도)	음향 이방성을 가진 시험체의 경우에 사용하는 공칭 굴절각(도)
40 이하	70	65 또는 60(1)
40 초과 60 이하	70 또는 60	
60을 넘는 것	70과 45의 병용 또는 60과 45의 병용	65와 45의 병용 또는 60과 45의 병용(1)

주(1) 공칭 굴절각 60°는 공칭 굴절각 65°의 적용이 곤란한 경우에 적용한다.

4. 탐상장치의 조정

4.1 측정범위의 조정 측정범위의 조정은 본체 7.1.2, 7.2.1, 7.3.1 또는 7.4.5에 따른다.

4.2 입사점, STB 굴절각 및 탐상 굴절각의 측정 입사점의 측정은 본체 7.1.1 또는 7.4.5에 따른다. STB 굴절각 및 탐상 굴절각의 측정은 본체 7.1.3 또는 7.4.5에 따른다.

4.3 에코 높이 구분선의 작성 에코 높이 구분선의 작성은 본체 7.1.4, 7.2.2, 7.3.2 또는 7.4.6에 따른다.

4.4 감도 보정량을 구하는 방법 A2형계 표준시험편을 사용하여 감도 조정하는 경우의 감도 보정량은 이하에 나타내는 방법으로 구한다.

(1) 사용하는 측정범위로 조정한 후, 탐상에 사용하는 탐촉자 및 그것과 같은 형식의 탐촉자를 탐상기에 2 탐촉자를 적용하는 경우의 접속을 한다.

(2) 실제 시험체 위에서 부속서 1 그림 1 ①에 나타내는 배치에서 투과 펄스가 가장 높아지도록 탐촉자

간 거리를 조절한다. 이 투과 펄스의 높이를 50%로 하여 게인의 눈금 V_1(dB)을 읽는다.

(3) A2형계 표준시험편 위에서 **부속서 1 그림 1** ②에 나타내는 배치에서 (2)와 같은 순서에 따라 투과 펄스의 높이를 50%로 하는 게인 눈금 V_2(dB)를 읽는다.

(4) 양자의 빔 노정이 일치하지 않는 경우는 **부속서 1 그림 1** ③과 같이 시험체에서의 빔 노정의 전후가 되는 빔 노정에서의 V_2의 값을 읽고, 내삽에 의해 참 V_2를 추정한다.

(5) $|V_2 - V_1|$의 값을 감도 보정량으로 한다.

(6) 구한 감도 보정량이 2dB 이하인 경우에는 감도의 보정은 하지 않는다.

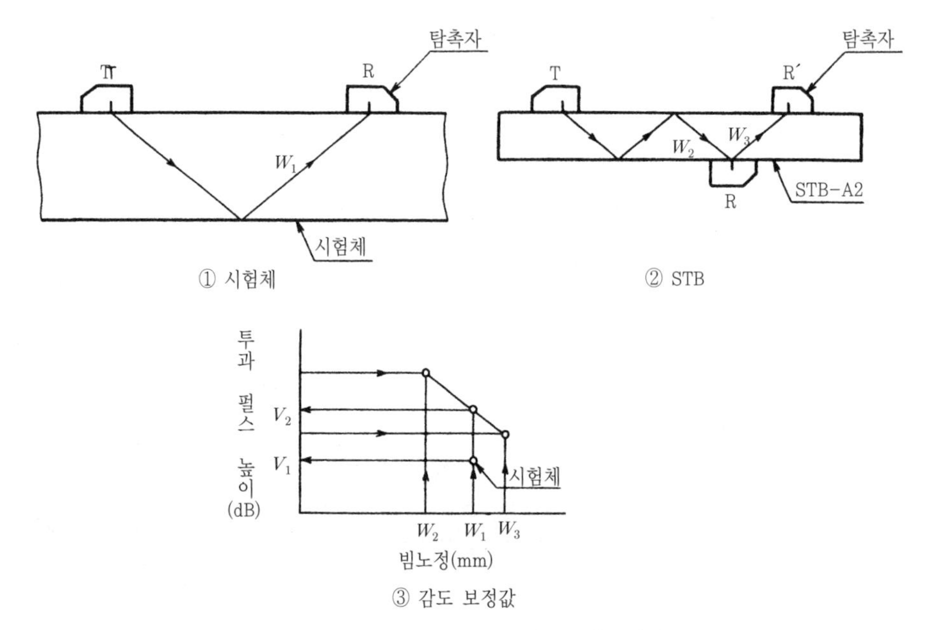

부속서 1 그림 1 감도 보정량을 구하는 방법

4.5 탐상감도의 조정 탐상감도의 조정은 **본체 7.1.6, 7.2.4** 또는 **7.3.4**에 따른다.

5. 탐상면, 탐상의 방향 및 방법

5.1 탐상면과 탐상의 방법의 선택 1탐촉자 경사각 탐상법을 적용하는 경우는 탐상면과 탐상의 방향 및 방법은 원칙적으로 **부속서 1 표 2**에 따른다. 면과 옆은 **부속서 1 그림 2**와 같이 한다. 다만, 클래드 강판의 경우는 탐상면은 페라이트계 강쪽으로 한다.

부속서 1 표 2 탐상면, 탐상의 방향 및 방법

이음 모양	판두께 mm	탐상면과 방향	탐상의 방법
맞대기 이음	100 이하	한면 양쪽	직사법 및 1회 반사법
	100을 넘는 것	양면 양쪽	직사법
T이음, 각이음	60 이하	한면 한쪽	직사법 및 1회 반사법
	60을 넘는 것	양면 한쪽	직사법

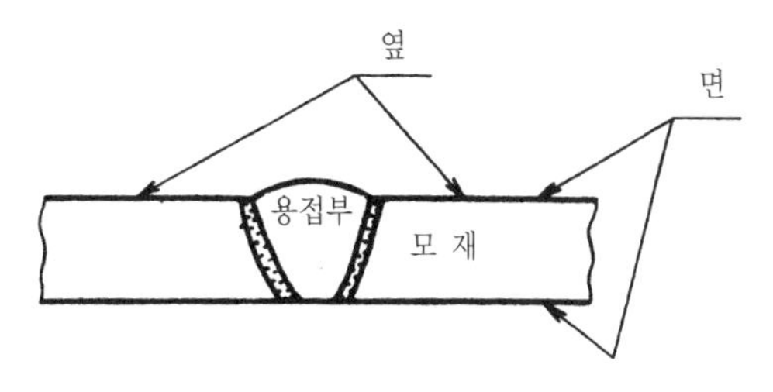

부속서 1 그림 2 면과 옆

5.2 탐상의 방법 탐상의 방법은 흠의 기울기에 따른 흠의 빠뜨림을 막기 위하여 부속서 1 그림 3~5와 같이 2방향 이상의 초음파 빔의 방향으로 실시하는 방법으로 한다.

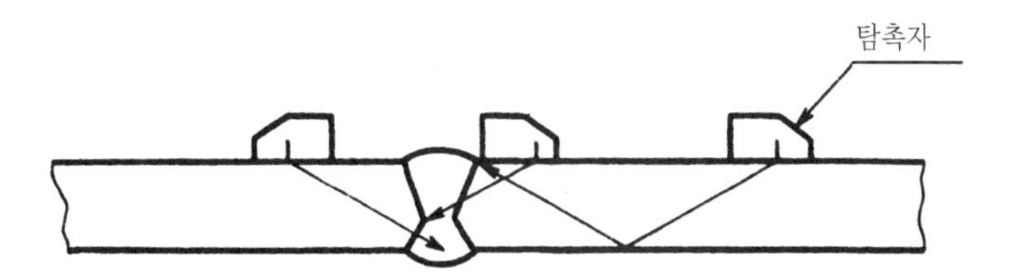

부속서 1 그림 3 판두께 100mm 이하의 맞대기 이음 용접부의 탐상

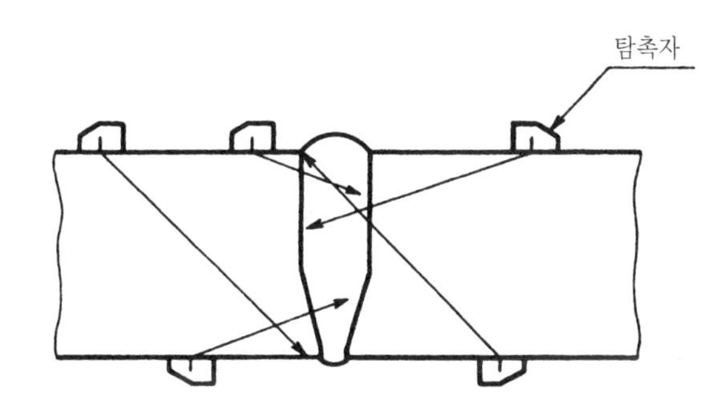

부속서 1 그림 4 판두께 100mm를 넘는 경우의 맞대기 이음 용접부의 탐상

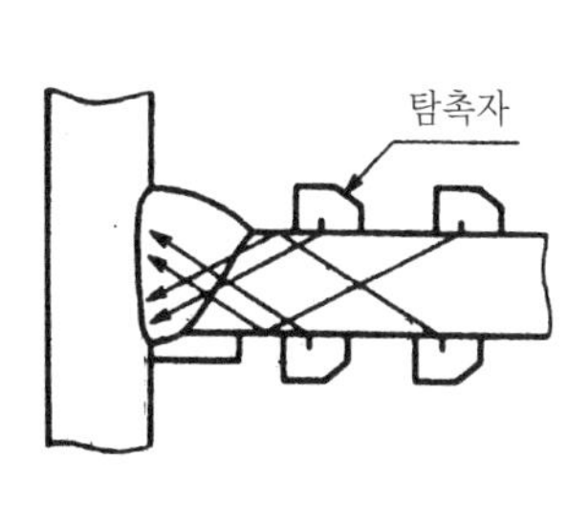

① T이음 용접부

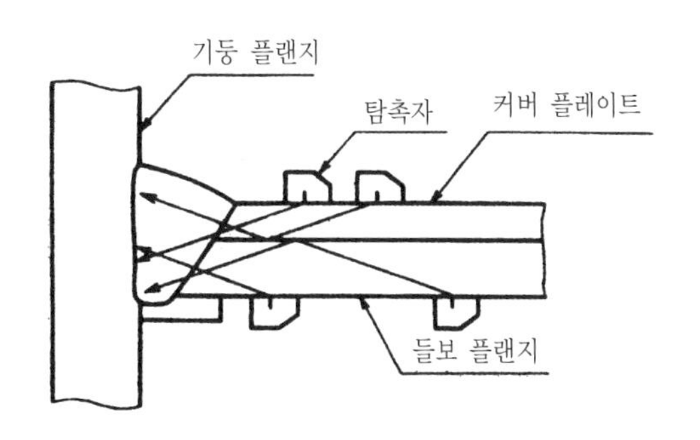

② 커버 플레이트 부착 T이음 용접부

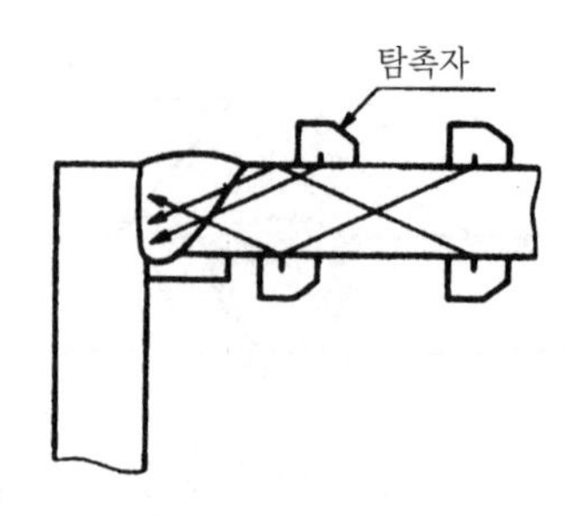

③ 각이음 용접부

부속서 1 그림 5 T이음 및 각이음 용접부의 경사각 탐상

6. 흠 위치의 추정 방법 흠을 검출한 경우, 탐촉자 용접부 거리, 빔 노정 및 STB 굴절각에서 흠 위치를 추정한다. 다만, 음향 이방성을 가진 시험체의 경우는 흠을 검출한 방향에서 구한 탐상 굴절각을 사용한다.

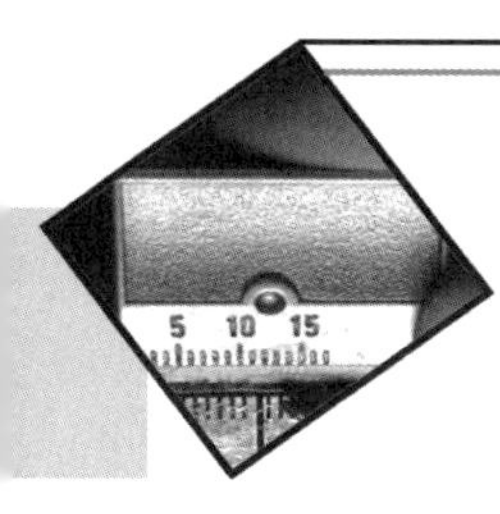

부속서 2 원둘레 이음 용접부의 탐상 방법

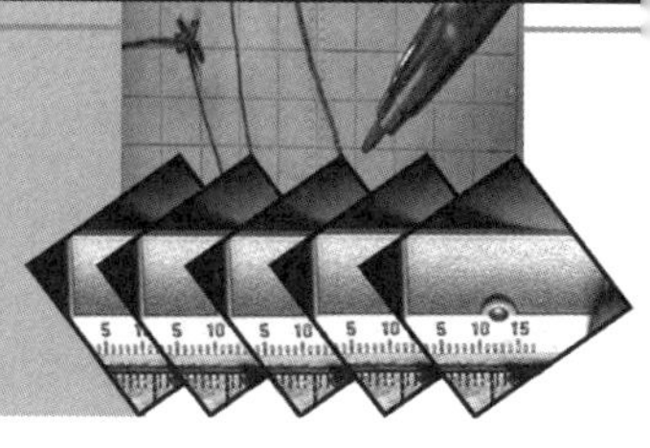

1. 적용 범위 이 부속서는 탐상면의 곡률 반지름이 50mm 이상 1,000mm 미만인 원둘레 이음 용접부의 초음파 탐상시험 방법에 대하여 규정한다.

2. 사용하는 표준시험편 및 대비 시험편

2.1 시험편의 적용 범위 표준시험편 및 대비 시험편은 탐상장치의 조정 작업 항목 및 시험체의 곡률 반지름에 따라 **부속서 2 그림 1**에 따라 사용한다.

그리고 RB-A8 대신에 RB-A6을 사용할 수 있다.

곡률 반지름	50mm ~ 150mm	150mm ~ 250mm	250mm ~ 1,000mm
입사점의 측정 측정범위의 조정	RB-A8(RB-A6) (예비 조정에는 STB-A1 또는 A3형계 STB를 사용)	STB-A1 또는 A3형계 STB	
에코 높이 구분선의 작성 탐상감도의 조정	RB-A8(RB-A6)		RB-4

부속서 2 그림 1 시험편의 적용 범위

2.2 대비 시험편 RB-A8(RB-A6) 대비 시험편 RB-A8 및 RB-A6은 다음과 같이 한다.

(1) RB-A8은 **부속서 2 그림 2**, RB-A6은 **부속서 2 그림 3**에 나타내는 모양과 치수로, 시험체 또는 시험체와 초음파 특성이 비슷한 강재로 제작한다.

(2) 음향 이방성을 가진 시험체를 탐상하는 경우의 대비 시험편은 시험체와 동일 강재로 제작한다.

(3) RB-A8 및 RB-A6의 표면 상태는 시험체의 탐상면과 동등한 것으로 한다.

(4) 대비 시험편의 곡률 반지름은 시험체의 곡률 반지름의 0.9배 이상 1.5배 이하로 하고, 그 살두께는 시험체의 살두께의 2/3배 이상 1.5배 이하로 한다. 다만, 대비 시험편의 살두께가 19mm 이하가 되는 경우는 19mm로 한다.

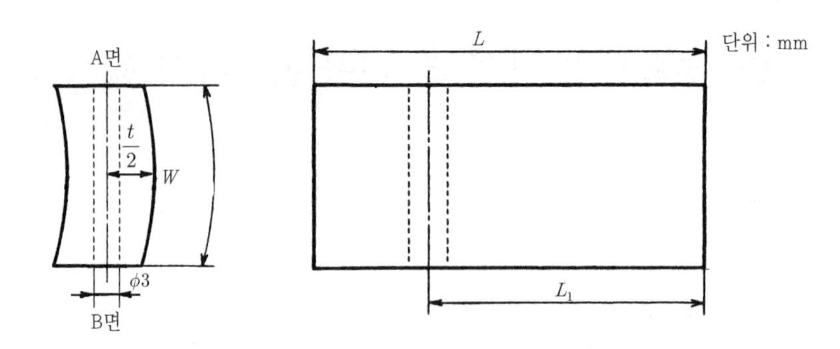

여기에서 L : 대비 시험편의 길이
L_1 : 5/4 스킵 이상의 길이, 40mm 이상으로 한다.
W : 대비 시험편의 나비
t : 대비 시험편의 두께

부속서 2 그림 2 RB-A

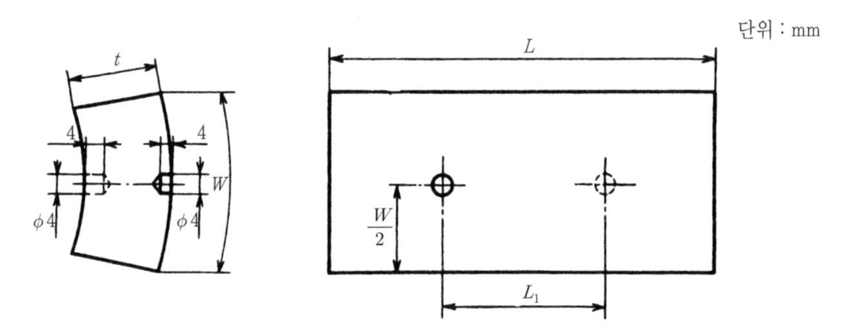

여기에서 L : 대비 시험편의 길이
L_1 : 1.5 스킵 이상의 길이
W : 대비 시험편의 나비, 60mm 이상으로 한다.
t : 대비 시험편의 두께
구멍의 수직도는 0.5° 이하로 한다.
구멍의 앞끝 각도는 118°로 한다.
구멍의 작은 모떼기를 하지 않는다.

부속서 2 그림 3 RB-A6

3. 사용하는 탐촉자

3.1 탐촉자의 접촉면

(1) 곡률 반지름이 150mm 이하인 시험체의 원둘레 이음 용접부를 탐상하는 경우는, 탐촉자의 접촉면은 시험체의 곡률에 맞추어야 한다. 탐촉자의 접촉면의 곡률 반지름은 시험체의 곡률 반지름의 1.1배 이상 2.0배 이하로 한다.

(2) 곡률 반지름이 150mm를 넘는 시험체의 원둘레 이음 용접부를 탐상하는 경우는, 탐촉자의 접촉면의 곡면 가공은 하지 않는다.

3.2 탐촉자의 공칭 굴절각 사용하는 탐촉자의 공칭 굴절각은 원칙적으로 부속서 2 표 1에 따른다.

부속서 2 표 1 원둘레 이음의 탐상에 사용하는 탐촉자의 공칭 굴절각

살두께(mm)	사용하는 탐촉자의 공칭 굴절각(°)	음향 이방성을 가진 시험체의 경우에 사용하는 공칭 굴절각(°)
40 이하	70	65 또는 60(1)
40 초과 60 이하	70 또는 60	
60을 넘는 것	70과 45의 병용 또는 60과 45의 병용	65와 45의 병용 또는 60과 45의 병용(1)

주(1) 공칭 굴절각 60°는 공칭 굴절각 65°의 적용이 곤란한 경우에 적용한다.

4. 탐상장치의 조정

4.1 측정범위의 조정

4.1.1 RB-A8(RB-A6)을 사용하는 경우

(1) **시간축의 예비 조정** 시간축은 미리 수직 탐촉자를 사용하여 A1형 표준시험편의 91mm 또는 A3형계 표준시험편의 45.5mm의 길이 부분을 사용하여 필요한 횡파의 측정범위로 예비 조정한다.

(2) **원점의 수정** 원점의 수정은 다음 방법에 따른다. 다만, 음향 이방성을 가진 시험체의 경우에는 RB-6A를 사용한다.

(a) RB-A8을 사용하는 경우 부속서 2 그림 4의 G와 H의 위치에서 각각의 에코 높이가 최대가 될 때의 겉보기 빔 노정 (W_G)와 (W_H)를 읽는다. 탐촉자를 다시 부속서 2 그림 4의 G의 위치에 놓고, 최대 에코를 나타내는 위치가 다음 조건에 일치하도록 제로점 조정만을 하여 원점을 수정한다.

$$\text{최대 에코의 위치} = \frac{W_H - W_G}{2} - 1.5$$

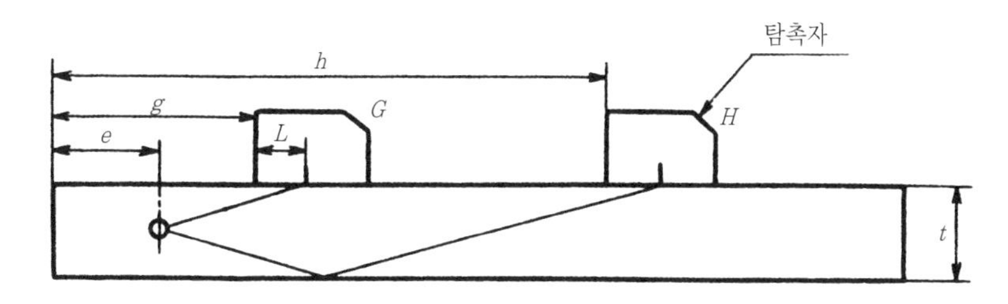

부속서 2 그림 4 RB-A8에 따른 장치의 조정

(b) RB-A6을 사용하는 경우 부속서 2 그림 5의 P와 R 또는 P와 Q의 위치에서 각각의 에코 높이가 최대가 될 때의 겉보기 빔 노정 W_P와 W_R 또는 W_P와 W_Q를 읽는다. 탐촉자를 다시 부속서 2 그림 5의 P의 위치에 놓고 최대 에코를 나타내는 위치가 다음 조건에 일치하도록 제로점 조정만을 하여 원점을 수정한다.

$$최대\ 에코의\ 위치 = \frac{W_R - W_P}{2}\ 또는\ (W_Q - W_P)$$

다만, 부속서 2 그림 5의 P의 위치에서의 빔 노정이 60mm 이하인 경우에는 탐촉자를 Q의 위치에 놓고, 최대 에코의 위치가 $2(W_R - W_Q)$의 값에 일치하도록 제로점 조정만을 하여 원점을 수정한다.

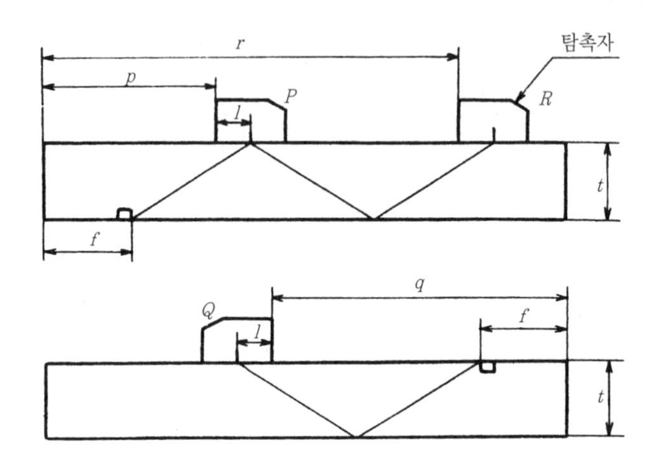

부속서 2 그림 5 RB-A6에 따른 장치의 조정

4.1.2 A1형 표준시험편 또는 A3형계 표준시험편을 사용하는 경우 A1형 표준시험편 또는 A3형계 표준시험편을 사용하는 경우의 측정범위는 본체 7.1.2에 따라 조정한다.

4.2 입사점 및 탐상 굴절각의 측정

4.2.1 RB-A8(RB-A6)을 사용하는 경우 음향 이방성을 가진 시험체를 탐상하는 경우, 입사점 및 탐상 굴절각은 RB-A6을 사용하여 측정한다.

(1) RB-A8을 사용하는 경우 부속서 2 그림 4의 G와 H의 위치에서 각각의 RB-A8의 끝면에서 탐촉자까지의 거리 g 및 h를 측정한다. 접근 한계 길이 l을 다음 식에 따라 산출하여 입사점의 위치를 결정한다.

$$l = e - \frac{3g - h}{2}$$

탐상 굴적각 θ는 g 및 h를 사용하여 다음 식에 따라 산출한다.

$$\theta = \tan^{-1}\left(\frac{h-g}{t}\right)$$

(2) RB-A6을 사용하는 경우 부속서 2 그림 5의 P 및 R 또는 P 및 Q의 위치에서 각각의 에코 높이가 최대가 되도록 하여 RB-A6의 끝면에서 탐촉자 앞면까지의 거리 p 및 r 또는 p 및 q를 측정한다. 탐촉자 앞면에서 입사점까지의 거리 l을 다음 식에 따라 산출하여 입사점의 위치를 구한다.

$$l = f - \frac{3p - r}{2}\ 또는\ l = q + f - 2p$$

탐상 굴절각 θ는 부속서 2 그림 5의 p 및 r 또는 p 및 q를 사용한 다음 식에 의해 산출한다.

$$\theta = \tan^{-1}\left(\frac{r-p}{2t}\right)\ 또는\ \theta = \tan^{-1}\left(\frac{q-p}{t}\right)$$

다만, 부속서 2 그림 5의 P의 위치에서의 빔 노정이 60mm 이하인 경우에는 q 및 r을 측정하여 다음 식에 따라 산출한다.

$$\theta = \tan^{-1}\left(\frac{r-q}{t}\right)$$

4.2.2 RB-4를 사용하는 경우 RB-4를 사용하는 경우의 입사점 및 탐상 굴절각은 **본체 7.1.1** 및 **본체 7.1.3**에 따라 측정한다.

4.3 에코 높이 구분선의 작성

4.3.1 RB-A8(RB-A6)을 사용하는 경우 에코 높이 구분선은 사용하는 탐촉자를 사용하여 **본체 7.1.4**에 준하여 다음 순서로 작성한다. 다만, 음향 이방성을 가진 시험체를 탐상하는 경우의 에코 높이 구분선은 RB-A8을 사용하여 작성한다.

(1) RB-A8을 사용하는 경우

(a) 1/4 스킵, 3/4 스킵 및 5/4 스킵의 최대 에코의 피크 위치를 눈금판 위에 플롯한다. 그러한 3점을 직선으로 연결하여 하나의 에코 높이 구분선으로 한다.

(b) 1/4 스킵의 점에서 왼쪽은 수평으로 선을 긋는다.

(2) RB-A6을 사용하는 경우

(a) 0.5 스킵과 1.0 스킵 또는 1.0 스킵과 1.5 스킵의 최대 에코의 피크 위치를 눈금판에 플롯하여, 그들 2점을 직선으로 연결한다.

(b) 0.5 스킵의 점에서 왼쪽은 수평으로 선을 긋는다.

4.3.2 RB-4를 사용하는 경우 RB-4를 사용하는 경우의 에코 높이 구분선은 **본체 7.1.4**에 따른다.

4.4 감도 보정량을 구하는 방법

4.4.1 RB-A8(RB-A6)을 사용하는 경우 RB-A8(RB-A6)을 사용하는 경우는 원칙적으로 감도 보정은 하지 않는다.

4.4.2 RB-4를 사용하는 경우

(1) 시험체을 바깥면에서 탐상하는 경우 곡률 반지름이 250mm 이상으로 바깥면에서 탐상하는 경우의 감도 보정량은 사용하는 경사각 탐촉자의 공칭 주파수, 진동자의 공칭 치수 및 탐촉 매질에 의해 **부속서 2 그림 6** 및 **부속서 2 그림 7**에서 1dB의 정밀도로 구한다. 다만, 감도 보정량이 2dB 이하인 경우에는 감도 보정은 하지 않는다.

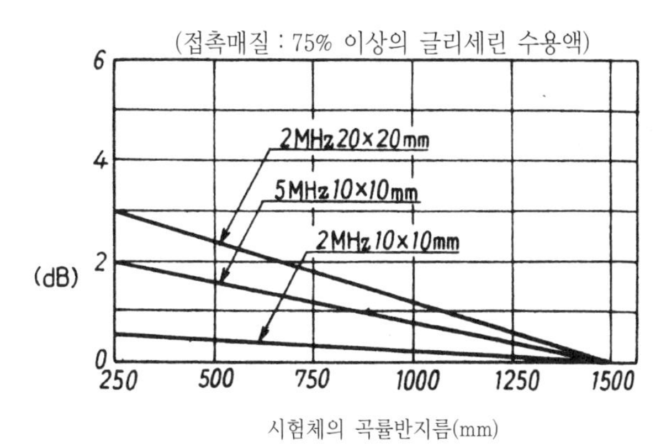

부속서 2 그림 6 원둘레 이음의 곡률에 의한 감도 보정량

(접촉매질 : 기름)

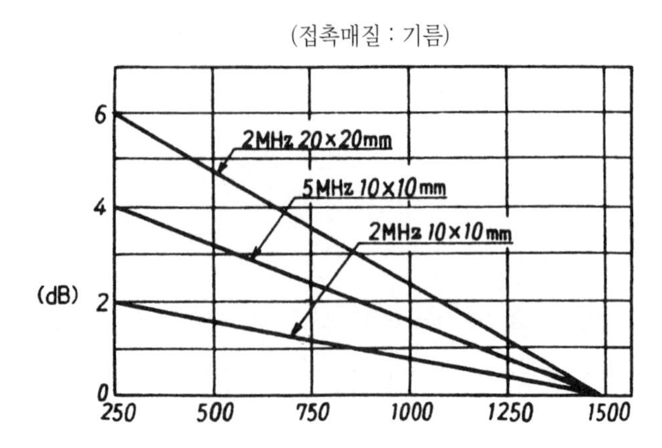

부속서 2 그림 7 원둘레 이음의 곡률에 의한 감도 보정량

(2) 시험체를 내면(오목면)에서 탐상하는 경우

(a) 사용하는 경사각 탐촉자와 동일 형식의 2개의 경사각 탐촉자를 부속서 2 그림 8 ①과 같이 맞대고, 투과주사(T-R1의 배치) 및 V주사(T-R2의 배치)에서 투과 펄스가 가장 높아지도록 탐촉자 간 거리를 조정한다. 구한 2개의 투과 펄스의 피크를 플롯하여 직선으로 연결한다(부속서 2 그림 8 ③ 참조).

(b) (a)와 같은 감도로 부속서 2 그림 8 ②와 같이 2개의 탐촉자를 탐상 방향에 맞춰서 배치하고, V주사를 하여 투과 펄스가 가장 높아지도록 탐촉자 간 거리를 조정한다. 다음으로 그 빔 노정에서의 투과 펄스 높이의 차를 1dB 단위(반올림)로 읽고 그것을 감도 보정량으로 한다. 다만, 감도 보정량이 2dB 이하인 경우에는 감도 보정은 하지 않는다.

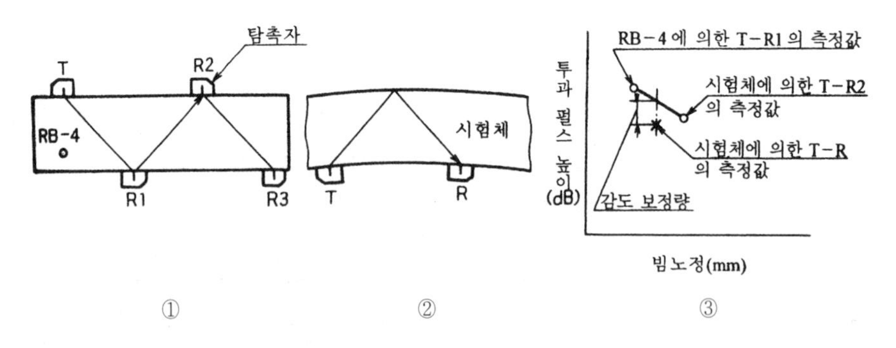

부속서 2 그림 8 내면에서 탐상하는 경우의 감도 보정 방법

4.5 탐상감도의 조정

4.5.1 RB-A8(RB-A6)을 사용하는 경우 RB-A8 또는 RB-A6의 표준구멍의 에코 높이가 H선에 일치하도록 게인을 조정하여 탐상감도로 한다. 다만, 음향 이방성을 가진 시험체의 경우의 감도 조정은 RB-A8에 따라 실시한다.

4.5.2 RB-4를 사용하는 경우 RB-4를 사용하는 경우의 탐상감도의 조정은 본체 7.2.4에 따른다.

5. 탐상면 및 탐상 방법 탐상면 및 탐상의 방법은 원칙적으로 부속서 2 표 2에 따른다. 다만, 클래드 강판의 경우는, 탐상면은 페라이트계 강쪽으로 한다.

부속서 2 표 2 탐상면, 탐상의 방향 및 방법

판두께 mm	탐상면 및 탐상의 방향	탐상의 방법
100 이하	바깥면(볼록면) 양쪽	직사법 및 1회 반사법
100을 넘는 것	내·외면(요철면) 양쪽	직사법

6. 흠 위치의 추정 방법 흠 위치의 추정 방법은 부속서 1의 6에 따른다.

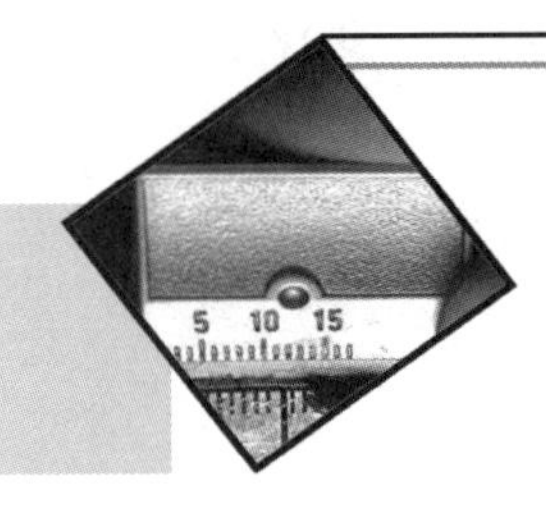

부속서 3 길이 이음 용접부의 탐상 방법

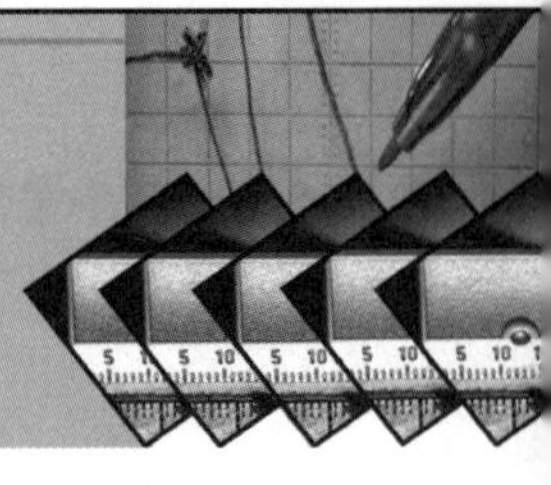

1. 적용 범위 이 부속서는 탐상면의 곡률 반지름이 50mm 이상 1,500mm 미만으로 살두께 대 바깥지름 비가 13% 이하인 길이 이음의 용접부의 초음파 탐상시험 방법에 대하여 규정한다.

2. 정의 이 부속서에서 사용하는 주된 용어의 정의는 본체 및 KS B 0550에 따르거나 다음에 따른다.

(1) **살두께 반값 탐촉자 거리** 곡률이 있는 시험체의 경사각 탐상에서 살두께의 중앙에 존재하는 흠에 대한 탐촉자 흠 거리를 말한다(**부속서 3 그림 1**의 Y_H). 길이 이음의 경사각 탐상에서의 살두께 반값 탐촉자 거리는 살두께에 대한 0.5 스킵의 탐촉자 거리(**부속서 3 그림 1**의 Y_L)의 1/2은 되지 않는다.

(2) **살두께 반값 빔 노정** 곡률이 있는 시험체의 경사각 탐상에서 살두께의 중앙에 존재하는 결함에 대한 빔 노정을 말한다(**부속서 3 그림 1**의 W_H). 길이 이음의 경사각 탐상에서의 살두께 반값 빔 노정은 살두께에 대한 0.5 스킵의 빔 노정(**부속서 3 그림 1**의 W_L)의 1/2은 되지 않는다.

(3) t/D 살두께(t)의 바깥지름(D)에 대한 비

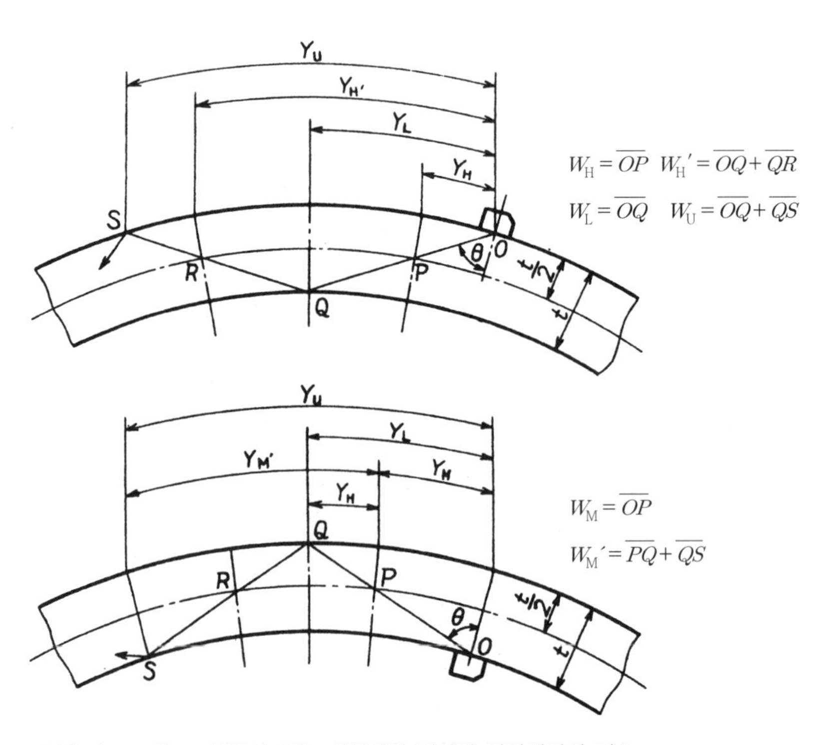

부속서 3 그림 1 곡률이 있는 시험체의 경사각 탐상에서의 기호

3. 사용하는 표준시험편 및 대비 시험편

3.1 시험편의 적용 범위 사용하는 표준시험편 및 대비 시험편의 적용 범위는 시험체의 곡률 반지름에 따라 부속서 3 그림 2에 따른다.

곡률 반지름이 250mm 미만인 시험체의 경우에는 대비 시험편은 원칙적으로 RB-A7을 사용한다.

곡률 반지름이 250mm 이상인 시험체의 경우에는 **본체** 5.3.1의 RB-4를 사용한다.

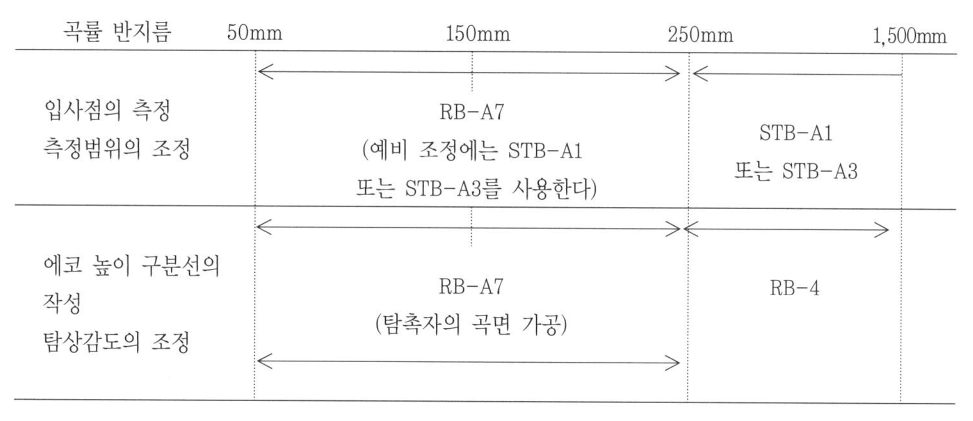

부속서 3 그림 2 시험편의 적용 범위

3.2 RB-A7 RB-A7은 다음과 같이 한다.

(1) RB-A7은 **부속서 3 그림 3**에 나타내는 모양과 치수로, 시험체 또는 시험체와 초음파 특성과 비슷한 강재로 제작한다.

(2) 음향 이방성을 가진 시험체를 탐상하는 경우에는 대비 시험편은 시험체와 동일한 강재로 제작한다.

(3) RB-A7의 표면 상태는 시험체의 탐상면과 동등하게 한다.

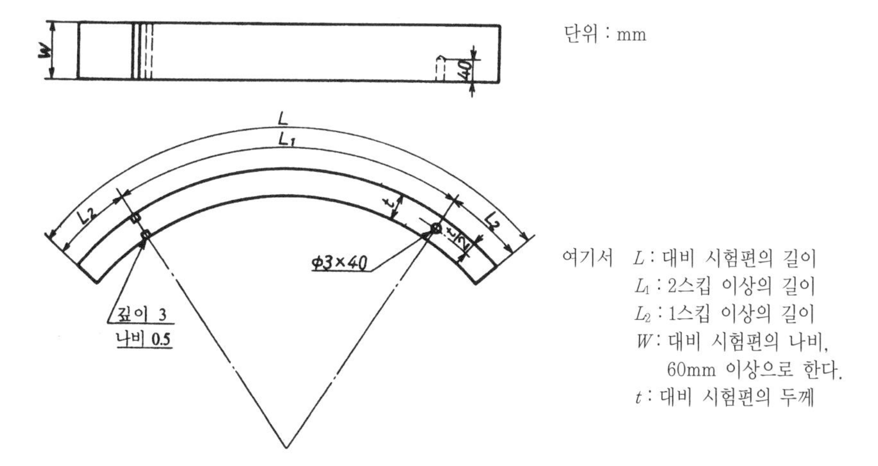

부속서 3 그림 3 RB-A7

4. 사용하는 탐촉자

4.1 탐촉자의 접촉면 탐촉자의 접촉면의 곡률 반지름은 시험체 곡률 반지름의 1.1배 이상 1.5배 이내로 한다. 다만, 곡률 반지름이 250mm 이상으로 대비 시험편 RB-4를 사용하는 경우는 탐촉자의 탐촉면은 평면으로 한다.

4.2 탐촉자의 공칭 굴절각 사용하는 탐촉자의 공칭 굴절각은 원칙적으로 부속서 3 표 1 및 부속서 3 표 2에 따른다.

부속서 3 표 1 길이 이음의 탐상에 사용 가능한 탐촉자의 공칭 굴절각

t/D(%)	사용할 수 있는 공칭 굴절각(°)
2.3 이하	70, 60, 45
2.3 초과 5.8 이하	60, 45
5.8 초과 12.0 이하	45, 35

t/D(%)	음향 이방성을 가진 시험체에 사용할 수 있는 공칭 굴절각(°)
2.3 이하	65, (60)(1), 45
2.3 초과 4.0 이하	65, 45
4.0 초과 13.0 이하	45, 35

주(1) 괄호 안은 공칭 굴절각 65°의 적용이 곤란한 경우에 적용한다.

부속서 3 표 2 길이 이음의 탐상에 사용하는 탐촉자의 공칭 굴절각

살두께 mm	사용하는 공칭 굴절각(°)
60 이하	1종류 사용할 수 있는 공칭 굴절각에서 선정
60을 넘는 것	2종류(2) 사용할 수 있는 공칭 굴절각에서 선정

주(2) t/D가 2.3% 이하에서 2종류의 공칭 굴절각을 사용하는 경우는 원칙적으로 15° 이상 떨어진 공칭 굴절각을 선정한다.

5. 탐상장치의 조정

5.1 측정범위의 조정

5.1.1 RB-A7을 사용하는 경우

(1) **시간축의 예비 조정** 미리 수직 탐촉자를 사용하여 A1형 표준시험편의 91mm 또는 A3형계 표준시험편의 45.5mm의 길이 부분을 사용하여 필요한 횡파의 측정범위에 시간축을 예비 조정한다.

(2) **원점의 수정** RB-A7을 사용하여 부속서 3 그림 4의 P 및 Q의 위치에 순차적으로 사용 탐촉자를 놓고, 각각의 흠에서의 에코 높이가 최대가 되는 부분에서 겉보기의 빔 노정 W_P와 W_Q를 눈금판에서 읽는다. 탐촉자를 다시 P의 위치에 놓고 최대 에코를 나타내는 위치가 눈금판에서(W_Q-W_P)의 값에 일치하도록 제로점 조정만을 하여 원점을 수정한다.

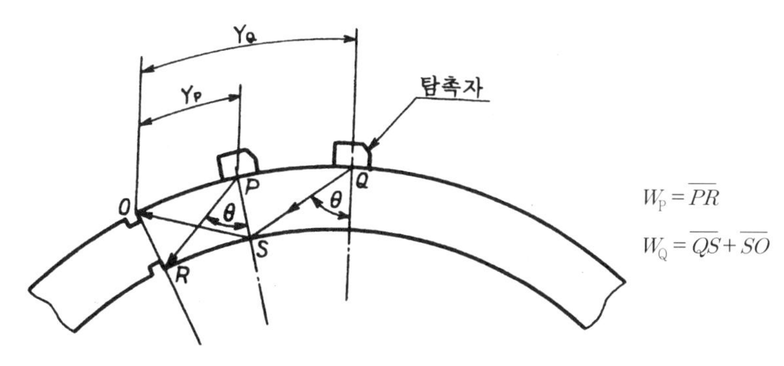

부속서 3 그림 4 Y_P, Y_Q, W_P 및 W_Q

5.1.2 A1형 표준시험편 또는 A3형계 표준시험편을 사용하는 경우 A1형 표준시험편 또는 A3형 표준시험편을 사용하는 경우의 측정범위는 본체 7.1.2에 따라 조정한다.

5.2 탐상 굴절각의 측정

5.2.1 RB-A7을 사용하는 경우

(1) 5.1.1 (2)에서 측정한 W_Q와 W_P에서 0.5 스킵의 빔 노정 W_L을 다음 식에서 산출한다.

$$W_L = W_Q - W_P$$

다음으로 t/W_L를 산출한다.

(2) 부속서 3 그림 5의 세로축에 t/W_L의 값을, 가로축에 t/D의 값을 취하여 직교하는 교점에서 탐상 굴절각을 읽는다.

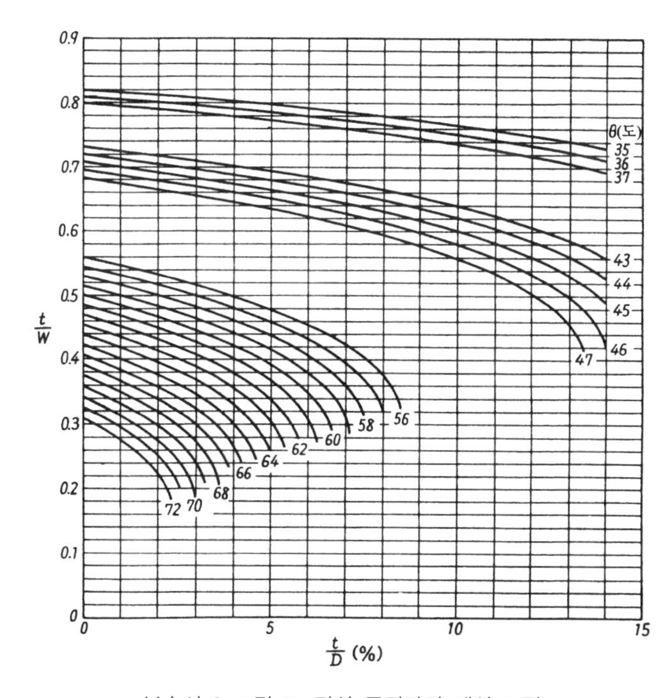

부속서 3 그림 5 탐상 굴절각의 계산 그림

5.2.2 음향 이방성을 가진 시험체를 탐상할 때의 탐상 굴절각

(1) 음향 이방성을 가진 시험체를 탐상할 때의 탐상 굴절각은 **부속서 3 그림 4**에서 얻어지는 Y_Q 및 Y_P에서 0.5 스킵의 탐촉자 거리 Y_L을 다음 식에서 산출한다.

$$Y_L = Y_Q - Y_P$$

다음으로 t/Y_L를 산출한다.

(2) **부속서 3 그림 6**의 세로축에 t/Y_L의 값을 취하고, 가로축에 t/D의 값과 직교하는 교점에서 탐상 굴절각을 읽는다.

5.2.3 RB-4를 사용하는 경우 본체 7.1.3에 따른다.

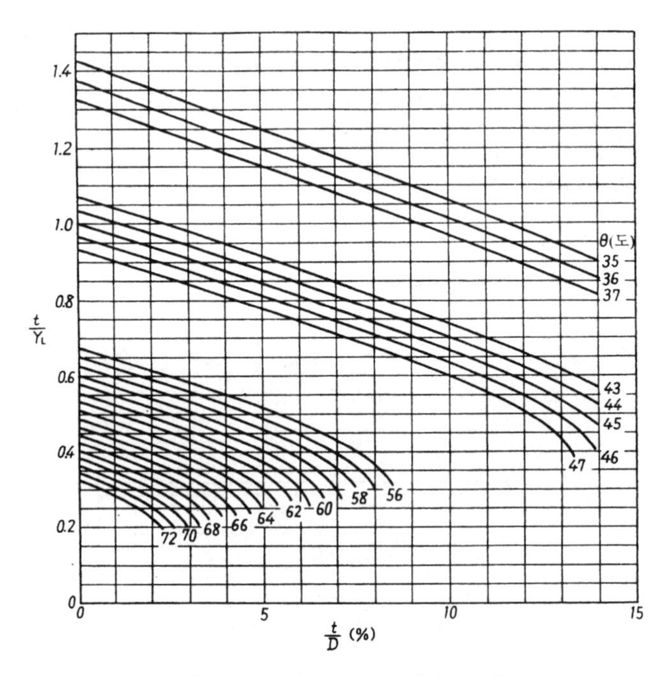

부속서 3 그림 6 t/Y_L와 t/D의 관계

5.3 시간축 위의 특정한 점의 표시 내외면의 위치 및 살두께 중앙에 대응하는 시간축 위의 위치의 표시는 다음에 따른다.

(1) 내외면 위치의 표시 5.1.1 (2)에서 측정한 W_P 및 W_Q에서 내외면의 위치에 상당하는 빔 노정을 각각 눈금판에 표시한다.

$$\text{내 면} \quad W_L = W_Q - W_P$$

$$\text{바깥면} \quad W_U = W_L \times 2$$

(2) 살두께 반값 빔 노정의 표시 부속서 3 그림 7과 같이 RB-A7의 표준구멍을 R 및 S의 위치에서 순차적으로 겨누고, 가각의 에코의 최대값이 얻어졌을 때의 에코의 상승 위치를 눈금판 위에 표시한다. 이것들은 각각 직사법 및 1회 반사법에 의한 살두께값 빔 노정 (W_H) 및 (W_H')를 나타낸다(부속서 3 그림 8 참조).

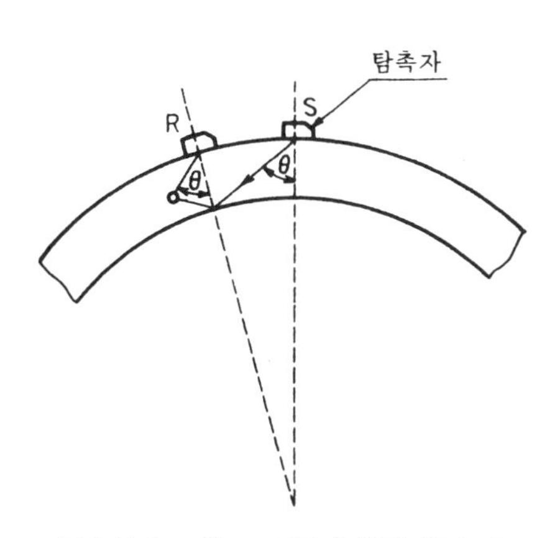

부속서 3 그림 7 살두께 반값 빔 노정

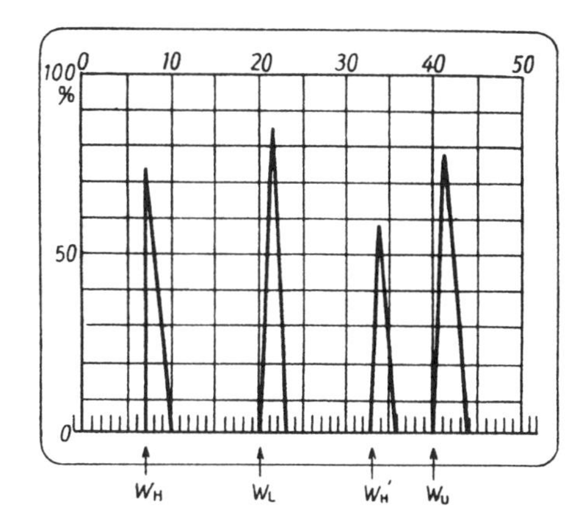

부속서 3 그림 8 시간축 위의 특정한 점의 표시 보기

5.4 에코 높이 구분선의 작성

5.4.1 RB-A7을 사용하는 경우 에코 높이 구분선은 RB-A7의 $\phi3\times40$mm의 표준구멍을 사용하여, 본체 7.1.4에 준하여 작성한다.

5.4.2 RB-4를 사용하는 경우 에코 높이 구분선은 본체 7.1.4에 따라 작성한다.

5.5 감도 보정량을 구하는 방법

5.5.1 RB-A7을 사용하는 경우 RB-A7을 사용하는 경우는 원칙적으로 감도 보정을 하지 않는다.

5.5.2 RB-4를 사용하는 경우

(1) 시험체를 바깥면에서 탐상하는 경우 곡률 반지름이 250mm 이상으로, 바깥면에서 탐상하는 경우는 사용하는 경사각 탐촉자의 공칭 주파수, 진동자의 공칭 치수 및 접촉매질에 따라 부속서 3 그림 9 및 부속서 3 그림 10에서 1dB의 단위(반올림)로 구한다 다만, 감도 보정량이 2dB 이하의 경우에는 감도 보정은 하지 않는다.

(2) 시험체를 내면에서 탐상하는 경우 시험체의 내면(오목면)에서 탐상하는 경우의 감도 보정은 부속서 2의 4.4.2 (2)에 따른다.

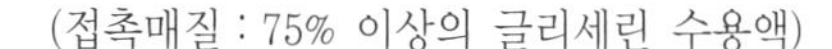

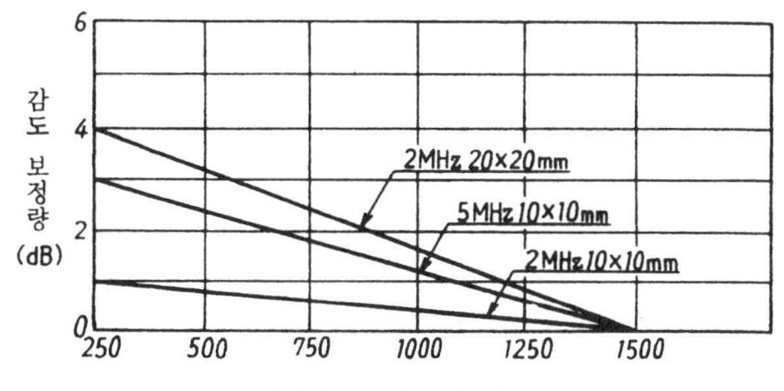

부속서 3 그림 9 길이 이음의 곡률에 의한 감도 보정량

(접촉매질 : 기름)

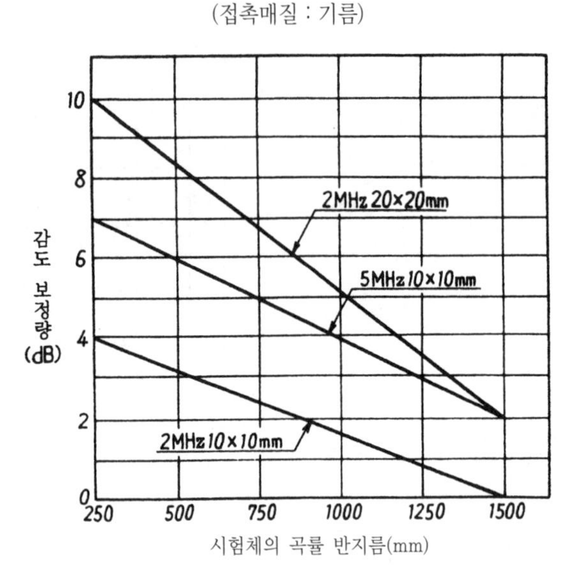

부속서 3 그림 10 길이 이음의 곡률에 의한 감도 보정량

5.6 탐상감도의 조정

5.6.1 RB-A7을 사용하는 경우 RB-A7의 표준구멍의 에코 높이를 H선에 일치하도록 게인을 조정하여 탐상 감도로 한다.

5.6.2 RB-4를 사용하는 경우 탐상감도의 조정은 본체 7.1.6에 따른다.

6. 탐상면 및 탐상의 방법 탐상면 및 탐상의 방법은 원칙적으로 부속서 3 표 3에 따른다. 다만, 클래드 강판의 경우 탐상면은 페라이트계 강쪽으로 한다.

부속서 3 표 3 탐상면, 탐상의 방향 및 방법

판두께 mm	탐상면 및 탐상의 방향	탐상의 방법
100 이하	바깥면(볼록면) 양쪽	직사법 및 1회 반사법
100을 넘는 것	내·외면(요철면) 양쪽	직사법

7. 흠 위치의 추정 방법 길이 이음의 횡단면에서의 흠 위치는 7.1 및 7.2에 따라 빔 노정 및 탐촉자 거리를 보정하여, 7.3에 따라 추정한다(부속서 3 그림 11 및 부속서 3 그림 1 참조). 다만, 음향 이방성을 가진 시험체의 경우는 흠을 검출한 방향에서 구한 탐상 굴절각을 사용한다.

7.1 빔 노정의 보정 방법

(1) 내외면 위치에 대응하는 빔 노정 부속서 3 그림 12에 따라 시험체의 t/D의 가로축 눈금과 사용하는 탐촉자의 탐상 굴절각 θ와의 교점에 대응하는 세로축 눈금에서 빔 노정의 보정계수(k)를 읽는다. 내외면의 위치에 대응하는 빔 노정 W_L 및 W_U는 각각 다음 식에 따라 산출한다.

$$W_L = \frac{t}{\cos\theta} \times k$$

$$W_U = W_L \times 2$$

(2) **살두께 반값 빔 노정** 부속서 3 그림 12에 따라 시험체의 t/D를 1/2로 하고 (1)과 같이 하여 빔 노정의 보정 계수를 읽고, 이것을 k_H로 한다. 직사법에 의한 살두께값 빔 노정 W_H 및 1회 반사법에 의한 살두께 반값 빔 노정 W_H'는 각각 다음 식에 따라 산출한다.

직사법 $W_H = \frac{t}{2\cos\theta} \times k_H$

1회 반사법 $W_H' = W_U - W_H$

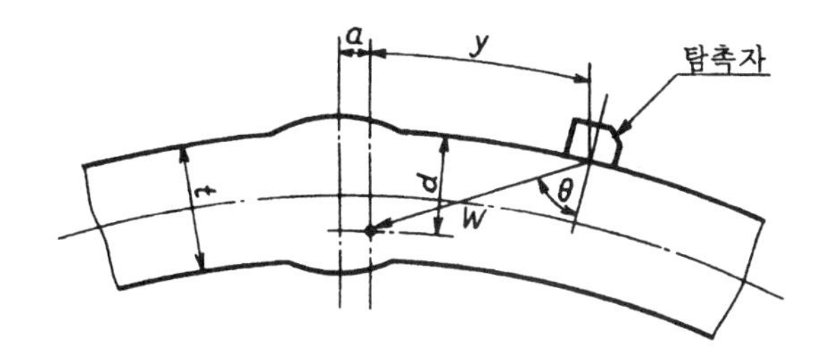

① 직사법의 경우

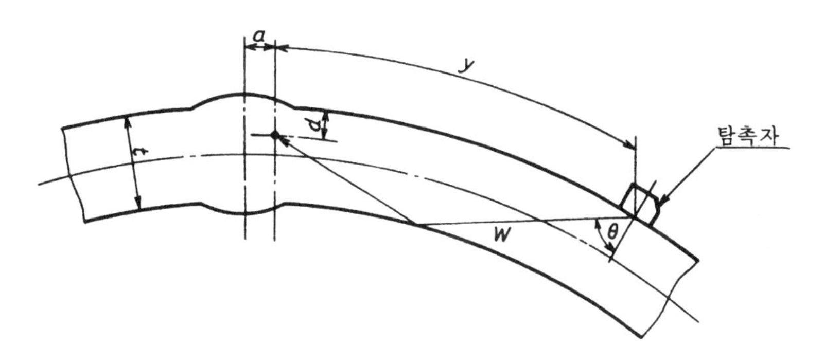

② 1회 반사법의 경우

부속서 3 그림 11 흠 위치의 횡단면 그림

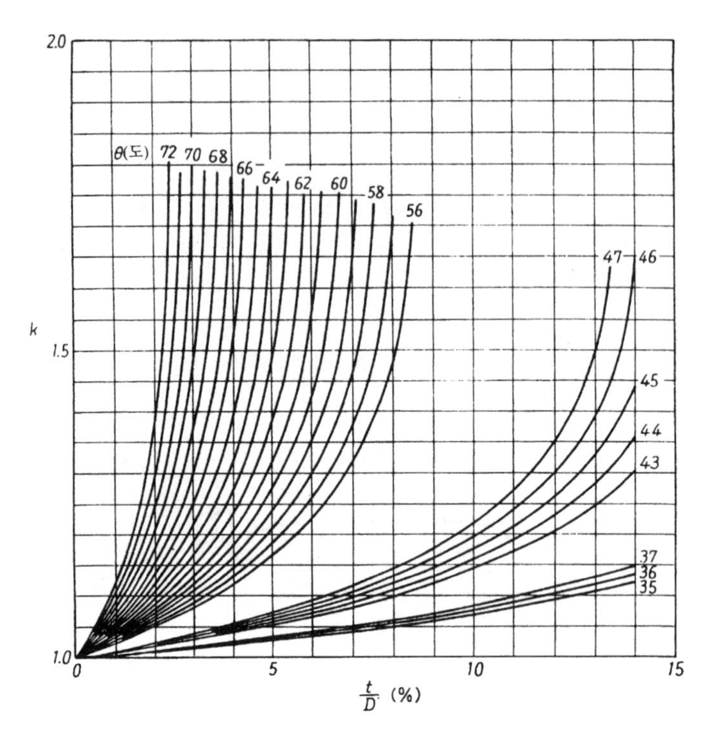

부속서 3 그림 12 t/D에 따른 빔 노정 보정계수(k)

7.2 탐촉자 거리의 보정 방법

(1) 내외면 위치의 탐촉자 거리 부속서 3 그림 13에 따라 시험체의 t/D의 가로축 눈금과 사용하는 탐촉자의 탐상 굴절각(θ)과의 교점에 대응하는 세로축 눈금에서 탐촉자 거리의 보정계수를 읽고, 이것을 m으로 한다.

내외면의 탐촉자 거리를 Y_L, Y_U로 하면 각각 다음 식에 따라 산출한다.

$$Y_L = (t \times \tan\theta) \times m$$

$$Y_U = Y_L \times 2$$

(2) 살두께 반값 탐촉자 거리 부속서 3 그림 13에 따라 시험체의 t/D를 1/2로 하고 (1)과 같이 하여 탐촉자 거리의 보정 계수를 구하여 이것을 m_H로 한다. 직사법에 의한 살두께 반값 탐촉자 거리 Y_H 및 1회 반사법에 의한 살두께값 탐촉자 거리 Y_H'는 각각 다음 식에 따라 산출한다.

직사법 $$Y_H = \left(\frac{t}{2}\tan\theta\right) \times m_H$$

1회 반사법 $$Y_H' = Y_U - Y_H$$

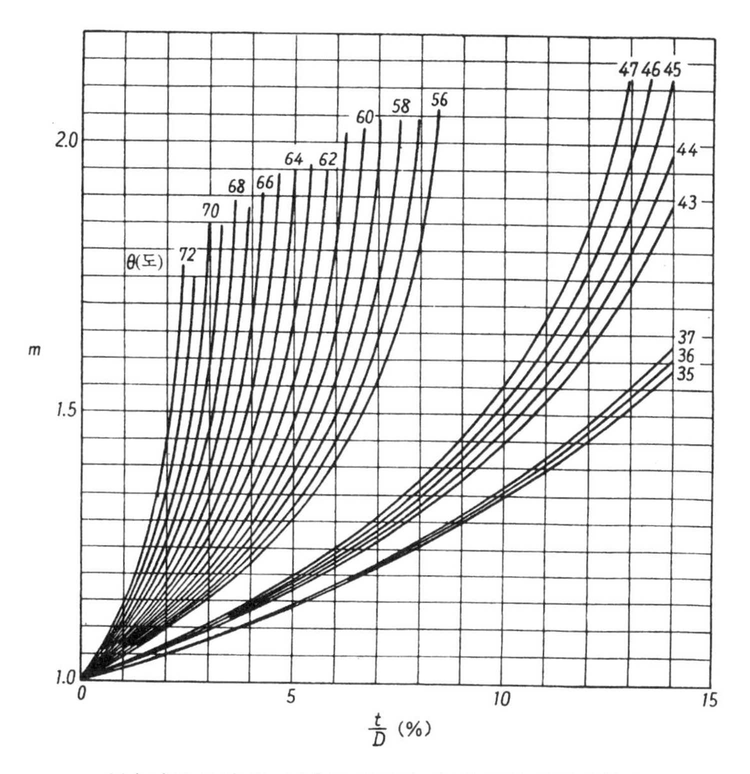

부속서 3 그림 13 탐촉자 거리의 *t*/*D*에 의한 보정계수(*m*)

7.3 흠 위치의 추정 방법

7.3.1 바깥면에서 탐상하는 경우 탐촉자 거리 y 및 흠 깊이 d는 읽은 빔 노정 W와 살두께 반값 빔 노정 W_H 또는 W_H'에서 비례 배분에 의해 산출한다.

(1) 빔 노정 W가 W_H 이하인 경우

$$y = Y_H \times \frac{W}{W_H}$$

$$d = \frac{t}{2} \times \frac{W}{W_H}$$

(2) 빔 노정 W가 W_H을 넘고 W_L 이하인 경우

$$y = Y_H + (Y_L - Y_H) \times \frac{W - W_H}{W_L - W_H}$$

$$d = \frac{t}{2} \times \left(1 + \frac{W - W_H}{W_L - W_H}\right)$$

(3) 빔 노정 W가 W_L을 넘고 W_H' 이하인 경우

$$y = Y_L + (Y_H' - Y_L) \times \frac{W - W_L}{W_H' - W_L}$$

$$d = t\left[1 - \frac{1}{2}\left(\frac{W - W_L}{W_H' - W_L}\right)\right]$$

(4) 빔 노정 W가 W_H'를 넘고 W_U 이하인 경우

$$y = Y_H' + (Y_U - Y_H') \times \frac{W - W_H'}{W_U - W_H'}$$

$$d = \frac{t}{2}\left(1 + \frac{W - W_H'}{W_U - W_H'}\right)$$

7.3.2 내면에서 탐상하는 경우 내면에서 탐상한 경우의 탐촉자 거리 y 및 흠 깊이 d는 W_M 및 W_M'를 사용하여 다음과 같이 산출한다.

$W_M = W_L - W_H$, $W_M' = W_U - W_M$

$Y_M = Y_L - Y_H$, $Y_M' = Y_U - Y_M$

로 하고, 바깥면과 원호의 조사의 보정계수를

$C = 1 - \frac{2t}{D}$

로 하면,

(1) 빔 노정 W가 W_M 이하인 경우

$$y = C\left(Y_M \times \frac{W}{W_M}\right)$$

$$d = \frac{t}{2} \times \frac{W}{W_M}$$

(2) 빔 노정 W가 W_M을 넘고 W_L 이하인 경우

$$y = C\left(Y_M + Y_H \times \frac{W - W_M}{W_H}\right)$$

$$d = \frac{t}{2}\left(1 + \frac{W - W_M}{W_H}\right)$$

(3) 빔 노정 W가 W_L을 넘고 W_M' 이하인 경우

$$y = C\left[Y_L + (Y_M' - Y_L) \times \frac{W - W_L}{W_M' - W_L}\right]$$

$$d = t\left(1 - \frac{1}{2} \times \frac{W - W_L}{W_M' - W_L}\right)$$

(4) 빔 노정 W가 W_M'를 넘고 W_U 이하인 경우

$$y = C\left(Y_M' + Y_M \times \frac{W - W_M'}{W_M}\right)$$

$$d = \frac{t}{2}\left(1 + \frac{W - W_M'}{W_M}\right)$$

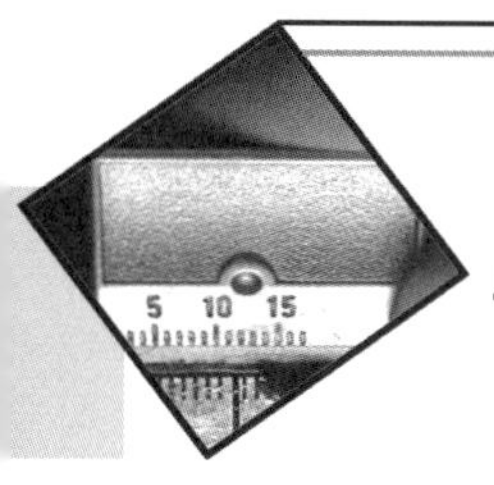

부속서 4 강관 분기 이음 용접부의 탐상 방설

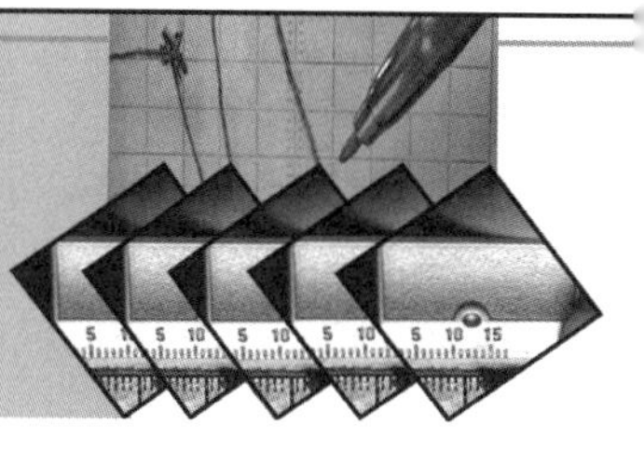

1. 적용 범위 이 부속서는 탐상면의 곡률 반지름이 150mm 이상 1,500mm 미만으로, 살두께 대 바깥지름비가 13% 이하인 강관 분기 이음 용접부의 초음파 탐상시험 방법에 대하여 규정한다.

2. 정 의 이 부속서에서 사용하는 주된 용어의 정의는 다음에 따른다(부속서 4 그림 1 참조).

(1) T이음 주관과 지관이 90°에서 만나는 강관 분기 이음

(2) Y이음 주관과 한 쌍의 지관이 90° 이외에서 만나는 강관 분기 이음

(3) K이음 주관과 두 쌍의 지관이 90° 이외에서 만나는 강관 분기 이음

(4) 교차각 θ_k 주관과 지관이 만나는 각도

(5) 상관각 θ_s 주관의 축과 지관의 축이 작용하는 면과 지관 표면과의 교선에서 지관 원둘레 방향의 각도

(6) 편각 θ_L, θ_B 주관 또는 주관 표면 위에서의 각각의 축 방향과 주관 그루브선의 법선 또는 탐상 방향과의 각도

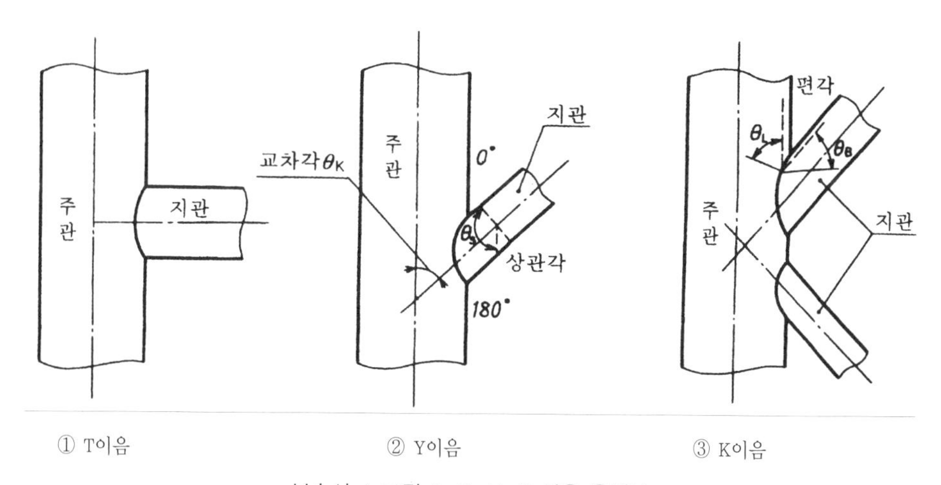

부속서 4 그림 1 T, Y, K 이음 용접부

3. 사용하는 표준시험편 및 대비 시험편 사용하는 표준시험편 및 대비 시험편은 원칙적으로 본체 5.3에 규정하는 A1형 표준시험편 또는 A3형계 표준시험편 및 RB-4로 한다.

4. 사용하는 탐촉자

4.1 탐촉자의 접촉면 사용하는 탐촉자의 접촉면은 시험체의 곡률에 관계없이 평면으로 한다.

4.2 탐촉자의 공칭 굴절각 공칭 굴절각은 각 탐상 부위의 실체도(그루브 모양도 포함한다)를 그리고, 초음파의 주빔이 그루브면에 적절한 각도로 입사하도록 지관의 *t*/*D*, 지관과 주관의 바깥지름비, 교차각, 상관각을 고려하여 45°, 60°, 70°에서 선택한다. 다만, 시험체가 음향 이방성을 가진 경우는 45°, 60°, 65°에서 선택한다.

4.3 시험체가 음향 이방성을 갖는 경우

4.3.1 T이음의 지관에서 탐상하는 경우 관축 방향과 압연 방향(L방향) 사이의 각도 θ_T를 구하여 θ_T의 값에 따라 L방향, Q방향 또는 C방향의 탐상 굴절각을 **본체 7.1.3**에 따라 측정한다.

(1) θ_T가 0° 이상 22.5° 미만인 경우는 L방향의 탐상 굴절각

(2) θ_T가 22.5° 이상 67.5° 미만인 경우는 Q방향의 탐상 굴절각

(3) θ_T 67.5° 이상 90° 이하인 경우는 C방향의 탐상 굴절각

4.3.2 Y, K이음의 지관에서 탐상하는 경우 편각 θ_B를 실측하거나 또는 주관과 지관의 바깥지름비, 교차각 θ_K 및 탐상 위치에서의 상관각 θ_S에 따라 **부속서 4 그림 2**에서 편각 θ_B를 구한다. 한편, 관축 방향과 압연 방향 사이의 각도 θ_T를 구하여 $|\theta_B - \theta_T|$의 값에 따라 L방향, Q방향 또는 C방향의 탐상 굴절각을 **본체 7.1.3**에 따라 측정한다.

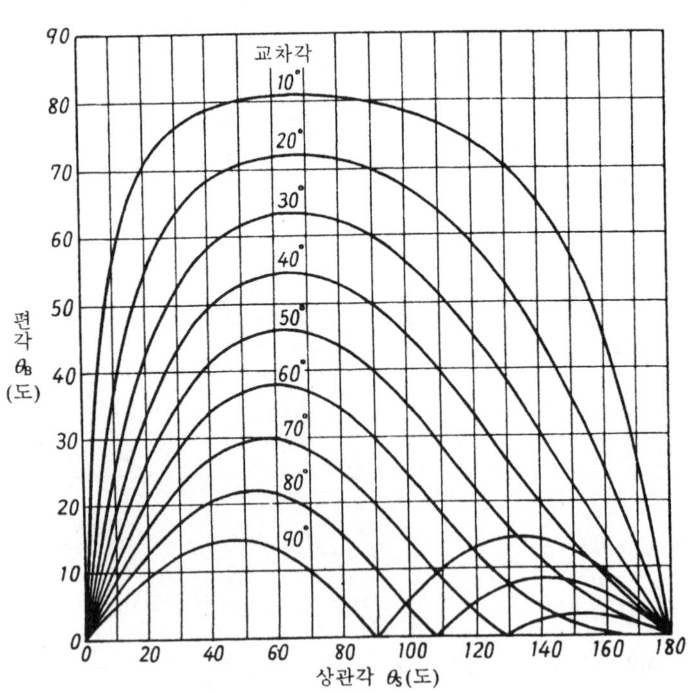

부속서 4 그림 2 교차각, 상관각에서 θ_B를 구하는 선 그림의 보기

(1) $|\theta_B - \theta_T|$가 0° 이상 22.5° 미만인 경우는 L방향의 탐상 굴절각

(2) $|\theta_L - \theta_T|$가 22.5° 이상 67.5° 미만인 경우는 Q방향의 탐상 굴절각

(3) $|\theta_L - \theta_T|$가 67.5° 이상 90° 미만인 경우는 C방향의 탐상 굴절각

4.3.3 주관에서 탐상하는 경우 편각 θ_L을 실측하거나, 또는 주관과 지관의 바깥지름비, 교차각 θ_K 및 탐상 위치에서의 상관각 θ_S에 의해 **부속서 4 그림 3**에서 편각 θ_L을 구한다. 한편 관축 방향과 압연 방향 사이의 각도 θ_T를 구하여 $|\theta_L - \theta_T|$의 값에 따라 L방향, Q방향 또는 C방향의 탐상 굴절각을 **본체 7.1.3**에 따라 측정한다.

(1) $|\theta_L - \theta_T|$가 0° 이상 22.5° 미만인 경우는 L방향의 탐상 굴절각

(2) $|\theta_L - \theta_T|$가 22.5° 이상 67.5° 미만인 경우는 Q방향의 탐상 굴절각

(3) $|\theta_L - \theta_T|$가 67.5° 이상 90° 이하인 경우는 C방향의 탐상 굴절각

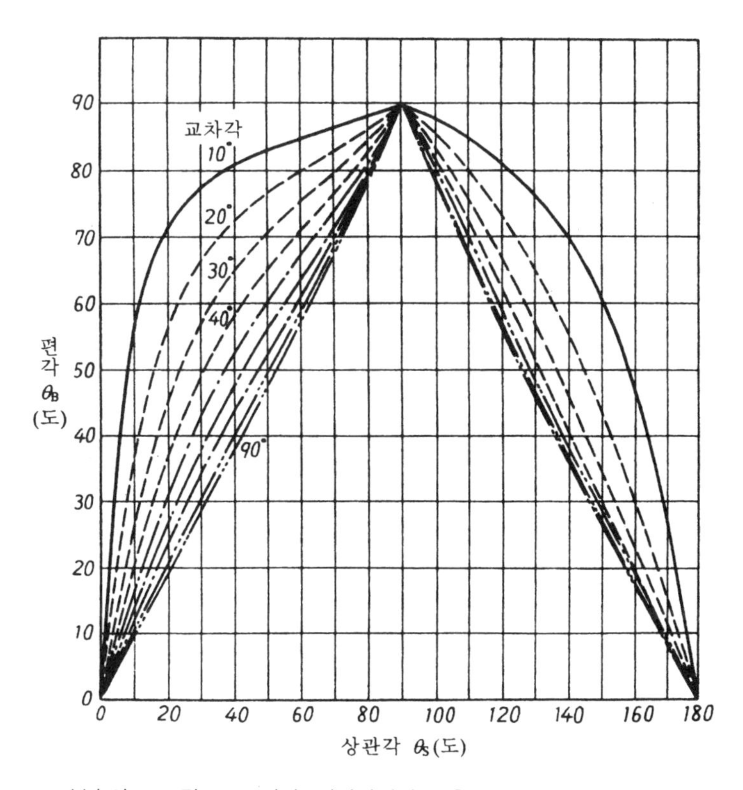

부속서 4 그림 3 교차각, 상관각에서 θ_L을 구하는 선 그림의 보기

5. 탐상장치의 조정

5.1 측정범위의 조정 측정범위는 본체 7.1.2에 따라 조정한다.

5.2 에코 높이 구분선의 작성 RB-4를 사용한 에코 높이 구분선의 작성은 **본체 7.1.4**에 따른다.

5.3 감도 보정량을 구하는 방법

5.3.1 바깥면(볼록면)에서 탐상하는 경우 사용하는 경사각 탐촉자의 공칭 주파수, 진동자 치수, 접촉 매질 및 바깥지름에 따라 T이음부의 지관에서 탐상하는 경우는 **부속서 4 그림 4** 또는 **부속서 4 그림 5**에서, 그 밖의 경우는 **부속서 4 그림 6** 또는 **부속서 4 그림 7**에서 감도 보정량을 1dB의 단위(사사오입)로 구한다. 다만, 감도 보정량이 2dB 이하인 경우에는 감도 보정은 하지 않는다.

(접촉매질 : 75% 이상의 글리세린 수용액)

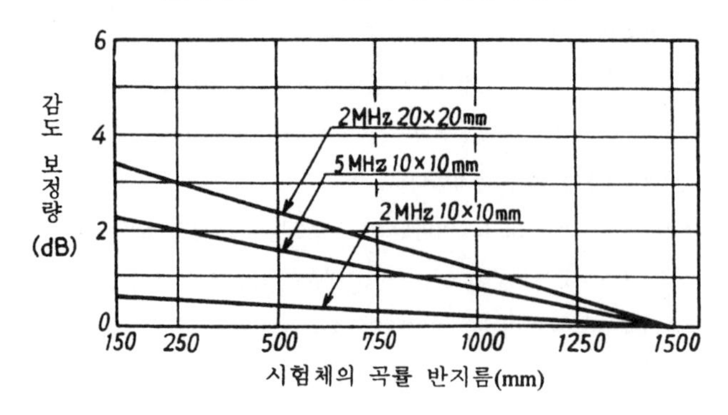

부속서 4 그림 4 원둘레 이음의 곡률에 의한 감도 보정량

(접촉매질 : 기름)

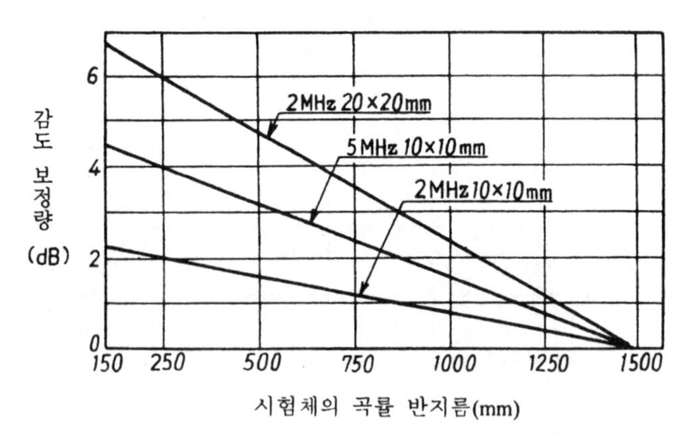

부속서 4 그림 5 원둘레 이음의 곡률에 의한 감도 보정량

(접촉매질 : 75% 이상의 글리세린 수용액)

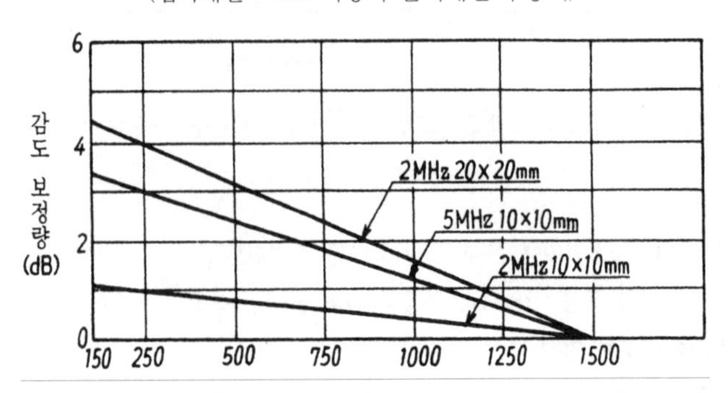

부속서 4 그림 6 길이 이음의 곡률에 의한 감도 보정량

(접촉매질 : 기름)

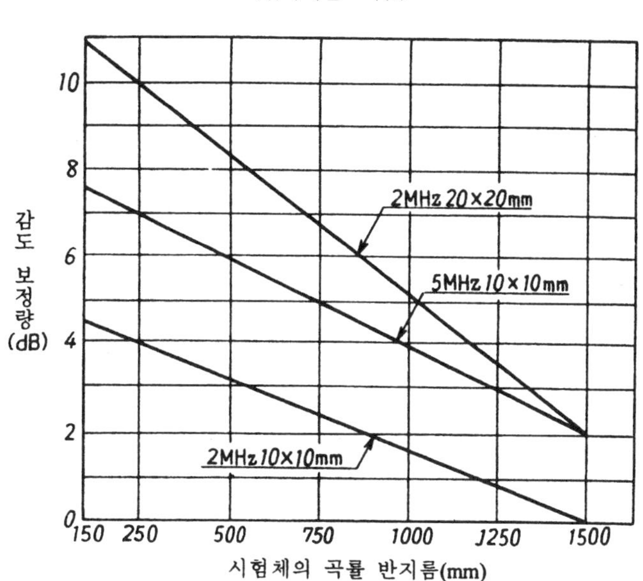

부속서 4 그림 7 길이 이음의 곡률에 의한 감도 보정량

5.3.2 내면(오목면)에서 탐상하는 경우 감도의 보정은 부속서 2의 4.4.2 (2)에 따른다.

5.4 탐상감도의 조정 탐상감도의 조정은 본체 7.1.6에 따른다.

6. 탐상면 및 탐상 방법

6.1 탐상의 준비

6.1.1 살두께 측정 주관 및 지관의 4점의 두께를 초음파 두께계로 측정하여 측정점을 부재에 표시함과 동시에 도면에 나타낸 값과 대조한다.

6.1.2 접촉자 용접부 거리 및 빔 노정을 구하는 방법

(1) KY이음의 지관에서 탐상하는 경우 주관과 지관의 바깥지름비, 교차각 및 상관각에서 부속서 4 그림 3 또는 실측에 의한 관축 방향과 탐상 방향과의 편각 θ_B를 구하여, 실측에 의한 t/D 또는 공칭값에 의한 t/D의 값에서 부속서 4 그림 8을 사용하여 탐상 방향의 겉보기의 t/D'의 값을 구한다.

(2) 주관에서 탐상하는 경우 관축 방향과 탐상 방향이 이루는 편각 θ_L 및 실측에 의한 t/D 또는 공칭값에 의한 t/D의 값에서 부속서 4 그림 8을 사용하여 탐상 방향의 겉보기의 t/D'의 값을 구한다.

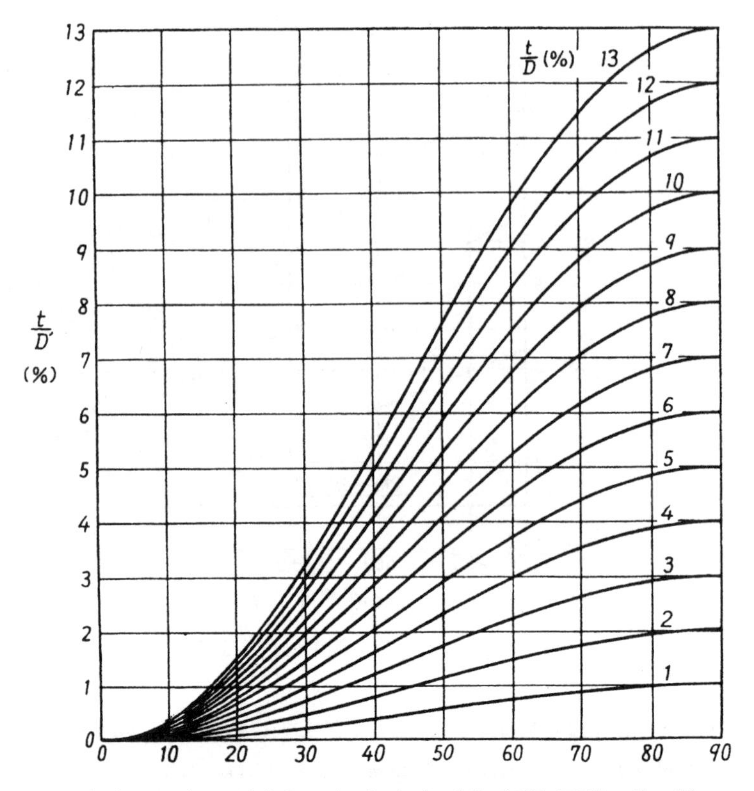

부속서 4 그림 8 편각 θ_B 또는 θ_L과 t/D에서 t/D'를 구하는 선 그림

(3) 탐촉자 용접부 거리 및 빔 노정 (1) 및 (2)에서 구한 t/D'의 값을 부속서 3 그림 12 및 부속서 3 그림 13의 t/D로 하여 보정계수 k 및 m을 구하고, 계산에 의해 0.5 스킵점 및 1.0 스킵점의 빔 노정 및 탐촉자 용접부 거리를 다음 식에 따라 산출한다.

$$W_{0.5}=\frac{t}{\cos\theta}\times k \qquad W_{1.0}=2\times W_{0.5}$$

$$Y_{0.5}=\frac{t}{\tan\theta}\times m \qquad Y_{1.0}=2\times Y_{0.5}$$

다만, 시험체가 음향 이방성을 가진 경우는 θ는 탐상 굴절각으로 한다.

6.1.3 탐촉자 용접부 거리의 표시 탐촉자 용접부 거리의 표시는 6.1.2 (3)에서 구한 0.5 스킵점 및 1 스킵점의 탐촉자 용접부 거리를 지관 또는 주관 위에 실시한다.

6.2 탐상면 및 탐상 방향 탐상은 원칙적으로 지관 바깥면에서 실시한다. 다만, 곡률 반지름이 400mm 이상인 경우, 필요에 따라 내면에서도 실시한다. 탐상 방향은 용접선에 대하여 수직으로 하고, 약간의 목회전 주사를 실시한다.

7. 흠 위치의 추정 방법

(1) 최대 에코에서 얻어진 탐촉자 용접부 거리, 빔 노정을 기록한다.

(2) 초음파 빔 방향의 용접부 단면의 모양을 형떼기 게이지 또는 점토에 의해 형떼기하여 작도를 한다.

(3) 작성한 용접부 단면 모양에 탐촉자 용접부 거리, 빔 노정 및 STB 굴절각 또는 탐상 굴절각에서의 작도에 의해 흠 위치를 추정하거나 부속서 3의 7.과 같은 방법으로 계산에 의해 흠 위치를 추정한다. 다만, 음향 이방성을 가진 시험체의 경우는 흠을 검출한 방향에서 구한 탐상 굴절각을 사용한다.

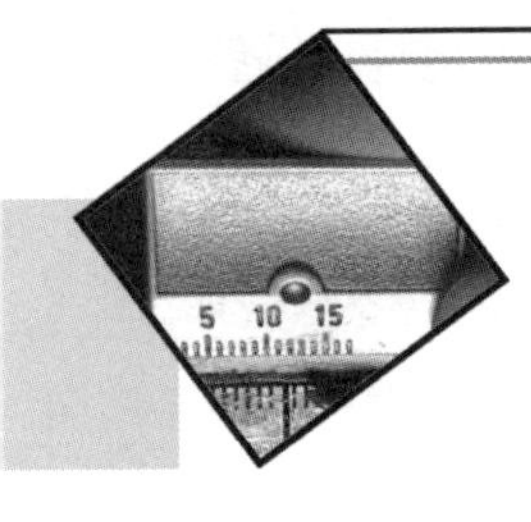

부속서 5 노즐 이음 용접부의 탐상 방법

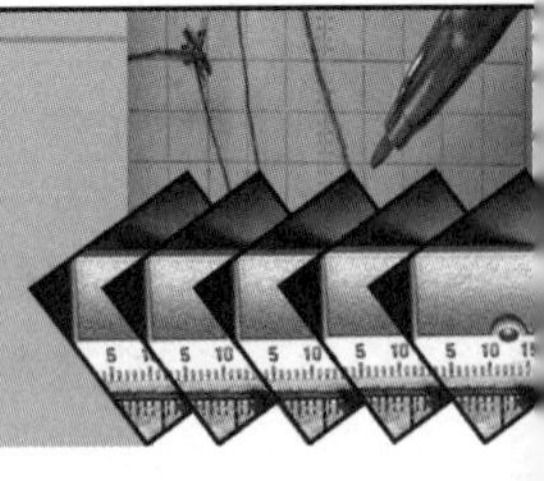

1. 적용 범위 이 부속서는 탐상면의 곡률 반지름이 250mm 이상 1,500mm 미만으로, 살두께 대 바깥지름비가 13% 이하인 노즐 이음 용접부의 초음파 탐상시험 방법에 대하여 규정한다.

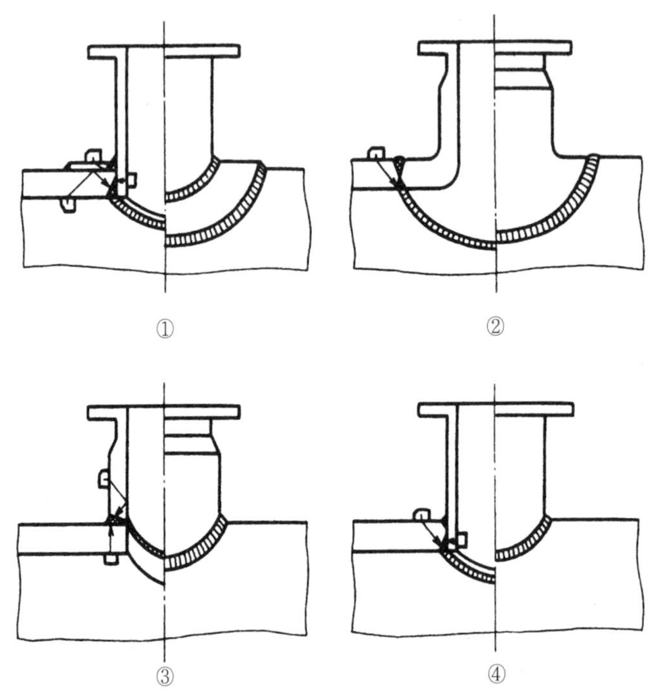

부속서 5 그림 1 노즐 이음 용접부의 보기

2. 사용하는 표준시험편 및 대비 시험편 사용하는 표준시험편 및 대비 시험편은 원칙적으로 본체 5.3에 규정하는 A1형 표준시험편 또는 A3형계 표준시험편 및 RB-4로 한다.

3. 사용하는 탐촉자

3.1 탐촉자의 접촉면 사용하는 탐촉자의 접촉면은 평면으로 한다.

3.2 탐촉자의 공칭 굴절각 공칭 굴절각은 각 탐상 부위의 실체도(그루브 모양도 포함한다)를 그려서 초음파의 주빔이 그루브면에 적절한 각도로 입사하도록 선택한다. 다만, 음향 이방성을 가진 시험체의 경

우에는 65° 이하의 공칭 굴절각을 선택한다.

4. 탐상장치의 조정

4.1 측정범위의 조정 측정범위는 본체 7.1.2에 따라 조정한다.

4.2 입사점, STB 굴절각 및 탐상 굴절각의 측정 탐촉자의 입사점 및 STB 굴절각은 본체 7.1.1 및 본체 7.1.3에 따라 측정한다.

음향 이방성을 가진 시험체의 경우의 탐상 굴절각은 RB-4 또는 시험체에서 각 탐상 방향으로 측정한다.

4.3 에코 높이 구분선의 작성 RB-4를 사용한 에코 높이 구분선의 작성은 본체 7.1.4에 따른다.

4.4 감도 보정량을 구하는 방법

4.4.1 원통 몸통에 부속되는 노즐 이음 용접부의 경우

(1) 바깥면(볼록면)에서 탐상하는 경우 사용하는 경사각 탐촉자의 공칭 주파수, 진동자 치수, 접촉매질 및 원통 몸통의 바깥지름에 따라 감도 보정량을 부속서 3 그림 9 또는 부속서 3 그림 10에서 1dB 단위(반올림)로 구한다. 다만, 감도 보정량이 2dB 이하인 경우에는 감도 보정은 하지 않는다.

(2) 내면(오목면)에서 탐상하는 경우 부속서 2의 4.4.2 (2)에 따른다.

4.4.2 거울판에 부속되는 노즐 이음 용접부의 경우

(1) 바깥면(볼록면)에서 탐상하는 경우

(a) 사용하는 경사각 탐촉자와 같은 형식의 2개의 경사각 탐촉자를 부속서 5 그림 2 ①에 나타내는 T-r1 및 T-r2 또는 T-r0 및 T-r2와 같이 맞대어 배치하여, 두 개의 탐촉자 간 거리에서의 각각의 투과 펄스 높이가 최대가 되는 점을 구하여, 이들 두 개의 투과 펄스의 피크를 플롯하여 직선으로 연결한다(부속서 5 그림 2 ③ 참조).

(b) (a)와 같은 감도로 시험체 위에서 탐상 방향과 동일 방향으로 V주사를 하여 투과 펄스가 가장 높아지도록 탐촉자 간 거리를 조정한다. 다음으로 그 빔 노정에서의 이러한 투과 펄스 높이와 (a)에서 구한 직선 위의 같은 빔 노정에서의 투과 펄스값의 차를 1dB 단위(반올림)로 읽고, 그것을 감도 보정량으로 한다. 다만, 감도 보정량이 2dB 이하인 경우에는 감도 보정은 하지 않는다.

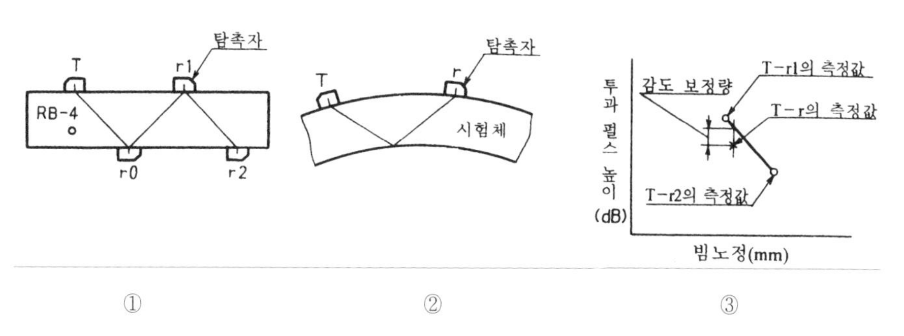

부속서 5 그림 2 바깥면에서 탐상한 경우 감도 보정 방법

(2) 내면(오목면)에서 탐상하는 경우 감도 보정은 부속서 2의 4.4.2 (2)에 따른다.

4.4.3 노즐 바깥면에서 탐상하는 경우 사용하는 경사각 탐촉자의 공칭 주파수, 진동자 치수, 접촉매질 및 노즐의 바깥지름에 따라 감도 보정량을 부속서 2 그림 6 또는 부속서 2 그림 7에서 1dB 단위(반올림)로 구한다. 다만, 감도 보정량이 2dB 이하인 경우에는 감도 보정은 하지 않는다.

4.5 탐상감도의 조정 탐상감도의 조정은 본체 7.1.6에 따른다.

5. 탐상면 및 탐상의 방법

5.1 탐촉자 용접부 거리 및 빔 노정의 확인

5.1.1 원통 몸통에 부속되는 노즐 이음 용접부의 경우 부속서 5 그림 3과 같이 원통 몸통의 축방향을 0°로 하고, 0°, 30°, 45°, 60°, 90°의 각 편각에서의 0.5 스킵과 1 스킵의 탐촉자 용접부 거리 및 각각의 빔 노정을 다음 두 가지 중 어느 한쪽에 따라 구한다.

(1) 부속서 5 그림 4와 같이 형떼기 게이지 등을 사용하는 방법에 의해 각 부위의 실체도(그루브 모양도 포함한다)를 그리고, 탐촉자 용접부 거리 및 빔 노정을 실체도에서 구한다. 탐상면 위의 그 탐촉자 용접부 거리 Y_L 및 Y_U의 위치에 표시선을 긋는다.

(2) 원통 몸통의 축방향과 탐촉자 방향과의 편각 θ_C 및 실측에 의한 t/D 또는 공칭값에 의한 t/D의 값에서 부속서 5 그림 5를 사용하여 t/D'의 값을 구한다.

그리고 t/D'의 값을 부속서 3 그림 12 및 부속서 3 그림 13의 t/D로 하여 보정계수 m 및 k를 구하여 계산에 의해 탐촉자 용접부 거리 및 빔 노정을 다음 식에 따라 산출한다.

$$Y_L = (t \times \tan\theta) \times m, \quad Y_U = 2 \times Y_L$$

$$W_L = (t \times \cos\theta) \times k, \quad W_U = 2 \times W_L$$

탐상면 위의 그 탐촉자 용접부 거리 Y_L 및 Y_U의 위치에 표시선을 긋는다.

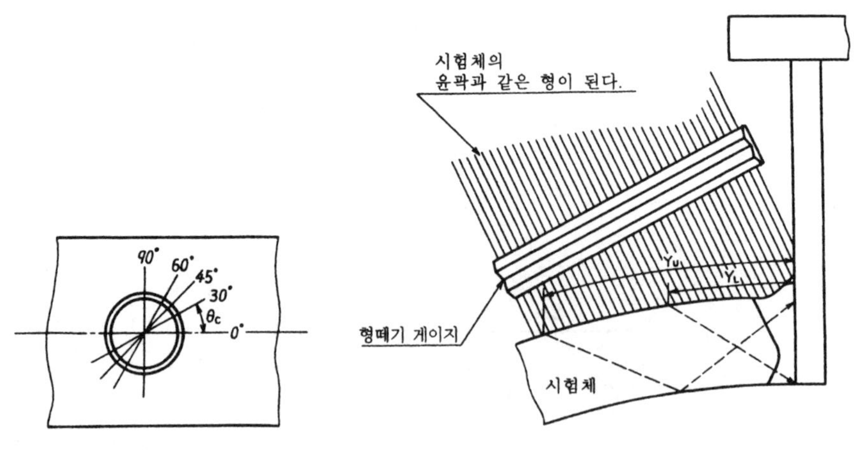

부속서 5 그림 3 원통 몸통의 축방향과 탐촉자 방향과의 편각 θ_C의 관계

부속서 5 그림 4 형떼기 게이지의 사용 보기

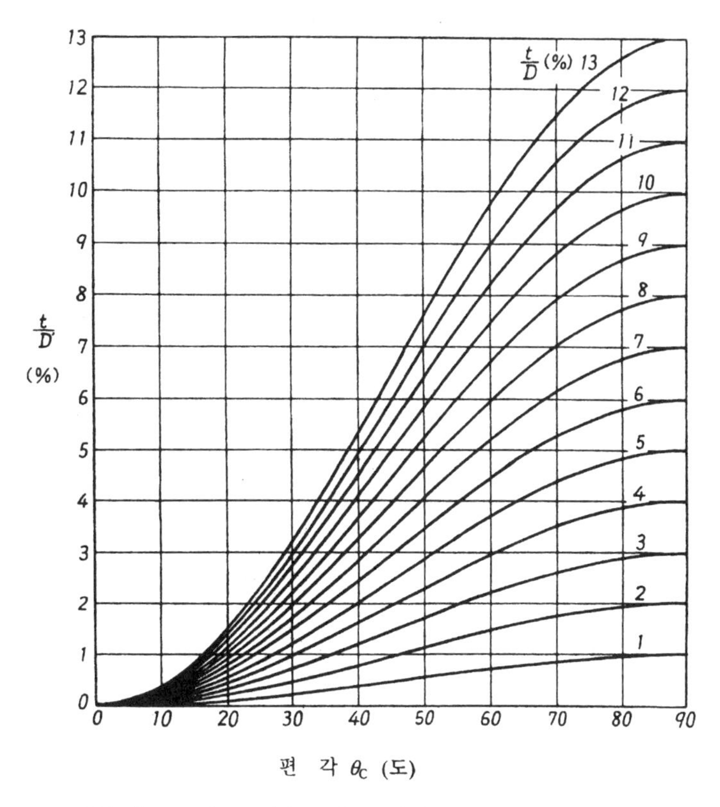

부속서 5 그림 5 편각 θ_C와 t/D에서 t/D'를 구하는 선 그림

5.1.2 거울판에 부속되는 노즐 이음 용접부의 경우

(1) 전 반구형 및 접시형 거울판의 중심원 위에 노즐 이음이 있는 경우(부속서 5 그림 6 참조), 부속서 3의 7.1 및 7.2에 따라 탐촉자 용접부 거리 및 빔 노정을 구한다. 탐상면 위의 그 탐촉자 용접부 거리 Y_L 및 Y_U의 위치에 표시선을 긋는다.

정반 타원형 거울판의 경우에는 5.1.1에 따라 탐촉자 용접부 거리 및 빔 노정을 구하여 탐상면 위에 그 탐촉자 용접부 거리 Y_L 및 Y_U의 위치에 표시선을 긋는다.

(2) 거울판 중심원 위 밖에 노즐 이음이 있는 경우(부속서 5 그림 6 참조)는 5.1.1 (1)의 방법에 따라 각 부위의 실체도(그루브 모양을 포함한다)를 그리고, 탐촉자 용접부 거리 및 빔 노정을 구한다. 탐상면 위의 그 탐촉자 용접부 거리 Y_L 및 Y_U의 위치에 표시선을 긋는다.

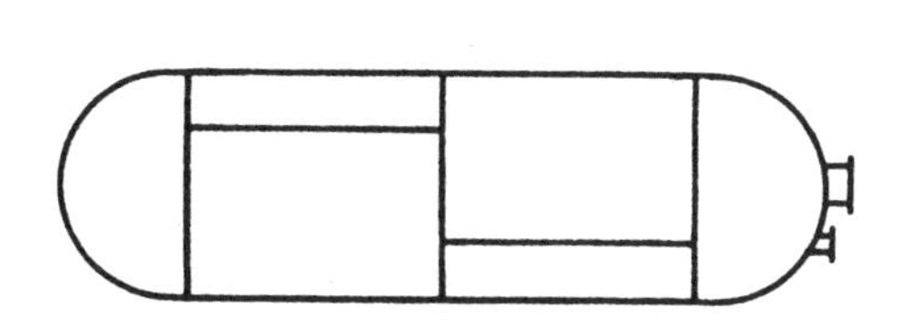

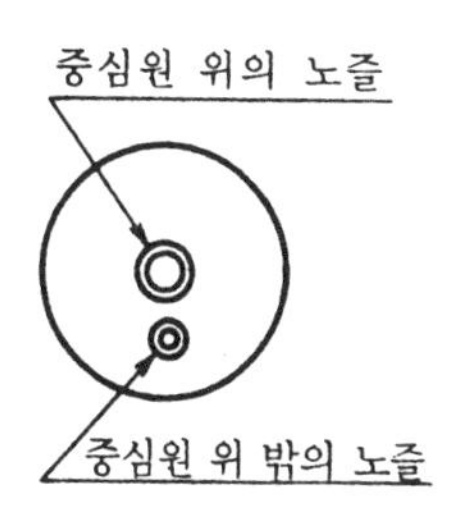

부속서 5 그림 6 노즐의 부착 위치

5.2 탐상의 방법

(1) 수직 탐상은 되도록 노즐의 내면(오목면) 또는 본체의 내면(오목면)에서 실시한다. 경사각 탐상은 원통, 몸통, 거울판 또는 노즐의 바깥면(볼록면) 또는 내면(오목면) 중 어느 쪽 또는 양면에서 실시한다.

(2) **부속서 5 그림 1** ③에 나타내는 세트 온타입의 노즐 이음 용접부의 경우는 노즐넥의 바깥면에서 경사각 탐상하여 몸통 또는 거울판부의 내면에서 가능한 한 수직 탐상을 한다.

(3) 보강재 부착 노즐 이음 용접부를 탐상하는 경우에는 보강재 및 원통 몸통 또는 거울판의 내면에서 탐상한다.

6. 흠 위치의 추정 방법 5.1에 따른 작도법 또는 **부속서 3의 7.3**에 나타내는 방법으로 흠 위치를 추정한다. 다만, 음향 이방성을 가진 시험체의 경우에는 흠을 검출한 방향에서 구한 탐상 굴절각을 사용한다.

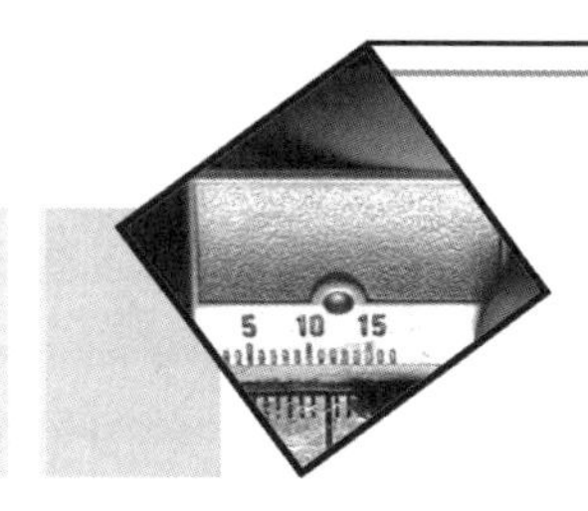

부속서 6 시험 결과의 분류 방법

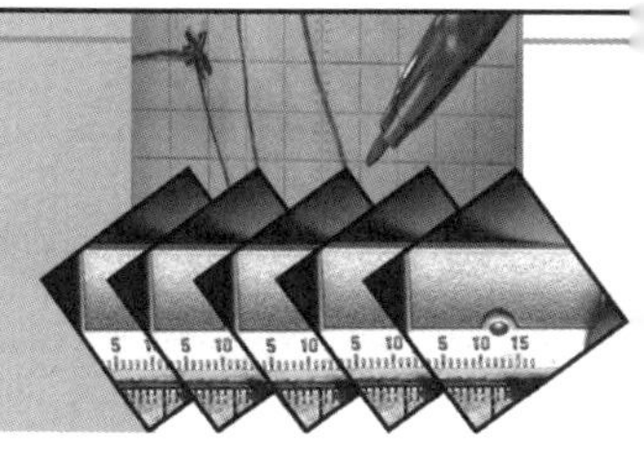

1. 적용 범위 이 부속서는 경사각 탐상시험 및 수직 탐상시험 결과를 분류하는 경우에 적용한다.

2. 시험 결과의 분류 시험 결과의 분류는 흠 에코 높이의 영역과 흠의 지시길이에 따라 부속서 6 표 1에 따라 실시한다. 2방향에서 탐상한 경우에 동일한 흠의 분류가 다를 때는 하위 분류를 채용한다.

부속서 6 표 1 흠 에코 높이의 영역과 흠의 지시길이에 따른 흠의 분류 단위 : mm

영역 / 판두께 mm / 분류	M검출 레벨의 경우는 Ⅲ L검출 레벨의 경우는 Ⅱ, Ⅲ			Ⅳ		
	18 이하	18 초과 60 이하	60을 넘는 것	18 이하	18 초과 60 이하	60을 넘는 것
1 류	6 이하	$t/3$ 이하	20 이하	4 이하	$t/4$ 이하	15 이하
2 류	9 이하	$t/2$ 이하	30 이하	6 이하	$t/3$ 이하	20 이하
3 류	18 이하	t 이하	60 이하	9 이하	$t/2$ 이하	30 이히
4 류	3류를 넘는 것					

비고 t는 그루브를 뗀 쪽의 모재의 두께(mm). 다만, 맞대기 용접에서 맞대는 모재의 판두께가 다른 경우는 얇은 쪽의 판두께로 한다.

이 부속서 6 표 1의 적용에 있어서 동일하다고 간주되는 깊이에서 흠과 흠의 간격이 큰 쪽의 흠의 지시 길이와 같거나 그것보다 짧은 경우는 동일한 흠군으로 간주하고, 그것들을 간격까지 포함시켜 연속한 흠으로 다룬다.

흠과 흠의 간격이 양자의 흠의 지시길이 중 큰 쪽의 흠의 지시길이보다 긴 경우는 각각 독립한 흠으로 간주한다.

그리고 경사 평행 주사, 분기 주사 및 용접선 위 주사에 의한 시험 결과의 분류는 당사자 사이의 협정에 따른다.

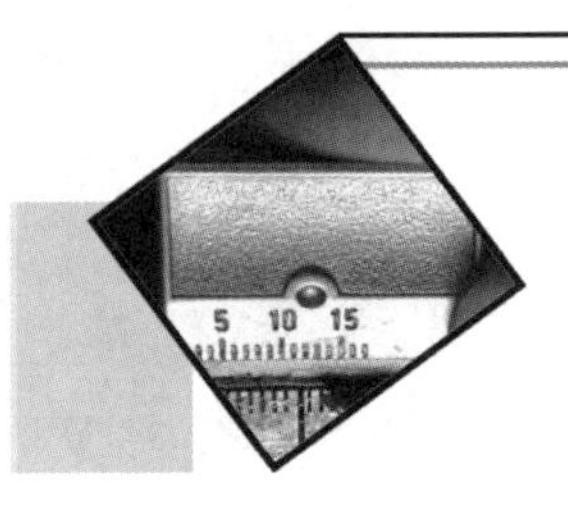

강 용접부의 초음파 탐상시험 방법 해설

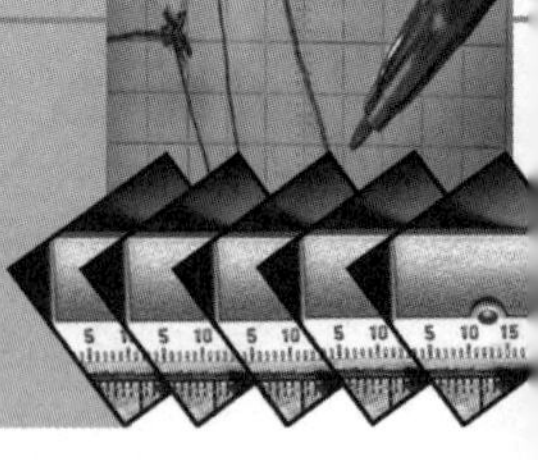

KS B 0896 : 1999

이 해설은 본체 및 부속서에 규정한 사항 및 이것과 관련된 사항을 설명하는 것으로 규격의 일부는 아니다.

이번 개정의 취지 초음파 탐상시험에 의한 용접부의 검사에서는 흠의 검출, 흠의 위치 측정, 흠의 크기의 측정 및 그 흠이 유해한지를 판정한다. 그 검사 결과의 신뢰성을 직접 구조물의 신뢰성으로 이어지는 것이다. 또한 시험 방법의 차에 의한 시험 결과의 차이는 상거래에 지장을 초래하는 결과가 된다. 용접의 급속한 보급에 따라, 종래의 방사선 투과시험의 적용이 곤란한 용접부의 검사에 초음파 탐상시험이 적용되게 되어, 그 시험 결과의 신뢰성을 높이기 위하여 시험 방법 및 결함과 등급 분류 방법에 대하여 1977년에 이 규격을 제정하였다.

이번 개정에서는 기술 진보에 따른 전반적인 재검토, KS B 0550(비파괴시험 용어), KS B 0817(금속 재료의 펄스 반사법에 따른 초음파 탐상시험 방법 통칙), KS B 0534(초음파 탐상장치의 성능 측정 방법) 등 국내 관련 규격과의 일치 및 편리성을 높이기 위하여 개정을 하기로 하였다.

개정의 경위 용접부의 초음파 탐상시험 방법은 1963년, ASME의 보일러 압력 용기 규격 Sec.Ⅲ에 규정되어 국내에서는 실드 공법 등 비개삭공법(非開削工法)에 의한 수도관 등 방사선 투과시험을 적용할 수 없는 용접부의 검사에 초음파 탐상시험이 적용되게 되었다.

이번 개정에서는 각종 규격과의 일치 외에 유의한 점은 다음과 같다.

- 규격의 이용자가 규격의 내용을 이해하기 쉽도록 규정의 배열을 탐상시험 순서에 맞춰서 변경하였다는 것
- 비파괴시험에 관한 다른 KS에서는 외국규격과의 일치를 고려하여 시험 결과의 등급을 본체에서 떼내는 경향이 있다는 것. 또한 합격판정기준은 각 구조물마다 규정되는 것이므로 시험 결과의 등급 분류를 부속서로 옮겼다. 이것은 이 KS에 의거 합격 판정을 하고 있는 단체 규격이 있으므로 당분간 삭제할 수 없다는 판단에 따른다.
- 기술의 진보에 따라 디지털 탐상기가 탐상시험에 사용되게 되었으므로 그 보급을 방해하지 않는 규정으로 할 것

심의 중에 특히 문제가 된 사항

(1) 75mm 이하의 판두께에 대한 경사각 탐상시험에서 5MHz보다 2MHz의 탐촉자의 사용을 권장하고, 큰 평면 위의 흠의 빠뜨림을 막도록 하고 싶다는 제안이 있었지만 아직 흠의 지시길이 측정 등에 대한 실험 결과가 적으므로, 이번 개정에서는 2MHz의 탐촉자의 사용에 대한 권장을 보류하기로 하였다.

(2) 길이 이음 용접부의 탐상에서 KS B 0521(알루미늄 관 용접부의 초음파 경사각 탐상 시험 방법)과 표현

이 다르므로 그 조정을 하고 싶다는 의견이 있었지만, 시간이 너무 걸린다는 이유에서 이번에는 보류하고 따로 조정위원회를 만들어 해결하기로 하였다.

주된 개정점

(1) 해외에서는 불합격이 되는 흠만을 결함으로 호칭하고 있으므로, KS B 0550도 그것에 따라 개정되었다. 그 개정을 이어받아 본체 중 "결함"이라는 용어를 "흠"으로 개정하였다.
(2) 용어는 KS B 0550을 사용하여 거기에 사용되고 있지 않는 용어로 설명이 필요한 것만 정의하였다.
(3) 탠덤 탐상에서 굴절각 70°의 탐촉자도 사용할 수 있도록 하였다.
(4) 음향 이방성을 가진 시험체의 탐상에서 공칭 굴절각 65°의 탐촉자를 주로 사용하도록 개정하였다.
(5) 종래 사용하고 있던 등급 분류를 본체에서 부속서 6으로 옮기고, 앞으로 이 규격에서 빼자는 의향을 나타냈다.

1. 적용 범위 이 규격을 적용하는 판두께의 하한은 초음파 탐상이 후판재와 거의 같은 방법으로 적용할 수 있는 하한으로서 6mm로 하였다. 이 하한값에 대한 해외의 주요 규격과의 관련은 해설 표 1과 같이 되어 있다. 그리고 적용 판두께의 상한은 특히 정할 필요가 없으므로 한정하지 않고 있다.

해설 표 1 해외 주요 규격의 적용 판두께 범위

단위 : mm

규격명 / 적용 판두께	KS B 0896	ISO TC 44/SC5N.201 초안	AWS D1.1	BS 3923 제1부
하한값	6	8	8	6
상한값	규정 없음	규정 없음	203	100

용접 구조물에 따라서는 처음부터 완전 용입을 요구하지 않고 있는 것이 있지만 그러한 용접부에서는 초음파 탐상에 따라 불용착부와 흠을 확실하게 구별하기가 곤란한 경우가 많으므로 그 적용을 제외하였다.
자동 탐상에서는 주사 방법 및 기록 방법이 수동 탐상과 다른 것이 대부분이므로, 이 규격에서는 수동 탐상으로 한정하였다.
오스테나이트계 강의 용접부는 일반적으로 결정 입자가 뚜렷하게 거칠고 크고, 초음파의 감쇠 및 숲 모양 에코가 뚜렷하므로 그 적용을 제외하였다.
강관의 제조 공정이란 강관 제조 공장에서의 자동 용접 강관의 제조 공정 중의 초음파 탐상시험을 가리키고 있다. 초음파 탐상시험을 적용하는 시험체의 모양은 여러 가지다. 그러한 시험체의 용접부의 전 체적을 충분히 시험하기 위해서는 모양에 따라 시험 방법을 적절하게 선정하여야 한다. 따라서 규격 본체에서는 용접부의 초음파 탐상시험에 관한 일반 통칙적인 내용을 규정하고, 이 규격을 적용할 때는 시험체의 모양에 따라 각각의 부속서를 적용하기로 하였다.

본체의 비고 (6) 부속서 6의 시험 결과의 분류 방법은 각 제품 및 사용 조건마다 규정되어야 한다. 그리고 이 등급 분류를 참조하고 있는 규격이 개정 시점에서 존재하였으므로 이번에는 부속서 6으로서 남기고, 다음 번의 개정에서 분리할 예정이다.

4. 시험 기술자 용접부를 검사하는 초음파 탐상시험 기술자는 초음파 탐상시험에 관한 기초 기술을 습득하고 있는 외에 모재의 재질, 용접부의 이음 모양, 용접 방법, 용접 조건, 다시 이런 조건 아래에서 발생하기 쉬운 용접 흠 등에 관한 지식을 갖고 그 흠의 탐상 경험을 가져야 한다. ISO의 규정에도 있듯이 용접부의 초음파 탐상에 종사하는 기술자는 권위 있는 기관에서 실시하는 초음파 탐상시험의 인정시험에 합격하여 등록된 자로, 시험 용접부 및 그 초음파 탐상의 특질에 대하여 충분한 지식을 가진 자가 적당하다. 보기를 들면 이 조건을 충족한 1종 기술자로 충분히 용접부의 탐상시험을 수행한다. 그러나 이음 모양, 용접 조건에 따라서는 판정이 곤란한 경우도 있다. 그럴 때에는 필요에 따라 2종 또는 3종의 기술자의 지도, 감독을 받게 되는 체제에 있는 것이 바람직하다.

또한, 시험의 입회자도 같은 정도의 지식을 갖추고 있는 것이 바람직하다.

5. 초음파 탐상장치의 기능 및 성능

5.1.1 탐상기에 필요한 기능 펄스 반사식 초음파 탐상기라는 용어가 적용 범위 중과 중복되고 있었으므로 이번 개정에서 삭제하였다.

본체의 (6) 전회 사용한 "(S)"는 약호이므로 명확하게 횡파라고 알 수 있도록 개정하였다.

또한, 경보 레벨은 표시기의 상한에서 사용하는 것은 일반적으로는 없다.

또한, 디지털식 탐상기의 경우 100%에서의 설정은 불가능하므로 상한을 80%로 개정하였다.

5.1.2 탐상기에 필요한 성능 전회 규정하고 있던 송신 펄스의 상승 시간의 측정은 탐상기 제조자가 출하시에 전기적 성능을 측정해 두면 충분하다고 생각하고, 이 규정에서 제외하였다.

본체의 (1) 인용한 KS가 변경되었으므로 새로운 KS번호를 인용하였다.

본체의 (3) 인용한 KS의 변경에 맞췄다.

본체의 (6) 온도가 영하가 된 경우, 정상적인 동작이 보증되어 있지 않은 장치도 있으므로, 그 경우는 높은 기준 범위, 온도를 선택하는 것이 바람직하다.

본체의 (7) 탐상기의 성능 향상에 맞춰서 지금까지의 보상값보다 10dB 큰 값으로 개정하였다.

5.1.3 탐상기의 성능 점검 이전의 규정에서 사용되고 있던 "사용 개시시"라는 용어가 작업 개시시로 오해할 가능성이 있으므로 "장치의 구입시"로 용어를 개정하였다.

증폭 직선성 및 주위 온도에 대한 안정도에 대해서는 엄밀하게는 초음파 탐상기와 탐촉자를 조합한 성능이다. 그러나 증폭 직선성의 점검에서는 이 규격이 에코 높이 구분선을 작성하여 시험하는 것, 또는 주위 온도에 대한 안정도에서는 점검을 위한 설비가 특수한 것이므로 대표적인 탐촉자로 점검을 하면 된다.

초음파 탐상기와 탐촉자를 조합시킨 성능의 점검에 있어서는 실제로 시험에 사용하는 탐상기와 탐촉자를 조합하여 실시하여야 한다.

또한 본체에서는 점검 시기를 규정하고 있지만 수송 시에 충격을 주는 경우나 특수한 환경 조건에서 사용한 경우 등은 규정에 관계없이 점검하여야 한다.

5.2 탐촉자

5.2.1 탐촉자에 필요한 기능

본체의 (2) 실제 시험 주파수는 탐촉자 탐상기, 그것들의 조합 및 시간적 경과에 따라 변화하는 것이므로 가끔 점검하는 것이 바람직하다. 시험 주파수를 측정하는 경우는 KS B

0535 : 1995(초음파 탐촉자의 성능 측정 방법)의 5.(시험 주파수의 측정)에 따른다.

본체의 (4) 5MHz에서 20×20mm를 제외하고 있는 것은 실험 결과, 탐상에 부적당하다고 판단하였기 때문이다. 판두께가 얇고 진동자 치수가 10×10mm인 탐촉자의 경우에는 직사법에서 탐상할 수 있는 영역이 작아진다. 이것을 해소하기 위하여 주파수가 7MHz에서 진동자 치수 5×5mm 또는 7×7mm의 경사각 탐촉자가 개발되어 있다. 이것들은 5MHz의 10×10mm와 비교하여 접근 한계 길이 및 불감대가 짧고 박판의 용접부의 탐상에는 유효하지만 진동자 치수가 적을수록 지향성이 커지므로 흠의 지시길이의 측정 시에 주의가 필요하다.

탠덤 탐상의 경우, 진동자의 치수는 특별히 규정하고 있지 않지만 탐촉자의 길이 방향의 치수 및 입사점 간 거리의 제한에서 5MHz의 경우는 나비 10mm, 높이 5~10mm가, 2MHz의 경우는 나비 20mm, 높이 10~20mm가 표준적이다.

본체의 (5) 전회에는 수직 탐촉자의 진동자의 공칭 지름이 30mm인 탐촉자를 정(正)으로 하고 28mm를 부(副)로 정하고 있었지만, 이번에 면적이 배가 되는 계열의 28mm의 진동자 지름을 정으로 사용하도록 개정하였다.

5.2.2 경사각 탐촉자에 필요한 성능

본체의 (1) 탠덤 탐상에서 탐상 단면의 되도록 넓은 범위를 탐상하기 위해서는 시험체 표면 근방의 탐상 불능 영역을 되도록 짧게 할 필요가 있다. 종래의 1탐촉자법에서 이용되고 있는 탐촉자와 소형 탐촉자의 탐상 불능 영역의 크기를 비교한 것이 해설 그림 1이다. 이것에서 알 수 있듯이 공칭 굴절각 45°의 경사각 탐촉자에서 적용 판두께(40mm 이상)의 1/2 이상을 유효한 탐상 범위로 하기 위해서는 탐촉자의 입사점 간 거리는 5MHz의 경우에는 20mm 이하, 2MHz의 경우에는 25mm 이하이어야 한다.

또한 공칭 굴절각 70°의 경사각 탐촉자에서 적용 판두께(20mm 이상 40mm 미만)의 1/2 이상을 유효한 탐상 범위로 하기 위해서는 탐촉자의 입사점 간 거리는 5MHz의 경우에는 27mm 이하이어야 한다.

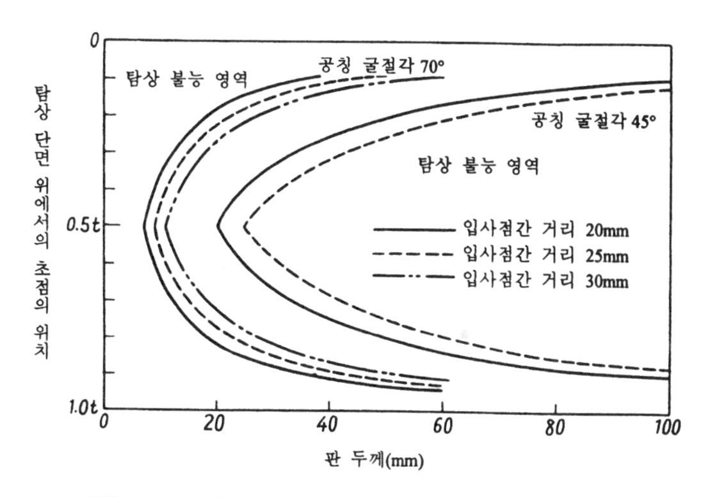

해설 그림 1 탐상 불능 영역의 크기(공칭 굴절각 45° 및 70°)

본체의 (2) 공칭 굴절각 65°의 경사각 탐촉자의 적용 목적은 음향 이방성을 가진 시험체 중에서의 탐상 굴절각을 되도록 70°에 근접하여 경사각 탐상하고 싶다는 점에 있다.

음향 이방성의 영향으로서 제한 압연 강재에서의 가로 구멍의 반사 특성을 나타내는 주사 그래프의 보기를 해설 그림 2에 나타내었다.

경사각 탐촉자의 "쐐기"에는 아크릴 수지와 같은 유기재가 사용되고 있다. 유기재는 온도에 의한 음속의 변화가 크다. 일반적으로 경사각 탐촉자의 공칭 굴절각은 상온(10~30℃)에서 공칭값에 가까워지도록 만들어지고 있다. 따라서 저온 또는 고온에서 사용하는 경우에는 그 STB 굴절각은 공칭값과 달라지므로 탐상을 하는 장소에서 굴절각을 측정하여야 한다.

또한 시험체가 고합금강인 경우에는 탐상 굴절각이 저탄소강과 다를 수가 있다.

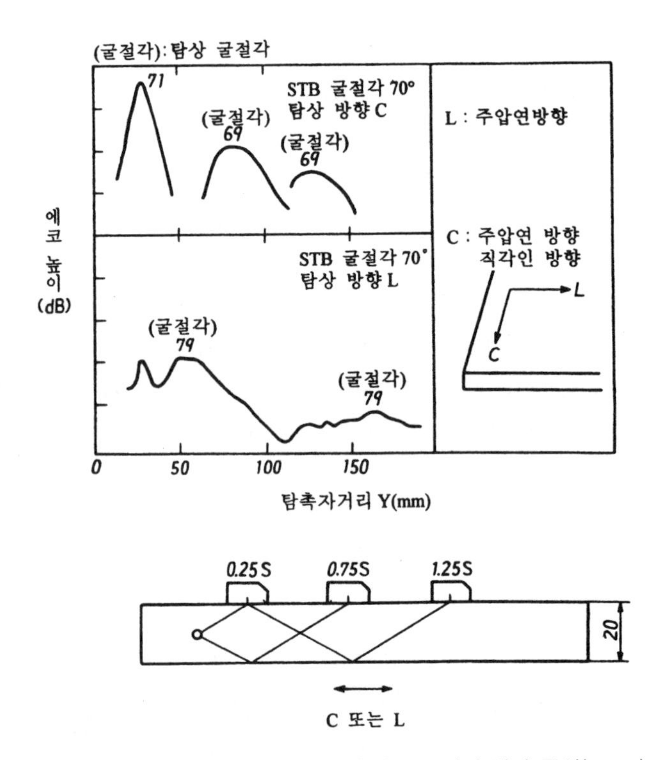

해설 그림 2 제어 압연 강재에서의 가로 구멍의 반사 특성(5MHz)

본체의 (5) 탠덤용 탐촉자에서는 송수 분리하여 사용하므로, 불감대는 문제가 되지 않으므로 규정하지 않고 있다.

5.3 표준시험편 및 대비 시험편

5.3.1 표준시험편 측정범위의 조정 외에 경사각 탐촉자의 입사점 및 STB 굴절각의 측정에는 원칙적으로 A1형 STB를 사용한다. 이 목적으로 A3형계 STB도 사용 가능하지만 다음 점에 주의하여 사용하여야 한다.

(1) 주사수가 5MHz, 진동자 치수가 10×10mm인 경사각 탐촉자를 사용하여 탐상하는 경우, 다음

에 나타내는 측정범위의 조정 방법을 실시하면 측정범위 250mm 이내일 때 입사점의 측정, 측정범위의 조정 및 STB 굴절각의 측정에 A3형계 STB를 사용할 수 있다.

(a) STB-A3 또는 STB-A31을 사용한 측정범위 200~250mm의 조정은 다음 방법으로 실시한다.

① A3형계 STB의 R50면에서의 에코 높이가 최대가 되는 위치로 탐촉자를 놓는다.

② ①의 상태에서 탐촉자 방향을 약간 왼쪽을 향하게 하여 R50면에서의 에코 중 빔 노정이 150mm에 상당하는 에코가 잘 보이도록 한다.

③ R50면에서의 에코 중 빔 노정이 50mm와 150mm에 상당하는 에코를 사용하여 측정범위를 조정한다. 이것은 예비 조정으로 한다.

④ 다시 R50면에서의 에코 높이가 최대가 되는 위치에 탐촉자를 놓는다.

⑤ 그 상태에서 감도를 높여서 R50면에서의 에코 중 빔 노정이 100mm에 상당하는 에코를 사용하여 원점을 수정하여 측정범위의 조정을 완료한다.

(b) STB-A7963을 사용한 측정범위 200~250mm의 조정은 다음 방법으로 실시한다.

① R50면에서의 에코 높이가 최대가 되는 위치에 탐촉자를 놓는다.

② R50 및 R25면에서의 에코 중 빔 노정이 50mm와 200mm에 상당하는 에코를 사용하여 측정범위를 조정한다.

(2) 주파수가 2MHz, 진동자 치수가 10×10mm 및 14×14mm인 경사각 탐촉자를 사용하여 탐상하는 경우는 원칙적으로 STB-A3 및 STB-A7963을 사용하지 않는다. 다만, STB-A31은 2MHz의 경사각 탐촉자에서도 사용할 수 있도록 개량된 시험편이므로 사용이 가능하다.

(3) 주파수가 2MHz, 진동자 치수가 20×20mm인 경사각 탐촉자를 사용하여 탐상하는 경우에는 STB-A3을 사용하지 않는다.

(4) 입사점의 측정, 측정범위의 조정 및 STB 굴절각의 측정에 A1형 STB와 A3형계 STB를 혼용하고 있다. A2형계 STB의 STB-A2는 현장에서 보면 치수가 너무 크다는 비판이 있고, 또한 ϕ1×1mm 및 ϕ8×8mm의 구멍은 거의 사용되고 있지 않는 것이 실상이다. 그래서 사단법인 일본 비파괴검사협회에서 사용자의 편의를 중심으로 하여 검토한 결과 완성한 것이 STB-A21 및 STB-A22이다.

STB-A21에는 주로 탐상감도의 조정에 사용하는 ϕ4×4mm와 ϕ2×2mm의 구멍을 만들고 있다. 이 STB-A21은 STB-A2의 검정에 사용되고 있는 기준 시험편과 초음파 특성의 편차 비교를 하여 측면의 영향 등에 대해서도 검토하여 STB-A2와 아주 동등한 성능이 얻어진다는 것이 확인되고 있다. 더욱이 ϕ4×4mm의 뒤쪽 마킹 등 사용 용이의 점에는 약간의 연구가 추가되고 있다.

5.3.2 대비 시험편

본체의 (1) RB-A4

현재 일반적으로 사용되고 있는 감도 조정용 시험편은 A2형계 STB로 대표되는 세로 구멍 타입, ⅡW ϕ1.5 관통 구멍 및 ASME Section Ⅴ의 RB로 대표되는 가로 구멍 타입으로 분류할 수 있고, 이것들 사이에서는 STB 굴절각에 의한 음압 반사율이 달라서 감도 조정에 차가 생긴다는 것이 잘 알려져 있다. 따라서 가능하면 어떤 시험편으로 한정하는 것이 바람직하다.

(1) 수직 탐상 시의 에코 높이 구분선의 작성을 고려하면 가로 구멍이 뚫려 있는 쪽의 시험편의 거리 40mm 이상을 5T/4에서 가공하는 것을 권장한다.

5.4 접촉매질 탐상면이 30µm 이하인 경우에는 접촉매질의 종류에 관계없이 임의의 접촉매질을 사용할 수 있도록 개정하였다. 탐상면의 거칠기가 80µm 이상인 탐상면의 경우, 앞의 규정에서는 탐상면의 다듬질만 규정하고 있었지만, 이번 개정에서는 음향 임피던스가 큰 글리세린 등의 접촉매질을 사용하여 감도 보정을 하면 그 표면 상태 그대로 탐상할 수 있도록 하였다.

경사각 탐상의 경우, 에코 높이의 저하량과 탐상기의 거칠기, 접촉매질의 종류(음향 임피던스의 크기)와의 관계는 해설 그림 3과 같다.

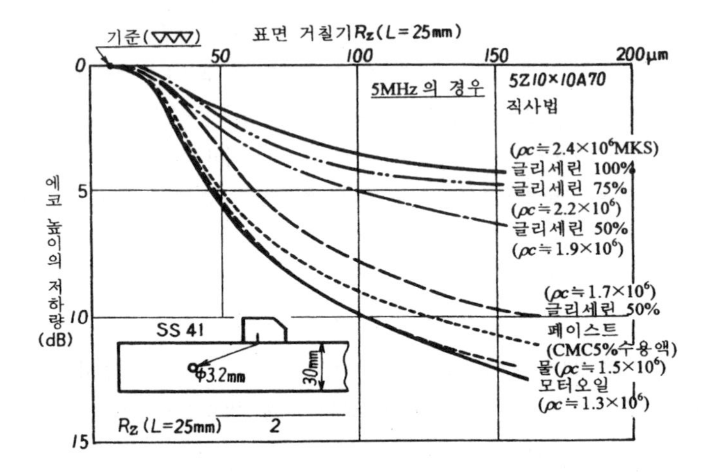

해설 그림 3 표면 거칠기가 경사각 탐상에서의 에코 높이에 미치는 영향

5.5 탠덤 탐상의 지그 수동 탐상에서는 탠덤 탐상에서 필요로 하는 송수 2탐촉자의 배치를 항상 유지하여 주사하는 것은 아주 어려우므로 탠덤 탐상 지그를 사용하기로 하였다 탐상 지그의 보기를 해설 그림 4에 나타낸다.

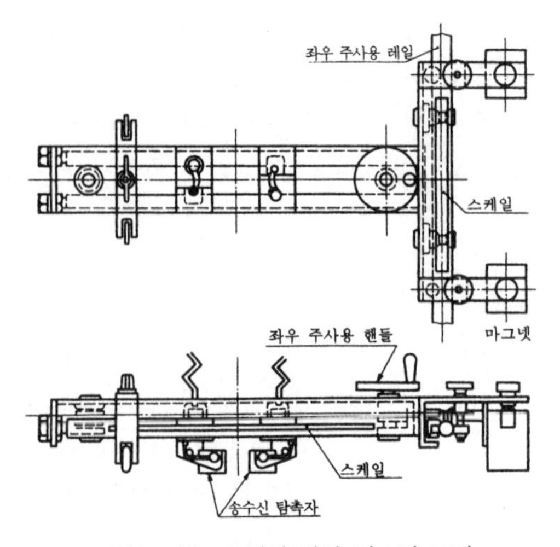

해설 그림 4 탠덤 탐상 지그의 보기

탠덤 탐상 지그는 이하의 조건을 만족하여야 한다.

(1) 송수신기 탐촉자의 접촉 상태가 항상 일정하게 유지되는 구조일 것

(2) 송수신 탐촉자의 입사점이 탠덤 기준선에 대하여 항상 등간격이며, 탐상 단면에 대하여 평행하게 종방형, 탠덤 주사 또는 횡방형 탠덤 주사가 가능한 구조일 것

(3) 탐촉자의 탠덤 기준선에서의 전후 이동거리의 측정이 가능한 스케일을 구비하고 있을 것

(4) 송수신 탐촉자의 입사점 간 거리의 중앙을 확인할 수 있는 표시가 있을 것

(5) 좌우 주사에 의해 흠의 지시길이가 1mm 단위로 측정 가능할 것

(6) 송수신 탐촉자의 빔 중심축의 치우침 및 어긋남의 수정이 가능한 것이 바람직하다. 탐상 지그에 탐촉자를 부착하였을 때, 빔 중심축이 탐상 단면에 수직인 평면 내에 있어야 한다(해설 그림 5). 빔 중심축의 치우침이 있는 경우의 에코 높이의 저하 모양을 해설 그림 6에 나타낸다.

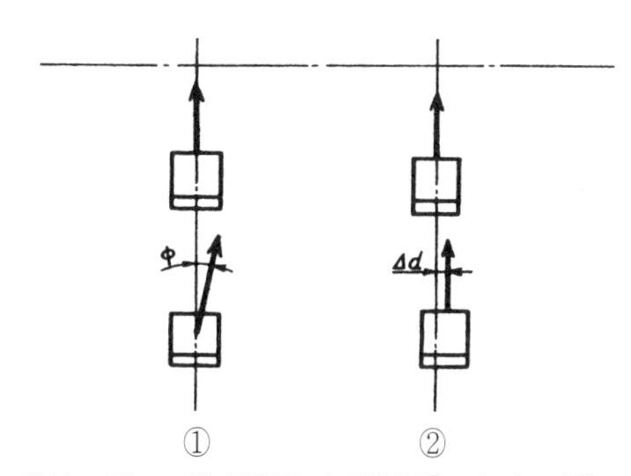

해설 그림 5 빔 중심축의 치우침① 및 어긋남②

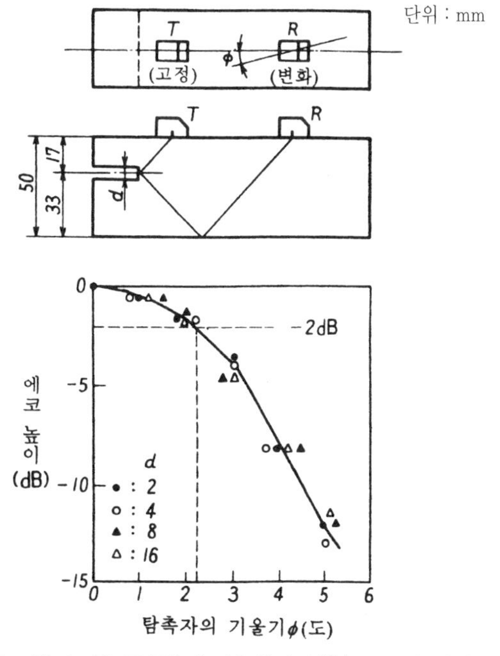

해설 그림 6 빔 중심축의 치우침의 영향(5MHz의 경우)

6. 탐상시험의 준비

6.1 탐상방법의 선정 탐상 방법 및 탐상면은 판두께·그루브 모양·이음 모양 및 용접 방법을 고려하여 결정한다. 일반 용접부의 탐상은 특별한 이유가 없는 한 터짐, 용입 불량, 융합 불량 등의 유해한 흠을 쉽게 검출할 수 있는 1탐촉자 경사법의 직접 접촉법을 선정한다.

가로 터짐을 검출하는 경우에는 경사 평행 주사, 용접선 위 주사 및 분기 주사를 지정한다. 이것들 중 가장 바람직한 주사 방법은 용접선 위 주사이다. 분기 주사는 특별한 지그를 필요로 한다. 경사 평행 주사는 가로 터짐의 검출 능력이 세 가지 방법 중 가장 떨어지므로 부득이한 경우에만 선정하는 것이 바람직하다.

용접부의 탐상은 반드시 경사각 탐상법에 한정되지는 않는다. 경사법이 곤란한 부분 및 경사각법보다 수직법 쪽이 흠의 검출, 평가에 적합한 부분은 수직법을 사용하는 것이 좋다. 보기를 들면 **해설 그림 7**과 같은 각이음 용접 또는 T이음 용접의 융합 불량, 용입 불량, 라메라티어의 검출에는 수직 탐상이 아주 효과적이다. 그러나 경사각법을 적용할 수 있는 모양이라면 그 밖의 흠의 검출을 위하여 경사각 탐상법을 병용하여야 한다.

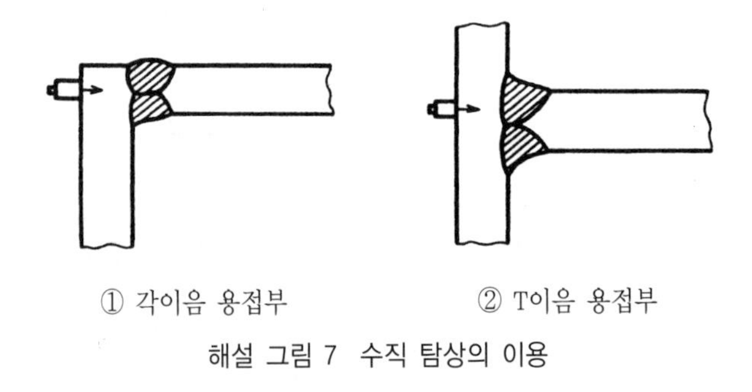

① 각이음 용접부 ② T이음 용접부

해설 그림 7 수직 탐상의 이용

탠덤 탐상법은 시험체에 수직의 흠, 보기를 들면 좁은 그루브 용접의 평행 그루브면의 융합 불량 등의 흠을 검출하는 경우에 선정한다. 그러나 판두께가 비교적 얇은 경우에는 공칭 굴절각 70°의 탐촉자를 사용하여도 탐상 불가능 영역이 커져서 탠덤 탐상법을 채용하는 이점이 적어지는 것 및 1탐촉자 경사각법이라도 흠의 검출이 가능하므로 판두께 20mm 미만의 좁은 그루브 용접부의 탐상에는 1탐촉자 경사각 탐상법을 선정하는 것이 바람직하다.

곡면 모양의 탐상면에서 탠덤 탐상을 적용하는 경우는 탐촉자 위치는 평판의 경우와 다르므로 주의하여야 한다.

이상과 같은 것을 고려하여 설계자 또는 관리자는 검사 대상이 되는 위치 및 탐상 방법을 선정하여야 한다.

6.2 표준시험편 또는 대비 시험편의 선정 경사각 탐상의 감도 조정용으로는 A2형계 STB 또는 RB-4를 사용한다. 조선이나 건축 철골 등에서는 당초부터 A2형계 STB가 보급되고, 한편 압력 용기, 보일러 등에서는 ASME 규격을 적용하였으므로 RB-4의 가로 구멍 시험편이 보급되어 오늘에 이르고 있다. 그 때문에 이 규격에서는 혼란을 피하기 위하여 양 시험편을 사용할 수 있도록 하였다. 그러나 RB-4에 따라 감도 조정한 경우에는 A2형계 STB에 따라 감도 조정한 경우보다 낮은 탐상감도가 된다. A2형계 STB와 RB-4의 감도차는 공칭 굴절각 60°에서 가장 크다.

따라서 어느 시험편을 채용할지를 미리 인수 인도 당사자 사이에서 협의하여 결정해 두어야 한다. 일반적으로 판두께 75mm 이하의 경우에는 A2형계 STB쪽이 가로 구멍형의 것보다 편리하여 사용하기 쉽다. 그러나 두꺼운 판재에서는 가로 구멍형 쪽이 사용하기 쉬우므로 RB-4를 규정하였다. RB-4는 그 원형을 ASME 규격에서 취하고 있다.

시험체가 음향 이방성을 가진 경우는 인공흠 용접 시험체, 용접흠 시험체에서의 실험 결과를 가지고 심의한 결과 RB-4에 의한 감도 조정으로도 충분한 흠 검출이 가능하다는 것이 명백해졌으므로 감도 조정용 시험편으로는 RB-4만을 사용하기로 하였다.

이방성이 있는 제어 압연 강재에서 RB를 작성하는 경우, 그 방향이 문제가 되지만 통상 압연 강재로 작성된 RB-4와 제어 압연 강재의 각 방향에서 작성된 RB-4의 감도차에 대해 비교하면 각각의 RB-4(ø 3.2)의 에코 높이와 STB-A2 ϕ4×4(DAC)와의 에코 높이의 차는 공칭 굴절각 45°, 60°, 65°에서 각각 해설 표 2와 같은 결과가 되었다.

이 결과에서 알 수 있듯이 공칭 굴절각 45°의 경우에는 RB-4가 제어 압연 강재의 어느 방향에서 취해진 것이라도 감도는 통상 압연 강재의 경우와 거의 같아진다.

또한 공칭 굴절각 65° 및 60°의 경우에는 L, Q방향에서는 감도는 통상 압연 강재의 경우와 거의 같아진다. 그러나 C방향에서는 감도가 저하하는 수가 있다. 따라서 C방향에서 취해진 RB-4는 사용하지 않는 편이 바람직하다.

해설 표 2 각 시험체의 ø3.2 가로 구멍 에코와 A2형계 STB ø4×4(DAC)의 에코 높이의 차

시험체	통상 압연 강재	제어 압연 강재		
공칭 굴절각 °	평균 dB	L방향 평균 dB	Q방향 평균 dB	C방향 평균 dB
45[1]	+2	+4	+1	+4
60	+11	+11	+9	+14
65	+5	+4	+3	+8

주[1] 굴절각 45°에 대해서는 KS B 0896과 같이 6dB 감도 증가

6.3 수직 탐상에서의 시험편의 선정 본체 표 10의 시험편의 선정기준에서 사용하는 빔 노정 50mm 이하 및 50mm 초과 100mm 이하에 대하여 No.3의 대비 시험편 RB-4의 두께를 75mm로 한정한 것은, 75mm 이하에서는 일반적인 수직 탐촉자에서는 $\frac{1}{4}$T의 위치에서 불감대역에 들어가서, 에코 높이 구분선을 작성할 수 없기 때문이다.

6.4 주파수의 선정 작은 흠의 검출을 고려하기보다 평면 모양의 큰 흠의 간과를 막는다는 의미에서 현재 2MHz, 진동자의 크기가 14×14mm이며, 고분해능의 탐촉자의 사용에 대해 연구가 진행되고 있다. 다음 번 개정 시에는 이 연구 성과에 따라 주파수의 선정 방법이 변경될 가능성이 있다.

모재의 두께가 75mm 이하인 경우의 경사각 탐상에서는 탐상장치의 성능과 표면 상황, 시험체의 감쇠 상태, 사용하는 빔 노정 등을 고려하여 기술자의 판단에 따라 2 또는 5MHz를 사용한다.

6.5 검출 레벨의 선정 이 규격을 적용하는 경우에는 어느 검출 레벨을 사용할지를 미리 인수 인도 당사자 사이에서 지정해 두어야 한다.

검출 레벨을 선택할 때의 참고로 A2형계 STB의 ϕ4×4mm의 표준 흠의 에코 높이와 용접 흠의 에코

높이와의 관계를 해설 그림 8에 나타낸다.

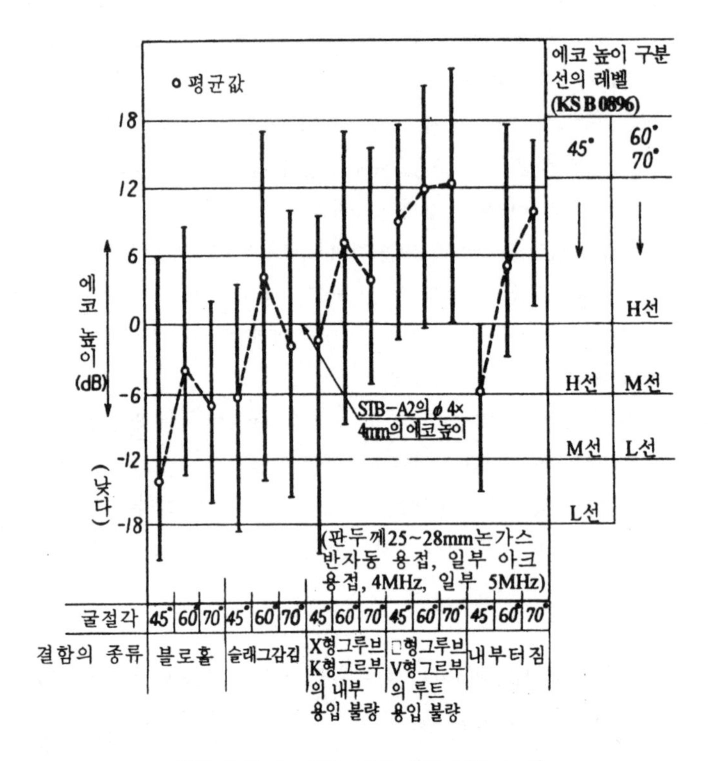

해설 그림 8 용접 자연 흠과 에코 높이

탠덤 탐상에서는 L검출 레벨에서는 흠 높이가 $t/8$mm(다만, t는 판두께) 이상의 흠을, M검출 레벨에서는 흠 높이가 거의 $t/4$mm 이상의 흠을 검출한다. 각 레벨에서의 흠 높이의 보기를 해설 표 3에 나타내었다.

해설 표 3 탠덤 탐상에서의 검출 레벨과 흠 높이

판두께 mm	L검출 레벨일 때의 흠 높이 mm	M검출 레벨일 때의 흠 높이 mm
40	0.9 이상	1.7 이상
75	1.1 이상	2.3 이상
200	1.8 이상	3.7 이상
300	2.3 이상	4.5 이상

6.6 탐상의 시기 용접부에 용접 후 열처리 등의 지정이 있는 경우, 합격 여부 판정을 위한 탐상을 원칙적으로 최종 열처리 후로 한 것은 일반적으로 고장력강 및 저합금강(21/4Cr형)에서는 용접 후 열처리에 의해 재열 터짐(SR 디짐)이 발생할 염려가 있으므로 하는 처치이다. 특히 저합금강의 압력 용기에서는 노즐 이음 용접부의 부스러기 부분의 거친 입자 영역에 재열 터짐이 발생하기 쉽다.

6.7 용접부 표면의 손질 가로 터짐 등을 검출하기 위하여 용접선 선상 주사를 하는 경우는 덧살을 삭제하

고 그 면을 50S 정도로 다듬질한다.

6.8 탐상면의 손질 보통 양호한 상태의 흑피의 표면 거칠기는 판두께가 30mm 정도 이상일 때는 20μm 정도이며, 흑피가 곳곳에 벗겨진 상태라도 50μm 정도이다. 이것들은 약간 녹슬어도 와이어 브러시 등으로 녹을 제거하면 녹슬기 전과 거의 같은 표면 거칠기를 유지하고 있다.

한편 포터블 그라인더로 다듬질하면 상당히 주의깊게 다듬질하여도 그 거칠기는 70μm가 되고, 때로는 150μm도 된다. 디스크 샌더의 경우는 잘 다듬질하면 표면 거칠기는 20μm 정도로 억제할 수 있지만 50μm 이상이 되는 경우도 있다.

따라서 가장 바람직한 탐상면의 손질 방법은 먼저 스패터나 이물의 부착을 끌 등으로 제거하고, 그 후 와이어 브러시 또는 천조각으로 청소하는 방법이다.

페인트 등으로 도장되어 있는 경우, 그 도료가 강판의 바탕에 직접 밀착되어 있는 경우에는 제거를 필요로 하지 않고, 감도 보정만 고려하면 되지만 들뜬 스케일 위에 도장되어 있을 때에는 제거하여야 한다.

6.9 모재의 탐상 모재의 품질 보증 규격인 KS D 0040(건축용 강판의 초음파 탐상시험에 따른 등급 분류와 판정기준) 및 KS D 0233(압력 용기용 강판의 초음파 탐상 검사 방법)의 적용 판두께에 맞춰서 판두께의 적용 범위를 개정하였다.

6.10 음향 이방성의 검정

6.10.1 음향 이방성의 측정장치 음속비의 측정에 사용하는 장치는 시험체 중에 횡파를 전반시킬 수 있고, 유효 숫자 3자리 이상의 정밀도로 측정할 수 있는 음속 측정 장치, 초음파 두께계, 초음파 탐상기 또는 이것과 동등한 성능을 가진 초음파 측정장치를 사용한다.

횡파 전자 초음파 탐촉자는 접촉매질이 필요 없고, 1방향으로 진동하는(직사각형 코일을 내장한 것) 횡파 또는 전 반지름 방향으로 진동하는(원형 코일을 내장한 것) 횡파를 송수신 가능하다(해설 그림 9). 이 중 전방향 진동 횡파를 송수신하는 전자 초음파 탐촉자를 사용하면 시험체의 주압연 방향이 불명확한 경우에도 음속비의 측정이 가능하다.

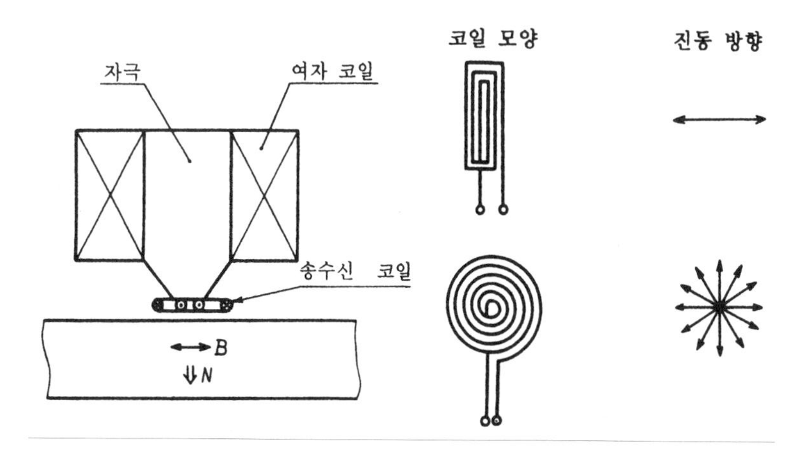

해설 그림 9 횡파 전자 초음파 탐촉자

6.10.2 사용하는 시험편 시험편은 L, C, (Q)방향 모두 최대 V 투과 펄스가 얻어지는 탐촉자 배치를 할 수 있는 치수가 필요하다.

시험편에 대해서는 곡률을 갖지 않은 평판만으로 정하였다. 이것은 곡률이 있는 시험편은 시험편과 탐촉자의 접촉이 안정되지 않으므로 탐상 굴절각, 굴절 각도차, V 투과 펄스 강도차 및 음속비의 정확한 측정은 곤란하므로 제외하였다. 다만, 음속비에 의한 이방성의 검정은 곡률이 있는 시험체에서도 대략 측정할 수 있다.

6.10.3 음향 이방성의 추정 시험체의 음향 이방성의 유무를 간편하게 추정하기 위하여 두 가지 방법을 규정하였다.

먼저 공칭 굴절각 70°의 경사각 탐촉자를 사용하여 2탐촉자 V투과법에 의해 굴절 각도차를 측정한다. 굴절 각도차가 3°를 넘는 경우는 시험체는 음향 이방성을 가진다고 추정하고, 다시 공칭 굴절각 65°의 경사각 탐촉자를 사용하여 본체의 6.10.4에 따라 굴절 각도차를 측정하여 음향 이방성을 검정하여야 한다. 70°의 경사각 탐촉자에 의한 굴절 각도차가 2° 이상인 경우에도 검정하는 것이 바람직하다.

한편 음향 이방성을 가진 시험체의 경우에는 L방향 진동의 횡파와 C방향 진동의 횡파에서는 음속이 다르므로, 두 개의 횡파에 의한 바닥면 에코는 반사 횟수 또는 빔 노정이 길어질수록 명료하게 분리된다. 따라서 후강판에서는 B_1 에코 이후에서, 또는 박강판에서는 B_2 에코 이후에서 바닥면 에코가 분리된 경우에는 음향 이방성을 가진다고 추정하고, 본체의 6.10.6에 따라 음향 이방성을 검정한다. 보기를 들면 음속비가 1.02인 경우 빔 노정 40mm이며, 두 개의 횡파의 차는 판두께 환산으로 약 0.8mm가 된다.

6.10.4 굴절 각도차의 측정 탐촉자 간 거리는 0.5mm 단위, 판두께는 0.1mm의 단위로 구한다.

6.10.5 횡파 음속비의 측정

본체의 (1) 시험편의 L, C방향의 확인

횡파 수직 탐촉자를 사용하여 음속비를 측정하는 경우, 기본적으로는 송수신되는 횡파의 진동 방향이 명확한 횡파 수직 탐촉자를 사용하는 것이 바람직하지만, 이것이 불명확한 횡파 수직 탐촉자의 경우, 횡파 탐촉자에 의해 송수신되는 횡파의 진동 방향을 확인하여야 한다.

횡파 수직 탐촉자의 진동 방향 확인에 사용하는 시험편으로는 해설 그림 10 ①의 경사각 탐촉자의 굴절각과 같은 각도를 이뤄서 만나는 두 개의 면을 가진 음향 이방성이 없는 시험편이 바람직하지만 이것을 준비하기가 곤란한 경우에는 해설 그림 10 ②와 같이 A1형 STB 시험편이라도 좋다.

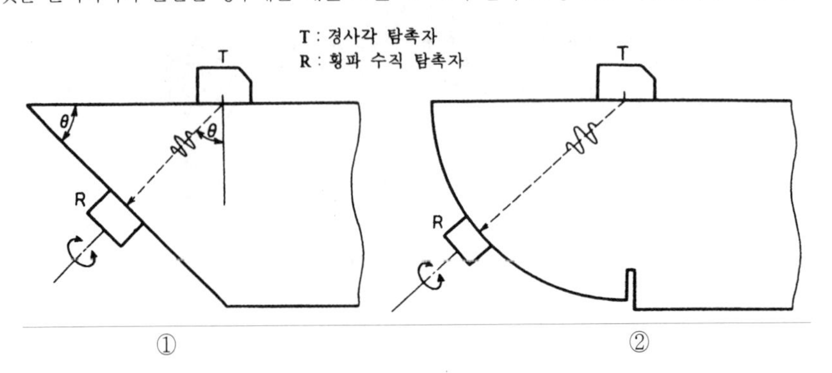

해설 그림 10 횡파 수직 탐촉자의 진동 방향 확인

시험편의 L, C방향의 확인은 다음과 같이 하여 실시한다.

횡파 수직 탐촉자를 시험편에 눌러 대고 회전시켜서 각각의 방향으로 횡파의 여진을 실시한다. 음향 이방성을 가진 강재에서는 그 진동 방향이 주압연 방향과 일치한 경우에 그 전반 강도 및 음속이 최대가 된다. 이 현상을 이용하여 시험편의 L, C방향을 확인할 수 있다.

본체의 (2) 측정 방법

압연재를 경사 방정계의 단결정으로서 비슷하게 한 경우에 가장 차가 큰 L방향으로 전달되는 두께 방향 진동의 횡파와 C방향으로 전달되는 두께 방향 진동의 횡파의 음속비 대신에 이것과 등가의 두께방향으로 전달되는 L방향 진동의 횡파 음속(C_L)과 두께 방향으로 전달되는 C방향 진동의 횡파 음속(C_C)의 비로서 음속비를 정의하여 음향 이방성의 검정값으로 하였다.

음속비의 측정은 횡파 수직 탐촉자 또는 횡파 전자 초음파 탐촉자를 사용하여 실시한다. 이 방법에 대해서는 어떤 곳에서나 실시 가능하도록 음속 측정장치, 초음파 두께계 또는 초음파 탐상기로 실시할 수 있도록 하였다.

또는 측정 정밀도를 얻을 수 있다면 어떤 측정 방법 및 장치를 사용하여도 좋다.

6.10.6 음향 이방성의 검정 본체의 6.10.3에서는 공칭 굴절각 70°의 경사각 탐촉자를 사용한 음향 이방성의 추정 방법을 규정하고 있는데, L방향에서 V 투과 펄스의 참 피크 위치가 불명확하므로 측정된 굴절 각도차가 참 굴절 각도차보다 뚜렷하게 작아지는 수가 있고, 공칭 굴절각 70°의 탐촉자에 의한 굴절 각도차만으로 음향 이방성을 추정하면 잘못된 판정을 하는 수가 있으므로 공칭 굴절각 60°의 경사각 탐촉자로 검정하도록 하였다.

공칭 굴절각 60°의 경사각 탐촉자에서의 굴절 각도차의 측정을 쉽게 할 수 없는 경우, 또는 시험체의 주압연 방향이 불명확하고 V주사의 적용이 어려운 경우에는 음속비로도 판정할 수 있도록 하였다. 즉, 횡파 수직 탐촉자 또는 횡파 전자 초음파 탐촉자에 의한 음속비의 측정쪽이 굴절 각도차의 측정보다 간단하게 이방성을 검정할 수 있다.

해설 그림 11에 제어 압연 강재에 대한 음속비와 굴절 각도차와의 관계를 나타낸다. 이 그림에서 알 수 있듯이 공칭 굴절각 60°의 경사각 탐촉자에서의 굴절 각도차 2°는 음속비로 1.02에 상당하고 있다. 따라서 제어 압연 강재의 음향 이방성 유무에 대한 판정값은 음속비의 경우는 1.02로 한다.

그리고 이 규격에 따라 음향 이방성을 검정하여 음향 이방성이 없다고 판정한 강재 중에서 공칭 굴절각 70°의 경사각 탐촉자에서의 굴절 각도차가 2° 이상 3° 미만인 경우에는 흠 위치 추정 정밀도를 통상 압연 강재의 경우와 동등하게 하기 위하여 흠을 검출한 탐상 방향에서의 탐상 굴절각을 사용할 것

6.11 검정 결과의 처치 음향 이방성이 있다고 판정된 경우에는 탐상 굴절각 70°에 가까워지도록 공칭 굴절각 65° 또는 60°의 탐촉자로 탐상하고, 흠 위치의 추정에는 측정한 탐상 굴절각을 사용한다.

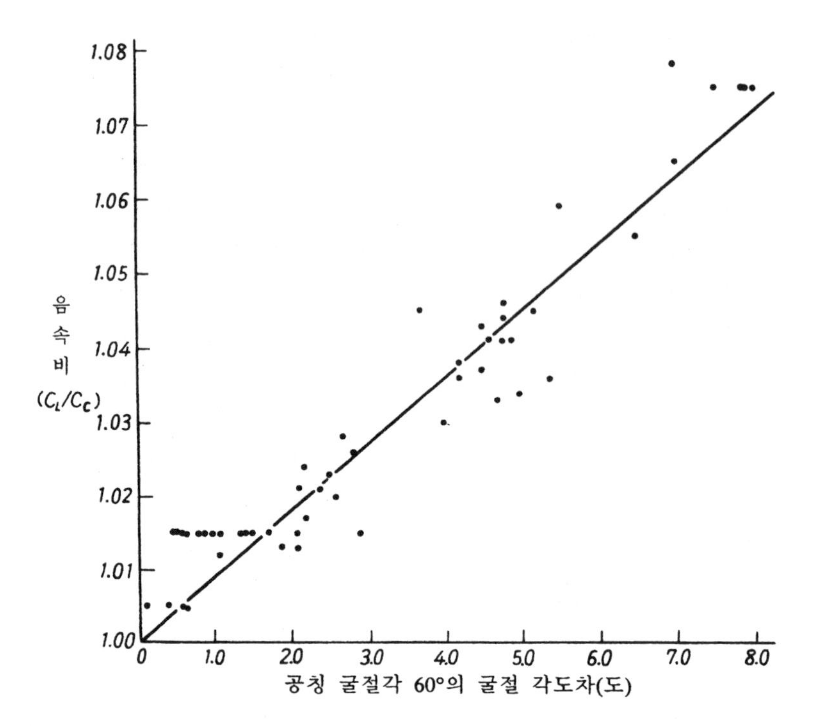

해설 그림 11 공칭 굴절각 60°의 경사각 탐촉자에서의 굴절 각도차와 음속비와의 관계

7. 초음파 탐상장치의 조정 및 점검

7.1 경사각 탐상

7.1.2 측정범위의 조정 용접부의 탐상에서는 흠 에코 이외의 방해 에코가 다수 발생한다. 흠 에코와 방해 에코를 판별하기 위해서는 빔 노정을 정확하게 읽어야 한다. 그러기 위해서 측정범위는 가능한 한 짧게 하는 것이 좋다.

일반적으로 열 영향부를 포함하는 용접부 전체를 검사하려면 0.5스킵 또는 1스킵의 빔 노정보다 조금 긴 빔 노정이 필요하다. 특정 부분만을 검사하는 경우에는 그것에 필요한 빔 노정에 약간의 여유를 더한 측정범위를 한다.

탠덤 탐상에서의 흠 에코의 빔 노정은 일정하고, 1탐촉자 경사각법에서의 0.5스킵 거리의 빔 노정과 같다. 따라서 측정범위를 1탐촉자 경사각법에서의 판두께의 거의 1스킵 거리에 상당하는 빔 노정으로 조정하면 된다. 이렇게 하면 흠 에코는 측정범위의 거의 중앙에 나타난다.

7.1.4 에코 높이 구분선의 작성 흠의 종류, 기울기 등이 다르면 거의 같은 크기의 흠이 같은 빔 노정에 있어도 그것들로부터의 에코 높이는 상당히 다르다. 따라서 에코 높이를 세분하여도 흠의 평가에는 그다지 의미가 없다.

그래서 현 상태에서는 6dB의 감도차로 구분선을 작성하기로 하였다.

에코 높이의 영역 구분을 정하기 위하여 3개의 에코 높이 구분선을 규정하였다. 그러나 탐상에 사용하는 빔 노정 범위가 넓어지면 빔 노정이 긴 곳에서는 구분선이 낮아지고, 서로 접근한다. 그 때문에 에코 높이 구분선의 작성에 있어서는 에코 높이 구분을 읽는 빔 노정에서 H선이 되는 구분선은 눈금판의 40% 이상으로 하여야 한다. 이것들을 고려하여 3개 이상의 거리 진폭 특성 곡선에 의해 에코 높이 구분선을 작성한다. 그 보기를 본체의 그림 4에 나타내었지만 이것은 일례로서 아무런 구속도 아니다.

본체의 (3) 거리 진폭 특성 곡선은 본래 매끄러운 곡선으로 생각된다. 그러나 위와 같이 하여 작성하는 경우는 플롯의 수가 반드시 많지는 않다. 따라서 나눠서 각 점 사이를 직선으로 연결하여 꺾인 선 모양으로 연결하기로 하였다.

본체의 (4) 최단 빔 노정에 상당하는 플롯점에서 왼쪽은 측정점이 없고, 근거리 음장의 영향으로 상승 경향인지 하강 경향인지 뚜렷하지 않으므로 그 플롯점에서 왼쪽은 같은 높이로 연장하기로 하였다. 다만, 진동자 치수 10×10mm의 탐촉자로 탐상하여 A2형계 STB의 0.5스킵의 빔 노정 이내에서 탐상장치의 차에 의해 동일 흠의 에코 높이에 뚜렷하게 차이가 생긴 경우는 0.5스킵 거리 이내의 에코 높이 구분선은 해설 그림 12에 나타내는 RB-4S를 사용하여 작성하는 것이 바람직하다.

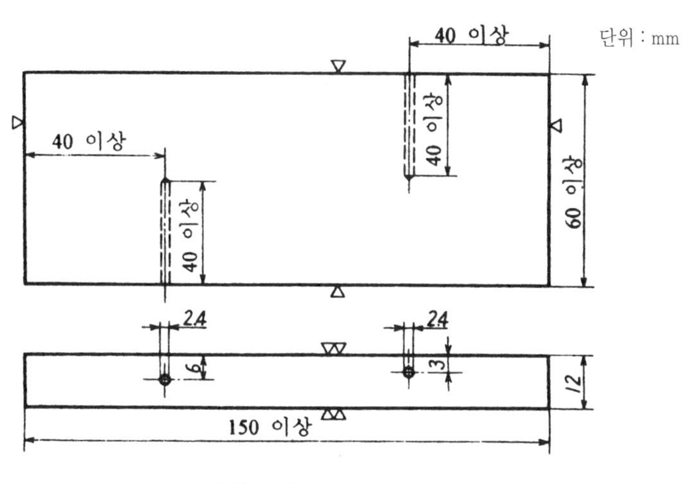

해설 그림 12 RB-4S

본체의 (5) 에코 높이 구분선은 다음과 같이 작성한다.

먼저, 해설 그림 13의 RB-4S①의 위치에 탐촉자를 놓고 5/8스킵 빔 노정의 표준구멍 에코 높이를 A2형계 STB의 0.5스킵 빔 노정에서의 H선의 높이에 맞도록 게인을 조정한다. 그 후 해설 그림 13의 ②, ③ 및 ④의 위치에 탐촉자를 놓고, A2형계 STB의 0.5스킵 빔 노정 이내의 범위의 거리 진폭 특성 곡성을 작성한다. 이것을 에코 높이 구분선의 H선으로 한다. M선, L선도 똑같이 하여 A2형계 STB의 0.5스킵 거리 이내의 범위의 에코 높이 구분선을 작성한다(해설 그림 14 참조).

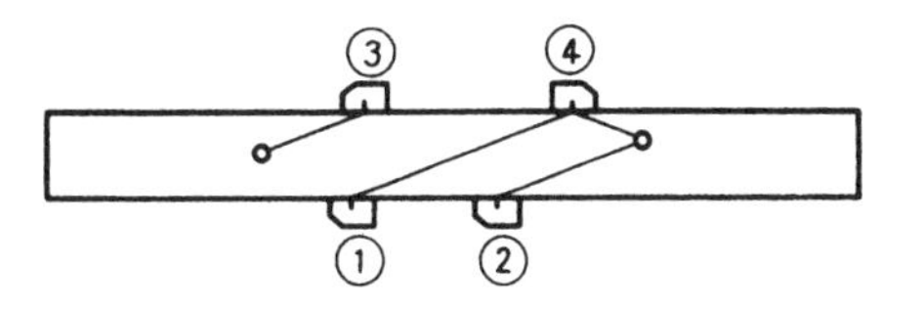

해설 그림 13 RB-4S에서의 탐촉자의 위치

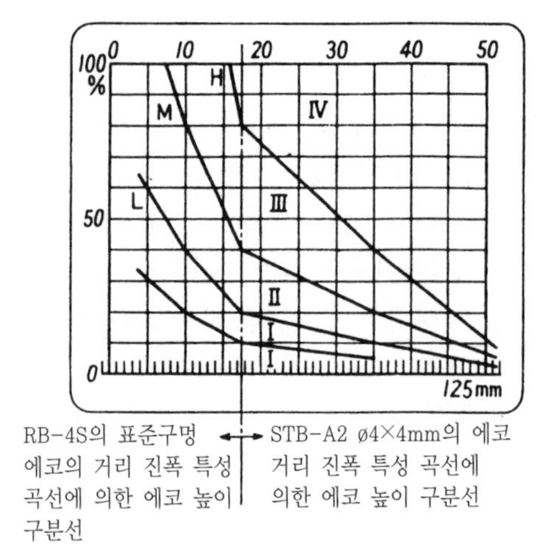

해설 그림 14 RB-4S의 표준구멍 에코의 거리 진폭 특성 곡선에 의한 에코 높이 구분선의 보기 (사용 탐촉자 : 5Z10×10A70)

7.1.6 탐상감도의 조정

본체의 (1) A2형계 표준시험편에 의한 경우

STB-A2의 ϕ4×4mm에서의 반사는 코너 반사가 되므로 공칭 굴절각 45°의 경우에는 공칭 굴절각 70°와 같은 감도로 하기 위해서는 감도를 6dB 올려야 한다.

또한 시험체의 표면이 거칠어서 초음파의 입사가 방해되는 경우, 탐상면이 곡률인 경우 및 표준시험편에 비해 재질에 의한 감쇠가 뚜렷한 경우는 부속서를 기초로 하여 감도 보정량을 구하여 그 값이 2dB를 넘으면 감도 보정을 한다.

본체의 (2) RB-4에 의한 경우

RB-4의 표준구멍에 의해 감도를 조정하는 경우에는 A2형계 표준시험편의 표준구멍을 사용하는 경우와 달리 굴절각의 차에 의해 감도 조정 방법을 바꿀 필요는 없다.

먼 위치에서 RB-4의 표준 구멍을 탐상하면 여러 가지 노정에 의한 에코가 발생하여 소정의 에코를 식별하는 것이 곤란해지므로 주의가 필요하다.

공칭 굴절각 65°의 탐촉자를 사용하여 탐상감도를 조정하는 경우, 음향 이방성을 가진 제어 압연 강재의 C방향에서 제작한 RB-4를 사용하면 통상 압연 강재 또는 제어 압연 강재의 Q 또는 L방향에서 제작한 RB-4와 비교하여 감도가 저하되는 수가 있으므로 사용하지 않는 편이 바람직하다. 만약, 사용하는 경우에는 시험체에서의 탐상 방향의 V투과 펄스 강도차를 구하여 감도 보정을 하여야 한다.

7.1.7 탐상장치의 조정 및 점검 시기 탐상장치 조정의 점검 간격이 짧을수록 문제가 생겼을 때의 재탐상 시간이 짧에 끝난다. 그 때문에 최대 점검 간격 시간을 4시간 이내로 개정하였다.

ASME 규격 Section V의 Article 4의 T-433(조정의 확인)에서는 "측정범위의 점검에서 측정범위의 10%를 넘는 차가 있는 경우에, 그 사이에 흠을 검출하고 있다변 새조정 후, 최후의 유효한 조정 후에 시험한 범위를 재시험한다.

탐상감도의 점검에서는 감도 조정에 사용하는 표준구멍에서의 에코 높이가 거리 진폭 특성 곡선의 높이보다 20% 혹은 2dB 저하되어 있는 경우는 재조정 후 마지막으로 유효한 조정 후에 시험한 범위를 재시험한다. 20% 혹은 2dB 이상 높아져 있는 경우는 재조정 후, 마지막으로 유효한 조정 후에 시험한 범위에서 검출한 흠을 재탐상한다"로 규정하고 있다.

7.2 수직 탐상

7.2.2 에코 높이 구분선의 작성

본체의 (1) 사용하는 빔 노정이 근거리 음장 한계 거리보다 어느 정도 작은 범위에서는 에코 높이의 거리 진폭 특성이 복잡하여 실측하는 것도 곤란하다. 그 때문에 현실적으로는 사용하는 빔 노정 범위가 작은 곳에서는 거리 진폭 특성 곡선을 사용하지 않도록 하였다.

본체의 (2) 이번 5*T*/4의 위치에서의 플롯점이 더해졌으므로 RB-4를 작성할 때 시험편의 측면 거리를 5*T*/4로 할 필요가 생겼다. 사용하는 빔 노정이 근거리 음장 내에 있는 경우에는 빔 노정이 커져도 에코 높이는 반드시 작아지지는 않고 어느 정도 커지는 경우도 있다.

7.2.4 탐상감도의 조정 에코 높이 구분선을 작성하지 않는 경우에는 H선은 눈금판의 80%의 높이로 하고 M선 및 L선은 각각 40% 및 20%로 한다. 따라서 탐상감도의 조정은 RB-4의 No.3(75mm)의 표준구멍을 *T*/4의 위치에서 탐상하여 그 에코 높이를 눈금판의 80% H선에 맞춘다.

7.3 탠덤 탐상

7.3.4 탐상감도의 조정 V주사에 의한 방법은 대비 시험편을 사용하는 방법과 비교하여 판두께의 차이만이 아니라 탐상면의 거칠기, 감쇠 특성 등을 함께 보정하게 되므로 작업성이 향상된다. 그 때문에 이 규격에서는 V주사만에 의한 감도 조정을 하기로 하였다.

판두께 20mm 이상 40mm 미만에 대해서는 공칭 굴절각 70°의 탐촉자를 사용하도록 개정하였다. 시험체에 수직 흠에 대해서는 종파에 대한 모드 변환 손실이 있으므로 공칭각 45°와 같은 감도가 되도록 감도를 6dB 높이도록 하였다.

탠덤 탐상에서는 이론적으로 **해설 그림 15**와 같이 흠의 판두께 방향의 위치에 따라 반사율이 다르다. 특히 표면 근처 흠에서의 반사율은 상당히 높다. 그러나 판두께 75mm 미만의 경우, 표면 근처와 중앙부와의 반사율의 차는 2dB 정도이므로 여기에서는 보정하지 않기로 하였다.

판두께 75mm를 넘는 경우에는 이 차를 무시할 수 없는 값이 되므로 표면에서 $t/4$의 범위에서는 4dB, $t/4$를 넘고 $t/2$의 범위에서는 2dB 감도를 낮게 하여 흠의 과대 평가를 피한다.

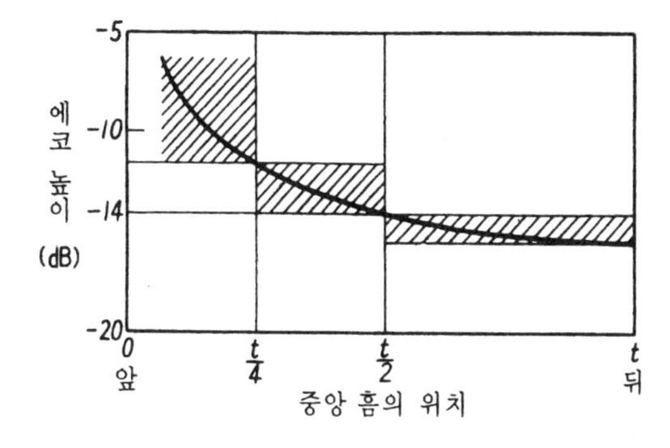

해설 그림 15 흠 위치에 의한 반사율의 변화

7.4 DAC 회로의 조정

7.4.2 DAC의 조정점의 선택

본체의 (1) 최대 에코가 얻어지는 X_{OA} 부근을 DAC의 기점에 고르면 1.6X_{OA} 부근에서 평평해지지 않지만 완전하게 평평한 거리 진폭 특성 곡선으로 조정하는 것은 거의 불가능한 일이므로, 최대 에코가 얻어진 위치에서 DAC의 기점을 선택할 수 있도록 하였다.

경사각 탐촉자의 X_{OA}의 이론값은 다음과 같다

5Z10×10A45　　X_{OA} : 39~43mm(쐐기와 치수에 따라 값이 다르다)

5Z10×10A70　　X_{OA} : 35~36mm(쐐기와 치수에 따라 값이 다르다)

본체의 (2) DAC의 조정점은 실제로 탐상하는 판두께에서 탐상 범위를 계산하여 그 값의 중간점에 상당하는 빔 노정을 감도 조정에서 사용하는 시험편의 스킵점에서 선택하면 된다. 그러나 탐상하는 판두께가 일정하지 않은 경우는 탐상할 때마다 그 판두께에서 계산하여 조정점을 골라서 다시 조정하면 불편하므로 각 탐촉자와 시험편별 조합 및 각 조정 범위마다 DAC의 기점과 DAC의 조정점을 골라서 표준적인 패턴을 작성해 두는 것이 편리하다.

보기 탐촉자 : 5Z10×10A70, 시험편 : A2형계 STB, 측정범위 : 125mm

DAC의 기점　　0.5스킵

DAC의 조정점　　1.0스킵

7.4.3 DAC의 기점의 조정 DAC 회로를 사용 상태로 하여 최초로 표시기(브라운관) 위에 나와 있는 에코보다 오른쪽으로 DAC의 기점 마크를 이동하여 그 에코 높이가 DAC 회로를 사용하고 있지 않을 때의 에코 높이와 같은지를 확인한다. 만약 그 에코 높이가 변화하고 있던 경우는 원래 에코 높이가 되도록 게인 조정하고 나서 DAC의 기점 마크를 소정의 위치로 조정한다.

7.4.4 경사값의 조정 경사값을 변화시킴으로써 약간 에코의 최대값이 앞뒤로 이동하는 수가 있으므로 전후 주사를 할 것을 규정하였다.

7.4.5 입사점의 측정, 측정범위의 조정 및 STB 굴절각의 측정 DAC 조정 후에 다시 여기에서 측정하는 것은 DAC 회로를 사용하지 않을 때와 비교한 경우, 입사점 및 측정범위에 대해서는 거의 변화하지 않지만 STB 굴절각의 측정값이 바뀌는 수가 있고, 특히 공칭 굴절각(45° 및 2MHz를 제외한다)이 커짐에 따라 각도가 다소 증가하는 경향을 볼 수 있기 때문이다.

7.4.6 DAC 회로 사용 시의 에코 높이 구분선의 작성 DAC 회로를 사용하여 완전히 평평한 거리 진폭 특성 곡선으로 조정하는 것은 원리적으로 무리가 있으므로, DAC 사용 시에도 거리 진폭 특성 곡선을 작성하여 사용하기로 하였다(**해설 그림 16** 참조). DAC 기점과 스킵점이 일치하는 경우는 측정값을 플롯한다.

참고 홈 판별에 관한 주의

V그루브 맞주름 용접, 뒷면 덧대기쇠 부착 V형 또는 ㄴ형 그루브 등의 용입 불량에서의 에코나 또는 맞주름의 비드나 밑면 덧대기쇠와 모재의 용접부에서의 모양적인 원인에 의한 에코인지를 빔 노성과 탐촉자 용접부 거리에서만으로 판정하면 DAC 사용의 유무에 관계없이 오판정이 되는 수가 있다. 그렇게 판별이 곤란할 때는 DAC 사용 시의 결과에 DAC를 사용하지 않을 때의 빔 노정과 탐촉자 용접부 거리, 전후 주사에서의 도형의 변화

(MA 스코프), 그때의 에코의 앞의 소멸점에서 뒤의 소멸점까지의 거리, 그 에코 높이 등을 고려하여 판정을 하면 거의 실수가 없는 판정을 할 수 있다. 이렇게 하여 판정을 하였을 때는 실물의 일부를 적절한 방법으로 깎아내고 판별한 결과를 확인하여 앞으로의 판별 자료로 하는 것이 바람직하다.

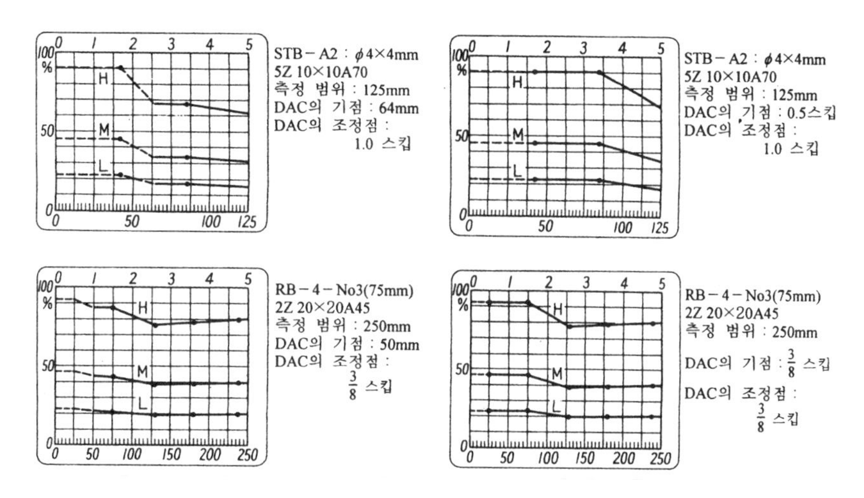

해설 그림 16 DAC 사용 시의 에코 높이 구분선의 보기

8. 탐상시험

8.1 경사각 탐상

본체의 (2) 탐상감도

흠의 빠뜨림을 막을 목적으로 규정의 감도에서 6~14dB 감도를 높여서 탐상하는 것이 바람직하다.

본체의 (3) 에코 높이의 영역

에코 높이 구분선이 있는 범위에서는 에코 높이가 너무 커지면 에코 높이의 영역을 직독할 수 없는 경우가 있다. 그 때는 감도를 6dB 낮추면 된다. 그 상태에서의 에코 높이의 영역의 하나 위의 영역이 그 흠의 에코 높이의 영역이다. 만약 감도를 6dB 떨어뜨려도 영역을 직독할 수 없는 경우에는 다시 감도를 6dB 낮춘다. 그 상태에서의 에코 높이의 영역의 두 개 위의 영역이 그 흠의 에코 높이의 영역이다.

본체의 (4) 흠의 지시길이

초음파 탐상에서의 흠 길이의 측정 방법은 현재까지 수없이 제안되고 있지만 어느 방법이나 일장 일단이 있다. 대개의 경우, 짧은 흠을 정밀하게 측정하려고 하면 긴 흠은 짧게 측정하고, 긴 흠을 정밀하게 측정하려고 하면 짧은 흠을 길게 측정한다.

이 규격에서의 흠 길이의 측정 방법에서는 **해설 그림 17** 및 **해설 그림 18**의 실험 보기와 같이 흠의 길이가 짧거나 길어도 거의 정확하게 길이 측정이 가능하다. 다만, 루트 용입 불량은 **해설 그림 19**의 실험 보기와 같이 실제 흠 길이보다 약간 길게 측정된다. 터짐 및 슬래그 용입의 경우는 **해설 그림 17**보다 약간 측정 정밀도가 떨어진다. 이러한 그림에서 L_R

은 흠의 실제 길이를, L_U는 초음파 탐상에서 구한 흠 길이를 나타낸다.

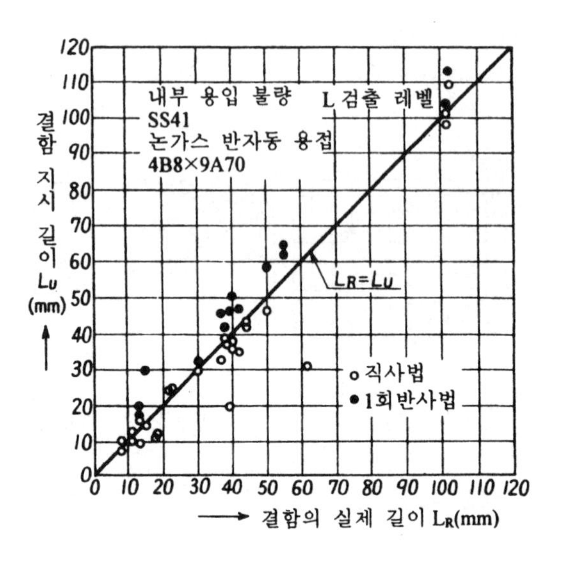

해설 그림 17 내부 용입 불량(긴 흠)의 L_R과 L_U와의 관계

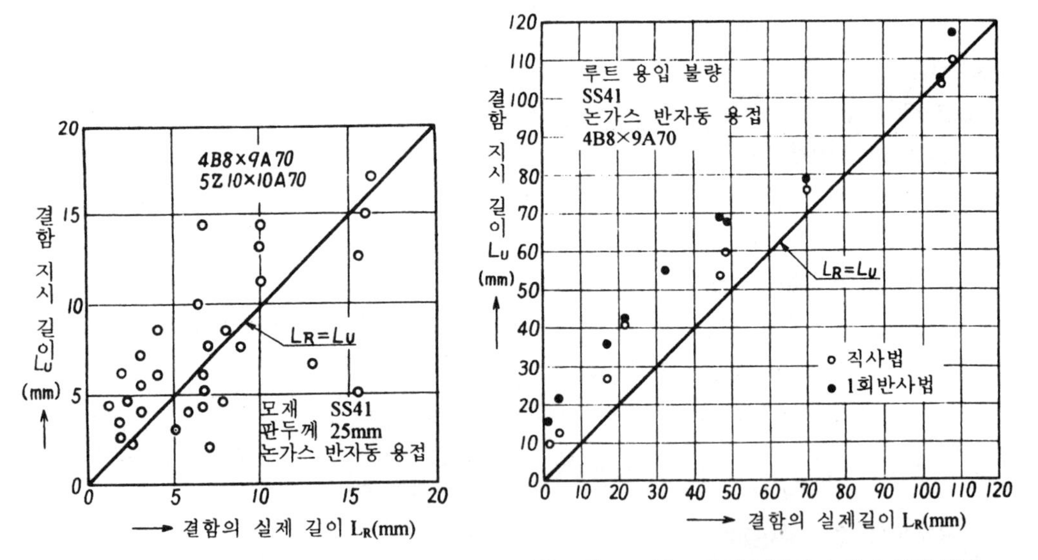

해설 그림 18 블로홀(짧은 흠)의 L_R과 L_U와의 관계 해설 그림 19 루트 용입 불량의 L_R과 L_U와의 관계

① **흠의 끝의 결정 방법** 흠이 시험체의 끝 부근에 존재한다고 추정되는 경우에 탐촉자의 측면이 시험체의 끝에 일치하는 탐촉자 위치에서도, 그리고 흠에서의 에코 높이가 L선의 높이를 넘으면 시험체의 끝을 흠의 끝으로 한다. 추정한 흠의 양 끝 위치를 시험체의 표면 위에 투영하여 그 2점간을 연결한 길이를 흠의 지시길이로 한다.

② **용접선의 곡선 모양인 경우의 흠의 지시길이의 측정 방법** 해설 그림 20과 같이 구한 흠의 양 끝에

서 용접부의 중심선에 각각 수선을 내려서 그것들의 교점 사이의 길이를 중심선에 따라 측정한다.

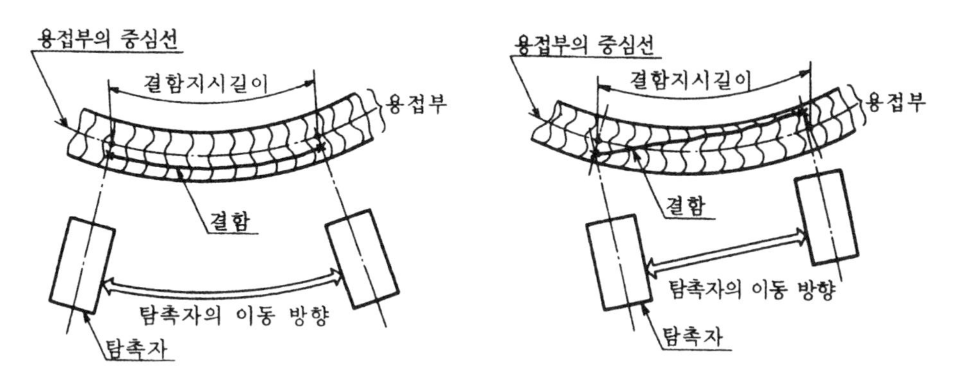

해설 그림 20 곡선 모양 용접부인 경우의 흠의 지시길이 측정 방법

③ **흠의 길이 방향에 근접하여 흠이 검출된 경우** 해설 그림 21과 같이 지정된 검출 레벨을 넘는 에코 높이를 나타내는 흠에 대해서만 흠의 지시길이를 측정한다.

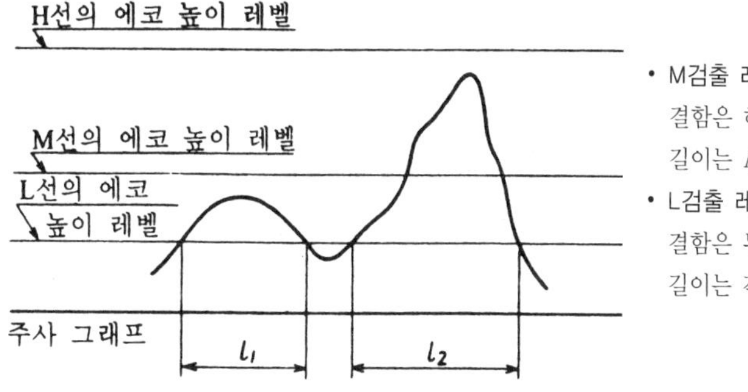

- M검출 레벨의 경우 결함은 하나이며, 결함 지시 길이는 l_2이다.
- L검출 레벨의 경우 결함은 두 개이며, 결함 지시 길이는 각각 l_1과 l_2이다.

해설 그림 21 흠의 길이 방향에 근접하는 흠의 지시 길이

본체의 (5) 흠 위치의 표시

초음파 탐상시험 보고서의 기호를 표준화할 목적으로 현재 사용되고 있는 기호를 참고로 하여 정했다. ISO의 표준 초안에서는 또한 다른 기호가 제안되어 있지만 확정되어 있지 않으므로 이번에는 그것에 따르지 않았다.

8.3 탠덤 탐상

본체의 (1) 탠덤 탐상의 적용 범위

탠덤 탐상은 탐상면에 수직인 그루브면의 융합 불량 및 루트면의 용입 불량의 검출에 한정하고 있다. 그러나 U그루브라도 그루브 각도가 **5° 이내**라면 다음의 영향을 고려함으로써 적용 가능하다. 탠덤 기준선을 이동하면 탐상 단면도 이동하여 용접 금속 내도 시험할 수

있게 된다. 그러나 일반적으로 용접 금속 내에 발생하는 흠은 탐상 단면에 대하여 기울어 있고, 탠덤 탐상법에 따르기보다 1탐촉자 경사각법으로 충분히 시험할 수 있다. 탠덤 탐상법에서는 흠이 탐상 단면에 대하여 약 5° 기울어져 있으면 에코 높이는 6dB 정도 낮아지고, 용접 금속 내의 흠 또는 5° 이상 기운 그루브면의 융합 불량에 대해서는 효과가 없게 된다(해설 그림 22).

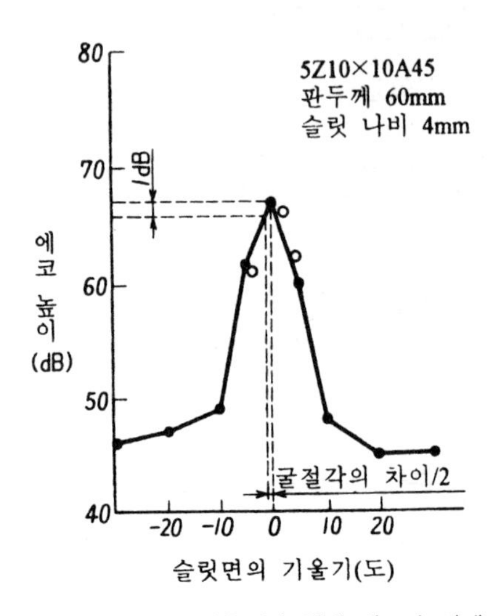

해설 그림 22 슬릿면의 기울기가 최대 에코 높이에 미치는 영향

또한 적용 판두께 범위를 20mm 이상으로 개정한 것은 공칭 굴절각 70°의 탐촉자를 사용할 수 있도록 하였기 때문이다(판두께가 20mm 미만인 경우, 탐촉자의 치수에 기인하는 기하학적 조건에 따라 공칭 굴절각 70°를 사용하여도 탐상 단면의 약 1/2 이상이 탐상 불능 영역이 되어 탠덤 탐상의 적용은 유효하지 않게 된다).

본체의 (2) 탐상의 방법

본체의 (c) 탐상 지그의 설치

탠덤 탐상에서는 탐상 주사 중에는 항상 교축점이 탐상 단면 위에 있어야 한다. 따라서 송수신 탐촉자의 입사점 간 거리의 중앙점이 항상 탠덤 기준선에 대하여 ±2mm 이내이도록 탐상 지그를 설치할 필요가 있다. 이때 빔 중심축이 탐상 단면에 대하여 수직이도록 주의한다.

탐상 지그의 설치 위치 또는 탠덤 기준선이 정규의 탠덤 기준선에 대하여 전후에 l mm 어긋나면 해설 그림 23과 같이 탐상 단면도 같은 방향으로 l mm 어긋나게 된다. 그러나 빔 중심축은 해설 그림 23에서 분명하듯이 기준선이 어긋나면 실선으로 나타내는 궤적을 떠돌아서 수신 탐촉자 쪽에서 $2l$ mm 어긋나게 된다.

따라서 해설 그림 24와 같이 에코 높이가 저하하고 흠 에코가 소정의 시간축에서 벗어난 위치에 나타나므로 정확한 흠 평가가 어려워진다. 해설 그림 24의 판두께 50mm의 보기에서는 탠덤 기준선에서 ±2mm의 벗어남으로 −1.5∼−2.0dB 정도이다.

탐촉자는 탐상 단면에 가까운 쪽을 송신용으로 하는 것이 바람직하다.

각 이음 모양에 대한 탐상 방향의 보기를 해설 그림 26에 나타낸다.
그리고 U그루브 등의 경우에는 경사각의 영향이 크다(해설 그림 26 참조).

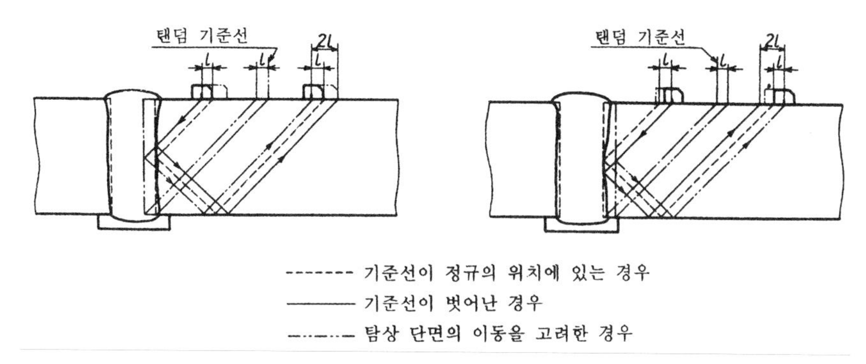

① 기준선이 탐상 단면쪽에 l mm 벗어난 경우

② 기준선이 탐상 단면쪽에서 먼쪽에 l mm 벗어난 경우

해설 그림 23 탠덤 기준선의 어긋남과 탐촉자의 관계

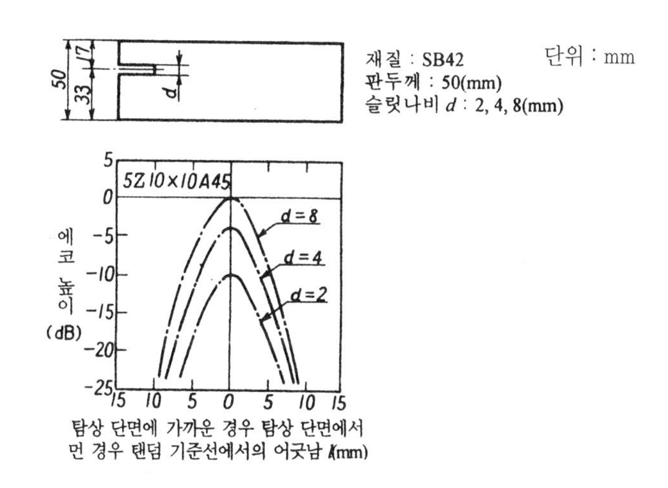

해설 그림 24 탠덤 기준선에서의 어긋남이 에코 높이에 미치는 영향

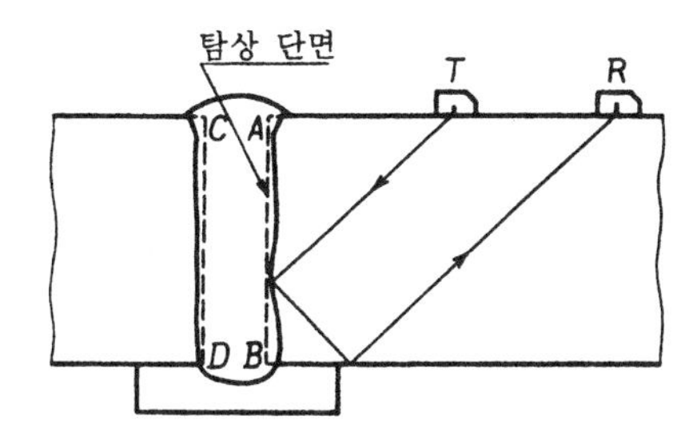

해설 그림 25 탐상 단면

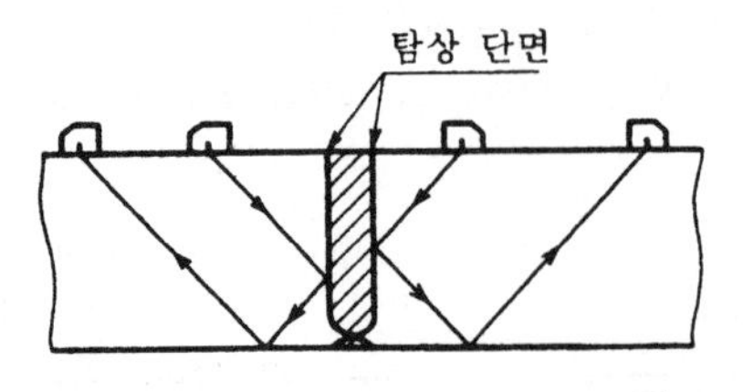

① 맞대기 이음 용접부(I, U, H 그루브 등)

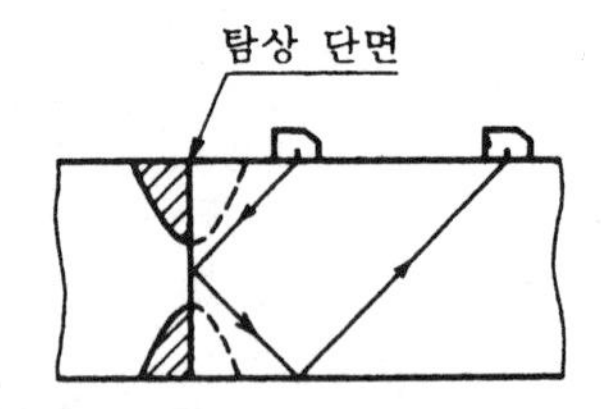

② 맞대기 이음 용접부(K, X 그루브 등)

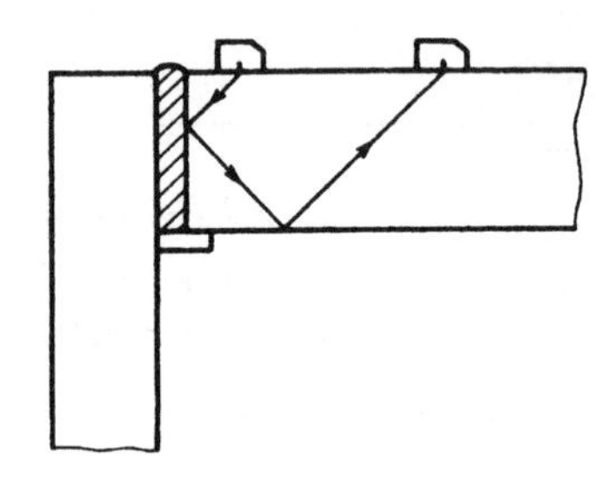

③ 각 이음 용접부

해설 그림 26 탐상 방향의 보기

본체의 (e) 주사 방법

탠덤 탐상에서는 탠덤 탐상 지그를 사용하여 탐상하기 위하여 전후 주사 및 좌우 주사를 조합한 종방형 탠덤 주사 또는 횡방형 탠덤 주사가 표준적 주사 방법이다. 종방형 탠덤 주사에서의 주사 간격은 5mm보다 작게 하는 것이 바람직하다. 탠덤 탐상에서 대상이 되는 융합 불량과 같은 흠은 용접선 방향으로 비교적 길다. 5mm를 넘지 않는 주사 간격으로 주사하면 적어도 진동자의 나비 이상의 흠은 빠뜨리지 않고 탐상할 수 있기 때문이다.

횡방형 탠덤 주사의 경우에 모든 깊이위치의 흠을 초점이 맞았을 때의 1/2 이상의 에코 높이에서 검출하려고 하면 주사 간격은 해설 그림 27과 같이 부등 간격이 된다.

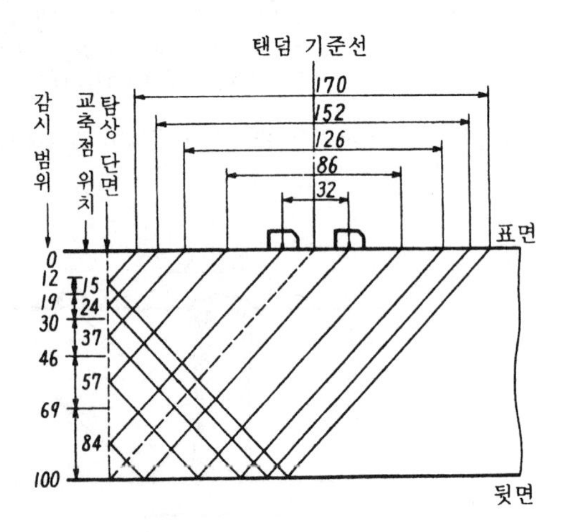

해설 그림 27 탐상 시의 전후 주사 간격의 보기(판두께가 100mm인 경우)

본체의 (f) 탐상 불능 영역 및 용접 금속 내의 탐상 방법

탠덤 탐상에서는 해설 그림 28과 같이 모재 표면 근방에서는 덧살과 탐촉자의 접근 한계 길이에 따라, 또한 모재 뒷면 근방에서는 송수신 탐촉자의 입사점 간 거리가 유한함으로써 탐상 불능 영역이 발생한다. 공칭 굴절각 45°의 경우, 표면 근방의 탐상 불능 영역의 크기는 한계 길이보다 약간 크고, 뒷면 근방에서는 입사점 간 거리의 1/2이며, 해설 그림 28의 보기에서는 각각 13mm와 10mm이다.

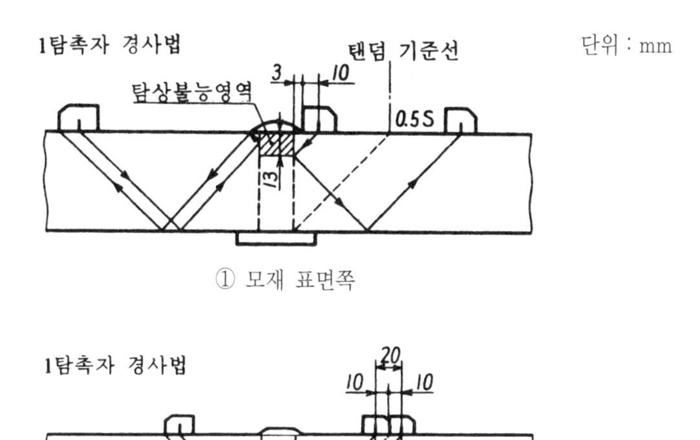

① 모재 표면쪽

② 모재 뒷면쪽

해설 그림 28 탐상 불능 영역

본체의 (6) 흠의 지시길이

이 규격에서 채용한 흠의 지시길이의 측정 방법은 1탐촉자 경사각법에서 비교적 많은 실적이 있고, 해설 그림 29의 실험 보기와 같이 탠덤 탐상에서도 10mm 이상의 흠을 비교적 정밀하게 측정할 수 있는 방법이다.

용접부 두께가 75mm를 넘고 2MHz의 탐촉자로 탐상할 때에는 빔의 확산에 의해 흠의 지시길이가 실제 길이보다 길어진다. 해설 그림 30에 250mm 두께의 시험체의 끝면에 20mm 나비의 슬릿을 가공하여 그 지시길이를 측정한 결과를 나타낸다.

초점 위치가 탐상면보다 50, 100, 150, 200mm의 위치가 되도록 탐촉자 간격을 조정하고, 그 위치에서의 지시길이의 측정을 하였다. 20mm 나비 슬릿에 대해서는 L선 컷법에서 17~22mm, M선 컷법에서 10~14mm 과대한 지시길이가 되고 있다. 따라서 75mm 두께 이상을 2MHz의 탐촉자로 탐상할 때에는 빔의 확산의 영향을 고려하여야 한다.

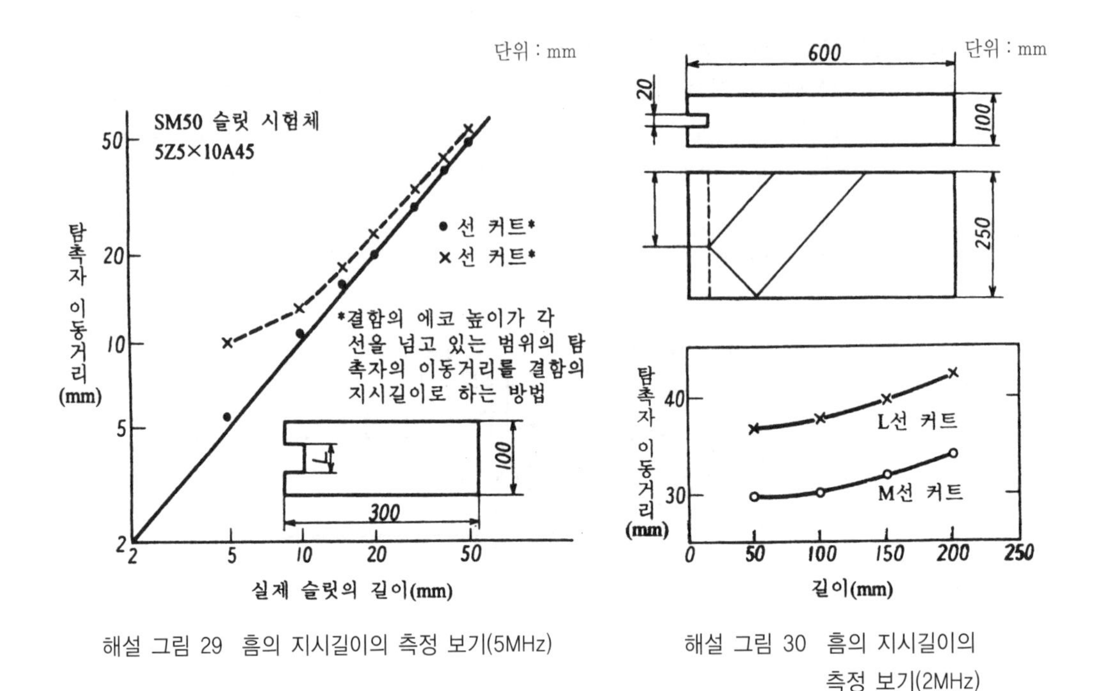

해설 그림 29 흠의 지시길이의 측정 보기(5MHz)

해설 그림 30 흠의 지시길이의 측정 보기(2MHz)

본체의 (7) 흠 위치의 표시

깊이 방향의 위치, 즉 탐상면에서 흠까지의 깊이 h는 해설 그림 31과 같이 최대 에코 높이가 얻어질 때의 탠덤 기준선과 탐촉자의 입사점과의 거리(y_1 또는 y_2)에서 구할 수 있다. 또한, $y_1 = y_2$이다.

$$h = t - \frac{y_1 \text{ 또는 } y_2}{\tan\theta}$$

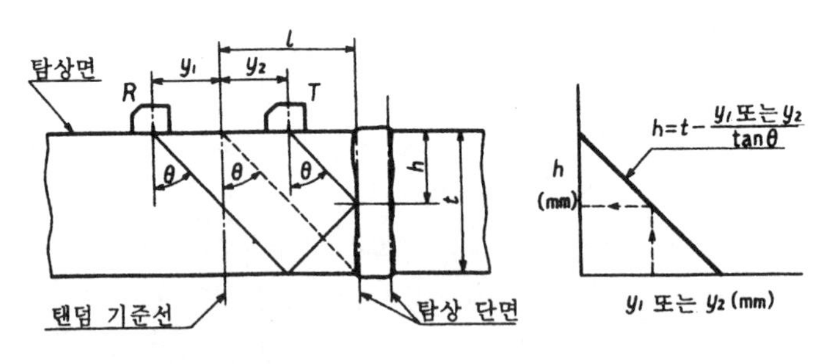

t : 모재의 두께(mm)
θ : 공칭 굴절각(도)
l : 탐상 단면과 탠덤 기준선의 거리(mm)

해설 그림 31 흠 위치를 구하는 방법

9. 기록 검사물 및 용접물의 모양, 치수 및 탐상의 목적에 따라 요구되는 기록의 형식이 다르므로 기록하여야 할 항목만을 들고 있다.

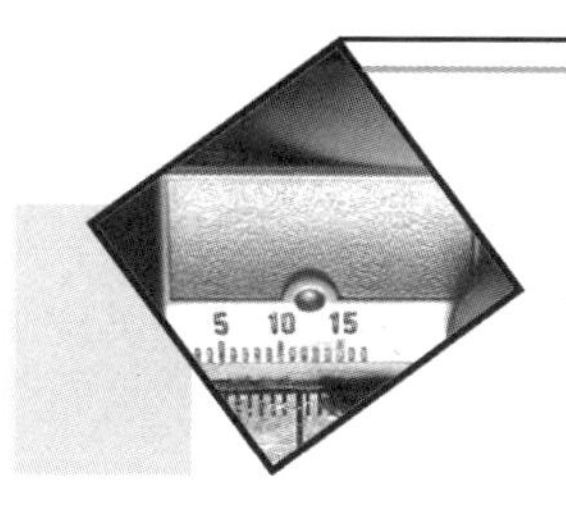

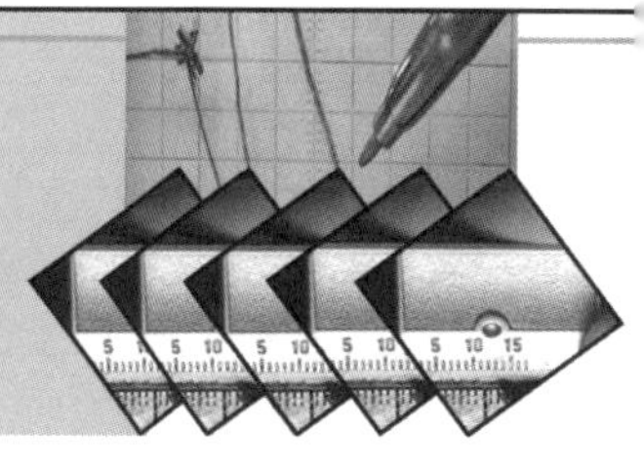

부속서 1 평판 이음 용접부의 탐상 방법 해설

1. 적용 범위 탐상면이 평면 및 평면과 같은 취급으로 탐상할 수 있는 곡률 반지름의 최소값을 규정하였다.

2. 사용하는 표준시험편 및 대비 시험편 음향 이방성을 가진 시험체를 탐상하는 경우, 공칭 굴절각 65°(60°)의 탐촉자를 사용하므로 탐상감도의 조정은 STB에 따르지 않고 RB-4의 드릴 가로 구멍에 따라 실시하도록 하였다.

3. 사용하는 탐촉자

(1) 판두께가 40mm 이하인 경우 판두께가 비교적 얇은 시험체를 탐상하는 경우, 공칭 굴절각이 작은 탐촉자를 사용하면 덧살의 나비 및 탐촉자의 접근 한계 길이의 영향에 따라 해설 그림 부속서 1.1 ①과 같이 초음파 빔의 중심축이 전반하지 않는 영역(탐상불능영역)을 일으킨다.
따라서 공칭 굴절각 70°의 탐촉자를 사용하면 한면 양쪽에서 탐상하도록 정하였다[해설 그림 부속서 1.1 ②].

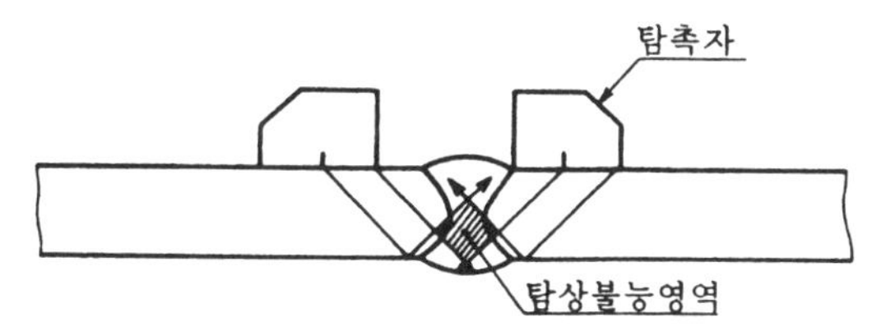

① 공칭 굴절각이 작은 경우

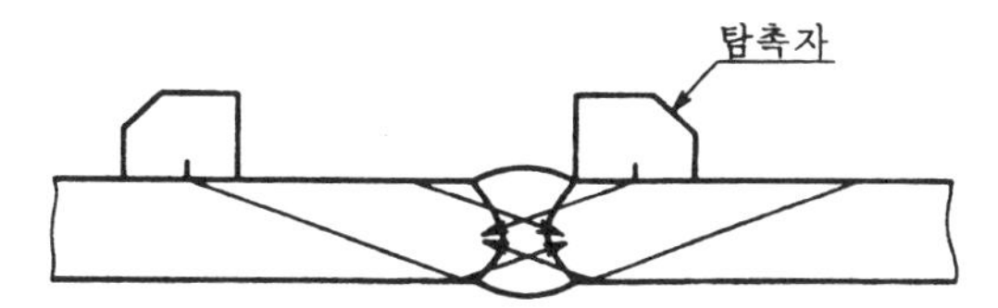

② 공칭 굴절각이 70°인 경우

해설 그림 부속서 1.1 판촉자 40mm 이하의 탐상기

빔 노정이 길어지면 빔의 확산 때문에 흠 위치의 추정 정밀도가 나빠지므로 가능한 한 직사법을 이용하는 쪽이 좋다. 이 때문에 탐촉자의 앞끝을 최대한 접근 한계 길이로 용접의 지단부까지 접근시키는 것이 좋다.

(2) **판두께가 40mm 초과 60mm 이하인 경우** 공칭 굴절각 70°에서는 빔 노정이 너무 길어지는 경우에는 공칭 굴절각 60°를 사용하면 된다. 다만 직각인 각에서는 초음파의 일부는 횡파에서 종파로 모드 변환하여 에코 높이가 낮아지므로 주의하여야 한다.

(3) **판두께가 60mm를 넘는 경우** 공칭 굴절각 70° 또는 60°에서는 빔 노정이 길어지므로 공칭 굴절각 45° 병용하여 직사법을 주체로 하여 짧은 빔 노정에 의해 탐상한다. 판두께가 100mm를 넘는 경우는 짧은 빔 노정에서 탐상하기 위하여 공칭 굴절각 45°에서 탐상하지만, 이 정도의 판두께가 되면 용접의 그루브면에 따라 융합 불량이 발생하기 쉬우므로 이것을 검출하기 위해서는 공칭 굴절각 70° 또는 60°를 병용할 필요가 있다. 그리고 이 정도의 판두께가 되면 한 면만에서는 빔 노정이 너무 길어지므로 양면에서 탐상하여야 한다.

(4) **음향 이방성을 가진 시험체의 경우** 현재 사용되고 있는 판두께 60mm 이하에서의 음향 이방성의 값에서 굴절각 65°를 주로 하여 60°를 부(副)로 개정하였다.

4. 탐상장치의 조정

4.4 감도 보정량을 구하는 방법 탐상면의 거칠기에 따라 탐상감도가 다른 경우와 감쇠 정수가 다른 경우를 가미한 감도 보정 방법을 채용하여야 한다는 의견이 있었지만 충분한 검토를 할 수 없었으므로 개정되지 않았다.

5. 탐상면, 탐상의 방향 및 방법

5.1 탐상면과 탐상의 방법의 선택 탐상면은 흠을 정확히 검출할 수 있는 위치를 선정하여야 한다. 일반적으로 용접의 흠은 부정형상으로 표면이 요철이 있거나 기울어져 있는 경우가 많다. 따라서 흠에 대하여 초음파 빔이 적어도 2방향에서 닿도록 탐상면을 선정하는 것이 중요하다.

T이음 및 각이음의 탐상의 경우, 2방향에서 탐상을 하는 것을 원칙으로 하여 양면 한쪽에서 탐상하는 것이 바람직하다. 그러나 부재의 모양, 용접 공정상의 형편 등에서 뒷면에서 탐상할 수 없는 경우도 있다. 이 경우는 직사법과 1회 반사법을 병용하여 탐상한다.

또한 건축 용접부의 들보 끝부 및 탱크의 맨홀이나 노즐부에는 커버 플레이트가 사용되는 수가 있지만, 이 경우는 **부속서 1 그림 5**와 같이 커버 플레이트 쪽에서 주로 용접부의 겉쪽 부분, 들보 플랜지 쪽에서 주로 루트부를 탐상하게 된다. 커버 플레이트, 들보 플랜지의 판두께, 밑면 덧대기쇠의 치수를 고려하여 직사법과 1회 반사법을 병용하는 등 되도록 용접부 전역을 음파가 통과하도록 탐상하는 것이 좋다.

T이음 및 각이음 등의 용접에 발생하는 내부의 용입 불량을 검출하는 경우에는 수직 탐상을 지정하는 것이 유효하다. 다만, 제품의 모양에 따라서는 소정의 위치에서 탐상 불가능한 경우도 있으므로 충분히 검토하여야 한다.

ISO의 초안에는 계약에 따라 탐상 레벨을 선택하게 되어 있다. ISO의 규격이 정해진 후 이 규격을 재검토하게 되었다.

6. 흠 위치의 추정 방법 음향 이방성이 있는 경우의 흠 위치의 추정은 흠을 검출한 방향에서 구한 탐상 굴절각, 판두께, 빔 노정 및 탐촉자 흠 거리에서 기하학적 계산에서 구하여야 한다.

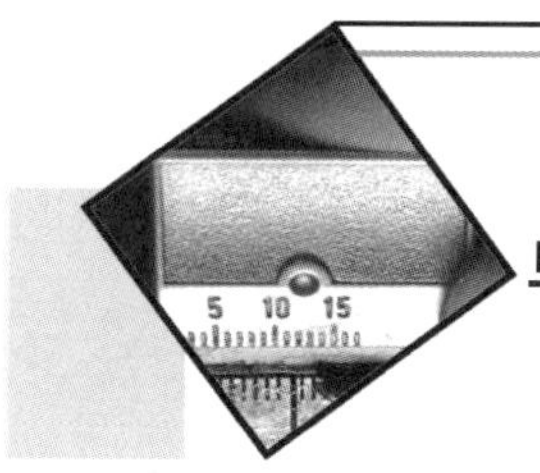

부속서 2 원둘레 이음 용접부의 탐상 방법 해설

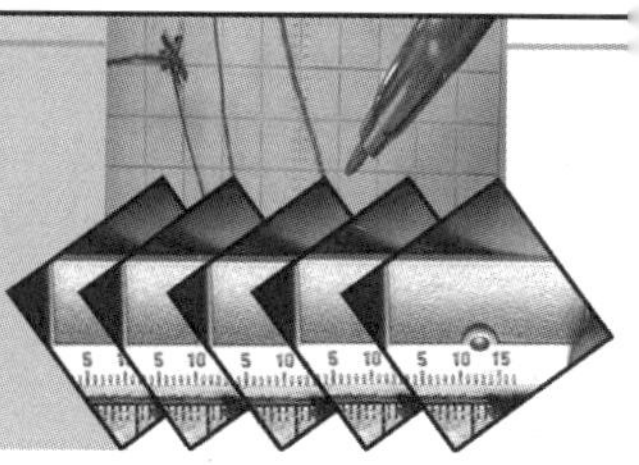

1. 적용 범위 곡률 반지름 50mm 미만을 적용 제외로 한 것은 곡률 반지름이 작으면 탐촉자의 접촉 면적이 작아지는 것 및 흠의 지시길이의 추정이 부정확해지기 때문이다.

2. 사용하는 표준시험편 및 대비 시험편

2.1 시험편의 적용 범위 대비 시험편은 RB-A8(가로 구멍)과 RB-A6(세로 구멍)의 2종류가 있는데 본체에 규정한 대비 시험편(RB-4)은 가로 구멍이며, 일치성의 의미에서 RB-A8의 적용을 원칙으로 한다. 다만, 판두께가 얇은 경우 또는 곡률 반지름이 작은 경우에는 RB-A8의 제작이 곤란해진다.

또한 원점의 수정, 입사점 및 탐상 굴절각의 측정에 RB-A8을 사용하면 빔 노정이 너무 짧아지는 수가 있으므로 이런 경우에는 RB-A6을 사용하여도 좋도록 하였다. 즉, 빔 노정이 짧으면 해설 그림 부속서 2.1에 나타내듯이 탐상 굴절각이 어긋나고 측정 정밀도가 저하하기 때문이다.

탐촉자의 접촉면을 가공하지 않는 경우는 입사점의 측정 및 측정범위의 조정에 STB-A1 또는 A3형계 STB를 사용하도록 정정하였다.

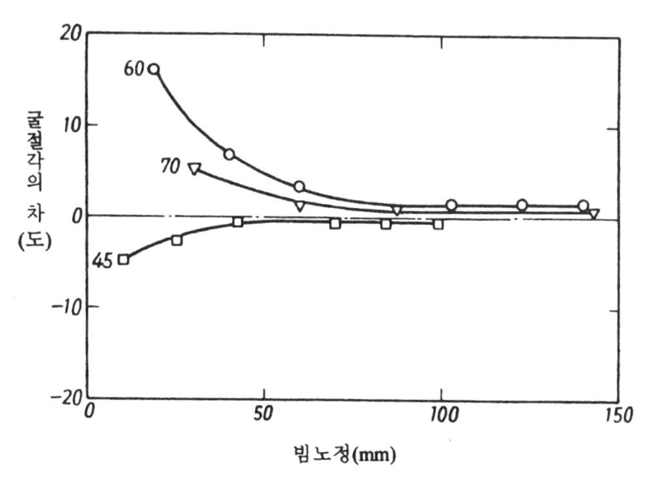

해설 그림 부속서 2.1 빔 노정에서 구한 굴절각의 차

음향 이방성을 가진 시험체를 탐상하는 경우는 에코 높이 구분선의 작성 및 탐상감도 조정에는 RB-A8을 사용하고, 원점의 수정 및 탐상 굴절각의 측정에는 RB-A6을 사용한다.

곡률 반지름이 50mm를 넘고 250mm 미만인 시험체를 탐상하는 경우, 실제로 탐상하는 시험체로 만든 RB-A8(RB-A6)을 사용하여 에코 높이 구분선을 작성하여 감도를 조정한다. 이것은 곡률 반지름의 감소와 함께 에코 높이 구분선의 기울기가 달라지기 때문이다.

3. 사용하는 탐촉자

3.1 탐촉자의 접촉면 접촉면의 평평한 경사각 탐촉자로, 곡률 반지름이 작은 시험체를 탐상하면 탐촉자의 접촉면은 사용하는 중에 점차 시험체의 곡률에 맞는 곡면이 되어 감도가 변화한다. 그래서 곡률 반지름이 150mm 이하인 시험체를 탐상할 때는 탐촉자의 접촉면을 미리 시험체의 곡률에 맞춰 가공하도록 규정하였다.

그리고 탐촉자의 가공은 시험체의 표면에 종이 줄을 놓고, 그 위에 탐촉자를 놓고 길이 방향으로 똑바로 전후 이동하여 실시하는 것이 좋다. 다만, 이 경우 빔 중심축의 치우침을 미리 측정해 두고, 가공하는 탐촉자의 빔 중심축을 고려하여 가공하여야 한다.

또한 탐촉자의 접촉면은 빔의 바른 방향에 대하여 직각으로 곡면 가공을 하여야 한다. 약간의 목회전 주사가 가능해지도록 곡률 반지름은 약간 크게 하는 편이 좋다.

4. 탐상장치의 조정

4.1 측정범위의 조정 접촉면을 곡면으로 맞춘 탐촉자에서는 STB-A1 또는 A3형계 표준시험편을 사용하여 측정범위를 조정할 수 없다. 그 때문에 부속서에 규정한 방법을 채용하였다.

또한 **부속서 2 그림 5**의 P 위치에서의 빔 노정이 작을 때에는 **해설 그림 부속서 2.1**에 나타내었듯이 0.5스킵의 빔 노정의 2배는 1.0스킵의 빔 노정과 일치하지 않는다. 그 때문에 P의 위치에서의 빔 노정이 60mm 이하인 경우에는 Q와 R의 위치에서의 빔 노정을 사용하여 원점을 수정하도록 하였다.

4.2 입사점 및 탐상 굴절각의 측정 탐상 굴절각의 측정에는 빔 노정이 아니라 탐촉자 거리를 사용한다. 이것은 이방성을 가진 시험체에서는 음속의 변화가 인정되어 빔 노정을 사용하여 계산을 하면 오차가 커지기 때문이다.

4.3 에코 높이 구분선의 작성 거리 진폭 특성 곡선은 평판의 경우와 달리 **부속서 3 그림 8**과 같이 단순한 오른쪽으로 내려가는 선이 되지 않는다. 따라서 중점적으로 사용하는 빔 노정에서의 에코 높이가 표시기 위에서 가장 잘 보이는 위치가 되도록 배려한다.

4.4 감도 보정량을 구하는 방법 대비 시험편 RB-A8(RB-A6)을 사용하는 경우는 강재 중의 초음파 특성 및 탐상면의 거칠기는 동등하므로 감도 보정은 필요없다. RB-4를 사용하는 경우, 곡률이 있는 시험체를 탐상할 때의 문제점으로서 원둘레 이음 용접부, 길이 이음 용접부 모두 접촉자의 접촉면과 시험체의 탐상면은 선접촉이 되어 초음파의 입사 효율은 나빠지고, 탐상감도는 저하한다. 즉, 탐상감도의 조정에 사용하는 RB-4는 탐상면이 평면이므로 초음파의 입사 효율이 좋다. 그 때문에 시험체의 탐상면의 곡률 반지름에 따라 감도 보정할 필요가 있다. **부속서 2 그림 6** 및 **부속서 2 그림 7**은 바깥면(볼록면)에서 탐상하는 경우의 탐상면의 곡률 반지름, 사용하는 탐촉자의 주파수, 진동자 치수 및 접촉매질에서 탐상감도의 보정량을 구하는 그림이다. 이러한 그림에는 접촉매질이 농도 75%의 글리세린 수용액의 경우와 기름인 경우의 두 가지가 있다. 그림에서 볼 수 있듯이 기름의 경우는 글리세린에 비해 음향 임피던스가 작으므로 감도 보정량은 크다.

5. 탐상면 및 탐상 방법 부속서 1에서는 탐상면은 한면 양쪽 또는 양면 양쪽으로 표시하고 있지만, 이 부속서 2에서는 탐상면이 곡면이므로 특별히 면을 지정하여 판두께 100mm 이하의 한면 양쪽의 경우는 탐상이 용이한 바깥면(볼록면) 양쪽으로 하였다. 그러나 판두께가 100mm를 넘는 경우는 내외면(요철면) 양쪽으로 하였다. 곡면 모양의 경우, 내면(오목면)을 지정하는 것은 탐촉자의 접촉이 불충분해지므로 불합리하다고 생각되지만 판두께가 100mm를 넘는 압력 용기의 안지름은 2,000mm 이상이 대부분이 되어 진동자 치수가 20×20mm의 탐촉자로도 내면 주사가 가능해지기 때문이다.

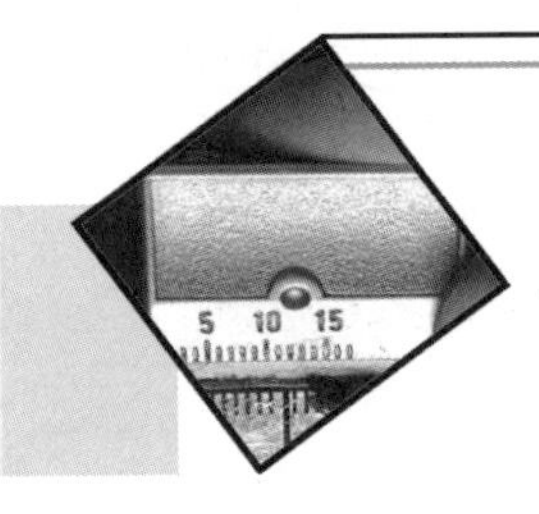

부속서 3 길이 이음 용접부의 탐상 방법 해설

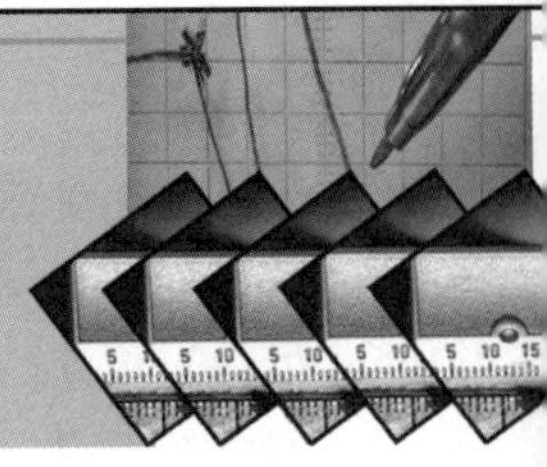

1. 적용 범위 곡률 반지름 50mm 미만을 적용 제외로 한 것은 곡률 반지름이 작으면 탐촉자의 접촉 면적이 작아지는 것 및 흠의 지시길이의 추정이 부정확해지기 때문이다.

3. 사용하는 표준시험편 및 대비 시험편

3.1 시험편의 적용 범위 곡면 모양 시험체의 길이 이음 용접부의 탐상에서는 원둘레 이음 용접부의 탐상과는 달리 흠의 위치 추정이 아주 복잡해지는 외에 곡면 모양이므로 접촉 상태의 불안정에 기인하는 감도 변화가 있다.

이러한 문제점의 한 해결책으로서 대비 시험편 RB-A7을 사용하기로 하였다.

RB-A7의 내외면의 노치는 측정범위의 조정 및 눈금판 위에 내외면 위치를 표시하는 것을 주목적으로 한다. 가로 구멍은 감도 조정을 하는 것을 주목적으로 한다. 다만, 음향 이방성이 없는 시험체를 탐상하는 경우는 내외면 노치는 탐상 목적에 따라 인수인도 당사자 간의 협의에 따라 감도 조정에 사용할 수 있다. 이 경우, 깊이를 따로 정해도 좋다.

4. 사용하는 탐촉자

4.1 탐촉자의 접촉면 접촉면의 평평한 경사각 탐촉자로 곡률 반지름이 작은 시험체를 탐상하면 탐촉자의 접촉면은 사용하는 중에 점차 시험체의 곡률에 맞은 곡면이 되어 감도가 변화한다. 그래서 곡률 반지름이 250mm 이하인 시험체를 탐상할 때는 탐촉자의 접촉면을 미리 시험체의 곡률에 맞춰 가공하도록 규정하였다.

그리고 탐촉자의 가공은 시험체의 표면에 종이 줄을 놓고 그 위에 탐촉자를 놓고, 길이 방향으로 똑바로 좌우로 이동하여 실시하는 것이 좋다. 다만, 이 경우 빔 중심축의 치우침을 미리 측정해 두고 가공하는 탐촉자의 빔 중심축을 고려하여 가공한다.

또한, 탐촉자의 접촉면은 빔의 바른 방향에 대하여 직각으로 곡면 가공을 하여야 한다. 그리고 약간의 목회전 주사가 가능해지도록 곡률 반지름은 약간 크게 하는 편이 좋다.

4.2 탐촉자의 공칭 굴절각 부속서 3 표 1에서 t/D에 따라 사용하는 탐촉자의 공칭 굴절각을 제한한 것은 길이 이음 용접부의 경사각 탐상에서는 다음 이유에 따라 초음파 빔의 중심이 내면에 닿지 않는 수가 있기 때문이다.

해설 그림 부속서 3.1 ①과 같이 바깥면에서 탐촉자의 공칭 굴절각 θ에서 시험체에 입사한 초음파는 내면에서는 θ보다 큰 각도 θ_1에서 반사한다. θ와 θ_1은 다음 식의 관계가 있다.

$$\sin\theta_1 = \left(\frac{\frac{D}{2}}{\frac{D}{2}-t}\right)\sin\theta$$

여기에서 $\frac{D}{2}$는 바깥 반지름, $\frac{D}{2}-t$는 안 반지름을 나타낸다. 위의 식을 $\frac{t}{D}$로 나타내면 다음과 같이 된다.

$$\sin\theta_1 = \frac{\sin\theta}{\left(1-\frac{2t}{D}\right)}$$

$\frac{t}{D}$가 커지고 $1-\left(\frac{2t}{D}\right)=\sin\theta$의 조건에서는 $\sin\theta_1=1$이 되어 **해설 그림 부속서 3.1** ②의 θ_1이 90°에서 정확히 내면을 스치는 한계가 된다. $\frac{t}{D}$가 그것 이상에서는 내면에 초음파 빔이 닿지 않으므로 이것이 한계의 $\frac{t}{D}$이다.

이 한계의 $\frac{t}{D}$로 $\left(\frac{t}{D}\right)_C$로 하면

$$\left(\frac{t}{D}\right)_C = \frac{1-\sin\theta}{2}$$

이다.

해설 그림 부속서 3.2에 공칭 굴절각 θ에 대한 $\frac{t}{D}$에 의한 내면 입사각 θ_1의 변화를 나타내었다.

부속서 3 표 1에서 음향 이방성을 가진 시험체인 경우 $\frac{t}{D}$에 대해서는 공칭 굴절각에서 L방향으로 탐상한 경우에 예상되는 최대 탐상 굴절각에서 내면 반사각이 80°가 되는 경우의 값을 나타내고 있다(**해설 그림 부속서 3.3** 참조)

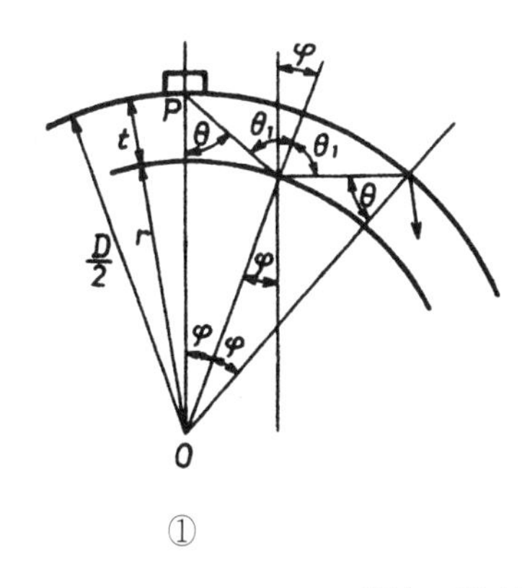

①

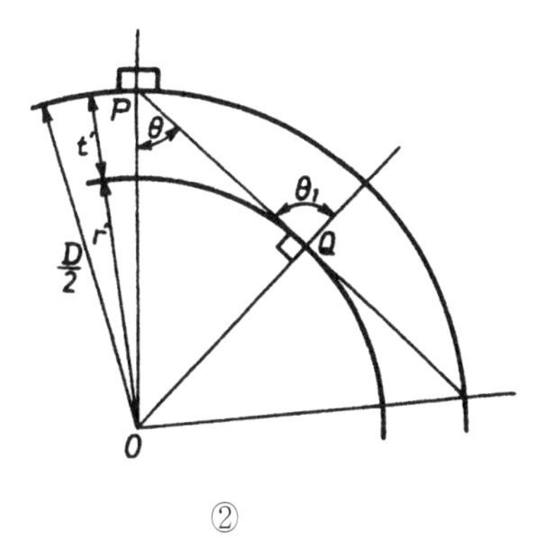

②

해설 그림 부속서 3.1 공칭 굴절각과 내면 입사각

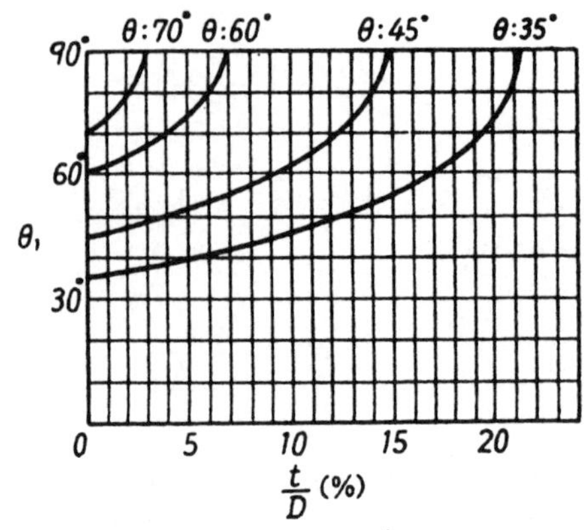

해설 그림 부속서 3.2 공칭 굴절각(θ), $\frac{t}{D}$, 내면 입사각(θ_1)의 관계

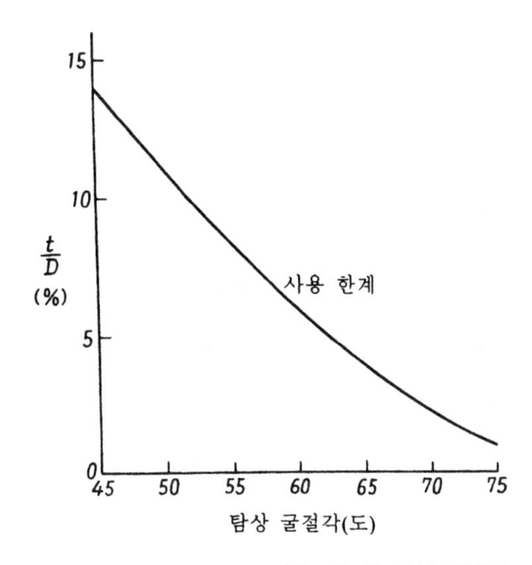

해설 그림 부속서 3.3 사용 가능한 탐상 굴절각

5. 탐상장치의 조정

5.1 측정범위의 조정 접촉면을 곡면에 맞춘 탐촉자에서는 STB-A1 또는 A3형계 STB를 사용하여 측정범위를 조정할 수 없다. 그 때문에 본체와 같은 방법을 규정하였다.

통상적인 경사각 탐상에서는 특정 범위의 1스킵이면 된다. 그런데 제어 압연 강재에서는 탐상 굴절각이 다를 수가 있으므로 탐촉자의 공칭 굴절각에서 계산에 의해 구할 수 있는 거리에서는 부적당한 경우가 상정된다. 실측 결과에 의하면 빔 노정이 1.25스킵 상당을 넘는 것도 있지만 1.5스킵 상당까지를 측정범위로 해두면 된다.

5.2 탐상 굴절각의 측정

5.2.2 음향 이방성을 가진 시험체를 탐상할 때의 탐상 굴절각 탐상 굴절각의 측정에는 빔 노정이 아니라 탐촉자 거리 Y_L을 사용한다. 0.5스킵의 탐촉자 거리를 Y_L로 하면 Y_L과 탐상 굴절각 θ와의 사이에는 다음 식이 성립한다.

$$\frac{Y_L}{t} = \frac{D}{2t}\left[\sin^{-1}\left\{\frac{\sin\theta}{1-\dfrac{2t}{D}}\right\}-\theta\right]$$

이 식의 계산 결과가 부속서 3 그림 6이다.

5.5 감도 보정량을 구하는 방법 곡률이 있는 시험체를 탐상할 때의 문제점으로 원둘레 이음 용접부, 길이 이음 용접부 모두 탐촉자의 접촉면과 시험체의 탐상면은 선접촉이 되어 초음파의 입사 효율은 나빠지고, 탐상 감도는 저하된다. 한편 탐상감도의 조정에 사용하는 RB-4는 탐상면이 평면이므로 초음파의 입사 효율은 좋다. 그 때문에 시험체의 탐상면의 곡률 반지름에 따라 감도 보정할 필요가 있다.

부속서 3 그림 9 및 부속서 3 그림 10은 바깥면(볼록면)에서 탐상하는 경우의 탐상면의 곡률 반지름, 사용하는 탐촉자의 주파수, 진동자 치수 및 접촉매질에서 탐상감도의 보정량을 구하는 그림이다. 이러한 그림에서 접촉매질이 농도 75%의 글리세린 수용액의 경우와 기름인 경우의 두 가지가 있다. 그림에서 볼 수 있듯이 기름의 경우는 글리세린에 비해 음향 임피던스가 작으므로 감도 보정량은 크다.

이러한 감도 보정량은 모두 계산값을 근거로 한 것이어서 확인을 위한 실험을 하였다. 그 실험 결과의 일례를 해설 그림 부속서 3.4에 나타냈다. 그림과 같이 실험값과 계산값은 거의 일치하고 있다.

내면(오목면)에서 탐상하는 경우의 감도 보정량을 구하는 방법은 RB-4 및 시험체를 사용하여 V주사에 의해 구한다. 그 상세한 것은 부속서 2의 4.4.2 (2)를 참고로 할 것

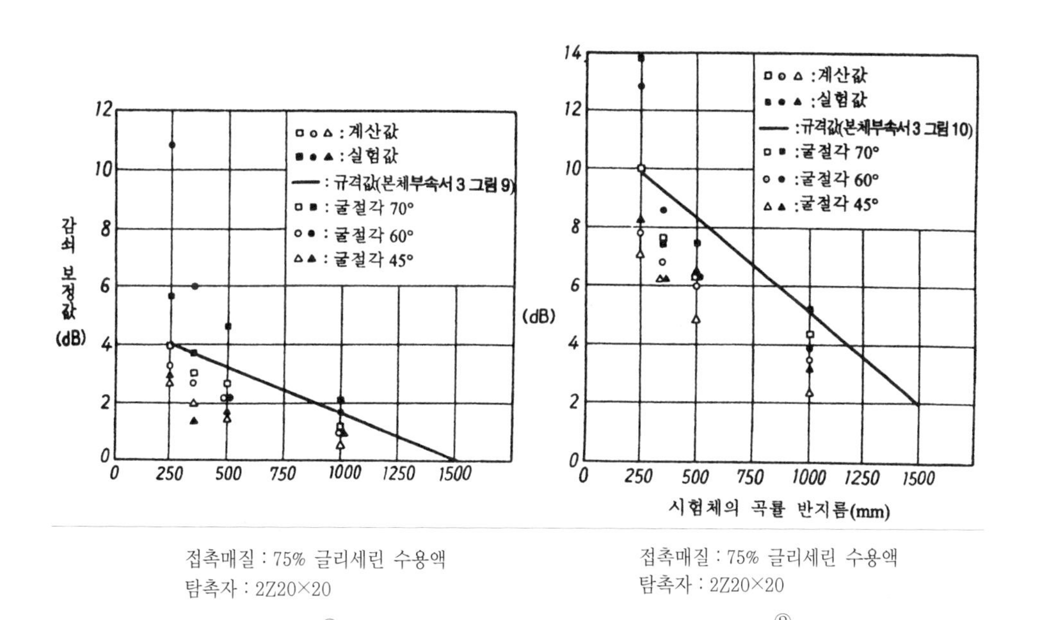

접촉매질 : 75% 글리세린 수용액
탐촉자 : 2Z20×20

①

접촉매질 : 75% 글리세린 수용액
탐촉자 : 2Z20×20

②

해설 그림 부속서 3.4 길이 이음 용접부의 곡률에 의한 감도 보정량의 계산값과 실험값의 비교

6. 탐상면 및 탐상의 방법 해설의 부속서 2의 5. 참조

7. 흠 위치의 추정 방법 해설 그림 부속서 3.5와 같이 시험체가 평판인 경우는 1스킵의 탐촉자 거리 PR′에

대하여 곡률이 있는 경우는 PR이 된다.

또한 1스킵의 빔 노정도 평판의 경우에는 PQ′+Q′R′에 대하여 곡률이 있는 경우에는 PQ+QR이 되어 모두 곡률이 있는 시험체 쪽이 평판에 비해 커진다.

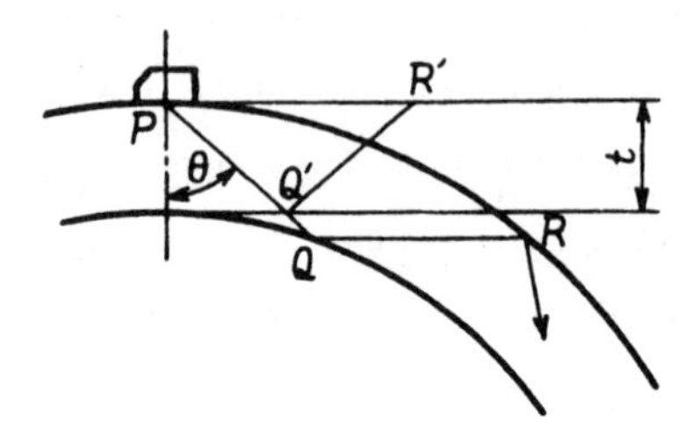

해설 그림 부속서 3.5 스킵점의 변화

이러한 관계는 각 스킵점에서는 $\frac{t}{D}$와 공칭 굴절각에 의해 계산으로 구할 수 있다. 부속서 3 그림 12는 빔 노정 보정계수(k)를, 부속서 3 그림 13에서는 탐촉자 거리의 보정계수(m)을 구하여 도시한 것이다.

각각의 보정계수는 평판으로 계산한 스킵점에 대한 빔 노정 또는 탐촉자 거리의 배율로 나타내고 있다. 어떤 경우나 한계의 $\frac{t}{D}$에 가까워짐에 따라 보정계수가 급격하게 커진다.

7.1 빔 노정의 보정 방법

본체의 (2) 살두께 반값 빔 노정

곡면 모양의 경우에는 평판의 경우와 달리 살두께의 1/2에 대응하는 빔 노정 W_H는 0.5스킵의 빔 노정 W_L의 1/2보다 작아진다. 이처럼 빔 노정은 살두께에 비례하지 않으므로 흠 위치를 되도록 정확하게 구하기 위하여 살두께 반값 빔 노정을 규정하였다.

7.2 탐촉자 거리의 보정 방법 빔 노정의 보정과 마찬가지로 빔 노정과 탐촉자 거리는 비례하지 않는다. 그 때문에 살두께 반값 탐촉자 거리를 규정하였다.

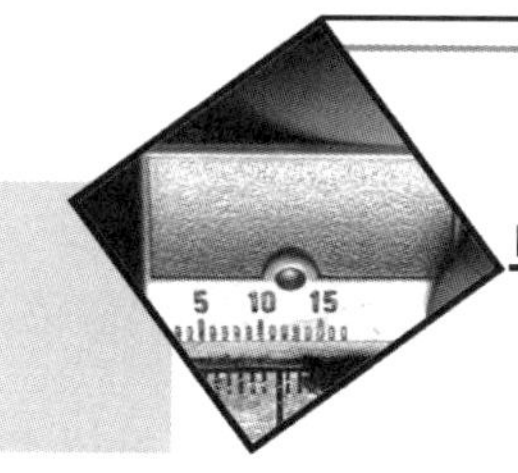

부속서 4 강관 분기 이음 용접부의 탐상 방법 해설

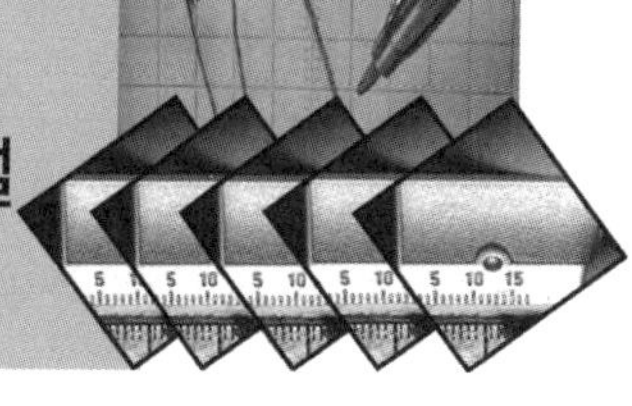

1. 적용 범위 이 부속서는 주로 해양 구조물의 강관 분기 이음(TKY 이음)의 완전 용입 용접부의 탐상 방법을 규정한 것으로, 탐상면의 곡률 반지름(지관의 곡률 반지름)이 150mm 미만인 경우는 적용을 제외하였다. 이것은 실제의 구조물로서 150mm 미만인 것은 거의 없다는 것, 또한 너무 곡률 반지름이 작으면 탐촉자의 접촉 상태가 탐상 부위에 따라 크게 변화하여 기하학상의 취급 및 흠의 지시길이의 측정이 어려워지므로 이 적용에서 제외하였다.

4. 사용하는 탐촉자

4.1 탐촉자의 접촉면 탐촉자의 접촉면은 탐상 부위가 바뀔 때마다 변화하므로 시험체의 곡률에 맞춰서 가공하는 일은 하지 않는다.

4.2 탐촉자의 공칭 굴절각 강관 분기 이음 용접부에서는 동일 용접부에서 탐촉자 위치의 이동에 따라 그루브 모양은 연속적으로 변화한다. 그 때문에 발생하기 쉬운 흠의 검출 능력을 고려하여 공칭 굴절각을 선정하여야 한다.

특히 해설 그림 부속서 4.1에 나타내는 A의 루트부의 탐상 불능역을 줄이기 위해서는 큰 공칭 굴절각을 사용하는 쪽이 좋다.

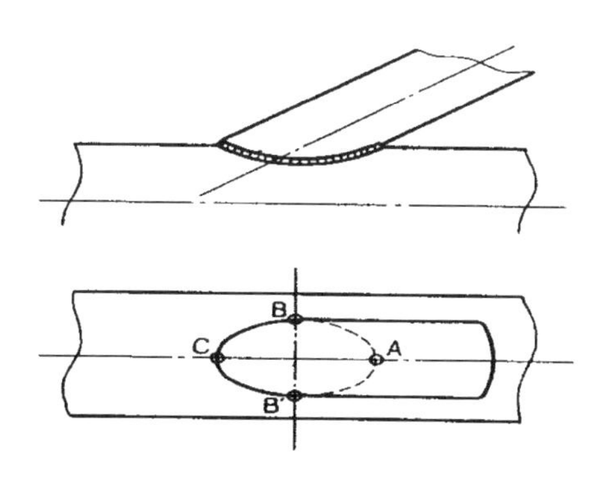

A부 그루브

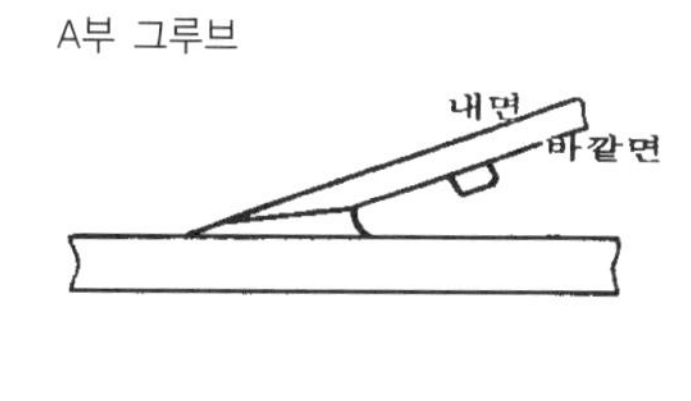

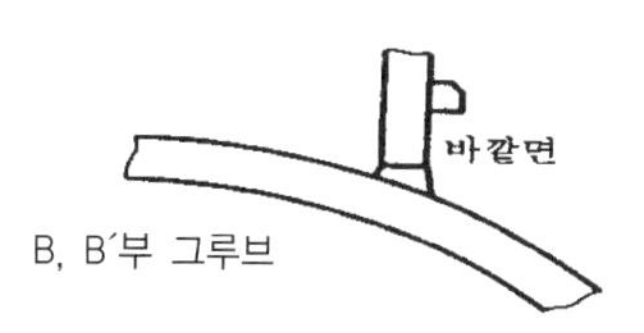

B, B′부 그루브

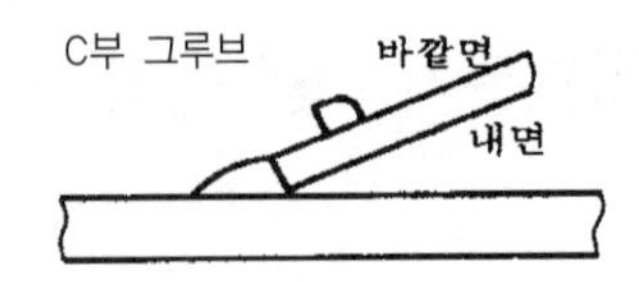

해설 그림 부속서 4.1 Y이음 용접부의 그루브 모양

4.3 시험체가 음향 이방성을 갖는 경우 제어 압연 강재에서는 압연 방향과 그것에 수직인 방향 사이에서 탐상 굴절각이 변화하므로 흠의 위치 추정 정밀도를 좋게 하기 위하여 손상되지 않는 방향과 압연 방향과의 관계를 항상 파악하면서 탐상 작업을 하여야 한다. 구조물이 되어 압연 방향이 불명확해졌을 때는 재확인하여야 한다.

T이음 용접부의 경우는 탐상 방향은 거의 관축 방향만으로, 관축 방향과 압연 방향 사이의 각도에 대응하는 탐상 굴절각만으로 충분하지만 K, Y이음 용접부의 경우는 적어도 축방향에서 편각 θ_B, θ_L=(90°－교차각) 방향에 대응하는 탐상 굴절각을 측정해 두어야 한다.

또한 주관에서 탐상하는 경우에는 축방향에서 원둘레 방향까지, 전방향에 대응하는 탐상 굴절각을 측정해 두어야 한다. 그러나 실작업상 자세하게 θ_B, θ_L을 분할하여 각각의 탐상 굴절각을 측정하는 것은 번잡할 뿐만 아니라 실제상의 탐상 굴절각의 측정 정밀도(±0.5°)를 고려하면 그 블록 내의 대표적인 탐상 굴절각을 사용하면 충분한 정밀도로 탐상할 수 있으므로 45°마다의 탐상 굴절각, 즉 L, Q 및 C 방향의 탐상 굴절각을 구하도록 하였다.

5. 탐상장치의 조정

5.3 감도 보정량을 구하는 방법

5.3.1 바깥면(볼록면)에서 탐상하는 경우 T이음의 경우, 탐촉자의 방향은 원둘레 이음 용접부의 경우와 거의 일치하므로 부속서 4 그림 4 또는 부속서 4 그림 5를 사용하여 보정량을 구하도록 하였다. 한편 KY 이음 용접부 및 주관쪽에서 탐상하는 경우, 탐상 부위가 바뀔 때마다 관면에 대한 탐촉자의 접촉의 방법 및 t/D가 변화하므로 보정량도 변화한다. 탐촉자의 방향이 원둘레 방향과 일치하였을 때(편각 θ_B, θ_L이 90°)가 되는 감도 보정량이 커지므로 지관 또는 주관의 곡률 반지름에 따라 부속서 4 그림 6 또는 부속서 4 그림 7을 사용하여 보정하기로 하였다.

5.3.2 내면(오목면)에서 탐상하는 경우 지관 내면에서 탐상하는 경우에는 상관각이 90°가 되는 부근(해설 그림 부속서 4.1의 B 또는 B′ 부근, T이음의 경우는 길이 방향과 일치)에서 가장 탐촉자의 접촉 상태가 나쁘다는 것을 고려하여 탐촉자의 배치를 정하여 V주사만으로 보정량을 구하기로 하였다.

6. 탐상면 및 탐상 방법

6.1 탐상의 준비

6.1.2 탐촉자 용접부 거리 및 빔 노정을 구하는 방법 강관 구조의 TKY 이음 용접부를 탐상하는 경우, 해설 그림 부속서 4.2와 같이 탐상 부위가 바뀔 때마다 곡률 반지름이 변화하여 빔 노정과 탐촉자 용접부 거리가 변화한다. 보기를 들면 해설 그림 부속서 4.3의 주관쪽에서 탐상하는 경우, 이

강관의 지름을 D로 하면 Ⅲ방향에서는 원둘레 방향이 되므로 지름은 D 그대로이지만 Ⅰ 또는 Ⅰ′ 방향에서는 지름은 무한대가 되어 평판과 원 모양으로 취급할 수 있다. 한편 Ⅱ 또는 Ⅱ′ 방향에서는 지름은 D'가 된다. 이처럼 탐상 방향에 따라 겉보기 지름이 변화하는 것은 지관쪽에서 탐상한 경우도 같다. 따라서 탐상 부위마다 미리 0.5스킵 또는 1.0스킵이 되는 점까지의 빔 노정과 탐촉자 용접부 거리를 구해 두지 않으면 방해 에코와 흠 에코의 판별이 곤란해진다.

KY 이음 용접부의 경우, 주관과 지관의 바깥지름비마다 **부속서 4 그림 8**의 선그림을 작성해 두면 교차각과 탐촉자의 위치에서 편각 θ_B, θ_L을 읽을 수 있지만, 이 선그림의 계산은 상당히 복잡하고, 또한 탐촉자의 방향은 흠의 모양에 따라 반드시 그루브선에 직교하는 것이 아니므로, 관축 방향과 탐상 방향과의 편각 θ_B, θ_L은 실측에 의해 구하는 쪽이 실제 작업상 바람직하다.

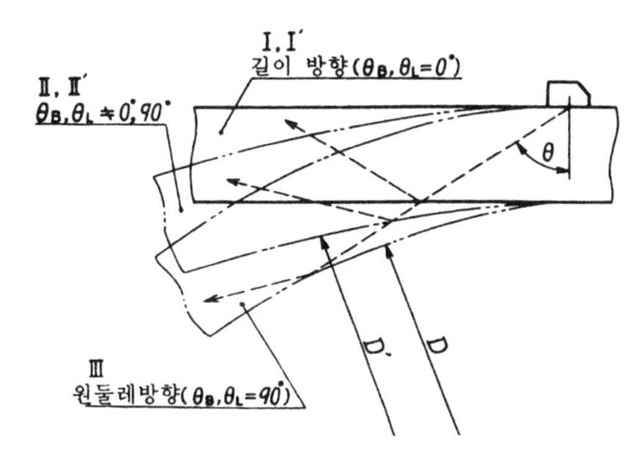

해설 그림 부속서 4.2 편각에 의한 곡률의 변화

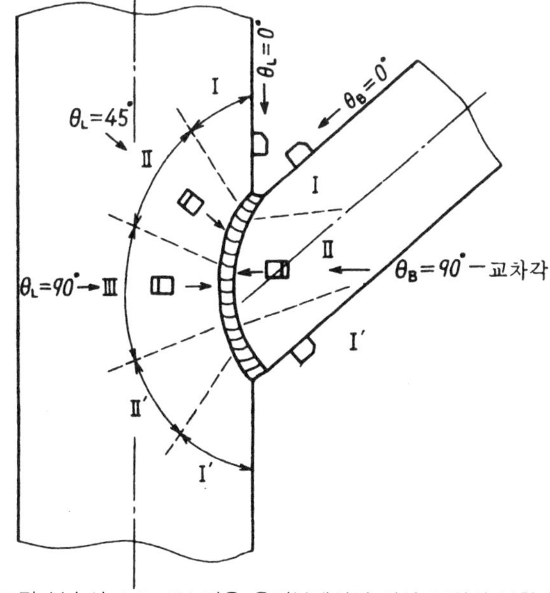

해설 그림 부속서 4.3 KY 이음 용접부에서의 탐상 부위의 분할 방법

6.1.3 탐촉자 용접부 거리의 표시 θ_B, θ_L=0°, 30°, 45°, 60° 및 90°에서의 $\frac{t}{D'}$와 보정계수 m에서 구한 탐촉자 용접부 거리 $Y_{0.5}$ 및 $Y_{1.0}$을 탐상면 위에 표시해 두면 탐상 효율이 향상되고 흠인지 여부의 판정도 쉬워진다.

그리고 $Y_{0.5}$ 및 $Y_{1.0}$을 표시하는 데 있어서 원점은 용접 전의 그루브면과 탐상면과의 교점으로 하는 것이 바람직하지만 용접 후에 표시하는 경우는 탐상면 쪽의 비드의 끝으로 하면 된다(해설 그림 부속서 4.4 참조).

내면에서 탐상하는 경우에는, θ는 다음 식에 따라 보정한 θ_0을 사용하여 $Y_{0.5}$ 및 $W_{0.5}$를 계산한다.

$$\theta_0 = \sin^{-1}\left[\left(1-2\frac{t}{D'}\right)\sin\theta\right]$$

여기에서 θ : 탐상 굴절각

$\frac{t}{D'}$: 부속서 4 그림 8에서 구한 값

살두께 반값 빔 노정 W_H 및 살두께 반값 탐촉자 거리 Y_H를 구하는 경우도 위의 식에 따른 θ_0을 사용한다.

방해 에코와 흠 에코를 식별하기 위하여 용접 시공 전에 그루브 모양과 함께 루트갭을 측정해 두면 된다.

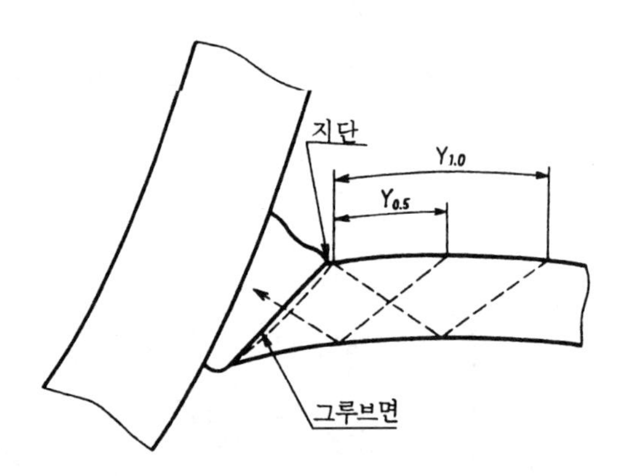

해설 그림 부속서 4.4 Y거리의 측정 방법

6.2 탐상면 및 탐상 방향 곡률 반지름이 400mm 미만에서는 관 내면으로 들어간 탐상 작업이 곤란해지므로 제외하였다. 교차각이 작아질수록, 특히 해설 그림 부속서 4.1의 A부 부근에서 탐상 불능역이 넓어지므로 가능한 한 지관 내면 및 주관 바깥면에서도 탐상을 하는 것이 바람직하다.

7. 흠 위치의 추정 방법 빔 노정, 탐촉지 용접부 거리 및 탐상 굴설각에서 계산에 의해 반사원 위치를 구할 수 있지만, 되도록 형떼기 게이지 등에 의해 이음의 실체도를 그리고, 작도에 의해 반사원 위치를 구하는 것이 바람직하다.

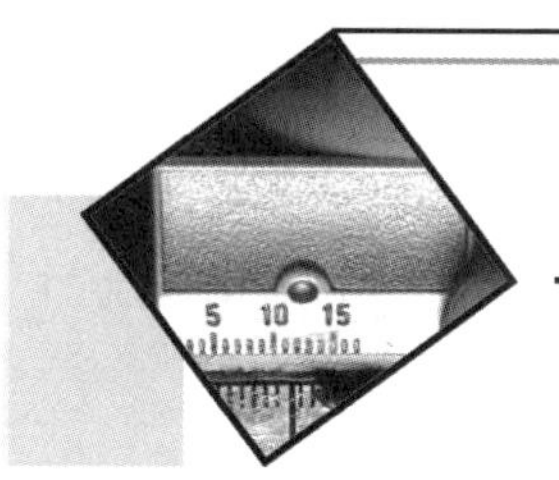

부속서 5 노즐 이음 용접부의 탐상 방법 해설

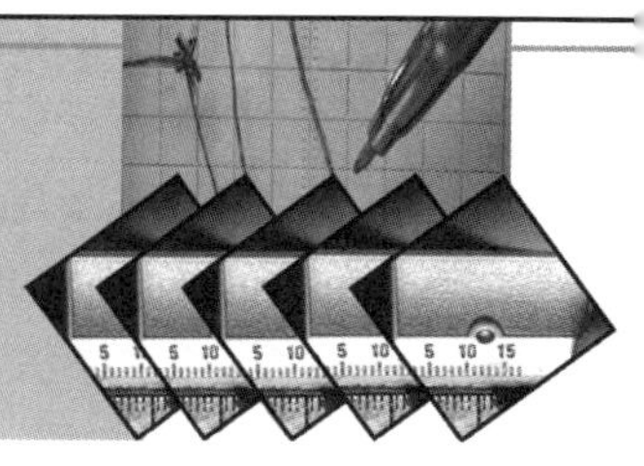

1. 적용 범위 이 부속서는 주로 세트 스루, 세트인형Z 및 날부착형 노즐의 완전 용입 용접부의 탐상 방법을 규정하였다. 탐상면의 곡률 반지름(본체의 곡률 반지름)이 250mm 미만의 경우는 적용을 제외하였다. 이것은 너무 곡률 반지름이 작으면 탐촉자의 접촉 상태가 탐상 부위에 따라 크게 변화하여 기하학상의 취급 및 흠의 지시길이의 측정 등이 어려워지므로 이 적용을 제외하였다.

3. 사용하는 탐촉자

3.1 탐촉자의 접촉면 탐촉자의 접촉면은 탐상 부위가 바뀔 때마다 변화하므로 시험체의 곡률에 맞춰서 가공하는 일은 하지 않는다. 내면(오목면)에서 탐상하는 경우는 쐐기의 길이가 짧고, 접촉 면적이 작은 탐촉자를 사용하여 가능한 한 접촉을 좋게 하여 재현성이 좋은 탐상을 하도록 한다.

3.2 탐촉자의 공칭 굴절각 탐상면의 곡률 반지름이 작은 경우, 또한 노즐의 중심이 본체의 중심에 대하여 어느 각도로 부착되어 있는 경우, 용접부의 그루브면에 대한 초음파의 입사 각도가 항상 변화하므로 180° 이내에서 적어도 3곳의 실체도를 그리고, 그 부위에서의 초음파의 그루브면에 대한 입사각을 확인한다. 2종 또는 3종 기술자는 사용하는 탐촉자의 공칭 굴절각을 선정하여 그것을 순서서 등의 안에 명시한다. 이 경우, 특히 융합 불량, 용입 불량 및 터짐을 확실하게 검출할 수 있도록 고려하여야 한다.

4. 탐상장치의 조정

4.4 감도 보정량을 구하는 방법

4.4.1 원통 몸통에 부속되는 노즐 이음 용접부의 경우

(1) **바깥면(볼록면)에서 탐상하는 경우** 원통 몸통의 바깥면에서 탐상하는 경우에는 탐촉자의 방향이 원둘레 방향과 일치하였을 때(**부속서 5 그림 3**에 나타내는 편각 θ_C가 90°)가 가장 감도 보정량이 크므로, 탐상면에서 원통 몸통의 곡률 반지름에 따라 **부속서 3 그림 9** 또는 **부속서 3 그림 10**을 사용하여 보정량을 구하기로 하였다.

(2) **내면(오목면)에서 탐상하는 경우** 원통 몸통 내면에서 탐상하는 경우에는 탐촉자의 방향이 원둘레 방향과 일치하였을 때(θ_C가 90°)가 가장 탐촉자의 접촉 상태가 나쁘다는 것을 고려하여 탐촉자의 배치를 정하고 투과 주사만으로 보정량을 구하기로 하였다.

투과 주사와 DGS 선도의 양쪽을 사용하여 보정량을 구하는 방법도 있지만 탐촉자의 성능에 불균일이 있다고 고려하여 DGS 선도를 사용하는 방법은 채용하지 않았다.

4.4.2 거울판에 부속되는 노즐 이음 용접부의 경우

(1) **바깥면(볼록면)에서 탐상하는 경우** 거울판의 바깥면에서 탐상하는 경우는 원통 몸통의 경우와 달리 점 접촉의 상태가 되므로 투과 주사를 사용하여 감도 보정량을 구하기로 하였다.

5. 탐상면 및 탐상의 방법

5.1 탐촉자 용접부 거리 및 빔 노정의 확인 탐상 부위가 바뀔 때마다 빔 노정과 탐촉자 용접부 거리가 변화하므로 방해 에코와 흠 에코의 판별이 곤란해진다. 그래서 부속서 5 그림 3에 나타내는 편각 θ_C가 0°, 30°, 45°, 60° 및 90°에서의 실체도를 형떼기 게이지 등을 사용하여 작성하고, 탐촉자 용접부 거리 및 빔 노정을 실체도에서 구하여 그 값의 위치에 참조선(Y_L, Y_U)를 표시하기로 하였다.

탐촉자 용접부 거리는 부속서 5 그림 5와 5.1.1 (2)에 나타내는 계산식에서도 구할 수 있지만 되도록 실체도를 그리고, 초음파의 입사하는 각도도 동시에 확인하는 편이 좋다.

부속서 5 그림 4에 나타내는 형떼기 게이지 외에도 다양한 형떼기 게이지가 있지만 여기에서는 바늘을 중앙부에서 지지하고 있는 구조의 형떼기 게이지의 사용 방법에 대하여 설명한다.

부속서 5 그림 4에 나타내는 방법은 노즐의 넥, 용접부 및 본체에 게이지의 바늘을 눌러 대고, 그 모양을 본뜨는 방법이다. 이 바늘에 따라 연필로 그으면 종이 위에 실물 크기의 모사도가 그려지게 된다. 다만, 뒷면의 형 표시밖에 그릴 수 없으므로, 다음으로 노즐의 넥의 선을 아래로 똑바로 연장한다. 그리고 본체의 표면에서 아래의 판두께를 나타내는 선을 그리면 단면도가 완성된다. 이 게이지는 바늘의 부분이 짧으므로 예각부 모양인 곳에는 사용할 수 없는 경우도 있다.

5.2 탐상의 방법 노즐의 내면 또는 본체의 내면에서 실시하는 수직 탐상은 융합 불량을 검출하기에 적합한 방법이므로 가능한 한 적용한다. 그러나 접촉하는 면이 오목면이므로 작은 지름의 연질 보호막이 부착된 탐촉자를 사용하는 편이 좋다(해설 그림 부속서 5.1 참조).

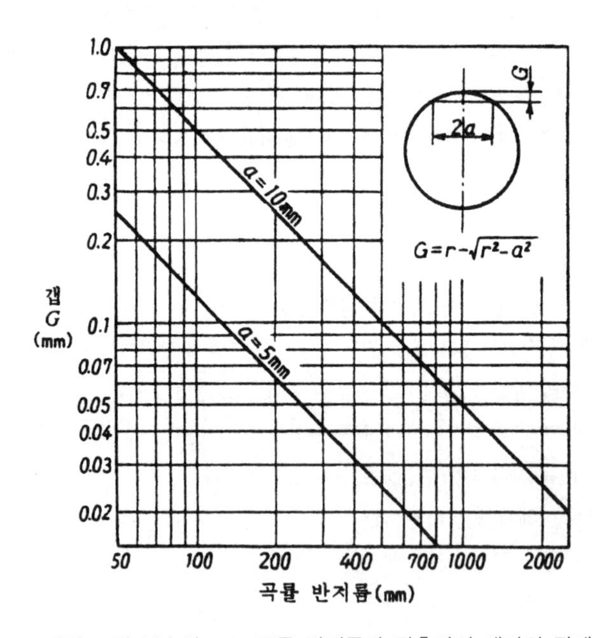

해설 그림 부속서 5.1 곡률 반지름과 탐촉자의 갭과의 관계

6. 흠 위치의 추정 방법 실체도를 그려서 흠 위치를 구하는 방법을 추천한다. 계산에 따라 흠 위치를 구하는 경우는 최초로 원통 몸통의 축방향과 탐촉자 방향의 각도 θ_C를 구하여 t/D'를 구하여 그 값을 t/D로 사용하고, 부속서 3의 7.에 따라 흠 위치를 추정한다.

음향 이방성을 가진 시험체의 경우, 탐상 굴절각은 부속서 4의 4.3.3에 준하여 측정하여, 그 값을 사용하여 기하학적인 계산으로 구하거나 실체도를 그려서 구한다.

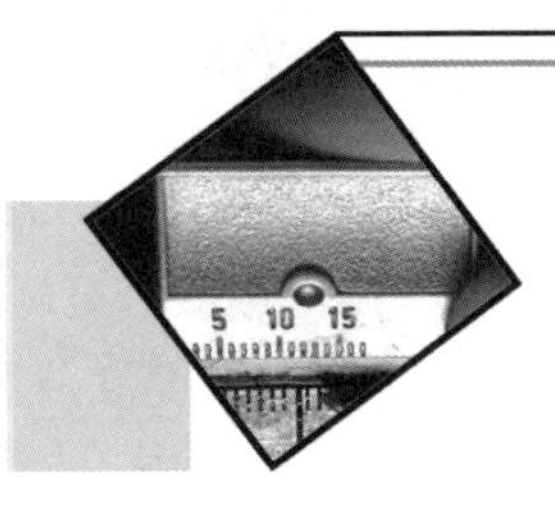

부속서 6 시험 결과의 분류 방법 해설

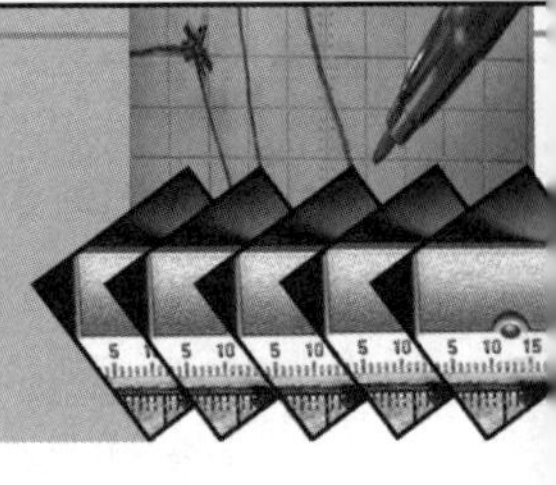

부속서 6의 시험 결과의 분류는 각 제품 및 사용 조건마다 규정되어야 한다. 그러나 지금까지의 등급 분류를 참조하고 있는 규격이 개정 시점에 있으므로, 이번 개정에서는 등급이라는 용어를 제외하고 부속서 6으로서 남겼다. 이 부속서는 다음 번 개정에서 삭제할 예정이다.

참고로 탠덤 탐상에서의 시험 결과의 분류 방법을 다음에 기재한다.

탠덤 탐상의 특징은 탐상면에 수직인 흠의 치수를 비교적 정확하게 평가할 수 있는 데 있다. 즉, 흠 에코 높이는 일정 범위까지는 흠 에코에 거의 비례하고 있다. 본체의 탐상감도에 의한 흠 에코 높이와 흠 높이의 관계는 해설 그림 부속서 6.1과 같이 되고, 해설 표 부속서 6.1과 같이 흠 높이를 추정할 수 있다.

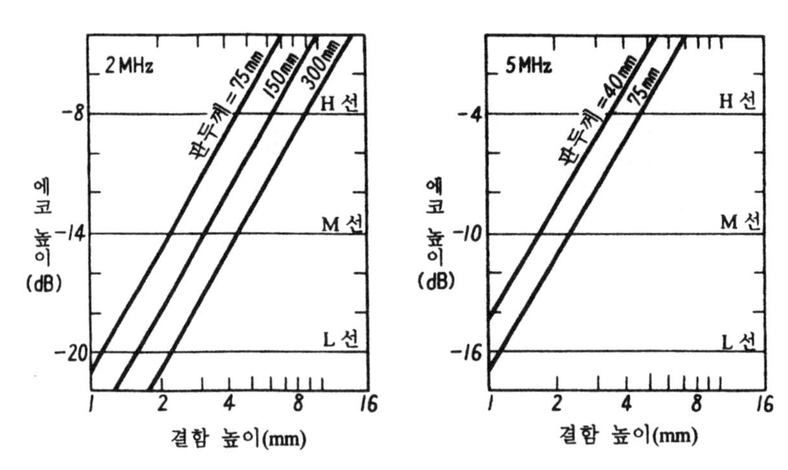

해설 그림 부속서 6.1 에코 높이와 흠 높이의 관계

해설 표 부속서 6.1 에코 높이의 영역과 흠 높이의 추정 치수

에코 높이의 범위	영 역	흠 높이의 추정 치수 mm
L선 이하	Ⅰ	$\frac{\sqrt{t}}{8}$ 이하
L선 초과 M선 이하	Ⅱ	$\frac{\sqrt{t}}{8}$ 초과 $\frac{\sqrt{t}}{4}$ 이하
M선 초과 H선 이하	Ⅲ	$\frac{\sqrt{t}}{4}$ 초과 $\frac{\sqrt{t}}{2}$ 이하
H선을 넘는 것	Ⅳ	$\frac{\sqrt{t}}{2}$ 를 넘는 것

비고 t는 판두께를 mm 단위로 나타내는 수치이다.

흠 높이를 고려하여 분류를 하는 경우는 흠 에코 높이의 영역과 흠의 지시길이에 따라 해설 표 부속서 6.2에 따라 실시하는 것이 바람직하다.

해설 표 6.2 홈 에코 높이의 영역과 흠의 지시길이에 의한 흠의 분류

영역 / 분류	Ⅱ	Ⅲ	Ⅳ
1류	$t/2$ 이하	$t/3$ 이하	$t/4$ 이하
2류	t 이하	$t/2$ 이하	$t/3$ 이하
3류	$2t$ 이하	t 이하	$t/2$ 이하
4류	3류를 넘는 것		

비고 t는 탐상 단면쪽의 판두께(mm). 다만, 맞대기 용접에서 맞대기 모재의 판두께가 다른 경우는 얇은 판두께 쪽의 판두께로 한다.

5MHz에서는 흠의 길이를 비교적 정밀하게 측정할 수 있다. 이렇게 탠덤 탐상에서는 흠의 단면적을 비교적 정밀하게 평가할 수 있으므로 동일 분류 사이에서는 같은 흠의 단면적이 되도록 할 수 있다(해설 표 부속서 6.3 참조).

그리고 1이음 용접부의 합격 여부 판정은 각 흠의 단면적의 총합을 기초로 하여 검토하는 것이 바람직하다.

해설 표 부속서 6.3 분류와 흠의 높이 및 흠의 단면적의 보기

분류	판두께 49mm		판두께 200mm	
	흠 높이 mm	흠의 단면적 mm^2	흠 높이 mm	흠의 단면적 mm^2
1류	0.9 이하	45 이하	1.8 이하	368 이하
2류	0.9~1.8	45~89	1.8~3.7	368~735
3류	1.8~3.6	89~178	3.7~7.4	735~1470
4류	3.6을 넘는 것	178을 넘는 것	7.4를 넘는 것	1470을 넘는 것

개정5판

초음파 비파괴검사 실기

값 24,000원

저 자 NDT 시험연구회
발행인 문 형 진

2005년 5월 20일 제1판 제1쇄 발행
2008년 9월 5일 제2판 제1쇄 발행
2009년 3월 16일 제3판 제1쇄 발행
2013년 11월 15일 제4판 제1쇄 발행
2015년 5월 13일 제4판 제2쇄 발행
2021년 3월 24일 제5판 제1쇄 발행

판 권
검 인

발행처 세 진 사

㊐02859 서울특별시 성북구 보문로 38 세진빌딩
TEL : 02)922-6371~3, 923-3422 / FAX : 02)927-2462
Homepage : www.sejinbook.com
〈등록. 1976. 9. 21 / 서울 제307-2009-22호〉

초음파 비파괴 검사 실기

새로운 출제기준에 맞춘 초음파비파괴검사 실기 대비서

최신 실기 풀이를 덧붙인 문제를 수록하여 출제경향 완벽 대비

실전 사진을 통한 풍부한 이론 구성

값 24,000원

www.sejinbook.com

ISBN 979-11-6045-427-7